卓越 工程师教育培养计划系列教材

唐晓东　王　宏　汪　芳 ◎ 编著

# 工业催化

## 第二版

化学工业出版社

·北京·

《工业催化》(第二版)从石油天然气化工实用角度出发,以多相催化及各类固体催化剂为主要讨论对象,并兼顾了均相催化剂,较系统地阐述了催化作用基本原理,各类固体催化剂和均相催化剂、工业催化剂的制备、操作使用方法、分析测试表征;介绍了石油炼制催化剂、基本有机化工催化剂、化肥工业催化剂、碳一化工催化剂、环境保护和绿色化工催化剂的工业应用和最新研究进展。

全书共分4篇16章:第1篇工业催化作用基础(第1章绪论、第2章催化剂概述、第3章催化作用基础);第2篇工业催化剂作用原理(第4章金属催化剂、第5章金属氧化物催化剂、第6章固体酸碱催化剂、第7章均相催化剂);第3篇工业催化剂的组成、制备、使用、分析测试和表征(第8章助催化剂与载体、第9章工业催化剂的制备技术、第10章工业催化剂的使用、第11章催化剂性能的评价、测试和表征);第4篇工业催化剂各论(第12章石油炼制催化剂、第13章基本有机化工催化剂、第14章化肥工业催化剂、第15章碳一化工催化剂、第16章环境保护和绿色化工催化剂)。

《工业催化》(第二版)可作为高等院校化学工程与工艺、应用化学及相近专业高年级本科生、研究生的教材或教学参考书,亦可供从事有关科研、设计及生产的教师、科技人员及工程技术人员阅读参考。

**图书在版编目(CIP)数据**

工业催化/唐晓东,王宏,汪芳编著.—2版.—北京:
化学工业出版社,2019.10(2025.5重印)
卓越工程师教育培养计划系列教材
ISBN 978-7-122-35015-2

Ⅰ.①工…  Ⅱ.①唐… ②王… ③汪…  Ⅲ.①化工过
程-催化-高等学校-教材  Ⅳ.①TQ032.4

中国版本图书馆 CIP 数据核字(2019)第 162620 号

责任编辑:徐雅妮  丁建华
责任校对:边 涛                    装帧设计:关 飞

出版发行:化学工业出版社(北京市东城区青年湖南街 13 号  邮政编码 100011)
印  装:河北延风印务有限公司
787mm×1092mm  1/16  印张 19¾  字数 510 千字  2025 年 5 月北京第 2 版第 3 次印刷

购书咨询:010-64518888              售后服务:010-64518899
网  址:http://www.cip.com.cn
凡购买本书,如有缺损质量问题,本社销售中心负责调换。

定  价:59.00 元

# 前　言

本书自第一版问世以来，已经历了近 10 年时间。这期间，催化科学和技术迅速发展，并与催化化学及其他学科高度融合，使得众多工业催化剂开发成功，新型催化反应工艺正日益广泛深入地渗透于能源化工、石油炼制、环境保护、生物化工以及制药工程等工艺过程中，并起着举足轻重的作用；一些传统的固体催化剂，在深入研究的基础上，也不断更新换代。此外，随着均相催化剂多相化研究的发展，许多新型催化剂相继得以开发，它们兼有均相催化剂和多相催化剂的优点，已成为重要的石油天然气化工、精细化工和绿色化工催化剂。因此，有必要对本书第一版的内容进行调整和更新，从而更全面地反映当前催化研究和应用的新进展。

本次教材的再版修订，在保持整体框架和定位不变的前提下，对第一版进行了大幅度的增改，试图能较全面地反映催化原理、催化科学和技术，尤其是石油天然气化工技术近十年所取得的巨大进步和最新发展。修订版扩大了篇幅，从原来的 13 章增加为 16 章，增加了均相催化基础、均相催化剂及助催化剂与载体等章节；加强了催化作用基础和催化剂作用原理方面的理论知识，增补了催化剂制备和表征新技术；在工业催化剂各论章节，删掉了一些过时的内容，更新了工业催化剂在石油天然气化工领域的新进展。另外，各章还增设了一定数量的思考题。

本书第一版得到了许多读者和同行的支持、鼓励和建设性意见。此次再版保留了第一版催化理论与工业催化实践并重的特点，深入浅出地介绍基本理论知识，并辅以大量工业实例，特别更新了催化技术在石油天然气化工、精细化工与绿色化工催化领域的研究进展，具有适中的理论深度和相当的知识广度，有助于提高读者分析解决工业催化问题的能力。

《工业催化》（第二版）编写分工如下，唐晓东编写第 1～6 章和 14.1 节，王宏编写 7～11 章，汪芳编写其余章节，全书由唐晓东统稿并校核。在本书编写过程中，我们参考了国内外众多专家和学者的观点及新近的研究成果，在此向有关作者表示感谢。本书的出版得到了西南石油大学教材建设委员会、教务处和化学化工学院领导的大力支持，在此一并致以诚挚的谢意。

限于笔者的学识水平，书中疏漏和不足在所难免，敬请专家、同行和读者斧正。

编者

2019 年 9 月

# 第一版前言

人类有目的地使用催化剂已经有两千余年的历史，例如糀酶催化剂酿酒制醋。20 世纪下半叶，催化技术获得了空前的发展，化学工业产品种类的增多，生产规模的扩大，无不借助于催化剂和催化技术。目前，催化技术已广泛应用于化学工业、食品加工、医药和环境保护等行业，为人类的生产、生活提供各种产品，在经济和社会发展中起到举足轻重的作用。

作为一门科学，催化科学综合了化学、化学工程、物理、数学等各个学科知识，已发展成为化学工程与技术学科中最具生命力和创造力的一部分，成为学术界研究的焦点。

石油天然气化学工业是化学工业最重要的一个分支，其生产过程绝大多数都要使用催化剂。据统计，石油天然气化工生产过程中 80% 以上的化学反应、60% 以上的化工产品和 90% 以上的新工艺开发，都离不开催化剂，使用的催化剂已经超过 2000 余种。因此，石油天然气化工过程中的催化知识，是石油类高校化学工程与工艺专业课程体系的重要组成部分。

本课程的主要任务是介绍催化作用与催化剂的基本知识（主要讨论工业上使用最多的多相催化）以及各类常用的石油天然气化工催化剂及其新进展，使学生理解催化作用的化学本质，熟悉工业催化剂的制备与操作使用技术，了解典型的石油天然气化工催化剂，以便今后从事与催化有关的生产、管理、研究与开发工作。

全书共分四篇十三章：第一篇工业催化作用基础（第 1 章催化剂概述、第 2 章多相催化作用基础）；第二篇工业催化剂作用原理（第 3 章金属催化剂、第 4 章金属氧化物催化剂、第 5 章固体酸碱催化剂）；第三篇工业催化剂的制备、使用、分析测试与表征（第 6 章工业催化剂的制备技术、第 7 章工业催化剂的使用、第 8 章催化剂性能的评价、测试和表征）；第四篇工业催化剂各论［第 9 章石油炼制催化剂、第 10 章石油化工（基本有机原料）催化剂、第 11 章化肥工业催化剂、第 12 章碳一化学催化剂、第 13 章环境保护和环境友好催化技术］。

针对化工专业本科生工业催化课程内容多和学时少的要求，笔者在成书过程中力求做到理论与实践紧密结合，深入浅出地介绍基本理论知识，并辅以大量工业实例，帮助学生加深理解；为提高学生对知识的应用能力，激发创新意识，特别介绍了一些最新的催化学科进展。本书可作为高等院校化学工程与工艺及相近专业本科生、研究生教材，也可供从事工业催化技术工作的工程技术人员阅读参考。

本书由唐晓东、王豪、汪芳编著。唐晓东统稿并编写第 1～4、9 章和 11.1 节，王豪编写第 5～8 章，汪芳编写其余章节。本书的出版还得到了西南石油大学教材建设委员会、教务处和化学化工学院领导的大力支持，在此一并表示感谢。

由于笔者水平有限，书中疏漏在所难免，敬请读者批评指正。

编者<br>
2010 年 1 月

# 目　录

## 第1篇　工业催化作用基础

**第1章　绪论 / 2**

1.1　催化科学的诞生与发展 / 2

1.2　催化技术的重要应用领域 / 6

 1.2.1　能源与化工催化 / 6

 1.2.2　化肥催化 / 7

 1.2.3　环境催化 / 8

 1.2.4　生物催化 / 9

 1.2.5　手性（不对称）催化 / 9

 1.2.6　新材料合成和新型催化材料 / 10

思考题 / 10

**第2章　催化剂概述 / 11**

2.1　催化剂和催化作用的基本特征 / 11

2.2　催化体系的分类 / 14

 2.2.1　按催化反应体系物相的均一性分类 / 14

 2.2.2　按催化作用机理分类 / 16

 2.2.3　按催化反应类别分类 / 16

2.3　催化剂的组成及工业催化剂的基本性能要求 / 17

 2.3.1　催化剂的组成 / 17

 2.3.2　工业催化剂的基本性能要求 / 18

思考题 / 21

**第3章　催化作用基础 / 23**

3.1　多相催化 / 23

 3.1.1　催化剂的吸附作用 / 23

 3.1.2　多相催化中的扩散 / 31

3.2　均相催化 / 35

 3.2.1　均相催化的特点 / 36

 3.2.2　均相催化理论 / 36

 3.2.3　均相催化和多相催化的关联 / 38

3.3　催化反应系统的分析 / 39

 3.3.1　催化反应系统简述 / 39

 3.3.2　中间物的活性本质 / 40

 3.3.3　催化循环 / 40

思考题 / 42

## 第2篇　工业催化剂作用原理

**第4章　金属催化剂 / 44**

4.1　金属催化剂的吸附作用 / 45

 4.1.1　金属对气体的化学吸附能力 / 45

 4.1.2　化学吸附强度与催化活性 / 46

4.2　金属的电子结构理论 / 47

 4.2.1　能带理论 / 47

 4.2.2　价键理论 / 47

4.3　金属表面几何因素与催化活性 / 49

 4.3.1　原子间距 / 49

 4.3.2　晶面花样 / 50

4.4　晶格的缺陷与位错 / 51

 4.4.1　晶格缺陷和位错的主要类型 / 51

 4.4.2　晶格不规整性与多相催化 / 51

 4.4.3　金属表面在原子水平上的不

均匀性 / 52

4.5 各类金属催化剂及催化作用 / 53

    4.5.1 块状金属催化剂 / 53

    4.5.2 负载型金属催化剂 / 53

    4.5.3 合金催化剂 / 56

    4.5.4 金属互化物催化剂 / 57

    4.5.5 金属簇合物催化剂 / 57

    4.5.6 金属膜催化剂 / 59

思考题 / 60

**第 5 章 金属氧化物催化剂 / 61**

5.1 非计量化合物和计量化合物 / 62

    5.1.1 非计量化合物的成因 / 62

    5.1.2 非计量化合物的类型 / 62

    5.1.3 计量化合物(本征半导体) / 63

5.2 半导体的能带理论 / 64

    5.2.1 半导体的能带结构 / 64

    5.2.2 施主和受主 / 65

    5.2.3 费米能级和脱出功 / 65

5.3 气体在半导体上的化学吸附 / 66

5.4 半导体的导电性与催化活性 / 66

    5.4.1 $N_2O$ 的分解 / 67

    5.4.2 CO 的氧化 / 67

5.5 半导体 $E_f$ 和 $\phi$ 对催化反应选择性的影响 / 68

5.6 d 电子构型、金属-氧键、晶格氧与催化活性 / 69

    5.6.1 d 电子构型 / 69

    5.6.2 金属-氧键 / 69

    5.6.3 晶格氧($O^{2-}$) / 69

5.7 金属硫化物催化剂 / 70

    5.7.1 加氢脱硫及其相关过程的作用机理 / 71

    5.7.2 重油的催化加氢精制 / 71

思考题 / 72

**第 6 章 固体酸碱催化剂 / 73**

6.1 酸碱的定义和性质测定 / 73

    6.1.1 酸碱的定义 / 73

    6.1.2 固体酸碱性质的测定 / 74

6.2 固体酸碱性的来源 / 78

    6.2.1 负载酸 / 78

    6.2.2 氧化物及复合氧化物 / 78

    6.2.3 金属盐 / 80

    6.2.4 固体超强酸 / 81

    6.2.5 杂多酸 / 81

    6.2.6 离子交换树脂 / 82

6.3 固体酸碱性与催化作用 / 83

    6.3.1 酸中心类型与催化作用的关系 / 83

    6.3.2 酸强度与催化作用的关系 / 84

    6.3.3 酸浓度与催化活性的关系 / 84

6.4 分子筛催化剂 / 85

    6.4.1 分子筛的结构 / 85

    6.4.2 分子筛的特性和催化性能 / 89

    6.4.3 分子筛的酸性来源 / 92

思考题 / 94

**第 7 章 均相催化剂 / 95**

7.1 液体酸碱催化剂 / 95

    7.1.1 酸碱催化反应的特点 / 95

    7.1.2 Brönsted 酸碱催化剂 / 96

    7.1.3 Lewis 酸碱催化剂 / 98

    7.1.4 有机小分子催化 / 99

7.2 离子催化剂 / 99

    7.2.1 中性盐效应 / 99

    7.2.2 离子对催化剂 / 100

    7.2.3 金属离子催化剂 / 100

7.3 络合催化剂 / 101

    7.3.1 络合催化中的化学键合 / 101

    7.3.2 络合催化的关键反应步骤 / 102

    7.3.3 络合催化循环 / 105

    7.3.4 配位场的影响 / 108

7.4 离子液体催化剂 / 108

    7.4.1 离子液体的分类及特点 / 109

    7.4.2 离子液体的合成 / 109

    7.4.3 离子液体在催化反应中的应用 / 111

7.5 均相催化剂的多相化 / 112

    7.5.1 均相催化剂存在的问题 / 112

    7.5.2 均相催化剂多相化的方法 / 113

    7.5.3 均相催化剂多相化效应 / 114

思考题 / 115

# 第3篇 工业催化剂的组成、制备、使用、分析测试和表征

## 第8章 助催化剂与载体 / 117

8.1 助催化剂 / 117
8.1.1 助催化剂的种类 / 117
8.1.2 助催化剂对催化性能的影响 / 119

8.2 载体 / 121
8.2.1 理想载体应具备的条件 / 121
8.2.2 载体的作用 / 121
8.2.3 载体的分类 / 123

思考题 / 126

## 第9章 工业催化剂的制备技术 / 127

9.1 概述 / 127
9.1.1 催化剂制备特点 / 127
9.1.2 催化剂制备技术 / 128

9.2 沉淀法 / 128
9.2.1 沉淀原理 / 128
9.2.2 沉淀法的工艺过程 / 129
9.2.3 沉淀法的分类 / 130
9.2.4 金属盐前驱体和沉淀剂的选择 / 132
9.2.5 影响沉淀形成的因素 / 133

9.3 浸渍法 / 136
9.3.1 载体的选择 / 136
9.3.2 浸渍液的配制 / 137
9.3.3 活性组分在载体上的分布与控制 / 137
9.3.4 常用浸渍工艺 / 139
9.3.5 浸渍颗粒的热处理过程 / 140

9.4 混合法 / 142
9.5 离子交换法 / 143
9.6 熔融法 / 143
9.7 其他制备技术 / 144
9.7.1 微乳液技术 / 144
9.7.2 溶胶-凝胶法 / 145
9.7.3 等离子体技术 / 145
9.7.4 微波技术 / 146
9.7.5 超声波技术 / 146
9.7.6 超临界技术 / 147
9.7.7 原子层沉积技术 / 147
9.7.8 冷冻干燥技术 / 148
9.7.9 膜技术 / 148

9.8 催化剂的成型 / 150
9.8.1 成型工艺概述 / 150
9.8.2 成型对催化剂性能的影响 / 151
9.8.3 成型助剂 / 152
9.8.4 几种重要的成型方法 / 153

思考题 / 156

## 第10章 工业催化剂的使用 / 157

10.1 催化剂的装填 / 157
10.1.1 催化剂筛分与装填 / 157
10.1.2 开停车及钝化 / 158

10.2 催化剂的活化 / 159
10.2.1 还原活化 / 159
10.2.2 硫化活化 / 160
10.2.3 氧化活化 / 161

10.3 催化剂的失活 / 161
10.3.1 中毒 / 162
10.3.2 积炭 / 163
10.3.3 烧结 / 164
10.3.4 活性组分流失 / 164

10.4 催化剂再生与回收利用 / 164
10.4.1 催化剂再生 / 165
10.4.2 催化剂回收利用 / 166

思考题 / 167

## 第11章 催化剂性能的评价、测试和表征 / 168

11.1 催化剂的性能评价 / 168
11.1.1 实验室反应器 / 168
11.1.2 性能评价方法 / 172

11.2 催化剂的宏观物性测定 / 174
11.2.1 颗粒直径及粒径分布 / 174
11.2.2 机械强度测定 / 175
11.2.3 催化剂的抗毒稳定性及其测定 / 176
11.2.4 比表面积测定与孔结构表征 / 177

11.3 催化剂微观性质的测定和表征 / 181
11.3.1 电子显微镜在催化剂研究中的

应用 / 181

11.3.2　X 射线衍射技术 / 183

11.3.3　热分析法 / 185

11.3.4　程序升温分析法 / 188

11.3.5　光谱分析法 / 191

11.3.6　能谱分析法 / 193

11.3.7　核磁共振技术 / 196

思考题 / 198

# 第4篇　工业催化剂各论

## 第 12 章　石油炼制催化剂 / 200

12.1　催化裂化催化剂 / 200

12.1.1　催化裂化的主要反应和反应机理 / 200

12.1.2　催化裂化催化剂的组成及分类 / 201

12.1.3　催化裂化催化剂的制备 / 202

12.1.4　催化裂化催化剂的失活与再生 / 203

12.2　催化加氢催化剂 / 204

12.2.1　催化加氢的主要反应和反应机理 / 205

12.2.2　催化加氢催化剂的分类及组成 / 208

12.2.3　催化加氢催化剂的制备 / 210

12.2.4　催化加氢催化剂的失活与再生 / 210

12.3　催化重整催化剂 / 211

12.3.1　催化重整的主要反应和反应机理 / 211

12.3.2　催化重整催化剂的组成及分类 / 212

12.3.3　催化重整催化剂的制备 / 213

12.3.4　催化重整催化剂的失活与再生 / 214

12.4　其他炼油催化剂 / 216

12.4.1　$C_5 \sim C_6$ 异构化催化剂 / 216

12.4.2　$C_8$ 芳烃临氢异构化催化剂 / 217

12.4.3　烷基化催化剂 / 218

12.4.4　烯烃叠合催化剂 / 218

12.4.5　柴油氧化脱硫催化剂 / 219

思考题 / 219

## 第 13 章　基本有机化工催化剂 / 220

13.1　乙烯及其初级衍生物生产用催化剂 / 220

13.1.1　碳二馏分选择性加氢除炔 / 220

13.1.2　乙烯部分氧化制环氧乙烷 / 222

13.1.3　乙烯和苯合成乙苯 / 224

13.2　丙烯及其初级衍生物生产用催化剂 / 225

13.2.1　碳三馏分选择性加氢除炔 / 225

13.2.2　异丙醇脱氢制丙酮 / 226

13.2.3　丙烯氧化制丙烯酸 / 227

13.2.4　丙烯氨氧化制丙烯腈 / 227

13.2.5　丙烯羰基合成制丁醇及 2-乙基己醇 / 228

13.2.6　丙烯和苯烷基化制异丙苯 / 229

13.3　碳四馏分主要初级衍生物生产用催化剂 / 230

13.3.1　异丁烷脱氢制异丁烯 / 230

13.3.2　正丁烷或苯氧化制顺丁烯二酸酐 / 231

13.3.3　异丁烯(叔丁醇)氧化制甲基丙烯酸 / 232

13.3.4　顺酐酯化加氢或甲醛乙炔化制 1,4-丁二醇 / 233

13.4　轻质芳烃及其初级衍生物生产用催化剂 / 235

13.4.1　乙苯脱氢催化剂 / 235

13.4.2　甲苯歧化与烷基转移制二甲苯和苯 / 236

13.4.3　二甲苯临氢异构化 / 237

13.4.4　苯制己内酰胺 / 238

13.4.5　邻二甲苯氧化制邻苯二甲酸酐(苯酐) / 241

13.4.6　对二甲苯氧化制对苯二甲酸 / 242

13.5　甲醇及其初级衍生物生成用催化剂 / 243

13.5.1　CO 和 $H_2$ 合成甲醇 / 243

13.5.2 甲醇羰基合成或乙醛氧化制
醋酸 / 245
思考题 / 247

**第 14 章　化肥工业催化剂 / 248**

14.1　脱硫催化剂 / 248
14.1.1　烃类加氢脱硫催化剂 / 248
14.1.2　硫黄回收催化剂 / 250
14.1.3　脱硫剂 / 255
14.1.4　COS 水解催化剂 / 256
14.2　烃类转化催化剂 / 257
14.3　CO 变换催化剂 / 258
14.3.1　铁铬系高温变换催化剂 / 259
14.3.2　铜锌系低温变换催化剂 / 260
14.3.3　CO 宽温(耐硫)变换催化剂 / 261
14.4　甲烷化催化剂 / 262
14.5　合成氨催化剂 / 263
14.5.1　合成氨催化剂研究进展 / 263
14.5.2　合成氨铁催化剂的制备 / 265
14.5.3　预还原催化剂 / 265
14.6　制硝酸和制硫酸催化剂 / 265
14.6.1　氨氧化制 $HNO_3$ 催化剂 / 265
14.6.2　$SO_2$ 氧化制 $H_2SO_4$ 催化剂 / 266
思考题 / 267

**第 15 章　碳一化工催化剂 / 268**

15.1　甲醇及低碳醇合成催化剂 / 268
15.1.1　甲醇合成催化剂 / 268
15.1.2　低碳混合醇合成催化剂 / 270
15.2　甲醇氧化制甲醛催化剂 / 272
15.2.1　反应机理 / 272
15.2.2　银催化剂 / 272
15.2.3　铁-钼氧化物催化剂 / 273
15.2.4　其他催化剂 / 274
15.3　羰基合成催化剂 / 274
15.3.1　氢甲酰化反应催化剂 / 275
15.3.2　炔烃羰基化催化剂 / 276

15.3.3　烯烃的羰基化催化剂 / 276
15.3.4　甲醇羰基化制醋酸催化剂 / 276
15.3.5　醋酸甲酯羰基化制醋酐催
化剂 / 278
15.3.6　氧化羰基合成碳酸酯催
化剂 / 278
15.3.7　硝基化合物的还原羰基化催
化剂 / 278
15.4　费-托合成催化剂 / 279
15.4.1　费-托合成催化剂类型 / 279
15.4.2　费-托合成催化剂的制备 / 280
15.5　碳一化工中的催化新工艺 / 281
15.5.1　天然气的直接转化 / 281
15.5.2　天然气间接转化利用 / 283
15.5.3　膜技术在碳一化工中的应用 / 286
15.5.4　$CO_2$ 的利用 / 287
思考题 / 288

**第 16 章　环境保护和绿色化工催化剂 / 289**

16.1　空气污染治理的催化净化 / 290
16.1.1　动态污染源的净化处理和三效
催化剂 / 290
16.1.2　静态污染源的催化处理 / 292
16.2　工业废液的催化净化 / 294
16.3　大气层保护与催化 / 295
16.3.1　保护臭氧层的催化 / 295
16.3.2　温室效应气体催化减排 / 296
16.4　绿色化学催化 / 297
16.4.1　零排放与绿色化学 / 297
16.4.2　原子经济、$E$ 因子与绿色化工
生产 / 299
16.4.3　绿色催化的案例分析 / 300
16.5　光催化 / 302
16.5.1　光催化原理 / 302
16.5.2　环境光催化 / 303
16.5.3　光催化环保功能材料 / 303
思考题 / 303

**参考文献 / 304**

# 第1篇

# 工业催化作用基础

# 第1章

# 绪 论

在研究一个化学反应体系时，一方面要从热力学的角度考虑这个反应能否进行，能进行到什么程度？即反应会停止在什么平衡位置，其平衡组成如何？另一方面要从动力学的角度研究热力学可行的反应进行的快慢如何？也即需要多久能达到平衡位置。从经济上考虑，一个化学过程要付诸工业实践，必须既有足够好的平衡产率，又有足够快的反应速率。

一个热力学上可以进行的化学反应，由于加入某种物质而提高或降低化学反应速率，在反应结束时该物质本身的质量和化学性质并未发生改变，则此种物质被称作催化剂，它对反应施加的作用称为催化作用。催化是自然界存在的改变化学反应速率的普遍现象。催化一般包含了三重意思，即催化科学、催化技术和催化作用。催化科学研究催化作用的原理，具体而言，就是研究催化剂为何能使参加反应的分子活化，怎样活化以及活化后的分子的性能与行为。催化科学是由最早出现的化学现象，经过实践-理论-实践的多次反复，逐渐形成的。随着科学技术的进步，催化科学和催化理论在不断发展和完善。

## 1.1 催化科学的诞生与发展

催化科学的发展可以追溯到公元前，中国很早就利用发酵方法酿酒和制醋，这是生物催化剂（bio-catalyst）在古代最重要的应用，生物酶催化的方法就其基本原理而言至今还在应用。

将催化剂用于化工产品的生产始于18世纪。1746年诞生了铅室法制硫酸的过程，这是工业上应用催化剂的开始。18世纪末至19世纪初期又出现了许多工业催化过程。如1782年瑞典化学家Scheele用无机酸催化乙醇和乙酸的酯化反应。1820年，德国的Döbereiner发现Pt粉可促使$H_2$和$O_2$的化合，即$H_2$和$O_2$的混合气可以长期贮存在玻璃瓶中，不发生任何化学反应。然而一旦向其中投入Pt丝网，生成水的反应立即进行。1831年，英国的Phillips等发现$SO_2$在空气中氧化时可使用Pt为催化剂，这是接触法生产硫酸的开始。

1836年Berzelius根据所出现的诸多催化现象，提出除了人们早已知道的亲和力（affinity）之外尚有所谓"催化力（catalysis）"一词。当时，人们只知道亲和力是化学变化的驱动力，尚不知道从分子水平去理解反应速率。在"催化力"概念出现之后，借助催化手段进行的反应过程不断大量出现。1838年Kuhlmann实现反应$NO + H_2 \longrightarrow NH_3$，1863年Debus实现硝基苯在铂黑存在时氢解生成苯胺。1874年Dewilde提出不饱和烃类催化加氢反应。1896 年 Sabatie 总结了更多有催化物质参加的化学反应，标志着凭借催化作用实现特定的化学反应已经相当普遍。

1895 年德国化学家 Ostwald 指出：应该把起催化作用的物质（催化剂）看成是可以改变化学反应速率，而又不存在于产物中的物质。1906 年 Lewis 和 von Falkenstein 指出：对于可逆反应来说，催化剂必须同时加速正向反应和逆向反应。

至于催化作用形成一门科学则是近百年的事，特别是化学热力学及化学动力学的理论，为催化科学的形成奠定了基础。作为一门科学，需有其基本原理及理论基础以及有力的研究手段。20 世纪陆续出现的许多化学实验事实以及由此派生的一些基本概念，如反应中间物种的形成与转化、晶格缺陷、表面活性中心、吸附现象以及早期出现的许多实验研究方法等，对于探索催化作用的本质、改进原有催化剂和研究新的催化过程都起到了一定的推动作用，对催化科学的诞生也起到十分重要的作用。

从化学工业的发展历史来看，催化过程和催化剂的开发应用经历了 3 个阶段。

**（1）萌芽及奠基阶段（1935 年以前）**

在 1935 年以前，化学工业的重点在天然物质的直接利用，催化剂的工业应用尚未受到普遍重视，表 1-1 列举了此阶段有关催化研究的重要发现。不难看出，从 1746 年铅室法制硫酸到 20 世纪初期之间，催化剂的发展相当缓慢，其工业应用也较少。而在 1903～1935 年这 30 余年的时间内所发现的重要工业催化剂，在数量上已超过 20 世纪以前所知催化剂的总和。

**表 1-1　20 世纪 80 年代以前一些重要的工业催化剂**

| 年　代 | 发明者 | 化学反应 | 催化剂 |
|---|---|---|---|
| 1746 | Roebuch | 铅室法制硫酸 | $NO_2$ |
| 1781 | Parmentier | 淀粉糖化 | 无机酸 |
| 1785 | Diemaun 等 | 乙醇脱水 | 黏土（$SiO_2$-$Al_2O_3$） |
| 1831 | Phillips | $2SO_2 + O_2 \longrightarrow 2SO_3$ | Pt |
| 1838 | | $NH_3 + 2O_2 \longrightarrow HNO_3 + H_2O$ | Pt |
| 1844 | Faraday | 乙烯氢化 | 铂黑 |
| 1857 | Deacon | $4HCl + O_2 \longrightarrow 2Cl_2 + 2H_2O$ | $CuSO_4$ |
| 1877 | Friedel-Crafts | 烃类缩合 | $AlCl_3$ |
| 1879 | | $2SO_2 + O_2 \longrightarrow 2SO_3$ | $V_2O_5$-$K_2SO_4$/硅藻土 |
| 1882 | Tollens 和 Loew | $2CH_3OH + O_2 \longrightarrow 2HCHO + 2H_2O$ | Pt |
| 1903 | Sabatier | $RCHO \longrightarrow ROH$ | Ni |
| 1909 | Bosch 和 Mittasch | $N_2 + 3H_2 \longrightarrow 2NH_3$ | $Fe_3O_4$-$Al_2O_3$-$K_2O$ |
| 1913 | Schneider | $CO + H_2 \longrightarrow$ 碳氢化合物 | CoO |
| 1913 | McAfee | 石油裂解 | $AlCl_3$ |
| 1916 | Wohl | 甲苯 $\longrightarrow$ 苯甲酸 | $V_2O_5$,$MoO_3$ |
| 1920 | Weiss 和 Dows | 苯 $\longrightarrow$ 马来酸酐 | $V_2O_5$,$MoO_3$ |
| 1923 | Fischer-Tropsch | $CO + H_2 \longrightarrow C_nH_{2n+2}$ | $NiO/Al_2O_3$,$CoO/Al_2O_3$ |
| 1923 | BASF | $CO + 2H_2 \longrightarrow CH_3OH$ | $ZnO$-$CrO_3$ |
| 1930 | Exxon | $CH_4 + 2H_2O \longrightarrow 4H_2 + CO_2$ | $NiO/Al_2O_3$ |

| 年 代 | 发明者 | 化学反应 | 催化剂 |
|---|---|---|---|
| 1931 | Reppe | $C_2H_2 + H_2O \longrightarrow CH_3CHO$ | $Ni(CO)_4$，$FeH_2(CO)_4$ |
| 1935 | Ipatieff | 苯烷基化 | $H_3PO_4$ |
| 1936 | Houdry | 石油裂化 | $SiO_2$-$Al_2O_3$ |
| 1937 | | 低密度聚乙烯 | $CrO_3/SiO_2$-$Al_2O_3$ |
| 1938 | | 加氢甲酰化 | $HCo(CO)_4$ |
| 1940 | Carter-Johnson | $C_2H_2 \longrightarrow H_2C{=}CH{-}CH{=}CH_2$ | $CuCl + NH_4Cl$ |
| 1934~1942 | Exxon-Murphree | FCC | $SiO_2$-$Al_2O_3$ |
| 1948 | Hall | 异丙苯 $\longrightarrow$ 苯酚 | Na，Li，Cu，Ba 盐 |
| 1949 | | 汽油重整 | $Pt/Al_2O_3$ |
| 1953 | Ziegler | 高密度聚乙烯 | $TiCl_4$-$Al(C_2H_5)_3$ |
| 1954 | Natta | 高密度聚丙烯 | $TiCl_4$-$Al(C_2H_5)_3$ |
| 1956 | Smidt | $C_2H_4 + \dfrac{1}{2}O_2 \xrightarrow{HCl} CH_3CHO$ | $PdCl_2$-$CuCl_2$ |
| 1957~1959 | Grasselli-Galla-han | $C_3H_6 + O_2 + NH_3 \longrightarrow H_2C{=}CH{-}CN + 3H_2O$ | $Bi_2O_3$-$MoO_3/SiO_2$ |
| 1962 | Mobil Oil Co. | 石油裂解 | 沸石 |
| 1964 | | 加氢脱硫反应 | $CoO$-$MoO_3/Al_2O_3$ |
| 1964 | | $H_2C{=}CH_2 + \dfrac{1}{2}O_2 + 2HCl \longrightarrow Cl{-}\overset{\overset{\displaystyle H}{\vert}}{\underset{\underset{\displaystyle H}{\vert}}{C}}{-}\overset{\overset{\displaystyle H}{\vert}}{\underset{\underset{\displaystyle H}{\vert}}{C}}{-}Cl + H_2O$ | $CuCl_2/Al_2O_3$ |
| 1970 | | 汽车废气净化 | $Pd$，$Pt$，$Rh/SiO_2$ |
| 1978 | Wilkinson | $CH_3OH + CO \longrightarrow CH_3COOH$ | Rh 络合物(配合物) |

在这一时期内，开发了一系列重要的金属催化剂（如，Fe系合成氨催化剂、雷尼 Ni 催化剂等），催化活性成分由金属扩大到氧化物（$V_2O_5$、$NiO$ 等），液体酸催化剂（$H_2SO_4$）的使用规模扩大。人们开始利用较为复杂的配方来开发和改善催化剂，并运用高度分散可提高催化活性的原理，来设计催化剂制造技术，例如沉淀法、浸渍法、热熔融法、浸取法等，成为现代催化剂工业中的基础技术。催化剂载体的作用及其选择也受到重视，选用的载体包括硅藻土、浮石、硅胶、氧化铝等。为了适应于大型固定床反应器的要求，开发出了成型技术，已有条状和锭状催化剂投入使用。这一时期已有较大的生产规模，但品种较为单一，除自产自用外，某些广泛使用的催化剂已作为商品进入市场。同时，工业实践的发展推动了催化理论的进展。1925 年 Tayler 提出活性中心理论，这对以后制造技术的发展起了重要作用。

**（2）发展阶段(1936~1965 年)**

此阶段工业催化剂生产规模扩大，品种增多。在第二次世界大战前后，由于对液体燃料的大量需求，使得把石油中的重油转变为高辛烷值汽油的催化裂化工艺获得了空前的发展，石油炼制的一些重要催化加工过程（如，石油裂化、石油裂解、汽油重整、加氢裂化等）都是在这一期间发展起来的，并且石油炼制工业中催化剂用量很大，促进了催化剂生产规模的扩大和技术进步。此外，移动床和流化床反应器的兴起，促进催化剂工业创立了新的成型方法，包括小球、微球的生产技术。同时，由于生产合成材料及其单体的过程陆续出现，工业催化剂的品种迅速增多（有机金属催化剂、固体酸催化剂、选择性氧化混合催化剂、加氢精制催化剂、新型分子筛、合成氨催化剂系列）。这一时期开始出现生产和销售工业催化剂的大型工厂，有些工厂已开始多品种生产。表1-1也列出了这一期间发明的重要催化剂，其中有些催化剂至今仍为工业生产所使用。

**(3) 更新换代时期(1966～1980年)**

在这一阶段，多相、均相、酶催化等多种催化过程先后出现，并涌现出一系列的新工艺、新技术和新产品。例如，高效率的络合（配合）催化剂（Co络合物、Rh络合物、烯烃聚合催化剂）相继问世；为了节能而发展了低压作业的催化剂（Cu-Zn-Al-O催化剂）；固体催化剂的造型渐趋多样化（三叶形、四叶形、蜂窝状、球状、轮辐状）；新型分子筛催化剂（ZSM-5等）不断开发与使用；环境保护催化剂开始大规模生产；生物催化剂受到重视。各大型催化剂公司纷纷加强研究和开发部门的力量，以适应催化剂更新换代周期日益缩短的趋势，加强对用户的指导服务，出现了经营催化剂的跨国公司。

**(4) 成熟阶段(20世纪80年代以后)**

20世纪80年代以来，催化剂的工业应用没有太大的新发现，只是在催化剂的基础研究及某些工艺用催化剂方面有较大进展，催化剂的开发仍将配合化学工业的发展。20世纪90年代绿色化学迅速兴起，"原子经济性"概念被提出，即必须考虑在化学反应中究竟有多少原料的原子进入了产品中。这一标准要求尽可能地节约资源，并最大限度地减少废物排放。在这一时期，手性催化发展迅速，反映出社会对医药、农药及精细化学品的极大需求。因此，催化剂的研究开发更着重于各种高价值及特殊用途的产品及工艺过程。例如，在特殊化学品（精细化工产品）及合成材料技术中已使用新型的催化剂，包括固体超强酸（碱）催化剂、合成沸石催化剂、相转移催化剂、高分子催化剂等，并将它们用于绿色化学工艺过程。催化剂在未来的发展中，其本身也将被设计成各种不同的产品，有各种不同的用途。表1-2列举了20世纪80年代及以后一些重要的催化过程。

表1-2  20世纪80年代及以后一些重要的催化过程

| 年代 | 催化过程 | 催化剂 |
|---|---|---|
| 20世纪80年代 | 乙烯和苯转化为苯乙烯,甲醇制汽油(MTG) | H-ZSM-5 |
| | 乙烯和醋酸制醋酸乙烯 | Pt |
| | 叔丁醇氧化制甲基丙烯酸甲酯 | Mo氧化物 |
| | 煤液化技术改进 | (Co,Ni)硫化物 |
| | 烃类加氢处理 | Pt或Ni/分子筛H$^+$镁碱沸石 |
| | 催化蒸馏 | 酸性离子交换树脂 |
| | 维生素K$_4$生产 | Pt膜催化剂 |
| | 烷烃脱氢环化/低碳烷烃转化至芳烃 | Ga-ZSM-5 |
| | 2-甲基丙烯醛氧化/异丁烯加氢 | Mo-V-P(杂多酸) |
| | 四氢呋喃聚合 | 相转移催化剂 |
| | 低碳烯烃的氢甲酰化 | 水溶性铑膦催化剂 |
| | 等规聚丙烯 | 茂金属催化剂 |
| | 同时处理CO、C$_x$H$_y$、NO$_x$三种汽车尾气 | Pd/Rh三效催化剂 |
| | 使用H$_2$O$_2$环己酮氨氧化制环己酮肟 | TS-1 |

| 年代 | 催化过程 | 催化剂 |
|---|---|---|
| 20世纪90年代及以后 | 丙酮生产二甲基碳酸酯 | CuCl$_2$ |
| | 苯酚转化为苯二酚和邻苯二酚 | TS-1 |
| | 1-丁烯异构为2-甲基丙烯 | H$^+$镁碱沸石/ H$^+$-Theta-1沸石 |
| | 环己酮肟异构化制 ε-己内酰胺 | 硅铝磷酸盐分子筛(SAPO-11) |
| | 丙烯腈制丙烯酰胺 | 固定化腈水合酶 |
| | 天然气选择性氧化 H$_2$S 脱硫 | 混合氧化物 |
| | 甲醇生产轻质烯烃 | 硅铝磷酸盐分子筛 |
| | 烯烃低聚 | 分子筛 |
| | 富马酸铵生产 L-天冬氨酸和 L-苯胺 | 固载化微生物 |
| | 甲苯转化至甲苯顺式二醇 | 恶臭假单胞菌 |
| | 以丙烯为烷化剂生产 2,6-二异丙基萘 | 酸性分子筛(丝光沸石) |
| | 次氯酸盐分解 | NiO |
| | 醇脱水 | 杂多酸盐 |
| | 丙烯羰基化工艺 | 铑-双亚磷酸酯 |

纵观催化科学从诞生到成熟的百余年发展历程，可以发现催化科学具有以下特点：

① 发展迅速 在现阶段，催化科学的广度与深度都在迅速提高。人类在探索、开发新型催化剂的过程中，不断归纳、提出新概念与新理论，而在理论的推动下又更加广泛深入地探索和开发新型催化剂与催化过程，为了解决新问题，随之又发展了新的研究技术和实验方法，这些技术和方法使催化研究逐步从宏观走向微观，进入分子、原子水平。理论研究和技术开发相互促进，优势互补。

② 综合性强 催化科学是在许多基础学科的基础上发生发展起来的。这些学科包括：化学热力学、化学动力学、固体物理、表面化学、结构化学、量子化学、化工单元操作、化工设备等。催化科学综合、吸收、应用了这些学科的成果并与这些学科相互渗透，互为补充。

③ 实用性强 催化科学是一门实用性很强的科学，它与化学工业生产联系十分密切，从生产实践中汲取营养，其研究成果又直接用于化工生产，并显著影响生产效率和经济效益。

## 1.2 催化技术的重要应用领域

催化科学来源于化学工业的生产实践，反过来催化科学通过开发新的催化技术革新化学工业，提高经济效益和产品的竞争力，推动了化学工业的发展，同时通过学科渗透为发展新型材料、新能源等作贡献。目前，催化技术已广泛应用于化工、能源、环境保护等行业，为人类的生产、生活提供各种产品，在经济和社会发展中起到举足轻重的作用。

### 1.2.1 能源与化工催化

催化在能源与化学工业中的作用是多方面的，且意义深远。众所周知，催化技术在石油基能源工业的发展过程中发挥了关键性作用。例如：催化裂化将不能做轻质燃料的常、减压馏分油加工成辛烷值较高的汽油，同时副产干气（$C_2$ 以下）和液化石油气（$C_3 \sim C_4$）；催化重整使轻油馏分加工为富含芳烃的高辛烷值汽油，从重整汽油中提取 BTX（苯、甲苯、二甲苯）；加氢裂化将重质馏分油加氢裂解得到优质汽油、煤油、柴油；加氢精制用来脱除各馏分中的硫、氮、重金属等，获得高质量产品。通过催化裂化、催化重整、加氢精制、加氢裂化等催化反应，可以从石油增产优质燃料油、润滑油和 $C_2H_4$、$C_3H_6$、$C_4H_8$、$C_2H_2$、$C_4H_6$ 等小分子化工原料。$C_2H_4$、$C_3H_6$、$C_4H_6$、$C_2H_2$、BTX、萘等是有机合成和三大合成材料的基础原料。

催化技术在石油开采方面也具有广泛的发展前景。比如已经实现工业应用的注空气低温催化氧化采油技术，其基本原理是：在注空气采油过程中加入具有催化氧化和裂解功能的催化剂，促进稠油的低温氧化反应和裂解改质，加速耗氧以保证稠油注空气采油全过程的安全性。此外，国内外还在研究稠油的催化改质降黏和催化火驱开采技术。

在新型煤基能源工业（生产燃料和提供原料），多相催化技术也将发挥关键性作用。新型的煤化工，即以煤为基础生产基本化工原料和燃料的化工路线为：首先将煤转化为合成气和煤的初级液体形式（气化和液化），其次将合成气转化为烃类［费-托（Fischer-Tropsch，F-T［合成］。当天然气不足时需要提供人造的高能量的、可供管输的合成天然气（SNG），其中包括由合成气转化为甲烷的过程（甲烷化）。第三步就是将甲醇转化为烃类的 Mobil 过程。

由于石油资源的日益枯竭与开采利用造成的环境污染，迫切需要开发氢能、太阳能等新能源。近 20 年来，光催化及其相关技术得到了快速发展，光催化制氢和太阳能转换方面得到了广泛研究。通过太阳光驱动水分解的"人工光合作用"是实现太阳能转换生产清洁可再生氢能的理想方法。目前，光催化剂开发的热点主要是：非 $TiO_2$ 半导体材料、混合/复合半导体材料、掺杂 $TiO_2$ 催化剂，催化剂的表面修饰、制备方法和处理途径的探索等。

## 1.2.2　化肥催化

化肥的生产涉及一系列的前加工工业，包括合成氨、硝酸、硫酸工业。在这些前加工工业中所采用的各类催化剂和固体净化剂统称为化肥催化剂。此外，在氢气、合成气（CO 和 $H_2$）的工业生产中也必须采用与此相关的催化剂。以催化方法生产的化肥主要是指氮肥。常用的氮肥有硝酸铵、硫酸铵、尿素、碳酸氢铵和氨水等。氮肥生产中，以合成氨为基本方法。

合成氨的原料很多，包括天然气、炼厂气、焦炉气、轻油（石脑油）、渣油或重油、煤或焦炭。不同原料的生产流程不同，需要采用的催化剂也不尽相同。例如，当以天然气或轻油为原料时，首先要对原料进行脱硫处理，然后将原料中的烃类与水蒸气及空气反应，使烃类转化为含有 $H_2$、$N_2$、CO 等组成的粗原料气，该过程称为蒸汽转化。接着是 CO 和水蒸气变换生成 $H_2$ 和 $CO_2$，变换气脱除 $CO_2$ 后还含有极少量 CO 和 $CO_2$，它们对合成氨催化剂有毒害作用，需要预先经过甲烷化过程，使其加氢转变成不毒害催化剂的甲烷。至此才制成了合格的合成氨用氢氮混合原料气，最后是氨合成过程，制造出氨。在以上一系列脱硫、蒸汽转化、变换、甲烷化、氨合成等过程中，每一步化学反应都是在催化剂参与下进行的，所需的催化剂多达 8 种。当以煤为原料时，煤气化为粗原料气过程中不需要催化剂，但在其后的变换、甲烷化和氨合成等过程中则需要用催化剂。当以渣油或重油为原料时，油的气化和脱硫是非催化过程，但原料气脱硫、CO 变换和氨合成等过程必须采用催化剂。

硝酸是生产硝酸铵、硝酸钾和硝酸磷肥的原料之一。工业上生产硝酸的方法是氨氧化法，即用空气将氨氧化为氧化氮，然后用水吸收则变成硝酸，该工艺中的氨氧化需要采用Pt-Rh 催化剂。硫酸是制造磷肥和硫酸铵的重要原料之一。生产硫酸的过程是首先将硫铁矿或硫黄与空气一起焙烧，生成含 $SO_2$ 的混合气，然后将 $SO_2$ 氧化为 $SO_3$，再用 98.3％硫酸吸收 $SO_3$ 得到浓硫酸。$SO_2$ 氧化过程中需要采用催化剂，该过程最初采用 $NO_2$ 作催化剂，但设备庞大，生产的硫酸浓度低。后来开发了活性高、抗毒性好，且价格低廉的 V 催化剂，使得硫酸生产的产量和质量大幅度提高，成本下降。

## 1.2.3 环境催化

环境催化是指利用催化剂控制环境不能接受的化合物排放的化学过程。也就是说，应用催化剂将排放出的污染物转化成无害物质或者回收加以重新利用，以达到在生产过程中尽可能地减少污染物的排放量，甚至无污染排放的目的；此外，用新的催化剂工艺制备化学品以取代对环境有害的物质，谋求从根本上解决环境污染问题，在这些方面催化剂起着关键作用。

**(1) 机动车尾气催化净化**

随着汽油车、柴油车等机动车的大量使用，尾气排放及其大气污染日益严重，促使出台了更加严格的大气环保法规，同时促进机动车尾气转化催化剂的研究与开发呈高速发展趋势。首先，为提高燃料燃烧效率和减少 CO 排放，汽车发动机将逐渐采用汽油缸内直喷（GDI）及贫燃技术，其燃料经济性高出 20％～25％。由于 $O_2$ 过剩，$NO_x$ 排放增加，因而将 $NO_x$ 还原脱除就成为一项技术难题。目前正在研究的解决方案包括 $NO_x$ 捕集、选择性还原（SCR）和使用电热催化剂等。其次是针对启动后 20～30s 尾气的净化，设计发动机冷启动时能快速预热的紧密耦合催化剂（CCC）。此外，生产商正致力于减少汽车尾气转化催化剂中的贵金属含量。目前，由于环境治理法规进一步严格，机动车排放到大气中的颗粒物（$PM_{2.5}$）也受到严格控制，因此，机动车尾气排放的三元污染物催化（TWC）处理正在向着更加严格的四元污染物（即 CO、$C_xH_y$、$NO_x$、$PM_{2.5}$）治理体系过渡，开发四元污染物催化（FWC）体系很有必要。

**(2) 烟气脱硫、脱氮**

$NO_x$（包括 $N_2O$、NO 及 $NO_2$）和 $SO_x$ 对环境危害较大，是形成雾霾的元凶之一。$NO_x$ 易形成光化学烟雾，破坏高空臭氧层及引起温室效应；同时，$NO_x$ 和 $SO_x$ 是形成酸雨的主要来源。对 $NO_x$ 和 $SO_x$ 的脱除逐渐引起了人们的重视。目前烟气脱硫、脱氮装置大多是分步进行的，首先用 $NH_3$ 将 $NO_x$ 催化还原为 $N_2$ 和 $H_2O$，称为选择催化还原过程，即 $NH_3$-SCR，常用分子筛、$TiO_2$ 或 $TiO_2/SiO_2$ 作载体，$V_2O_5$、$MoO_3$、$WO_3$ 和 $Cr_2O_3$ 作活性组分，其中 $V_2O_5/TiO_2$ 最为常用。脱除 $NO_x$ 的烟气再进行脱硫反应，工业上主要用钒或者活性炭作催化剂，实现 $SO_2$ 的氧化脱除。除此之外，人们正在研究开发更有效、更廉价的催化剂，包括单一金属氧化物催化剂，如 CeO、MgO 及 CuO 等；尖晶石型复合金属氧化物催化剂，如 Mg-Al 尖晶石催化剂；以及层状双羟基复合金属氧化物催化剂（水滑石）等。此外，由于烟道气中通常同时含有 $NO_x$ 和 $SO_x$，因而开发能够同时消除 $NO_x$ 和 $SO_x$ 的技术将成为今后的研究重点。

**(3) 水中污染物治理**

20 世纪 80 年代后期，随着对环境污染控制研究的日益重视，光催化氧化法被广泛应用于水中污染物的治理研究，并取得了显著的效果。光催化降解技术中，通常是以 $TiO_2$ 等半导体材料为催化剂。$TiO_2$ 能有效地将废水中的有机物降解为 $H_2O$、$CO_2$、$SO_4^{2-}$、$PO_4^{3-}$、$NO_3^-$、卤素离子等无机小分子，达到完全无机化的目的。目前研究最多的是降解染料废水中的有机物。$TiO_2$ 也对许多无机物具有光化学活性。研究表明，利用 $TiO_2$ 催化剂的强氧化还原能力，可以将污水中 Hg、Cr、Pb 及氧化物等降解为无机物。比如，采用 $TiO_2$ 光催化剂可以处理含 $Cr^{6+}$ 废水，从 $Au(CN)_4^-$ 中还原 Au，还能将 $SO_4^{2-}$ 和 $NO_x$ 还原成单质或无毒低氧化态氧化物等。

## 1.2.4  生物催化

生物催化是指在生物催化剂作用下的反应过程。生物催化剂是指生物反应过程中起催化作用的游离或固定化细胞以及游离或固定化酶的总称，其本质是酶。虽然酶是不同于化学催化剂的另一种类型的催化剂，但现代研究表明，酶催化过程的物理化学规律与化学催化剂是一致的。只不过酶的催化作用是生化反应的核心，化学催化剂是化学反应的关键。生物催化几乎能应用于所有化学反应，对于有些很难进行、甚至不能进行的化学反应也能应用。目前，生物催化已涉及羟基化、环氧化、脱氢、氢化等氧化还原反应，以及水解、水合、酯化、酯转移、脱水、脱羧、酰化、胺化、异构化和芳构化等各类化学反应。

与化学催化技术相比，生物催化技术具有以下特点：①催化效率高；②专一性强；③原子经济性好；④环境友好；⑤生物催化反应条件温和，一般在常温常压下进行，能耗和水耗低。生物催化是人类从石油文明向"低碳经济"过渡的最佳途径，是绿色化学与绿色化工发展的重要趋势之一。近年来生物催化与传统的化学催化的关系越来越密切，展现出了广阔的应用前景。

在医药和农药工业中，以酶作催化剂已经大量生产维生素、抗生素、激素以及多种药物、农药；在食品工业中，用酶催化的生物化工方法可生产发酵食品、调味品、醇类饮料、有机酸、氨基酸、甜味剂以及各种保健食品；在化学工业中，用生物催化剂已能生产多种化工原料，如甲醇、乙醇、丁二醇、异丙醇、丙二醇、木糖醇、柠檬酸、葡萄糖酸、己二酸、丙酮、甘油等，还可合成许多高分子化合物，如多糖、葡萄糖、可生物降解高聚物聚羟基丁酸等。

在能源工业中，采用生物催化剂可以从纤维素、淀粉、有机废弃物等可再生资源中大量生产甲烷、甲酸、乙酸等。这对于减少化石资源的消耗和 $CO_2$ 气体的排放，充分利用可再生资源、生物质资源有重要的意义和应用前景。

## 1.2.5  手性(不对称)催化

化学手性催化合成反应的研究开始于 20 世纪 60 年代。1966 年，野依良治设计了以席夫碱与铜合成的络合催化剂，进行均相不对称催化环丙烷化反应，开创了首例均相不对称催化反应的先河。1968 年，化学家 Knowles 和 Horner 几乎同时将手性膦配体引入 Wilkinson 催化剂，成功地实现了不对称催化氢化反应。20 世纪 70 年代中期，孟山都公司成功运用 Knowles 的不对称催化氢化技术工业合成了治疗神经系统帕金森病的药物——左旋多巴。这是世界上第一个在工业上使用的不对称催化反应。80 年代，Sharpless 首次通过手性钛酸酯及过氧叔丁醇对烯丙醇进行不对称催化环氧化，生产手性缩水甘油。生产部门很快应用这种手性催化反应，研制了治疗心脏病和高血压的 $\beta$-肾上腺素能受体阻滞剂普萘洛尔（心得安）。90 年代，不对称环丙烷化反应被用于合成除虫菊酯或生产拟除虫菊酯类农药，日本住友公司利用该反应开发了二肽抑制剂 Ciclastatin，这种新型农药具有对害虫杀灭作用快、对人类和哺乳动物低毒的优点。此外，工业上也应用手性催化羰基的还原及合成反应合成手性药物和农药的中间体。

手性催化是目前化学学科最为活跃的研究领域之一。除已取得突破成果的领域外，其他方向包括研发 CO、CO₂、HCN 和 RNC 等小分子手性氢甲酰化、氢羧基化、氢氰基化的合成应用，C—H、C—C 键活化的手性催化加成于端基炔键的合成应用，烯键、炔键的手性催化歧化合成以及闭环歧化、交错歧化，还有手性碱催化合成应用等。近年来，研究人员在制备新型手性催化剂、发展新的高效的手性催化反应以及在相关新概念和新方法等研究方面虽然取得了一些重要进展，但真正在手性工业合成中得到应用的技术还十分有限。如何实现催化剂的高效率、高选择性是手性催化反应工业应用的关键和难点。

## 1.2.6 新材料合成和新型催化材料

新材料或新型催化技术的问世，往往会引发革命性的工业变革，并伴随产生巨大的社会和经济效益。1913 年，铁基催化剂的问世实现了氨的合成，从此化肥工业在世界范围迅速发展；1940 年，合成高辛烷值汽油的催化工艺奠定了现代燃料工业的基础；20 世纪 50 年代末，Ziegler-Natta 催化剂的问世开创了聚烯烃合成高分子材料工业。60 年代初，分子筛凭借其特殊的结构和性能引发了催化领域的一场变革；70 年代，汽车尾气催化净化器在美国实现工业化，并在世界范围内引起了普遍重视；80 年代，金属茂催化剂的设计、合成和应用，使得聚烯烃工业出现新的发展机遇。90 年代，由于基因重组工程和生物筛选技术的改进和新的稳定技术的开发成功，使生物催化剂开始应用于多种工业化生产过程。可以预见，新催化材料和催化剂的研究仍将是 21 世纪催化剂技术发展的研究热点之一。

从技术发展动向看，分子筛领域的研究仍很活跃，包括开发新分子筛的有机模板剂、改变分子筛骨架元素以发现新型分子筛物相、合成具有可交换羟基的沸石分子筛、纳米分子筛的合成、沸石分子筛无机模板、分子筛与有机高分子的复合材料等，分子筛应用领域向环保、材料科学和生命科学延伸。在茂金属领域，茂金属催化剂尚处于开发生产的初期阶段，需要进一步解决生产成本比较高、聚合产物加工性等问题，其今后的发展一方面继续实现技术的工业应用，力争使茂树脂能进入需求量大的通用产品市场；另外仍要围绕主催化剂的结构、配位体结构及其取代基的优化、桥链的变换与修饰、助催化剂的选配等进行深入的开发研究，以扩大聚合单体的种类，获得新的高聚物。生物催化剂的本质是酶，虽然具有催化效率高、专一性强和污染少等优点，但在有机溶剂中生物催化剂的稳定性和耐受性都很低，易受到有机溶剂的破坏，此外它的催化活性还受到溶剂 pH 和反应温度的影响，而有些工业生产过程需在一定的温度、压力、pH 值或有机溶剂条件下进行，因此要求所用生物催化剂具有较高的耐受力，以适应工业化生产需要。目前生物催化技术的应用主要局限于无合适的生物催化剂，应用现代筛选技术可获得理想的生物催化剂。将生物诱变技术和高通筛选技术相结合是获得理想生物催化剂的有效方法。除了分子筛、茂金属催化剂和生物催化剂三大催化材料之外，还有一些已经工业应用的催化材料正在扩大其应用领域，如杂多酸、非晶态合金、水溶性络合催化剂、固体超强酸等；此外，新型催化材料的开发已经在研究探索中，如纳米材料、无机有机复合材料、离子液体、金属氮化物和碳化物等。

──── 思考题 ────

1. 催化科学是如何形成的？
2. 简述催化科学的发展阶段和特点。
3. 简述催化技术的重要应用领域。

# 第2章

# 催化剂概述

## 2.1 催化剂和催化作用的基本特征

根据国际纯粹和应用化学协会（IUPAC）于 1981 年提出的定义：催化剂是一种物质，它能够改变化学反应的速率，而不改变该反应的标准 Gibbs 自由焓变化。因此，催化剂和催化作用具有以下五个基本特征。

**（1）催化剂能够改变化学反应速率**

各类化学反应速率之间差异很大，快反应在 $10^{-12}$ s 内便完成。例如，HCl 和 NaOH 这类酸碱中和的反应，就是"一触即发"的快速反应。而慢反应，则要经历上万年或亿年的时间才能察觉到。例如，将 $H_2$ 和 $O_2$ 的混合气在 9℃ 时生成 0.15％ 的水要长达 106 亿年的时间；如果在这种混合气体中加入少量的铂黑催化剂，反应即以爆炸的方式进行，瞬间完成。某些酶催化剂比普通的催化剂具有更高的效率，例如乙烯水合反应，富马酸酶的催化效率为一般酸碱催化剂催化效率的 2000 亿倍。加快反应速率的催化剂称为正催化剂，而减慢反应速率的催化剂称为负催化剂。例如，早期使用的汽油抗爆剂四乙基铅、甲基环戊二烯三羰基锰（MMT），均可减慢汽油和空气混合点燃时的反应速率，二者均为负催化剂。显然，催化剂的主要作用是改变化学反应速率，其原因是催化剂的加入能够改变反应历程，使反应沿着需要活化能更低的路径进行。

以 $N_2$ 和 $H_2$ 合成氨的反应为例，不加催化剂时，反应速率极慢，因为要断开 $N_2$ 分子和 $H_2$ 分子中的键形成活泼的物种需要大的能量，活化能为 238.6kJ/mol，这些裂解生成的物种聚在一起的概率很小，在通常条件下，自发生成氨的可能性是极其微小的。

$$N_2 + 3H_2 \rightleftharpoons 2NH_3$$

若在体系中加入催化剂，则催化剂可以通过化学吸附帮助 $N_2$ 和 $H_2$ 解离，并通过一系列表面反应，使它们容易结合。其过程如下：

$$N_2 + 2* \rightleftharpoons 2N*$$
$$H_2 + 2* \rightleftharpoons 2H*$$
$$N* + H* \rightleftharpoons NH* + *$$
$$NH* + H* \rightleftharpoons NH_2* + *$$
$$NH_2* + H* \rightleftharpoons NH_3* + *$$
$$NH_3* \rightleftharpoons NH_3 + *$$

式中，＊表示化学吸附部位，带＊号的物种表示处于吸附态。上述各步中决定反应速率的步骤是 $N_2$ 的吸附，它需要的活化能（$E$）只有 50.2kJ/mol，根据 Arrhenius 方程，活化能的降低能够提高反应速率常数（$k$）的值，加快反应速率。例如，在 500℃ 时，与没有催化剂时相比，上述合成氨反应加入催化剂后反应速率增大 3000 倍。

$$k = A\exp\left(\frac{-E}{RT}\right)$$

可见，在催化剂的作用下，反应沿着更容易进行的途径发生。新的反应途径通常由一系列基元反应构成，如上述所示。对于简单反应，可以用下式表示：

$$A \rightleftharpoons B$$

无催化剂反应活化能为 $E$，当有催化剂 $K$ 存在时，反应历程改变为两步：

$$A + K \rightleftharpoons AK$$
$$AK \rightleftharpoons B + K$$

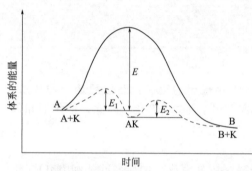

图 2-1　催化作用的活化能
—— 非催化反应；- - - - 催化反应

第一步催化反应的活化能为 $E_1$（即分子 A 在催化剂表面上化学吸附的活化能），第二步的活化能为 $E_2$（即表面吸附物 AK 转变成产物 B 和催化剂 K 的活化能）。$E_1$ 和 $E_2$ 都小于 $E$，且 $E_1 + E_2$ 通常也小于 $E$，见图 2-1。

碰撞理论或过渡状态理论分析表明，催化反应的活化能都比非催化同一反应的活化能要低。表 2-1 列举了一些催化反应和非催化反应的活化能。根据 Arrhenius 方程，催化剂的作用或是在给定温度下提高速率，或是降低达到给定速率所需的温度。

**表 2-1　催化反应和非催化反应的活化能**　　单位：kJ/mol

| 反　应 | $E$（非催化） | $E$（催化） | 催化剂 |
|---|---|---|---|
| $2HI \longrightarrow H_2 + I_2$ | 184 | — | |
| | — | 105 | Au |
| | — | 59 | Pt |
| $2N_2O \longrightarrow 2N_2 + O_2$ | 245 | — | |
| | — | 121 | Au |
| | — | 134 | Pt |
| $(C_2H_5)_2O$ 的热解 | 224 | — | |
| | — | 144 | $I_2$ 蒸气 |

**（2）催化剂不改变化学平衡**

根据热力学理论，化学反应的自由焓变化 $\Delta G^{\ominus}$ 与平衡常数 $K_a$ 间存在下列关系。

$$\Delta G^{\ominus} = -RT\ln K_a$$

既然催化剂在反应始态和终态相同，则催化反应与非催化反应的自由焓变化值应相同，所以 $K_a$ 值相同，即催化剂不能改变化学平衡。例如，热力学计算表明，$N_2$ 和 $H_2$（$H_2 : N_2 = 3 : 1$）在 400℃、30.39MPa 下能够发生反应，生成的 $NH_3$ 的最终平衡浓度为 35.87%（体积分数），这是理论上在该反应条件下 $NH_3$ 浓度所能达到的最高值。为了实现该理论产率，可以采用高性能催化剂加速反应。但实验表明，任何优良的催化剂都只能缩短达到平衡的时间，而不能改变平衡位置。由此可以得出：催化剂只能在化学热力学允许的条件下，在动力学上对反应施加影响，提高其达到平衡状态的速度。这个结论的重要性在于，不要为那些在热力学上不可能实现的反应白白浪费人力、物力去寻找高效催化剂；应根据热力学计算，分析在一定条件下某一工业过程离平衡还有多大的潜力；选择更有利的反应条件去寻找适宜的催化剂。

根据 $K_a = k_正 / k_逆$，既然催化剂不能改变平衡常数 $K_a$ 的数值，故其必然以相同的比例加速正、逆反应的速率常数。因此，对正方向反应有效的催化剂，对逆方向反应同样有效。例如，当采用 Pt 或 Ni 催化剂，$200 \sim 240\,℃$ 时苯几乎完全加氢生成环己烷，而在 $260 \sim 300\,℃$ 时，环己烷则脱氢生成苯。

利用上述原则，有助于减少催化研究的难度和工作量。例如，实验室评价合成氨的催化剂，需用高压设备，但如研究它的逆反应——氨的分解，则可在常压进行。因此，至今仍不断有关于氨的分解的研究报道，其目的在于改进它的逆过程——氨的合成。在研究用 CO 和 $H_2$ 为原料合成 $CH_3OH$ 时，也曾用甲醇常压分解反应来初步筛选甲醇合成催化剂。

**(3) 催化剂对反应具有选择性**

当化学反应在理论上（热力学上）可能有几个反应方向时，通常一种催化剂在一定条件下，只对其中的一个反应方向起加速作用，这种专门对某一个化学反应起加速作用的性能，称为催化剂的选择性。例如，以合成气（$CO + H_2$）为原料，使用不同催化剂可得不同产物：

$$
CO + H_2 \longrightarrow
\begin{cases}
\text{Ni/硅藻土, 250℃, 3.040MPa} \longrightarrow CH_4(\text{甲烷}) \\
\text{Cu-ZnO-Al}_2\text{O}_3\text{, 260℃, 5.066MPa} \longrightarrow CH_3OH(\text{甲醇}) \\
\text{Fe或Co, 约200℃, 1.013}\sim\text{2.027MPa} \longrightarrow C_nH_{2n+2}(\text{合成汽油}) \\
\text{Cu-ZnO-Al}_2\text{O}_3\text{-K}_2\text{O, 350℃, 5.066MPa} \longrightarrow C_nH_{2n+1}OH(\text{高级醇}) \\
\text{Ru催化剂, 150℃, 15.199MPa} \longrightarrow \text{固体石蜡}
\end{cases}
$$

利用催化剂的选择性，可以促进有利反应，抑制不利反应，在工业上具有特别重要的意义，使人们能够采用较少的原料合成各种各样所需要的产品。尤其是对反应平衡常数较小、热力学上不很有利的反应，需要选择合适的催化剂，才能获得所需产物。例如，$C_2H_4$ 在 $250\,℃$ 下有三个氧化反应：

$$CH_2\!\!=\!\!CH_2 + \frac{1}{2}O_2 \Longrightarrow \underset{\underset{O}{\diagdown\!\diagup}}{CH_2\!\!-\!\!CH_2} \qquad K_{p1} = 1.6 \times 10^6 \tag{1}$$

$$CH_2\!\!=\!\!CH_2 + \frac{1}{2}O_2 \Longrightarrow CH_3CHO \qquad K_{p2} = 6.3 \times 10^{18} \tag{2}$$

$$CH_2\!\!=\!\!CH_2 + 3O_2 \Longrightarrow 2CO_2 + 2H_2O \qquad K_{p3} = 6.3 \times 10^{120} \tag{3}$$

从热力学上看，反应（3）的平衡常数最大，发生的可能性最大，反应（2）次之，反应（1）则最难发生。利用催化剂的选择性，在工业上，使用 Ag 催化剂可选择性地加速反应（1），得到环氧乙烷；若用 Pd 催化剂则可选择性地加速反应（2），得到乙醛。可见，使用不同的催化剂可以从同一反应物得到不同产物。例如，乙醇的转化，在不同催化剂的作用下，得到不同产物，如表 2-2 所示。

**表 2-2  在不同催化剂作用下乙醇的反应产物**

| 催化剂 | 温度/℃ | 反应 |
|---|---|---|
| Cu | 200~250 | $C_2H_5OH \longrightarrow CH_3CHO + H_2$ |
| $Al_2O_3$ | 350~380 | $C_2H_5OH \longrightarrow C_2H_4 + H_2O$ |
| $Al_2O_3$ | 250 | $2C_2H_5OH \longrightarrow (C_2H_5)_2O + H_2O$ |
| $MgO\text{-}SiO_2$ | 360~370 | $2C_2H_5OH \longrightarrow CH_2{=}CH{-}CH{=}CH_2 + 2H_2O + H_2$ |

**（4）催化剂在反应中不消耗**

催化剂参与反应，经历几个反应组成的一个循环过程后，催化剂又恢复到始态，反应物变成产物，此循环过程称为催化循环。例如，在催化剂参与下的水煤气变换反应历程为：

$$H_2O + * \Longrightarrow H_2 + O*$$
$$O* + CO \Longrightarrow CO_2 + *$$

式中，＊代表催化剂，两步反应相加可得 $H_2O + CO \overset{*}{\Longrightarrow} H_2 + CO_2$。可见，催化剂参与了反应，但是在反应结束后恢复到始态。因为催化剂在反应过程中并不消耗，很少的量就能使大量物质变化。例如，在 108L 溶液中只要有 1mol 的胶态 Pt，就能催化 $H_2O_2$ 的分解反应。

催化剂参加反应但不影响总的化学计量方程式，它的用量和反应产物量之间也没有化学计量关系。催化剂是参加反应的，有些物质虽然能加速反应，但本身不参加反应，就不能视之为催化剂。例如，离子之间的反应常常因加入盐而加速，因为盐改变了介质的离子强度，但盐本身并未参加反应，故不能视之为催化剂。同样，当溶液中的反应因改变溶剂而加速时（例如，水把两种固体溶解，使它们之间容易反应），这种溶剂效应也不能说成是催化作用。

能够加速反应的物质并不一定都是催化剂。引发剂引发链反应，例如苯乙烯聚合中所用的引发剂——二叔丁基过氧化物，它在聚合过程中完全消耗了，所以不能称作催化剂。

**（5）催化剂具有一定寿命**

催化剂在完成催化反应后，能够恢复到原来的状态，从而不断循环使用。原则上催化剂不因参与反应而导致改变，但实际上，参与反应后催化剂的组成、结构和纹理组织是会发生变化的。例如，金属催化剂使用后表面会变粗糙，晶格结构也变化了；氧化物催化剂使用后氧和金属的原子比常常发生变化。在长期受热和化学作用的使用条件下，催化剂会经受一些不可逆的物理变化和化学变化，如晶相与晶粒分散度变化、易挥发组分流失、易熔物熔融等，这些都会导致催化剂活性下降，造成在实际反应过程中，催化剂有一定的寿命，不能无限期使用。通常，催化剂从开始使用至它的活性下降到在生产中不能再用的程度称为催化剂的寿命。工业催化剂都有一定的使用寿命，这由催化剂的性质、使用条件、技术经济指标等决定。例如，合成氨 Fe 催化剂的寿命为 5~10 年，合成甲醇 Cu 基催化剂寿命为 2~8 年。

# 2.2  催化体系的分类

催化剂和催化反应多种多样，催化过程又很复杂，为了便于研究，需要对催化体系进行分类。目前常用的有以下几种分类。

## 2.2.1  按催化反应体系物相的均一性分类

根据催化剂与反应物的状态不同，催化反应分为均相催化和多相催化两大类型。

反应物和催化剂均处于同一个物相中，就称为均相催化（homogeneous catalysis），如 $SO_2$ 在 NO 催化下的氧化反应，硫酸催化下的酸醇酯化反应。近年来，均相催化多指溶液中有机金属化合物催化剂的配位催化作用，这种催化剂是可溶性的，活性中心是有机金属分子，通过金属原子周围的配位体与反应物分子的交换，反应物分子的重排和与自由配位体分子的反交换，使得至少有一种反应分子进入配位状态而被活化，从而促进反应的进行。例如，由甲醇经羰基化反应制醋酸，催化剂是以 Rh 为中心原子的配位化合物。

反应物与催化剂处于不同的物相中，催化剂和反应物间有相界面，称为多相催化（heterogeneous catalysis）。化学工业中使用最多的就是多相催化，而其中最常见的是固体催化剂体系。例如，分子筛催化剂作用下的重油催化裂化反应、过渡金属硫化物催化剂作用下的馏分油加氢精制反应。

酶催化（enzyme catalysis）兼有均相催化和多相催化的一些特性。酶是胶体大小的蛋白质分子，这种催化剂小到足以与所有反应物分子一起分散在一个相中，但又大到足以论及它表面上的许多活泼部位，所以酶催化介于均相催化和多相催化之间。例如，淀粉酶使淀粉水解成糊精。在生物体内发生的复杂生化过程是由酶催化剂完成的，酶催化的最大特点是惊人的效率和专一的选择性。例如，过氧化氢酶分解 $H_2O_2$ 比任何一种无机催化剂都快 $10^9$ 倍。因此，开发酶催化的工业应用很有意义。

按催化反应体系物相均一性进行的分类见表 2-3。

表 2-3　催化反应的分类

| 反　应 | 催化剂 | 反应物 | 示　例 |
|---|---|---|---|
| 均相催化 | 气相 | 气相 | 用 $NO_2$ 催化 $SO_2$ 氧化 |
| | 液相 | 液相 | 酸和碱催化葡萄糖的变旋光作用 |
| | 固相 | 固相 | $MnO_2$ 催化 $KClO_3$ 分解 |
| 多相催化 | 液相 | 气相 | 用 $H_3PO_4$ 进行烯烃聚合 |
| | 固相 | 液相 | Au 使 $H_2O_2$ 分解 |
| | 固相 | 气相 | 用 Fe 催化合成 $NH_3$ |
| | 固相 | 液相＋气相 | Pd 催化硝基苯加氢成苯胺 |
| 酶催化 | 酶 | 基质 | $H_2O_2$ 分解酶催化 $H_2O_2$ 分解 |

按照催化反应体系物相的均一性来分类，对研究催化反应体系中宏观动力学因素的影响以及工业生产中工艺流程的组织方法有指导意义。在均相催化中，反应物与催化剂是分子-分子或分子-离子间接触，一般情况下，传质过程在动力学上不占重要地位。但在多相催化中，涉及反应物从气相（或液相）向固体催化剂表面的传质过程，通常要考虑传质过程阻力对动力学的影响，因此在催化剂结构和反应器设计中就具有与均相催化体系不同的特点。

从科学研究的角度来看，均相和多相催化体系各有特点。均相配位催化反应机理涉及的是容易鉴别的物种，借助于金属有机化学技术在实验室容易研究这类反应。多相催化有单独的催化剂物相，界面现象尤为重要，扩散、吸附对反应速率都有决定性的作用，这些步骤难以与表面化学区分开，使得机理复杂化，因此多相体系在实验室研究困难较多。虽然反应物的消失和产物的出现容易跟踪，但一些重要的特征，诸如吸附的速率和动力学、活性表面的结构、反应中间物的本质，要求用不断更新的表征手段对之进行分析测试。在多相催化的每一个重要的应用中，对其确切的化学细节有许多的争论。例如合成氨工业化已有百年的历史，但关于其催化剂表面的本质仍有争议。由于多相催化剂便于生产，容易与反应物和产物分离，易控制管理，产品质量高，所以大多数工业催化过程采用这个方法。

从化工生产的角度来看，均相和多相催化体系具有不同的应用程度。均相催化过程实现工业化有较多的困难：由于液相反应对温度和压力有限制，反应设备复杂；催化剂和反应物或产物难分离，造成催化剂回收困难；另外，从液体或气体催化剂出发去设计催化过程和催化剂，往往非常复杂和困难。目前，工业上应用最广泛并取得巨大经济效益的是反应物为气相或液相、催化剂为固相的气（液）-固多相催化过程。这是因为，固体催化剂容易与产物分离，使用寿命长，便于连续生产，可实现自动控制，操作安全性高；而且从气-固多相催化体系来设计催化剂要容易得多。本书主要讨论多相催化反应。

## 2.2.2 按催化作用机理分类

按催化作用机理将催化体系分为氧化还原催化反应、酸碱催化反应和配位催化反应。

氧化还原催化反应是指催化剂使反应物分子中的键均裂出现不成对电子，并在催化剂的电子参与下与催化剂形成均裂键。这类反应的重要步骤是催化剂和反应物之间的单电子交换，例如，加氢反应中，$H_2$在金属催化剂表面均裂为化学吸附的活泼的氢原子。对这类反应具有催化活性的固体有接受和给出电子的能力，包括过渡金属及其化合物，在这类化合物中阳离子能容易地改变它的价态；还包括非化学计量的过渡金属化合物，如氧化物和硫化物。以氧化还原机理进行的催化反应包括加氢、脱氢、氧化、脱硫等。

$$H_2 + M\text{—}M \longrightarrow \overset{\displaystyle H}{\underset{\displaystyle |}{}}\overset{\displaystyle H}{\underset{\displaystyle |}{}}\text{—}M\text{—}M\text{—}$$

酸碱催化反应是指通过催化剂和反应物的自由电子对或在反应过程中由反应物分子的键非均裂形成的自由电子对，使反应物与催化剂形成非均裂键。例如，催化异构化反应中，烯烃与催化剂的酸性中心作用，生成活泼的碳正离子中间化合物。这类反应属于离子型机理，可从广义的酸、碱概念来理解催化剂的作用，其催化剂有主族元素的简单氧化物或它们的复合物以及有酸-碱性质的盐。这类催化反应包括水合、脱水、裂化、烷基化、异构化、歧化、聚合等。

$$\overset{\displaystyle H}{\underset{\displaystyle |}{R\text{—}C}}\!\!=\!CH_2 + H^+ \longrightarrow \overset{\displaystyle H}{\underset{\displaystyle \underset{\oplus}{|}}{R\text{—}C}}\text{—}CH_3$$

配位催化反应是指催化剂与反应物分子发生配位作用而使后者活化。所用的催化剂是有机过渡金属化合物。这类催化反应有烯烃氧化、烯烃氢甲酰化、烯烃聚合、烯烃加成、甲醇羰基化、烷烃氧化、芳烃氧化、酯交换等。

有的催化过程包含了两种或两种以上具有不同反应机理的反应，它所用的催化剂也有不同类型的活性位，称为双功能（或多功能）催化剂。例如，用于催化重整的$Pt/Al_2O_3$催化剂，Pt是氧化还原反应机理类型的催化剂，$Al_2O_3$是酸碱催化反应机理类型的催化剂。

## 2.2.3 按催化反应类别分类

这种分类方法是根据化学反应的类别，将催化反应分为加氢、脱氢、氧化、羰基化、水合、聚合、卤化、裂解、烷基化和异构化等反应。由于同类型反应常存在着某些共性，这就有可能用已知的催化剂来催化同类型的其他反应。例如，$V_2O_5$既可作为邻二甲苯氧化为邻苯二甲酸酐的催化剂，也可作为苯氧化为顺丁烯二酸酐的催化剂；Ni不但是烯烃和不饱和脂肪酸加氢的催化剂，也是苯加氢的催化剂。然而这种分类方法未能涉及催化作用的本质，所以不能用它来准确预见催化剂。例如，深度氧化和选择性氧化的催化剂就完全不同；选择性氧化中，双键氧化与烯丙基上 $\alpha$-H 的氧化所需的催化剂又不相同。

上述几种从不同角度提出来的分类方法，反映了催化科学的一定发展水平，随着催化科学的进展，催化剂的分类也会进一步发展和完善。

# 2.3 催化剂的组成及工业催化剂的基本性能要求

## 2.3.1 催化剂的组成

催化剂既可以由单一组分组成，也可由多组分组成。单组分催化剂通常为纯物质，而催化剂由多种组分组成时，一般为多组分复合物。催化剂可以呈固态、液态和气态，但工业催化过程中常见的是固体催化剂和液体催化剂。

**(1) 固体催化剂**

固体催化剂多数是多组分物系，由单一物质组成的催化剂为数不多。按各种组分起的作用，大致可将其分为三类，即活性组分或主催化剂、助催化剂或助剂和载体。

① 活性组分（active species） 活性组分对催化剂的活性起着主要作用，选择活性组分是催化剂设计的第一步。研究表明，催化剂中的活性组分并非所有部分都参与反应物到产物间的转化，只有一部分参与了催化转化。这些参与部分称为活性中心或活性位。有的催化剂，其活性组分不止一个，而且它们单独存在时对反应也有活性，则称这种物质为协同催化剂（cocatalyst）。例如，乙烯氧化制环氧乙烷的 Ag 催化剂，活性组分 Ag 就是单一的物质；丙烯氨氧化制丙烯腈用的 Mo-Bi 催化剂，活性组分就是 $MoO_3$ 和 $Bi_2O_3$ 两种物质。

有的催化剂具有两类活性中心，分别催化反应的不同步骤，这种催化剂称为双功能催化剂。例如，负载于酸性载体的 Pt 催化剂，用于正构烷烃的异构化反应时，正构烷烃首先脱氢成正构烯烃，正构烯烃再异构化为异构烯烃，然后异构烯烃再加氢成异构烷烃。这个反应的脱氢和加氢步骤是在金属 Pt 活性中心上进行的，而异构化步骤则是在载体的酸性活性中心上进行的。上述的双功能催化剂是两组分的，每组分各司一职。但也有些单一的化合物表现出具有多功能，例如，$Cr_2O_3$、$MoO_3$、$WS_2$ 既有酸催化活性又有加氢脱氢活性。

在化学工业中使用的固体催化剂，可按其活性组分的化合形态和导电性进行分类，见表 2-4。

表 2-4 固体催化剂按化合形态和导电性分类

| 类别 | 金属 | 氧化物及硫化物 | | 盐类 |
|---|---|---|---|---|
| 催化剂举例 | Ni、Pt、Cu | $V_2O_5$、$Cr_2O_3$、$MoS_2$ | $Al_2O_3$、$TiO_2$ | $SiO_2$-$Al_2O_3$、$NiSO_4$ |
| 导电性 | 导体 | 半导体 | 非导体 | 非导体 |
| 催化功能举例 | 加氢,脱氢,氢解,氧化 | 氧化,还原,脱氢,环化,加氢 | 脱水,异构 | 聚合,异构,裂解,烷基化 |

② 助催化剂 简称助剂，它单独存在时无催化活性或活性很小，但与活性组分共存时却可提高主催化剂的活性、选择性，改善催化剂的耐热性、抗毒性、机械强度和寿命等性能；

③ 载体 是固体催化剂所特有的组分。它可以起增大表面积，提高耐热性和机械强度的作用，有时还能担当共催化剂和助剂的角色，其在催化剂中的含量大于助剂。

### （2）液体催化剂

液体催化剂可以是本身为液态的物质，例如 $H_2SO_4$。但有些场合是以固体、液体或气体活性催化物质作为溶质与液态分散介质形成的催化液。分散介质可能是惰性的，仅作为溶剂使用；也可能是用反应物原料（液态）本身作为分散介质。有些溶剂不仅起分散作用，其具有的酸碱性、极性等可能对催化剂系统的动力学性质有重要影响，例如，含活性氢的溶剂就会有这种影响。催化剂可能是均一相，也可能是非均一相，如胶体溶液。

从液体催化剂的活性组分来看，有些是单组分系统，例如，$H_2SO_4$ 或其水溶液，NaOH 的水溶液或醇溶液，它们是酸碱型液体催化系统。Co、Mn 等金属的乙酸盐，环烷酸盐的乙酸溶液、烃溶液，常用作氧化还原型反应的液体催化系统。有些系统则为多组分系统，例如，$AlCl_3 + HCl$ 或 $BF_3 + HF$ 的烃溶液为重要的酸碱型液体催化系统。$CuCl + PdCl_2$ 的水溶液用作乙烯氧化制乙醛的液相催化系统。对于组成比较简单的液体催化剂，比如 $H_2SO_4$、NaOH 溶液等，只需要确定催化剂的浓度即可。但对组成复杂的液体催化剂，按各组分的功能大致分为四类：

① 溶剂　对催化剂活性组分、反应物、产物起溶解作用以及其他动力学效应。

② 活性组分　如前所述可能为单组分或多组分。

③ 助催化剂　例如，某些均相加氢中用 Pt-Sn 络合物催化剂，Sn 即为助催化剂；甲醇羰基化合成乙酸的催化系统中，用碘化物为助催化剂。

④ 其他添加剂　包括引发剂、配位基添加剂、酸碱型调节剂、稳定剂。

在液体催化系统中，起催化作用的组分形态不一定与配方时的原始形态相同。例如，在羰基合成中用 $Co_2(CO)_8$ 为催化剂前驱体，但其活性形态是与氢作用后所形成的 $HCo(CO)_4$ 或 $HCo(CO)_3$。因此常将配方中所用的形态称为母体或前驱体，母体经历一定的变化后，以另一种形态参与催化循环，该形态称为活性体。

## 2.3.2　工业催化剂的基本性能要求

工业催化过程多种多样，对催化剂除共同的要求外，对某一具体反应也有特殊要求。工业催化剂的性能取决于催化剂的物理化学性质，表 2-5 列出工业催化剂的性能要求及其物理化学性质。在所述性能中，最重要的是催化剂活性、选择性以及寿命这三项指标。催化剂活性高、选择性好和寿命长，就能保证在长期的运转中，催化剂的用量少，副反应生成物少和一定量的原料可以生产较多的产品。

表 2-5　工业催化剂的性能要求及其物理化学性质

| 性 能 要 求 | 物理化学性质 |
|---|---|
| 1. 活性<br>2. 选择性<br>3. 寿命:稳定性、强度、耐热性、抗毒性、耐污染性<br>4. 物理性质:形状、颗粒大小、粒度分布、密度、比热容、传热性能、成型性能、机械强度、耐磨性、粉化性能、焙烧性能、吸湿性能、流动性能等<br>5. 制造方法:制造设备、条件、制备难易、贮藏和保管等<br>6. 使用方法:反应装置类型、充填性能、反应操作条件、安全和腐蚀情况、活化再生条件、回收方法<br>7. 无毒<br>8. 价格便宜 | 1. 化学组成:活性组分、助催化剂、载体、成型助剂<br>2. 电子状态:结合状态、原子价状态<br>3. 结晶状态:晶形、结构缺陷<br>4. 表面状态:比表面积、有效表面积<br>5. 孔结构:孔容积、孔径、孔径分布<br>6. 吸附特性:吸附性能、脱附性能、吸附热、湿润热<br>7. 相对密度、真密度、比热容、导热性<br>8. 酸性:种类、强度、强度分布<br>9. 电学和磁学性质<br>10. 形状<br>11. 强度 |

**（1）活性**

催化剂的活性是催化剂加快化学反应速率的一种量度。换言之，活性是指催化反应速率和非催化反应速率之差。相比之下，后者小到可以忽略不计，活性实际上就相当于催化反应的速率。工业上常用转化率、空速、时空产率、温度、比活性、转化数和转化频率表示催化剂的活性。

① 转化率　转化率是指在给定反应条件下，某一反应物已转化（反应）的量占其进料量的百分数。

$$x（转化率）= \frac{已转化的某一反应物的量}{某一反应物的进料量} \times 100\% \tag{2-1}$$

用转化率来表示催化剂活性并不确切，因为反应的转化率并不和反应速率成正比，但其比较直观，为工业生产所常用。

② 空速　空速是指单位时间内单位量的催化剂所能处理的原料量的能力。

$$SV（空速）= \frac{进料量}{催化剂的量 \times 时间} \tag{2-2}$$

SV 的单位为时间的倒数。SV 越高，催化剂的活性越好。显然，SV 表示了催化剂的处理能力。SV 的倒数称为接触时间，表示反应物料与催化剂接触的平均时间。以气体体积计空速时称为气时空速（GHSV），以液体体积计为液时空速（LHSV）。

③ 时空产率　时空产率是指在一定条件（温度、压力、进料组成和空速均一定）下单位时间内单位量的催化剂所得到的目的产物量。

$$Y_{T,S}（时空产率）= \frac{目的产物的量}{催化剂的量 \times 时间} \tag{2-3}$$

式中，$Y_{T,S}$ 又称为催化剂利用系数，其单位为 $t/(m^3 \cdot d)$、$kg/(L \cdot h)$ 或 $kmol/(kg \cdot h)$ 等。

④ 温度　催化活性采用催化反应达到给定转化率所要求的温度（活性温度）表达时，温度越低，活性越高。

⑤ 比活性　前述表示催化剂活性的方法都很直观，但不确切。因为催化剂生产率相同，比活性不一定相同；$Y_{T,S}$ 与反应条件密切相关，在催化反应中要严格控制相同的反应条件非常困难。对于固体催化剂，活性高往往与流体接触面较大有关。在科研中常用单位催化剂表面或活性表面上进行的反应的速率常数来表示活性大小，称为比活性。

$$\alpha = \frac{k}{s} \tag{2-4}$$

式中，$\alpha$ 为比活性；$k$ 为催化反应速率常数；$s$ 为表面积或活性表面积。$\alpha$ 只取决于催化剂化学组成和结构，与催化剂表面大小无关。$\alpha$ 对评选催化剂具有重要意义。

⑥ 转化数和转化频率　转化数（TON）又称为催化常数（$K_{cat}$），是指在给定的温度、压力、物料浓度下，每个催化活性中心将底物分子转换成产物的个数。TON 的计算式为：

$$TON = (n_{a0} - n_a)/A \tag{2-5}$$

转化频率（TOF）是指在给定的温度、压力、物料浓度下，单位时间（如每秒）内每一催化中心（或活性中心）所能转化的底物分子数，或每摩尔酶活性中心单位时间转化底物的物质的量。TOF 的计算表达式为：

$$TOF = (n_{a0} - n_a)/(At) \tag{2-6}$$

式中，$n_{a0}$、$n_a$ 分别为底物分子初始物质的量和反应至某时刻物质的量；$A$ 为催化剂的总比表面积中活性组分占据的内表面积，应该用 BET 法测定的催化剂总比表面积乘以活性组分的覆盖度。例如，负载金属催化剂的暴露的金属表面积可以用适当的吸附物（例如氢或一氧化碳）做选择化学吸附来计算，并换算为活性组分的覆盖度。

多相催化反应实质是靠反应物与催化剂表面起作用。但是，催化剂表面并不是每个部位都具有催化活性，即使两种催化剂的化学组成和比表面积都相同，其表面上的活性中心数也不一定相同，导致催化活性有差异。因此，采用转化数或转化频率来描述催化活性更确切一些。在酶催化反应中，常采用 TON 或 TOF 来表示酶的催化活性。

**（2）选择性**

在热力学允许的条件下，催化剂对复杂反应有选择地发生催化作用的性能，就是催化剂的选择性。选择性可用在一定条件下已转化的某一反应物的量中转化为目的产物的量所占的百分数来表示。

$$S(\text{选择性}) = \frac{\text{转化成目的产物的某一反应物的量}}{\text{已转化的某一反应物的量}} \times 100\% \tag{2-7}$$

在工业上选择性具有特殊意义，选择某种催化剂，就能合成出某一特定产品。催化剂有优良的反应选择性，能降低原料消耗，减少反应后处理工序，节约生产费用。但是，催化剂的活性和选择性有时难以两全其美，此时应根据生产过程进行综合考虑。若反应原料昂贵或产物与副产物分离困难，宜选用高选择性催化剂；反之，宜选用高活性催化剂。

与选择性有关的参量有单程收率（又称为产率），它是指在一定条件下某一反应物转化成目的产物的量占其进料量的百分数。

$$Y_{\text{p,p}} = \frac{\text{转化为目的产物的某一反应物的量}}{\text{某一反应物进料量}} \times 100\% \tag{2-8}$$

由转化率、选择性和单程收率的表达式可得：

$$Y_{\text{p,p}} = xS \tag{2-9}$$

即单程收率等于转化率与选择性的乘积。因此 $Y_{\text{p,p}}$ 是衡量催化剂活性与选择性的综合指标，只有同时具备高活性和高选择性的催化剂，才有可能获得高产量的目的产物。

**【例 2-1】** 沸石银催化剂催化甲醇氧化脱氢制甲醛，甲醇进料量为 2500L/h（甲醇浓度 99.5%，相对密度 0.7932），产液量 3400L/h（其中甲醛浓度 36.7%，甲醇浓度 7.85%，溶液相对密度 1.095）。试计算单程收率、转化率和选择性。 （附反应式：$2CH_3OH + 0.5O_2 \longrightarrow 2CH_2O + H_2O + H_2$）

**解：** 单程收率 $Y_{\text{p,p}} =$ 转化为目的产物的某一反应物的量/某一反应物进料量$\times 100\%$

$= (3400 \times 0.367 \times 1.095)/(2500 \times 0.7932 \times 0.995 \times 30/32) \times 100\%$

$= 73.87\%$

转化率 $x =$ 已转化的某一反应物的量/某一反应物的进料量$\times 100\%$

$= (2500 \times 0.995 \times 0.7932 - 3400 \times 0.0785 \times 1.095)/(2500 \times$

$0.995 \times 0.7932) \times 100\%$

$= [1 - (3400 \times 0.0785 \times 1.095)/(2500 \times 0.995 \times 0.7932)] \times 100\%$

$= 85.19\%$

选择性 $S = Y_{\text{p,p}}/x = (73.87/85.19) \times 100\% = 86.71\%$

**（3）寿命**

催化剂的寿命（稳定性）是指其在反应条件下，在活性和选择性不变时能连续使用的时间（单程寿命），或指活性下降后经再生处理而使活性恢复的累计使用时间（总寿命）。有时，当催化剂活性下降时，借助提高操作温度来维持催化剂的活性，在这种情况下，把寿命定义为达到催化剂（或反应器）所能承受的最高温度所经历的时间。

催化剂在长期使用过程中，由于加入或失去某些物质导致其组成改变，或由于其结构和纹理组织发生变化，这些都会使催化剂的活性随时间的改变逐渐变化，这可以用所谓的"寿命"曲线来表示。图2-2是常见的一种寿命曲线。

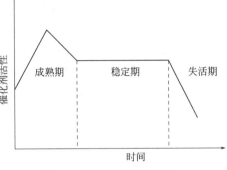

图 2-2　催化剂的寿命曲线

催化剂的寿命曲线一般可分为三个部分：成熟期、稳定期和失活期。

① 成熟期　新鲜的催化剂通常要进行预处理，有时也称为活化，才具有高活性。预处理可在反应体系之外进行，如将催化剂在真空中加热以除去吸附或溶解的气体；也可在反应体系中进行，如将催化剂在反应介质和一定的反应条件下进行还原或硫化改变其化学状态。经过活化后的催化剂初始活性很高，随着使用时间的延长，催化剂活性开始下降，这个活化过程和初始活性先升后降的过程称为催化剂的成熟期。

② 稳定期　催化剂在使用初期，活性先升高后下降，然后在较长时间内活性维持不变，这个阶段称为催化剂的稳定期，这是工业催化剂使用的主要阶段。

③ 失活期　随着使用时间的继续增加，由于受到反应介质和使用环境的影响，结构或组成发生变化，导致催化剂活性显著下降，必须更换或再生，这个阶段称为催化剂的失活期。

催化剂的寿命越长越好，否则就要经常停产拆装设备，影响生产的连续性，降低经济效益。各种催化剂的寿命差别极大，有的长达数年之久，有的短到几秒钟就失去活性，如催化裂化催化剂；有的可用几年，如催化重整催化剂。而同一种催化剂，因操作条件不同，寿命也会相差很大。影响催化剂寿命的因素很多，优良的催化剂具有下述几方面的稳定性：

① 化学稳定性　保持稳定的化学组成和化合状态。

② 热稳定性　在反应条件下，不因受热而破坏其物理-化学状态，即在一定的温度变化范围内，能保持良好的稳定性。

③ 机械稳定性　具有足够的机械强度，保证反应床处于适宜的流体力学条件。

④ 对毒物有足够的抵抗力。

通常，工业催化剂的寿命长，表示使用价值高，但对其使用寿命也要综合考虑。一方面，虽然在产品成本中催化剂的费用不占很大比重，但对催化性能衰退的催化剂进行再生复活，或者更换新的催化剂，就必然造成生产工时的损失，因此应尽可能地延长在用催化剂的使用寿命或使用长寿命的催化剂。另一方面，催化剂长期在低活性下工作，不如在短时间内有很高活性，尤其是失活后容易再生的催化剂或可以低价更新的催化剂。

## 思考题

1. 简述催化剂的定义及催化作用的基本特征。
2. 催化剂为什么不能改变化学反应的平衡位置？
3. 解释具有加氢功能的催化剂往往对脱氢反应也有活性的原因。
4. 催化反应有哪些分类？
5. 简述固体催化剂的组成部分及各组分的功能。
6. 工业催化剂有哪些基本性能要求？

7. 催化剂活性的定义及其表示方法。

8. 转化率、选择性和收率的含义及三者之间的关系。

9. 丁烷气相催化氧化制顺丁烯二酸酐的实验数据如下：进入反应器的气体流量为100mL/min（标准状态），含正丁烷1.5%（体积分数，余同），其余为空气。反应后的气体用水吸收3h，有0.384g顺丁烯二酸酐全部被水吸收。吸收后尾气中含正丁烷0.16%、$N_2$ 78.7%，其余为$O_2$、$CO_2$等。计算正丁烷的转化率、顺丁烯二酸酐的收率及选择性。

# 第3章

# 催化作用基础

催化反应分为多相催化和均相催化，大多数工业催化过程属于多相催化。多相催化又以固体为催化剂的气（液）-固催化反应在工业上使用最为广泛。

多相催化反应过程通常可以分为以下七个步骤，如图3-1所示。

① 反应物从气流（液相）主体扩散到催化剂外表面；

② 反应物向催化剂的微孔内扩散；

③ 反应物在催化剂内表面上吸附；

④ 反应物在催化剂内表面上进行反应；

⑤ 反应生成物在催化剂内表面上脱附；

⑥ 产物从微孔内向催化剂外表面扩散；

⑦ 产物从催化剂外表面向气流（液相）主体扩散。

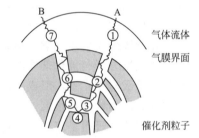

图 3-1 多相催化反应过程示意图

在上述七个步骤中，①和⑦两个步骤是反应物和生成物在催化剂颗粒外进行的扩散过程，这个区域称为外扩散区；②和⑥两个步骤是在催化剂颗粒内部进行的扩散过程，这个区域称为内扩散区；③、④和⑤三个步骤是在催化剂内表面上进行的化学动力学过程，这个区域称为化学动力学区。由此可见，在多相催化反应中，反应物分子必须从气相（或液相）向固体催化剂表面扩散，表面吸附后才能进行催化反应；而在均相催化中，催化剂与反应物是分子与分子或分子与离子间的接触，传质过程对动力学影响较小。考虑到二者在催化作用原理上有明显的差异，下面将分别介绍。

## 3.1 多相催化

### 3.1.1 催化剂的吸附作用

在气-固多相催化反应中，都包含吸附步骤。在反应过程中，至少有一种反应物参与吸附过程，因此多相催化反应的机理与吸附的机理不可分割。

#### 3.1.1.1 吸附概述

**（1）吸附现象**

固体表面是敞开的，表面原子所处的环境与体相不同，配位不饱和，它受到了一个不平衡力的作用，当气体或液体分子运动到固体表面时，将与固体表面原子间发生相互作用，一部分气体或液体分子由于范德华力或化学键力被表面吸住而留在固体表面上，造成气体或液体分子在固体表面上出现富集，其浓度高于气相或液相主体，这种现象称为吸附现象（adsorption）。流体中能被吸附的物质称为吸附物（adsorptive），处于吸附态的物质称为吸附质（adsorbate），吸附其他物质的固体称为吸附剂（adsorbent）。

被固体表面吸附的分子在表面上还有一定的热运动和振动，当由于温度升高或其他因素使这两种运动的能量增加到可以摆脱范德华力或化学键力的束缚时，被吸住的分子就会离开固体表面逸入外空间。在固体表面上分子被吸住和吸住的分子离开表面这两个过程同时都有。当吸住占优势，表面上的分子数目越来越多时，就表现为吸附；当吸住的分子从表面离开占优势，表面上的分子数目越来越少时，就表现为脱附。当吸附与脱附的速率相等时，表面上分子的数目维持在某一定量，从而达到动态的吸附平衡。

吸附与吸收（absorption）不同，吸收时，流体分子渗入吸收固体体相内，而吸附发生在固体表面。

**（2）物理吸附或化学吸附**

吸附按推动力性质可分为两类：物理吸附和化学吸附。物理吸附是反应物分子靠范德华力吸附在催化剂表面上，类似于蒸汽的凝聚和气体的液化。由于范德华力的作用较弱，使得物理吸附的分子结构变化不大，接近原来气体或液体中的分子状态，因此，物理吸附虽然可改变反应活化能，但不是构成催化过程的主要原因。

化学吸附类似于化学反应，在反应物分子与催化剂表面原子间形成吸附化学键。吸附后，反应物分子与催化剂表面原子之间发生了电子转移并形成离子型、共价型、自由基型、配位型等吸附化学键，形成表面中间物种。它与原反应物分子相比较，由于吸附键的强烈影响，使它的结构变化很大，而处于更活跃的状态，这使反应活化能降低很多，加快了反应速率。所以化学吸附是多相催化过程的重要环节。

物理吸附和化学吸附在一定条件下可以相互转化。由于作用力本质不同，物理吸附和化学吸附具有各不相同的特点，可作为鉴别这两类吸附作用的依据（见表3-1）。

表 3-1　化学吸附与物理吸附的比较

| 项　　目 | 化学吸附 | 物理吸附 |
|---|---|---|
| 推动力 | 化学键力 | 范德华力 |
| 吸附层 | 单层 | 单层或多层 |
| 选择性 | 有选择性 | 无选择性 |
| 可逆性 | 可逆或不可逆 | 可逆 |
| 吸附温度 | 取决于活化能 | 低于吸附质的沸点 |
| 热效应 | 接近化学反应热(40~800kJ/mol) | 接近凝聚热(8~20kJ/mol) |
| 吸附速率 | 低温慢,高温快 | 快,受扩散控制 |
| 活化能 | 多数较小,约 50kJ/mol | 0 |

**（3）吸附位能曲线**

吸附过程中的能量变化可由吸附位能曲线说明。比如氢在金属上的吸附，其吸附位能曲线如图 3-2 所示。

在图 3-2 中，$PLF$ 曲线为氢在金属表面物理吸附的位能变化曲线，其下降段表示 $H_2$ 与

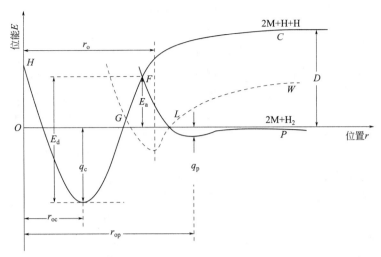

图 3-2　氢在金属上的吸附位能曲线

金属接近时范德华力起主要作用，到最低点时，$H_2$ 借范德华力与表面结合；上升段表示当 $r$ 继续变小时，$H_2$ 内原子核与金属原子核正电排斥作用增大。$q_p$ 代表物理吸附热。$CFH$ 曲线为 H 原子在金属表面上化学吸附的位能曲线，当 $r$ 很大时，由 $P$ 处的 $H_2$ 变为 $C$ 处的 H 原子，需要解离能 $D$；在曲线最低点，H 原子与金属表面原子形成化学键，总共放出的能量为 $D+q_c$。曲线 $PLFGH$ 为 $H_2$ 在金属表面的物理吸附转化为解离型的化学吸附的位能变化曲线，其中要翻越能垒 $E_a$，$E_a$ 称为吸附活化能；当由化学吸附转化为物理吸附时，需爬过一个更高的能峰 $E_d$，$E_d$ 称为脱附活化能。从图 3-2 中可得到 $E_d=E_a+q_c$。这是吸附过程中联系吸附活化能、化学吸附热（$q_c$）和脱附活化能的一个重要而普遍适用的公式。

由图 3-2 还可以看出，物理吸附的 $H_2$ 转化为化学吸附的 H 原子所需能量 $E_a$ 要比未经吸附直接由 $H_2$ 解离成 2H 原子所需能量 $D$ 小得多，可见催化剂活化反应物分子、降低反应活化能的作用，能通过多相催化反应吸附步骤来实现，故有人将物理吸附态称为化学吸附前驱态。

虚线 $WLG$ 表示 $H_2$ 在金属表面弱化学吸附的位能变化曲线。这种吸附比范德华吸附稍强，但比氢解离吸附要弱得多，故 $q_p<$ 吸附热 $<q_c$；与金属表面的平衡距离为 $r_o$，$r_{oc}<r_o<r_{op}$。显然，从物理吸附转化为弱化学吸附，再由后者转化为化学吸附，可进一步降低吸附活化能。

**（4）吸附与催化的关系**

研究催化首先关心的是化学吸附，因为几乎所有被固体催化的反应都包含着一种或几种反应物在固体上的化学吸附作为整个过程的必经步骤，要了解真实的催化机理，就要了解和鉴定化学吸附物质的性质。

从几种观察结果都可证明，几乎所有固体催化的反应都包含着化学吸附。

① 许多催化反应是在远远高于物理吸附能够发生的温度下进行的，由此可推论在催化反应过程中所发生的吸附必定是化学吸附。

② 催化剂的活性与它对一种或几种反应物的化学吸附能力有相关性。

③ 物理吸附涉及的力远远小于化学键合涉及的力，很难设想物理吸附能造成分子周围的力场有显著的变形，对分子的反应性有相当大的影响。

物理吸附不会改变分子的反应性，但它把分子聚集在表面的一个似液体层中，也会造成反应速率的增加。有少数几个反应就属于这种情况。

$$CO + Cl_2 \longrightarrow COCl_2$$
$$COCl_2 + H_2O \longrightarrow 2HCl + CO_2$$
$$2NO + O_2 \longrightarrow N_2O_4 \rightleftharpoons 2NO_2$$

前两个反应用炭，第三个反应用硅胶都能加快反应速率，炭和硅胶起到了浓度富集的作用，从而使反应速率增加，在过程中并不生成化学吸附的中间化合物。根据前面讨论的关于催化作用的概念，在上述反应中，炭和硅胶只起吸附剂的作用而不是催化剂。

化学吸附还可用于研究催化剂的活性表面和催化剂的活性中心结构，例如用化学吸附法测定负载金属催化剂的金属的表面积。物理吸附可用于研究催化剂的结构、性质，例如用低温氮吸附法测定催化剂的总表面积和孔径分布。

**(5) 化学吸附的分类**

① 活化吸附与非活化吸附　化学吸附按吸附活化能来分，可分为活化吸附与非活化吸附。活化吸附需要活化能，所以过程较慢，故活化吸附又称为慢化学吸附；非活化吸附无需活化能，所以过程进行得很快，故又称为快化学吸附。例如，$C_2H_4$、$C_2H_2$在 Fe、Pd、Pt 和 Cu 上的吸附就是快化学吸附，而在 Al 上的吸附则是慢化学吸附。

② 均匀吸附与非均匀吸附　催化剂表面上的原子在能量上都一样，在吸附时，所有的反应物分子和表面上的原子形成具有相同吸附键能的吸附键，这是均匀吸附。当催化剂表面上原子的能量不同时，在吸附时就与反应物分子形成具有不同吸附键能的吸附键，从而产生非均匀吸附。

③ 单纯吸附和混合吸附　以 $C_2H_4$ 在 Ag 催化剂上氧化为例，当只有 $C_2H_4$ 或 $O_2$ 在 Ag 上吸附时，称为单纯吸附；而 $C_2H_4$ 和 $O_2$ 同时在 Ag 上吸附，就称为混合吸附。

④ 解离吸附和非解离吸附　许多分子不经历它们键的原子团的分裂，不能与固体表面的自由价形成化学吸附键。例如 $H_2$ 在金属表面化学吸附时必须解离成氢原子，$CH_4$ 在催化剂表面化学吸附时必须解离成 H 和 $CH_3$（如下式所示，＊表示催化剂表面吸附位），这种化学吸附称为解离化学吸附。

$$H_2 + * \longrightarrow 2H*, \quad CH_4 + 2* \longrightarrow H* + CH_3*$$

具有 π 电子或未共享电子对的分子能够不解离就化学吸附，吸附质分子没有分裂，称为非解离吸附。例如单烯烃是通过分子轨道的再杂化而化学吸附，这时碳原子从 $sp^2$ 变为 $sp^3$，这样就产生了两个自由价，它们能和金属的自由价反应，乙烯的吸附可用下式表示：

$$C_2H_4 + 2* \longrightarrow \begin{array}{c} H_2C-CH_2 \\ | \quad | \\ * \quad * \end{array}$$

⑤ 均裂解离吸附和非均裂解离吸附　解离化学吸附时，视吸附物单键断开的形式又有均裂和非均裂两种。如果在解离化学吸附时，吸附物 A∶B 的键的电子对一分为二，就称为均裂解离化学吸附；如果 A 或 B 留下了电子对，则称为非均裂解离化学吸附。

氢在金属表面的均裂解离吸附：$H_2 + * \longrightarrow 2H*$

氢在氧化物表面的非均裂解离吸附：$H_2 + M^{n+} + O^{2-} \longrightarrow H^- M^{n+} + HO^-$

解离化学吸附时，视吸附质给出电子对还是接受电子对而称为还原或氧化解离吸附。如果吸附质 A∶B 中构成键的电子对在吸附时转移到固体表面，则称为还原解离吸附；如果吸附时从固体表面取走一对电子，则称为氧化解离吸附。

$Cl_2$ 在金属上解离吸附时，金属表面形成 $Cl^-$ 离子，则称为氧化解离吸附；$H_2$ 在金属氧化物上解离吸附时，$H_2$ 给出电子使得金属阳离子的化合价降低，则称为还原解离吸附。

### 3.1.1.2　化学吸附态

吸附质在固体催化剂表面吸附以后的状态称为吸附态。吸附发生在吸附剂表面的局部位置上，该位置就称为吸附中心或吸附位。气体在催化剂上吸附时，因吸附化学键不同而形成多种吸附态，最终的反应产物亦可能不同，因而研究吸附态结构等方面具有重要的意义。

吸附态包括三方面内容：一是被吸附分子是否解离；二是催化剂表面吸附中心的状态是原子、离子还是它们的基团，吸附物占据一个原子或离子时的吸附称为独位吸附，吸附物占据两个或两个以上的原子或离子所组成的集团（或金属簇）时的吸附称为双位吸附或多位吸附；三是吸附键类型是共价键、离子键还是配位键，以及吸附物种所带的电荷类型与多少。下面就催化体系中常见的气体在固体催化剂表面吸附时形成的化学吸附态作简要介绍。

**（1）$H_2$**

在过渡金属及其氧化物表面上，$H_2$ 按下列方式生成吸附态（又称为表面物种）。

$$H_2 + M-M \Longleftrightarrow \overset{\overset{H}{|}\ \overset{H}{|}}{M-M} \quad 或 \quad \underset{M}{\overset{H\qquad H}{\diagup\ \diagdown}} \qquad （均裂过程）$$

$H_2$ 在Ⅷ族金属上的化学吸附即属此类。

$$H_2 + O-M-O \Longleftrightarrow \overset{\overset{H}{|}\ \overset{H}{|}}{O-M-O} \quad （非均裂过程）$$

$H_2$ 在 ZnO 上的化学吸附即属于此类。这两种情况均形成具有负氢特性的金属-氢键，即 $M^{\delta+}-H^{\delta-}$。这种表面的金属-负氢物种是催化剂加氢中的活性物种。

在均相系中，过渡金属络合物可经由氧化加成作用使 $H_2$ 均裂，例如：

$$[Co_2^{II}(CN)_{10}]^{6-} + H_2 \Longleftrightarrow 2[HCo^{III}(CN)_5]^{3-}$$

此时相当于有一个电子以金属向氢转移，形成金属-负氢键合。某些过渡金属卤化物的水溶液能引起 $H_2$ 非均裂。例如：

$$\underset{\underset{S}{|}}{\overset{\overset{Cl}{|}}{S-Ru-Cl}}\overset{Cl}{}\ \xrightarrow{+H_2}\ \underset{\underset{S}{|}}{\overset{\overset{H\cdots HCl}{|}\ \overset{Cl}{}}{S-Ru-Cl}}\ \xrightarrow{-HCl}\ \underset{\underset{S}{|}}{\overset{\overset{H}{|}\ \overset{Cl}{}}{S-Ru-Cl}}$$

式中，S 表示溶剂分子，碱性物质的存在有利于此反应。

无论是生成表面物种或金属络合物（溶液中），只有具备了开放性 d 电子构型的金属中心，才易于使 $H_2$ 活化。对于 d 带充满的金属，其氢化学吸附的强度与加氢活性均下降，故过渡元素中Ⅷ族元素为有效的加氢催化剂。

**（2）$O_2$**

除 Pt、Pd、Ag 等贵重金属之外，几乎所有的金属都与 $O_2$ 强烈反应，也能在其表面形成多层氧化物。在高温氧化反应中，事实上大多数金属是作为金属氧化物来催化的。通常，氧以受主型共价键形式与金属表面结合，在 M—O 键中至少带有 $30\%\sim50\%$ 的离子性质。

$O_2$ 在金属氧化物上化学吸附时，根据电子转移的情况及 O—O 键是否断裂而形成了不同的化学吸附态，它们包括分子吸附态（$O_2$）、离子基吸附态（$O_2^-$）、离子吸附态（$O^-$）和晶格氧（$O^{2-}$）四种。它们按下列图示逐步转变成富含电子的吸附物种：

$$(O_2)_{ad} \longrightarrow (O_2^-)_{ad} \longrightarrow (O^-)_{ad} \longrightarrow (O^{2-})_{晶格}$$

各步转化速率与体系性质和反应条件有关。其中 $O_2^-$ 和 $O^-$ 极为活泼，具有较高催化活性。

**(3) CO**

CO 在过渡金属表面化学吸附或形成络合物时有两种构型，即线型与桥合型，见图 3-3。

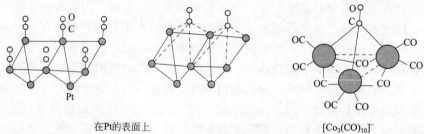

在Pt的表面上　　　　　　　　　　　　　　　　$[Co_3(CO)_{10}]^-$

图 3-3　CO 吸附的构型

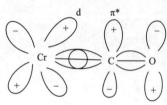

图 3-4　$Cr(CO)_6$ 中的键合

CO 与过渡金属配位，多数是 σ-π 键合，例如 $Cr(CO)_6$ 络合物（见图 3-4）。它具有正八面体构型，Cr—C—O 呈线型，称为端基键合。CO 中碳的非键轨道电子填入 Cr 的空 d 轨道形成 σ 键合，而 Cr 的满 d 轨道的电子则反馈至 CO 的反 $\pi^*$ 键轨道上，从而形成端基 σ-π 键合。这样就使得 CO 的 C—O 键能由于非键电子部分激发至高能级的 $\pi^*$ 轨道而下降，因此分子进入活化状态。在氧化物表面上，CO 是与氧化物晶格中的表面离子作用，即以 σ 键合于金属上，金属作为电子受主，即电荷从碳向金属离子转移。这是因为金属离子上存在定位的正电荷，缺乏反馈电子的能力。

**(4) $N_2$**

$N_2$ 的吸附主要发生在过渡金属上，化学吸附较为复杂。在室温时 N 在 Fe 表面上发生弱的可逆分子吸附，在高温（>200℃）时才发生不可逆的强吸附，生成氮化物 $Fe_xN$ 表面活性物种（它是合成氨中有效的表面化学物种）。在 W 或 Mo (100) 的晶面上，$N_2$ 的吸附和在 Fe 上一样，在室温以上 $N_2$ 就解离为原子状态。在 Ni、Pd 和 Pt 上，$N_2$ 只发生分子状弱吸附。

$N_2$ 和 CO 呈等电子结构，与金属的键合方式也和 CO 相类似（参见图 3-4）。$N_2$ 常以直链状端基（end-on）键合在金属上，也已知有 $N_2$ 以侧基（side-on）方式与金属配位，以及 $N_2$ 跨在复数个金属上相键合。

$$M—N \equiv N, \quad M \overset{N}{\underset{N}{\parallel}}, \quad M—N \equiv N—M, \quad M \overset{N}{\underset{N}{\parallel}} M, \quad M—N \overset{N}{\underset{\underset{M}{|}}{=}} N—M$$

**(5) $H_2S$ 和 $H_2O$**

金属膜上 $H_2S$ 的化学吸附可以表示为：

$$M—M—M + H_2S \rightleftharpoons \underset{\underset{M—M—M}{|}}{\overset{\overset{H \; H}{\diagdown\diagup}}{S}} \rightleftharpoons M—M—M \rightleftharpoons M—M—M \rightleftharpoons M—M—M + H_2$$

(a)　　　　　　　　(b)

在非过渡金属上，低温条件下为（a）型的可逆吸附，高温条件则发生（b）型的解离吸附；在过渡金属上，很低的温度下均察觉不到可逆的解离吸附。

水的吸附与 $H_2S$ 相似。例如，0℃时在 W 膜上发生可逆的解离吸附；温度上升，则有 $H_2$ 脱附，并造成被羟基高度覆盖的表面；200℃以上则变为表面氧化物。

**(6) 烯烃**

由于 π 键存在，烯烃较易与催化剂形成中间物种。烯烃在过渡金属表面上发生非解离吸附，π 键均裂与两个过渡态金属原子 σ 键合，造成桥合型中间物，发生双位吸附；或者过渡金属与烯烃生成的中间物种，主要是 σ-π 键合，发生独位吸附。例如：

$$CH_2\!=\!CH_2 + M\!-\!M \longrightarrow \overset{\displaystyle H\qquad\quad H}{\underset{\displaystyle H\ \ M\!-\!M\ \ H}{C\!-\!C}} \qquad [如乙烯在 Ni(111) 晶面上的吸附]$$

$$CH_2\!=\!CH_2 + M \longrightarrow \overset{\displaystyle H\qquad\ \ H}{\underset{\displaystyle H\ \ \downarrow M\ \ H}{C\!=\!C}} \qquad [如乙烯在 Ni(100) 晶面上的吸附]$$

另一种情况是解离吸附。例如：

$$CH_2\!=\!CH_2 + M\!-\!M \longrightarrow \underset{\displaystyle M\!-\!M\cdots}{\overset{\displaystyle CH_2}{C}} + 2\ \overset{\displaystyle H}{\underset{\displaystyle M}{|}}$$

$$CH_2\!=\!CH\!-\!CH_3 + M\!-\!M \longrightarrow CH_2\!-\!\underset{\displaystyle M}{\overset{}{CH}}\cdots CH_2 + \overset{\displaystyle H}{\underset{\displaystyle M}{|}}$$

所谓 σ-π 键合，是指烯烃或炔烃的两个居于 π 轨道的电子施给金属空轨道 d 轨道形成 σ 键合，而金属又将满 d 轨道中的电子反馈至烯烃或炔烃的 π* 轨道形成 π 键合，故总的结果相当于烯烃或炔烃中居于低能级的电子部分转移至高能级，从而削弱了烯烃或炔烃中的 C—C 键，造成烯烃或炔烃分子的活化。例如，乙烯与 $PdCl_4^{2-}$ 生成的 $[PdCl_3(CH_2\!=\!CH_2)]^-$，此即乙烯取代平面四方形 $PdCl_4^{2-}$ 中的 $Cl^-$ 形成络合物。在构型上乙烯以其 C—C 链轴的侧面与 $Pd^{2+}$ 键合（乙烯垂直于四方形平面）。键合时，乙烯以其 π 电子填入 $Pd^{2+}$ 的空 d 轨道形成 σ 键合；与此同时，$Pd^{2+}$ 将其已填满的 d 轨道中的电子反馈至乙烯的空反轨道 π*，从而形成 π 键合，参见图 3-5(a)。此过程不仅可在均相中出现，在烯烃与金属表面化学吸附时也是重要的机理之一，参见图 3-5(b)。

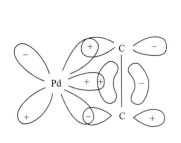

(a) 乙烯与 $Pd^{2+}$ 的 σ-π 键合

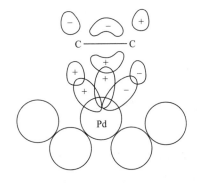

(b) 在面心立方晶体金属上的 σ-π 键合

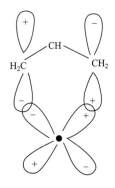

(c) 烯丙基 σ-π 键合

图 3-5　σ-π 键合

一般而言，共轭的双烯烃比单烯烃更强地被金属表面化学吸附。例如，丁二烯加一氢原子形成$H_2C{=}CH{-}CH{-}CH_3$大 π 键，可与金属 σ-π 键合。此外，丙烯可脱去一个 α 氢原子，形成具有大 π 键的烯丙基$H_2C{=}CH{=}CH_2$与金属 σ-π 键合，参见 3-5(c)。这种烯丙基型的中间物在催化中常有重要的意义。σ-π 键合的构型与 σ 键合构型之间存在相互转变的可能性，例如：

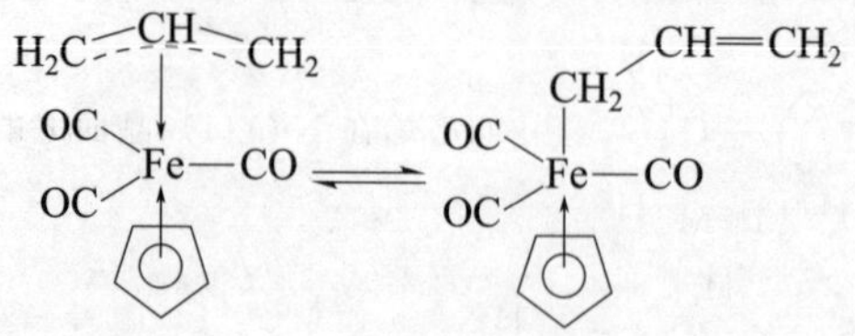

为了形成 σ-π 键合，有两个要求，一是要求金属（原子或离子）具有空 d 轨道，二是要求金属 d 电子可供反馈。因此，过渡金属中唯有 d 电子数较多的元素，如ⅥB、ⅦB、Ⅷ族元素，才能满足这些条件，造成 σ-π 键合的中间物种。

烯烃在金属氧化物表面上的化学吸附强度一般较金属表面上的弱，因为氧化物上烯烃只起电子施主作用；烯烃在过渡金属氧化物上的化学吸附强度要比在其他金属氧化物（例如$Al_2O_3$）上的强，因为后者无反馈电子存在。需要指出的是，在金属氧化物上，烯烃的化学吸附常伴有某种程度的解离吸附。

此外，在酸性氧化物（$SiO_2$、$Al_2O_3$、分子筛等）上，烯烃分子或者与表面质子酸作用，或者与非质子酸中心作用（失去一个氢负离子），生成很活泼的碳正离子。

**(7) 炔烃**

炔烃在金属上的化学吸附具有与烯烃化学吸附类似的特性，但其吸附键强度远比烯烃大，从而导致金属对乙炔加氢的低催化活性。乙炔在金属上的化学吸附态为：

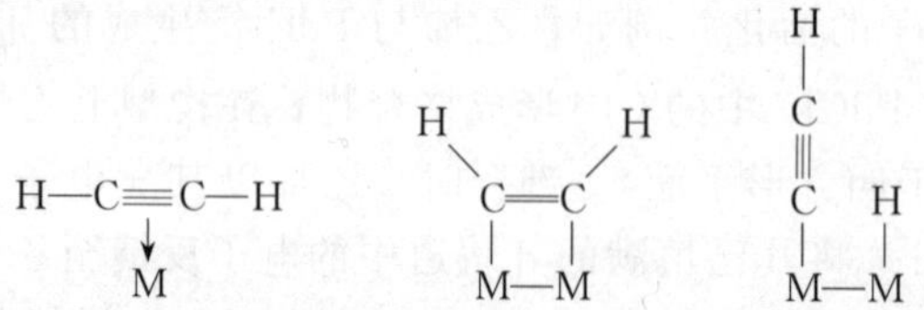

有关炔烃在金属氧化物上的化学吸附研究很少，曾提出下列吸附态：

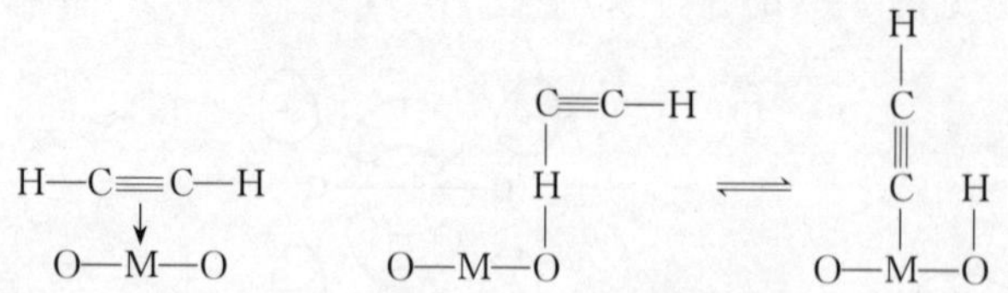

**(8) 芳烃**

苯在金属表面上的非解离态吸附物种有：

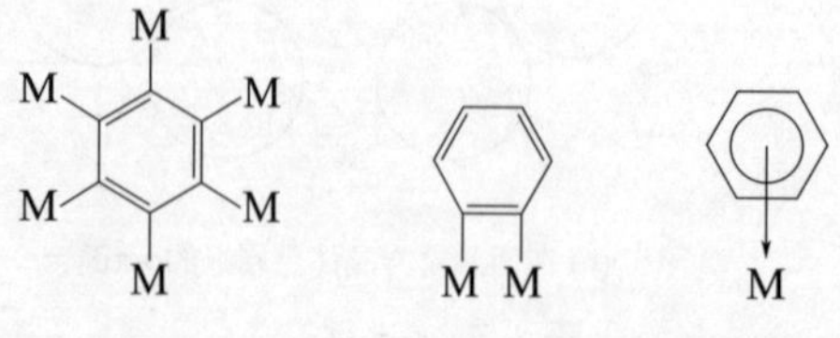

为了说明苯在室温下化学吸附于 Ni、Fe 和 Pt 膜时能够放出氢这一事实，提出了如下解离吸附态：

芳烃在金属氧化物上的化学吸附很可能类似于一种真正的电荷转移过程。

**(9) 饱和烃**

饱和烃在过渡金属上的化学吸附均为解离吸附过程,其结果至少有一个 C—H 键均裂;其在过渡金属氧化物上的化学吸附,被认为是非均裂过程形成的解离吸附;但环烷烃表现出烯烃的特性,其在金属上的化学吸附属于非解离吸附。

## 3.1.2 多相催化中的扩散

研究气固多相催化反应动力学,从实用角度说,可以为工业催化过程确定最佳生产条件,为反应器的设计奠定基础;从理论上说,可以为认识催化反应机理及催化剂的特性提供依据。

气固多相催化反应包括多个步骤,扩散对反应动力学会产生较大影响。在这一节,将讨论扩散对气固多相催化反应动力学的影响情况。

### 3.1.2.1 扩散的类型

扩散是多相催化反应中不可缺少的过程,此过程服从 Fick 定律:

$$\frac{\mathrm{d}n}{\mathrm{d}t} = -D_e \frac{\mathrm{d}c}{\mathrm{d}x}$$

式中,扩散速率 $\mathrm{d}n/\mathrm{d}t$ 为单位时间扩散通过截面 $S$ 的分子数;$D_e$ 是有效扩散系数;$\mathrm{d}c/\mathrm{d}x$ 为浓度梯度。通常将扩散分为三种类型:分子扩散(又称体相或普通扩散)、努森扩散、构型扩散。外扩散属于分子扩散,内扩散情况复杂,与操作条件和催化剂性质有关。这三种扩散类型往往并存,并以某种类型为主。扩散系数与孔径关系见图 3-6。

① 分子扩散  由分子之间的碰撞引起,$D_e$ 主要取决于温度和总压,与孔径无关。在大孔(孔径>100nm)中或气体压力高时的扩散多为分子扩散。

② 努森(Knudsen)扩散  由分子与孔壁间的碰撞引起,在过渡孔(孔径 1~100nm)中或气体压力低时扩散多属此种类型,其 $D_e$ 主要取决于温度和孔半径。

③ 构型扩散  当分子的动力学直径和孔径相当时,$D_e$ 受孔径的影响很大。孔径<1.5nm 的微孔中的扩散多属此种类型。可以利用构型扩散的特点控制反应的选择性。此外,被吸附在催化剂表面上的分子能在表面移动,称为表面扩散。

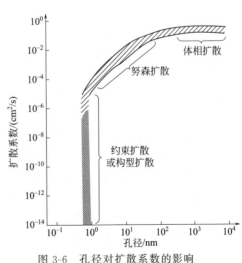

图 3-6  孔径对扩散系数的影响

**（1）外扩散**

在多相催化反应中，反应物分子从气流主体扩散到催化剂的外表面即外扩散，属于外部物理传递过程，它包括反应物分子从气流主体到催化剂颗粒滞流边界层的湍流扩散过程和反应物通过滞流层薄膜到颗粒外表面的分子扩散过程。湍流扩散是一种效益很高的传质方式，速度很快，而分子扩散的阻力很大，速度很慢。外扩散速度一般与反应物和产物流过反应器的线速度有关，线速度越大，外扩散速度越大。

**（2）内扩散**

对于多孔性催化剂，作为反应场所的表面积几乎全在孔内，反应物必须进入孔内，才能与催化剂表面接触，进行反应。物质进入微孔的主要形式是扩散，其扩散阻力源于分子间及分子空壁间的碰撞。因此，内扩散比外扩散对催化反应的影响要复杂和重要得多。

### 3.1.2.2 扩散对反应动力学的影响

**（1）外扩散的影响**

在气固多相催化反应中，当外扩散的阻力很大，它就成为速率控制步骤，这时总过程的速率将取决于外扩散的阻力。这种情况就称为反应在外扩散区进行。此时，由于在催化剂的外表面发生反应，不断消耗反应物，使其在气流主体与催化剂外表面间形成一层扩散层或气膜，层间有较大的浓度差，无均相反应，其间只有扩散，所以浓度梯度沿膜的厚度是均匀变化的。这样，反应物自气流主体向催化剂外表面扩散的速率可以用 Fick 定律方程表示如下：

$$r = D\left(\frac{c_0 - c_s}{L}\right)$$

式中，$D$ 为扩散系数；$L$ 为扩散层的厚度；$c_0$ 和 $c_s$ 分别为反应物在气流主体内和催化剂外表面上的浓度。

由于外扩散成为速率控制步骤，扩散速率代表总反应速率，从上式可以看出，在外扩散区进行的反应，其反应的级数与传质过程的级数一致，均为一级过程，与表面化学反应的级数无关。所测得的表观活化能很低，与反应物的扩散活化能相近，约在 $4\sim12kJ/mol$。

**（2）内扩散的影响**

固体催化剂多为多孔材料，具有很大的内表面，反应物分子主要以扩散方式进入孔中，这种内扩散不仅影响反应速率，还影响反应级数、反应速率常数和表观活化能等动力学参数和反应的选择性。内扩散可以分为分子扩散、Knudsen 扩散和构型扩散三种形式，反应物进入孔的机理不同，它们的浓度在孔中的分布也不同，对反应动力学也将产生不同的影响。

① 对反应级数的影响 当内扩散影响严重，成为速率控制步骤时，根据动力学分析，可以得到反应速率的表达式如下所示：

$$r \propto \pi r_c \sqrt{2r_c D k_n} c_0^{\frac{n+1}{2}}$$

式中，$D$ 为扩散系数；$r_c$ 为催化剂孔半径；$c_0$ 为催化剂孔口反应物浓度；$k_n$ 为 $n$ 级反应速率常数；$n$ 为真实反应级数。

对于 Knudsen 扩散，由于 $D$ 与浓度无关，表观反应级数为 $(n+1)/2$，所以零级反应表现为表观 0.5 级反应，一级反应表现为表观 1 级反应，二级反应表现为表观 1.5 级反应。

对于分子扩散，由于 $D \propto 1/c$，所以表观反应级数为 $n/2$，零级反应的表观反应级数为零级，一级反应和二级反应的表观反应级数分别为 0.5 级和 1 级。

② 对反应速率常数的影响 从上面的公式可以看出，当扩散阻力大时，表观速率常数与真实速率常数的 1/2 次方成正比。

③ 对反应表观活化能的影响 根据 Arrhenius 方程，结合上面的速率公式，可以发现，

当扩散阻力大时，反应的表观活化能 $E_{app}=0.5E$。

④ 对反应选择性的影响　催化反应中一般都存在副反应，反应选择性对催化过程的经济性影响很大。因此，了解内扩散对反应选择性的影响，对进一步改进催化剂，使之具有更优秀的性能极为重要。同时对反应器的设计也很必要。下面就催化反应中的三种类型的选择性作一些分析。

第一种类型：两个独立并存的反应。

$$A+B \xrightarrow{k_1} C \quad （主反应）$$

$$X \xrightarrow{k_2} Y+Z$$

在同一催化剂上，两种反应物进行两个不同的反应，如烯烃和芳烃混合物的加氢反应，希望烯烃加氢，芳烃不改变。如果两个反应级数相同，都是一级，则催化剂的选择性可以用因子 $S$ 表示：$S=k_1/k_2=\sqrt{k_A}/\sqrt{k_X}$。式中 $k_1$ 和 $k_A$ 为主反应的表观速率常数和真实反应速率常数，$k_2$ 和 $k_X$ 为副反应的表观速率常数和真实反应速率常数。显然，反应速率快的反应，选择性高。但由于内扩散的影响，使两个反应表面利用率都降低。快反应降低的相对程度更大些，从而使其选择性降低。所以对这类反应，小孔径催化剂使快反应的选择性降低，而有利于慢反应选择性的提高。

对反应级数较高或某些较为复杂的反应，上述结论也适用。若主反应的速率常数小于副反应的速率常数（$k_1<k_2$），采用较小孔结构的催化剂有利于提高主反应选择性；若 $k_1>k_2$，则采用大孔结构催化剂有利于提高主反应选择性。

第二种类型：平行反应。

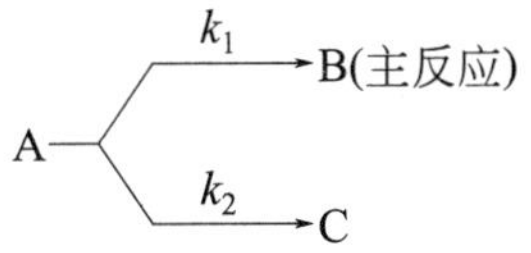

$$A \left\{ \begin{array}{l} \xrightarrow{k_1} B(主反应) \\ \xrightarrow{k_2} C \end{array} \right.$$

这种情况是一反应物平行地进行两种反应，如乙醇脱氢可得乙醛，也可以脱水得乙烯，如两反应均为一级，内扩散不影响其选择性，$S=k_1/k_2$。值得注意的是，对相同级数的这类反应，在有孔催化剂中选择性不受影响。这是因为在孔内任意位置，两个反应都按相同的速率 $k_1/k_2$ 进行。但如两个反应的级数不同，则内扩散将使级数高的反应选择性下降。因为反应级数越高，反应速率对浓度的依赖性也越大，孔内反应物由于扩散阻力的存在而引起的浓度下降也更为强烈。所以孔径越小，对反应级数高的反应影响越大，会使其选择性下降；反之，则有利于选择性的提高。

第三种类型：串联反应。

$$A \xrightarrow{k_1} B （目的产物） \xrightarrow{k_2} C$$

这种类型比较常见。它是反应的产物同时可进一步生成其他产物的反应。如丁烯脱氢生成丁二烯，丁二烯不稳定，易聚合或裂解为碳或其他产物；一些有机化合物的氧化、卤代、加氢等许多反应都属于这种类型。对于有内扩散影响的小孔催化剂，反应的选择性为：

$$S = \frac{(k_1/k_2)^{1/2}}{1+(k_1/k_2)^{1/2}}$$

所以选择性降低，$k_1/k_2$ 愈小，$S$ 降低得愈多。这是因为在小孔催化剂中，反应物扩散到孔中去，生成不稳定中间物 B，B 在扩散出孔口以前和孔壁碰撞，使在孔中生成副产物 C 的反应概率大大增加，从而使 B 不易扩散出来。

针对这种内扩散阻力使 B 选择性降低的情况，改进的方法是制造孔径较大的催化剂（或将细孔载体进行扩孔处理）和使用细粒子催化剂。注意采用细粒子时，固定床的压降会大大增加，因此只有流化床反应器才使用很细的粒子。

此外，还应考虑内扩散对催化剂中毒过程的影响。例如，具有瓶颈型孔隙构造的催化剂，孔腔虽然大，但孔口却较小，这将会使很少量的毒物在孔口聚集，使孔腔闭合，从而使反应物不能进入孔隙内，全部的内表面积就失去效率。所以，对于多孔型催化剂，不仅要考虑反应物和产物在孔隙中的分布，亦应考虑毒物的分布。

**(3) 温度对速率控制步骤的影响**

反应速率常数和扩散系数都是温度的函数，所以温度变化也会改变反应发生的区间。这种情况通常发生在具有孔径不大不小的过渡孔的催化剂中。随温度的变化可观察到三个反应区间的过渡：动力学区、内扩散区与外扩散区。

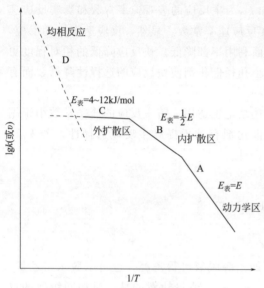

① 当温度低时，表面反应的阻力大，表观反应速率由真实反应速率决定，表观活化能等于真实反应活化能，这就是在动力学区进行反应的特征。参见图 3-7 中的线段 A。

② 随温度的升高，扩散系数缓慢增加，而表观反应速率常数呈指数增加，内扩散阻力变大，此时表观活化能也逐渐降低，最后达到真实反应活化能的一半。这是反应在内扩散区进行的特征。参见图 3-7 中的线段 B。在内扩散区，由于通过孔的扩散与反应不是连续过程，而是平行的过程，即反应物一边扩散一边反应，因而总过程不是被一个单一的过程所控制。

③ 当温度再升高，气流主体内的反应物穿过颗粒外气膜的阻力变大，反应的阻力相对变小，表观动力学与体相扩散动力学相近，表观活化能落在扩散活化能的数值范围（4～12kJ/mol）

图 3-7　温度对速率控制步骤的影响

内。反应表现为一级，而与真实反应动力学级数无关。参见图 3-7 中的线段 C。

④ 温度再升高，非催化的均相反应占主导地位，此即图 3-7 中的线段 D。

### 3.1.2.3　扩散影响的识别和消除

用动力学方法研究反应机理要确保反应在动力学区进行。此外，为了实用目的而筛选催化剂时，也要在动力学区测定活性与选择性。因此，判明反应发生的区间，估计内、外扩散的影响是十分必要的。

**(1) 外扩散影响的识别与消除**

当外扩散成为速率控制步骤时，通常会产生以下一些现象。

① 随气流线速的增加，表观反应速率增加；或者，在保持空速或停留时间不变时，随气流线速的增加，反应物的转化率加大。实验中，通过改变催化剂的装入量，根据该量调整加入的反应物量，以保持物料的空速一致。由于反应物流量加大，气流的线速增加，同时测定各对应的转化率，以转化率对线速作图，如果提高气流线速引起转化率明显增加，说明外扩散的阻滞作用很大，反应可能发生在外扩散区；进一步提高线速，若转化率不变，则说明外扩散阻滞作用不大，已排除外扩散影响。这是催化研究中排除外扩散的重要判据。

② 随温度升高，反应物的转化率并不显著提高。

③ 总反应过程表现为一级过程。

④ 当催化剂量不变，但颗粒变小时，反应物的转化率略有增加。因颗粒变小，使外表面积增加，提高了外扩散速率。由于颗粒变小引起的面积增加并不显著，所以只有当粒度的变化幅度较大时才能观察到上述效应。

⑤ 测定的表观活化能较低，在 $4 \sim 12 \mathrm{kJ/mol}$。

外扩散的影响会导致催化剂丰富的内表面和孔道得不到有效利用，还会使得实验测得的动力学参数如活化能并不能真实反映催化剂的实际性能。因此，在生产上或做催化反应动力学实验时，应消除外扩散的影响，可采用提高流体流速的方法。

由于工业上反应物料流速较大，外扩散控制反应较少见。但也有一些例外，如 Pt 网上的氨氧化、高温下的碳燃烧以及用氨、天然气和空气混合物合成氢氰酸等极快速的反应都属于外扩散控制。如果一个催化过程是在外扩散区进行，就没有必要采用多孔性催化剂，此时为了提高催化活性，可增加催化剂的外表面积，例如将催化剂做成网状、粉末状或者将活性组分载于非多孔性的载体上等。

**（2）内扩散影响的识别与消除**

反应在内扩散区进行时，可观察到以下这些现象：

① 表观反应速率与颗粒大小成反比。实验上，在催化剂量不变的情况下，改变催化剂的粒度，随粒度变小，内扩散距离减小，内扩散阻力降低，表观反应速率或者转化率明显增加，向动力学区过渡。

② 表观活化能接近在低温测定的真实活化能的一半。

③ 增加停留时间，表观反应速率不受影响，只是提高在动力学区进行的反应的速率。

实际使用的固体催化剂大多数是多孔的或是附在多孔性载体上，催化剂的内表面积远远大于外表面积，反应物分子除扩散到外表面找到活性位进行吸附和反应外，绝大多数要通过微小而形状不规则的孔道扩散入孔隙内才能找到内表面上的空活性位进行吸附和反应。如果反应物很快扩散到外表面，但催化剂的微孔直径很小，或微孔很长，则反应物不易扩散到催化剂内部，此时内表面得不到充分利用。

消除内扩散的影响，可以采取以下方法：

① 当其他条件不变时，减少催化剂粒径，使催化剂内部的微孔长度变小，这样就增加了内表面的利用率；

② $k$ 和 $D$ 与反应温度的关系不同，适当降低反应温度，$k$ 值下降要比 $D$ 值下降显著得多，结果是表面反应速率大幅度降低而相对地提高了扩散速率，从而有可能消除内扩散效应。

# 3.2 均相催化

均相催化是催化剂与反应物同处于一均匀物相中的催化反应，包括液相均相催化和气相均相催化。但具有工业意义的均相催化反应通常在液相中进行。对于在溶液中进行的反应，与溶液相关的性质（如 pH 值、温度、压力、黏度等）都会影响催化活性。根据所用催化剂性质的不同，均相催化又分为酸碱催化、配位（络合）催化、金属离子催化等类型，其中，配位催化是均相催化作用中最重要的催化过程。

### 3.2.1 均相催化的特点

均相催化有很多非均相催化不能达到的优势和特点:

① 易于在较温和的条件下进行,有利于节能。

② 均相催化剂通常是特定的分子,产生催化作用的仅是其多功能基的某一基团,活性中心比较均一,具有特定的选择性,副反应较少。

③ 均相催化剂的活性和选择性可以通过配体的选择、溶剂的变换、促进剂的增添等因素,精细地调配和设计。

④ 易于用光谱、波谱、同位素示踪等方法来研究催化剂的作用,均相催化的反应动力学一般不复杂,作用机理较为清楚。

基于以上优点,均相催化的研究受到人们的广泛重视。但均相催化仍有两个重要问题有待解决:一是均相催化剂难以分离、回收和再生;二是均相催化大规模工业化的问题。例如石油烃类的转化、水煤气转化、合成氨等,在这些领域多相催化占有绝对优势。对于分离、回收和再生的问题,一方面可以开发仅溶解于水或离子液体类溶剂的金属络合物催化剂,在两相催化体系中反应,以便解决催化剂与产物的分离;另一方面,将金属活性组分锚定在载体上制备出固相化的均相催化剂。这种催化剂将均相和非均相催化剂的优点结合在一起,形成一类新的催化体系。它的特点是活性中心分布均匀,易于化学修饰,选择性高,易于与反应介质分离、回收和再生,具有较好的稳定性和较长的寿命。固相化载体通常有 PS、PVC、离子交换树脂等有机高聚物和 $Al_2O_3$、$SiO_2$、$TiO_2$ 及分子筛等无机物。此外,大规模工业生产上的重要反应也是均相催化剂的应用目标。目前,利用过渡金属原子簇化合物作为催化剂活性物种用于水煤气转化、CO 加氢、合成氨等研究工作已取得一定进展。

### 3.2.2 均相催化理论

对于均相催化反应曾提出过如下几种催化理论来阐释。

**(1) 中间化合物理论**

反应物与催化剂形成中间化合物的催化作用是均相催化中最简单、最可能的催化历程。中间化合物理论认为:催化剂之所以能够改变化学反应的速率是因为催化剂积极地参与它所催化的反应,与反应物生成不稳定的中间化合物,而后变为产物。催化剂的催化作用是由于中间化合物的生成和转变。

1806 年,克莱门特和德索美在研究 NO 对 $SO_2$ 的氧化所起催化作用时,推测 NO 先与空气中的 $O_2$ 作用,生成某种活泼的中间化合物,然后该中间化合物使 $SO_2$ 氧化,而本身又复原成 NO,如此循环方式进行。贝采里乌斯认为此反应的中间化合物是 $N_2O_3$,从而确定了中间化合物的概念。后来,催化工作者提出中间化合物决定反应的方向和速率,丰富了中间化合物理论的内容。

20 世纪初,中间化合物理论获得了较为广泛的承认,1930 年欣谢尔伍德等以碘蒸气作为催化剂进行了乙醛蒸气的加热分解实验,发现催化反应速率与催化剂的浓度成正比,而催化剂碘蒸气的浓度在反应过程中保持不变。说明催化剂(X)先与反应物(A 或 B)相互作用,生成活性中间化合物 AX(或 BX),AX 进一步转变成产物,并使催化剂再生,这一过程可以表示如下:

$$A+X \!=\!\!=\! AX+\cdots$$
$$AX+B \!=\!\!=\! C+X+\cdots$$

此理论指出催化剂直接参与化学反应，使原来的非催化反应被两个连续进行的反应所代替，由形成中间化合物和中间化合物分解两个反应组成。连续进行的每一个反应的速率应该大于非催化反应的速率，活化能也应比非催化反应活化能低。这样进一步完善和发展了中间化合物理论。

均相反应中，中间化合物的催化作用理论对某些多相催化反应亦同样适用。该理论容易解释催化剂重复循环使用的特性，所提出反应物与催化剂相互作用的概念成为以后催化理论发展的基础。

**（2）链反应理论**

1913 年在 HCl 的光化生成反应研究中，发现量子效率是一个极大的值（达 $10^6$ 个 HCl 分子/1 个光子）。为了解释这种特殊的量子效率，Bodenstein 曾提出了激发态的链传递假设：

$$Cl_2 \cdot + H_2 \longrightarrow HCl + HCl \cdot \quad （带 \cdot 号分子为激发态分子）$$
$$HCl \cdot + Cl_2 \longrightarrow HCl + Cl_2 \cdot$$

但 Nernst（能斯特）认为反应的进行是通过依次地形成 Cl 原子和 H 原子。光的作用在于产生第一批 Cl 原子。反应如下：

$$Cl_2 + h\upsilon \longrightarrow Cl + Cl$$
$$Cl + H_2 \longrightarrow HCl + H$$
$$Cl_2 + H \longrightarrow HCl + Cl$$
$$\vdots \qquad\qquad \vdots$$

生成 HCl 链反应的进行是通过依次地形成活化中间物质 Cl 原子和 H 原子。第三种物质仅在链生成阶段起作用，与以后反应进行没有关系，这也可以说是一种催化剂。在链反应中，第三种物质有否发生变化，能否重复使用需要具体分析，因为引发剂也会引发链反应。

**（3）酸碱催化理论**

一些重要的化学反应是由 $H^+$ 或 $OH^-$ 进行催化的，例如，羟醛缩合反应、酯化和酯交换反应以及合成硝基芳烃。现有两种类型的酸/碱催化：一般酸催化（general acid catalysis）和特殊酸催化（specific acid catalysis）。一般酸催化是指所有提供质子的物种对反应速率加快均有贡献。但是在特殊酸催化中，反应速率正比于质子化溶剂分子 $SH^+$ 的浓度。酸催化剂本身仅对通过移动化学平衡 [S（反应物）+HA（酸催化剂）$\Longrightarrow SH^+ + A^-$] 得到 $SH^+$ 物种速率的增大有贡献，针对只有溶剂合氢离子（如 $H_3O^+$、$C_2H_5OH_2^+$、$NH_4^+$ 等）或溶剂的共轭碱（如 $OH^-$、$C_2H_5O^-$、$NH_2^-$ 等）才具有催化作用的反应。

酸碱催化一般以离子型机理进行，即酸碱催化剂与底物作用形成碳正离子或碳负离子中间物种，这些中间物种与另一底物作用（或本身分解），生成产物并释放出催化剂（$H^+$ 或 $OH^-$），构成酸碱催化循环。这些催化过程均以质子转移步骤为特征。质子转移是相当快的过程，这是因为质子不带电子，因而不存在电子结构或几何结构的影响。这就意味着质子在空间运动不受空间效应限制，容易在适当位置进攻底物分子。当质子和反应物分子靠近时，不会发生电子云之间的相互排斥作用，容易极化与它靠近的分子，有利于旧键的断裂与新键的形成。因此，当底物分子含有容易接受质子的中间体（如 N、O 等）或基团时，可形成不稳定的阳离子活性中间物种。对于碱催化剂，底物应为易给出质子的化合物，以便形成阴离子的活性中间物种。因此，一些有质子转移的反应，如水合、脱水、酯化、水解、烷基化和脱烷基化等反应，均可使用酸碱催化剂进行催化反应。

目前均相酸碱催化作用已比较清楚，但酸碱催化剂开发和酸碱催化理论仍不断有新的发现和深入研究，如液体超强酸（酸性强于 100％硫酸）不仅具有特强酸性，而且具有特殊的催化性能，它的催化作用机理与通常酸的作用机理不完全相同。

(4) 配位（络合）催化理论

均相催化反应中有很大一部分催化反应属于配位催化反应范畴，配合物催化剂具有特殊的作用机理和特定的变化规律。配合物（络合物）是指由过渡金属元素的中心离子或原子与周围具有孤对电子的配位体组成的化合物。中心金属 M 多为 d 轨道未填满电子的过渡金属，如 Fe、Co、Ni、Ru，以及 Zr、Ti、V、Cr、Hf 等金属；配位体通常是含有两个及两个以上孤对电子或含有 π 键的分子或离子，例如 $Cl^-$、$Br^-$、$CN^-$、$H_2O$、$NH_3$、$(C_6H_5)_3P$ 和 $C_2H_4$ 等。配合物一般分别为羰基化合物、金属配位化合物或其相应的前驱体。均相配位催化就是以可溶性的配合物为催化剂的均相催化。在配位催化反应中，中心金属离子或原子周围的配位体与反应物分子发生交换，使得反应物分子进入配位状态而被活化，促使反应的进行，生成产物，最后催化剂恢复，从而构成完整的催化循环。

在实现此催化循环中，配位催化剂中的金属组分起着关键作用。中心金属总是处于一定的配位场中，中心金属的电子结构和性质要受到配位场的影响，而配体的电子结构、空间结构影响着配位场的强度。因此，整个催化剂的性能是由中心金属和配体二者的协同作用决定的，不能离开配体孤立地考虑中心金属的作用。因为过渡金属成键形式的多样性和配体的多样性，以及过渡金属价态的可变性和过渡金属配位数的可变性，使得不同过渡金属与配体组合所形成的配合物将具有不同的催化性能，它为均相配位催化剂的设计提供了广阔的天地。

## 3.2.3　均相催化和多相催化的关联

均相催化和多相催化尽管有其各自的特殊性，但它们都是在催化剂的作用下，改变了反应历程，从而降低了活化能，加快了反应速率。均相催化和多相催化作用的基本原理是相似的，可以相互借鉴。例如，由于均相催化所用液相样品的纯度、制备和谱学检测相对容易，所以其提供的数据，特别是键或基团振动频率，可作为多相催化中相应的键或基团振动频率的参考，尤其是在用红外和拉曼光谱互补观测吸附物种时。均相催化的迅速发展也促进了我们对比较复杂的多相催化的了解。例如，多相催化中反应物分子配位于表面活性中心上进行配位催化转化的观点已普遍被接受，许多均相催化研究的结果已经用来解释表面催化反应。表 3-2 列出了气-固多相催化作用与液-液均相催化作用的部分可比拟之处。

表 3-2　气-固多相催化作用与液-液均相催化作用的比较

| 气-固多相催化作用 | 液-液均相催化作用 |
| --- | --- |
| 配位化学吸附和脱附 | 配位体结合和解离 |
| 吸附分子之间相互作用 | 配位体的调变作用 |
| 吸附分子与表面的相互作用 | 配位体与中心金属离子的相互作用 |
| 配位方式（端基，侧基） | 配位方式（端基，侧基） |
| 有活性中心 | 有活性中心 |
| 选择性一般不如均相催化 | 选择性高 |
| 产物与催化剂易分离 | 产物与催化剂分离较难 |

此外，综合均相催化剂和多相催化剂各自的特点（表3-3），新型催化剂的发展，如过渡金属原子簇，尤其是金属单原子催化剂兼具均相催化剂均匀单一的活性中心和多相催化剂结构稳定易分离的优点，在均相催化和多相催化之间架起了一座桥梁。传统的均相催化与多相催化之间的鸿沟正在逐步填平，集均相催化剂和多相催化剂优点于一身的高活性、高选择性和多功能的新催化剂将取代某些传统的催化剂，使原料和能源的利用更加有效和合理。

表 3-3　均相催化剂和多相催化剂的比较

| 项目 | 均相催化剂 | 多相催化剂 |
| --- | --- | --- |
| 活性中心 | 全部金属原子,均一,结构确定 | 仅表面原子,不均一,结构不确定 |
| 化学计量关系 | 明确 | 不定 |
| 催化剂浓度 | 低 | 高 |
| 调变的可能性 | 较大 | 较小 |
| 反应条件 | 温和 | 较苛刻 |
| 扩散问题 | 不存在 | 存在 |
| 传热问题 | 容易解决 | 对强放热反应,产物可能过热 |
| 反应性能 | 高活性、高选择性 | 活性和选择性一般不如均相 |
| 催化剂制备 | 易于重复 | 存在制备的技艺问题 |
| 催化剂与产物的分离 | 存在问题 | 容易 |
| 反应范围 | 局限(连续化困难) | 宽 |
| 腐蚀性 | 大 | 无 |
| 抗毒性 | 较差 | 较好 |

## 3.3　催化反应系统的分析

### 3.3.1　催化反应系统简述

催化反应系统由催化剂和底物构成，底物是催化反应系统中除催化剂以外的其他物质，如反应物、中间物和产物等。已知催化作用是催化剂参加反应，改变了反应的中间过程，使反应沿着比非催化反应能量障碍更低的途径进行，反应被加速；在动力学参数上表现为 $E_a$ 降低。这表明在催化作用下，系统中已出现了新的中间物种，并按照新的途径发生变化。同时，催化剂在反应前后的化学状态不变，这表示催化剂虽然参加了反应，但在系统中必然存在着一系列中间过程组成的催化活性物种的循环过程，它导致反应物变为产物，催化活性物种则保持恒定的状态和浓度，从而形成稳定的催化过程。

除催化活性中间物种和催化循环等化学活动外，在催化反应系统中还存在一系列物理运动，包括流体流动、分子扩散等质量传递过程以及宏观和微观的能量传递过程。因此，催化反应的总结果是由化学运动和物理运动的总和体现出来的。图3-8简要概括了催化反应系统。

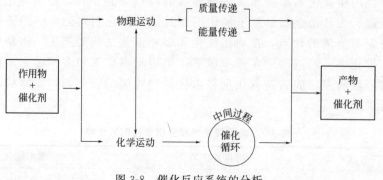

图 3-8　催化反应系统的分析

### 3.3.2　中间物的活性本质

催化反应是复杂的多步过程，其中各反应的平衡常数差异很大。从分析中间过程的观点，凡平衡常数较大的步骤生成的物种，可视为中间物或最终产物，它们往往比较稳定。而有些中间步骤所生成的物种，却具有很高的活性，其平衡常数很小，被称为活性中间物种。活性中间物种的浓度虽然很低，寿命也很短，但其存在对于导致新的反应途径常有重要意义。

在均相催化中，反应物分子与催化剂经由配位作用形成中间物种；在非均相催化中，则是经由化学吸附形成表面中间物种，该物种与催化剂上的化学吸附发生定位的相互作用。近代观点认为，化学吸附的实质亦可看成分子与表面原子间的配位键合。经由配位作用可达成非解离吸附或解离吸附，而按分子中键破裂的方式又分为均裂或非均裂。

需要进一步研究中间物种的性质及其有无进一步的反应的活性。解离过程产生的残片物种，可以是离子，如碳正离子、碳负离子、氢正离子和氢负离子，也可以是自由基物种或离子基物种，如 $O_2^-$、$O^-$、$R\cdot$、$RO_2\cdot$。离子具有较高的静电荷密度，因而有利于试剂的攻击，表现出比分子更高的反应活性；自由基具有未成对电子，亦表现出较高的反应活性。对于非解离态物种，催化剂与之配位后，原有分子中某些键长、键角的改变，引起分子变形；同时引起电荷密度分布的改变，这些都可能导致分子的反应性改变。

应注意两点：其一，中间物种的稳定性与活性相矛盾。高活性的中间物种虽然有利于进一步反应，但由于稳定性甚小，故常难以生成，或难以达到必需的浓度。高稳定性的物种容易生产，但活性却很低。其二，中间物种有些是无活性的。活性高的物种不一定引起所希望的反应途径，它可能导致复杂的副反应；有些中间物种甚至毒化催化剂，破坏催化剂系统。

### 3.3.3　催化循环

催化剂参与反应过程，使反应循新的途径进行，通常总是得到加速。已知在总反应结果中，催化剂的始、终态不变，表明在反应系统中必然存在着由一系列过程组成的循环过程，它促成反应物的活化，又保证了催化剂的再生，此循环过程称为催化循环。在催化循环中，首先要考虑催化剂是怎样进攻反应物种的，即怎样生成中间物种。若有两种以上的反应物，则催化剂有可能与第二种反应物直接发生作用。例如 $C_2H_4$ 在 Ni 催化剂上加氢就有两种机理，催化循环以两种方式进行（见表 3-4）。

表 3-4  C₂H₄ 在 Ni 催化剂上的加氢

| 特威格-里迪尔机理 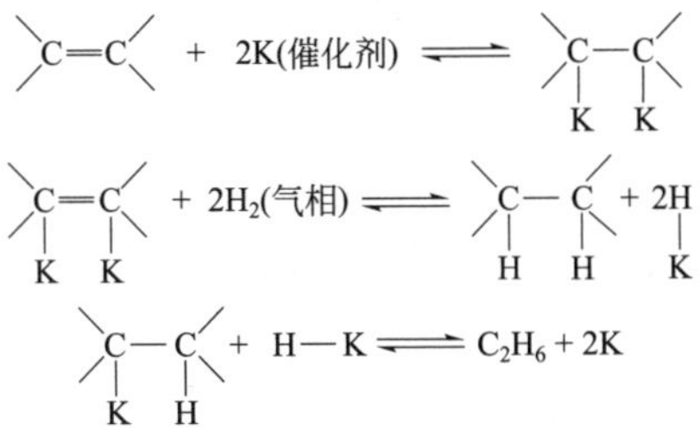 | 霍里迪-波拉尼机理 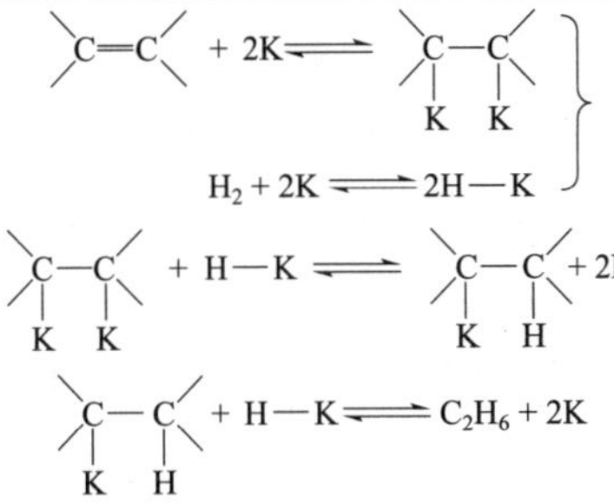 |
|---|---|
| C=C + 2K(催化剂) ⇌ C−C (K K) | C=C + 2K ⇌ C−C (K K) ⎫ |
| C=C + 2H₂(气相) ⇌ C−C (H H) + 2H (K K) | H₂ + 2K ⇌ 2H−K ⎬ |
| C−C (K H) + H−K ⇌ C₂H₆ + 2K | C−C (K K) + H−K ⇌ C−C (K H) + 2K |
| | C−C (K H) + H−K ⇌ C₂H₆ + 2K |

### (1) 非缔合活化催化循环

在反应系统中，催化剂以一个明确的价态存在，即反应物的活化反应是通过催化剂与反应物之间明确的电子转移过程来实现，两种价态的催化剂对于反应物活化是独立的，这种过程为非缔合活化催化循环。这在氧化-还原型催化剂反应中最为明显，其典型类型见表 3-5。

表 3-5  非缔合活化与缔合活化的催化循环[①]

| | (Iₐ) | (I_b) | (I_c) |
|---|---|---|---|
| 非缔合活化催化循环 | $A+K \longrightarrow P_1+K'$<br>$K'+B \longrightarrow P_2+K$ 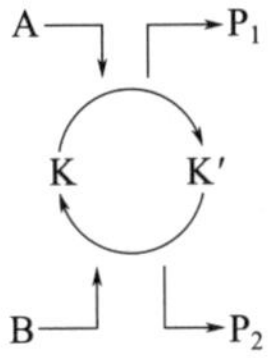 | $A+K \longrightarrow I_1+K'$<br>$K'+B \longrightarrow I_2+K$<br>$I_1+I_2 \longrightarrow P_1+P_2$ 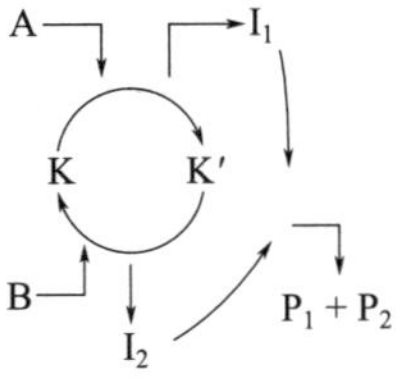 | $A+K \longrightarrow I_1+K'$<br>$I_1+B \longrightarrow I_2+P_1$<br>$I_2+K' \longrightarrow P_2+K$ 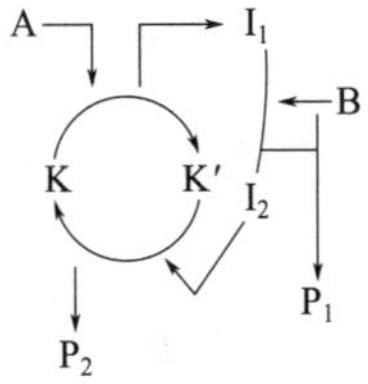 |

| | (IIₐ) | (II_b) |
|---|---|---|
| 缔合活化催化循环 | 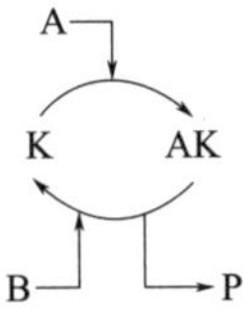 $A+K \longrightarrow AK$<br>$AK+B \longrightarrow P+K$ | $A+K \longrightarrow AK$<br>$AK+B \longrightarrow ABK$<br>$ABK \longrightarrow P+K$ 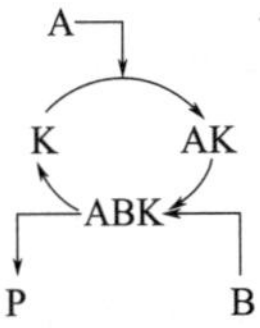 |

① A、B 反应物；K、K′不同价态的催化剂物种；I₁、I₂中间物；AK、ABK 配合物；P、P₁、P₂产物

### (2) 缔合活化催化循环

反应物和催化剂配位形成配合物，再由这个配合物或其衍生出来的物种发生进一步的变化；反应物的活化是在配合物配位层内部发生，系统中无独立存在的第二种价态的催化剂，这种过程称为缔合活化催化循环（见表 3-5）。

### (3) 共催化循环

以 C₂H₄ 空气催化 CH₃CHO 为例，催化剂为 Pd-CuCl₂ 水溶液，其过程为：

$$PdCl_2 + C_2H_4 + H_2O \longrightarrow 2HCl + CH_3CHO + Pd$$
$$Pd + 2CuCl_2 \longrightarrow 2CuCl + PdCl_2$$
$$2CuCl + 2HCl + 1/2O_2 \longrightarrow 2CuCl_2 + H_2O$$

$$C_2H_4 + 1/2O_2 \xrightarrow[\text{水溶液}]{PdCl_2 + CuCl_2} CH_3CHO$$

由此可见，在该催化循环中涉及两种催化剂，都有两种价态，二者缺一不可，分不清主次，故它们互称为共催化剂，该循环即为共催化循环，又称为二级循环，见图 3-9。此外，共催化循环中还有采用三种催化剂的三级循环。

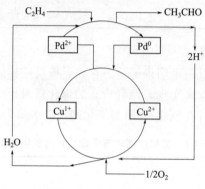

图 3-9　共催化循环

## 思考题

1. 多相催化反应通常包括哪几个步骤？物理过程和化学过程分别是哪几步？
2. 说明物理吸附和化学吸附的本质区别。
3. 简述化学吸附态的含义。
4. 说出 $H_2$、$O_2$、CO、烯烃的常见吸附态，简述中间物种的活性本质。
5. 简述 $\sigma$-$\pi$ 键及其形成条件。
6. 简述多相催化中的扩散类型及内扩散对催化反应选择性的影响。
7. 如何判断一个催化反应存在内、外扩散的控制？如何消除内、外扩散影响？
8. 请描述均相催化的特点及大规模均相催化工业化的主要问题。
9. 简述均相酸碱催化机理。
10. 简述均相催化剂和多相催化剂的区别。
11. 简述催化反应系统的分析、催化循环的分类和特点。
12. 试说明下图为哪一种催化循环，并写出该催化反应过程。

第 2 篇

# 工业催化剂作用原理

# 第4章

# 金属催化剂

金属催化剂是固体催化剂的一大类，也是研究最早、应用最广的一类催化剂。过渡金属、稀土金属及许多其他金属都可用作催化剂。常用的金属催化剂是以过渡金属尤其是Ⅷ族金属为活性组分，可用于加氢、脱氢、氧化、异构、环化、氢解、裂解等反应。例如，合成氨（Fe）、氨氧化（Pt）、烃类蒸汽转化（Ni）、有机物脱氢（Ni、Pt、Pd）、石脑油重整（Pt）等。作为催化剂的固体金属可以是单组分金属，也可以是多组分合金；金属活性组分可以负载在载体上制成负载型催化剂，或制成金属膜催化剂。可被金属催化的反应列于表4-1中。

表 4-1　金属催化的某些反应

| 反　　应 | 具有催化活性的金属 | 高活性金属举例 |
|---|---|---|
| $H_2$-$D_2$ 交换 | 大多数过渡金属 | W，Pt |
| 烯烃加氢 | 大多数过渡金属及 Cu | Ru，Rh，Pd，Pt，Ni |
| 芳烃加氢 | 大多数Ⅷ族金属及 Ag，W | Pt，Rh，Ru，W，Ni |
| C—C 键氢解 | 大多数过渡金属 | Os，Ru，Ni |
| C—N 键氢解 | 大多数过渡金属及 Cu | Ni，Pt，Pd |
| C—O 键氢解 | 大多数过渡金属及 Cu | Pt，Pd |
| 羟基加氢 | Pt，Pd，Fe，Ni，W，Au | Pt |
| $CO+H_2$ | 大多数Ⅷ族金属及 Ag，W | Fe，Co，Ru(F-T 合成)，Ni(甲烷化反应) |
| $CO_2+H_2$ | Co，Fe，Ni，Ru | Ru，Ni |
| 氧化氮加氢 | 大多数 Pt 族金属 | Ru，Pd，Pt |
| 腈类加氢 | Co，Ni | Co，Ni |
| $N_2+H_2$（合成氨） | Fe，Ru，Os，Re，Pt，Rh(Mo，W，U) | Fe |
| $H_2$ 的氧化 | Pt 族金属，Au | Pt |
| 乙烯氧化为环氧乙烷 | Ag | Ag |
| 其他烃类氧化 | Pt 族金属及 Ag | Pd，Pt |
| 醇、醛的氧化 | Pt 族金属及 Ag，Au | Ag，Pt |

## 4.1 金属催化剂的吸附作用

如前所述，吸附是非均相催化过程中重要的环节，要详细了解催化反应机理，必须掌握有关吸附种的结构和稳定性的知识。

### 4.1.1 金属对气体的化学吸附能力

通过研究常见气体在许多金属上的吸附，可以发现气体的化学吸附强度有以下次序：

$$O_2 > C_2H_2 > C_2H_4 > CO > CH_4 > H_2 > CO_2 > N_2$$

金属的化学吸附能力取决于金属和气体分子的结构以及吸附条件。把各种金属在 0 ℃时对上述（除 $CH_4$ 以外）气体的化学吸附能力分为七类，可以得到表 4-2。

表 4-2 部分金属对气体的化学吸附能力

| 分类 | 金 属 | 气 体 | | | | | | |
|---|---|---|---|---|---|---|---|---|
| | | $O_2$ | $C_2H_2$ | $C_2H_4$ | CO | $H_2$ | $CO_2$ | $N_2$ |
| A | Ti,Zr,Hf,V,Nb,Ta,Cr,Mo,W,Fe,Ru,Os | + | + | + | + | + | + | + |
| $B_1$ | Ni,Co | + | + | + | + | + | + | − |
| $B_2$ | Rh,Pd,Pt,Ir | + | + | + | + | + | − | − |
| $B_3$ | Mn,Cu | + | + | + | ± | − | − | − |
| C | Al | + | + | − | − | − | − | − |
| D | Li,Na,K | + | + | − | − | − | − | − |
| E | Mg,Ag,Zn,Cd,In,Si,Ge,Sn,Pb,As,Sb,Bi | + | − | − | − | − | − | − |

从表 4-2 中可见，在各种气体中，$O_2$ 是最活泼的，几乎被所有的金属化学吸附（唯有 Au 例外），而 $N_2$ 只被 A 类金属化学吸附。

分析各类元素的外层电子结构，可以得到以下规律：

① A、$B_1$ 和 $B_2$ 类对表 4-2 中气体有较强的吸附能力，其中 A 类金属能吸附表中所有的气体，位于元素周期表的 ⅣB、ⅤB、ⅥB 和 Ⅷ族；吸附能力其次的 $B_1$ 和 $B_2$ 类金属为 Ⅷ族元素。这些元素都是过渡金属，因此，强化学吸附能力与过渡金属的特性有关，这就是过渡金属最外电子层中都具有 d 空轨道或不成对 d 电子，容易与气体分子形成化学吸附键，吸附活化能小，能吸附大部分气体。需要解释的是，$N_2$ 只被 A 组金属化学吸附，而不被 $B_1$ 和 $B_2$ 类金属化学吸附，原因是 $N_2$ 以原子形式化学吸附的高价数或 $N_2$ 分子的高解离能要求金属原子外层 d 轨道有 3 个以上空位，只有 A 类金属能满足这一点。

② $B_3$ 类只有 Mn 和 Cu，两者对表 4-2 中气体的吸附能力较弱。Mn 和 Cu 也属于过渡金属，其外层电子排布分别为 $3d^5 4s^2$ 和 $3d^{10} 4s^1$，共同特点是都具有 $d^5$ 和 $d^{10}$ 的外层 d 电子结构，d 层半充满或全充满，较稳定，不容易和气体分子形成化学吸附键。

③ C、D 和 E 类对表 4-2 中气体的吸附能力最差，它们都不是过渡金属，外层没有 d 电子轨道，只有 s、p 电子轨道，例如，Al $3s^2 3p^1$、Li $2s^1$、Na $3s^1$、K $4s^1$，因此化学吸附能力小，只能吸附少数气体。

可见，过渡金属的外层电子结构和 d 轨道对气体的化学吸附起决定作用，有空穴的 d

轨道的金属对气体有较强化学吸附能力，而没有 d 轨道的金属对气体几乎没有化学吸附能力。根据多相催化理论，不能与反应物气体分子形成化学吸附的金属不能作催化剂的活性组分。

## 4.1.2 化学吸附强度与催化活性

在催化反应中，金属催化剂先吸附一种或多种反应物分子，从而使后者能够在金属表面上发生化学反应。金属催化剂对某一反应活性的高低与反应物吸附在催化剂表面后生成的中间物的相对稳定性有关。一般情况下，处于中等吸附强度的化学吸附态的分子会有最大的催化活性，因为太弱的吸附使反应物分子的化学键不能松弛或断裂，不易参与反应；而太强的吸附则会生成稳定的中间化合物将催化剂表面覆盖因而不利于反应继续发生，相当于使催化剂中毒或钝化。如果以金属催化剂的活性为纵坐标，催化剂与反应物分子的化学吸附强度为横坐标，将得到一条火山型曲线，如图 4-1 所示。这可以通过以下两例加以说明。

加氢反应常常是 $H_2$ 的解离吸附为控制步骤，最活泼的金属催化剂是Ⅷ族金属。这是因为ⅤB、ⅥB族过渡金属的 d 空穴太多，吸附太强；ⅠB族金属 d 空穴则又太少，吸附太弱；只有Ⅷ族金属的 d 空穴适度，对 $H_2$ 的吸附强度适中，活性最高。以金属在周期表中的位置与加氢活性标绘，可得一个火山形曲线。对不同的加氢反应，Ⅷ族金属的活性也有所不同，反映了金属 d 电子结构的微小差别对催化性能的影响。

过渡金属催化剂上的甲酸分解反应，其催化活性与各金属甲酸盐的生成热呈火山型关系，如图 4-2 所示。图中纵坐标是达到同等的反应活性所需的温度（其值愈低表示活性愈高），横坐标是相应的金属甲酸盐的生成热。甲酸盐生成热的高低说明甲酸与金属结合的强弱，该热值也反映了金属表面与甲酸的作用，即甲酸在金属上化学吸附的强弱。可见，曲线左边的金属（如 Ag、Au）甲酸盐生成热很小，说明甲酸与金属的化学吸附作用太弱，难以生成金属甲酸盐，催化活性低；曲线右边的金属（如 Fe、Co、Ni 等）甲酸盐生成热很大，说明金属与甲酸的吸附作用太强，甲酸与金属的键合很牢，难以进一步反应，活性也低；只有 Pt、Ir 等金属与甲酸生成的金属甲酸盐生成热中等，甲酸与金属化学吸附强度适中，因此活性最高。

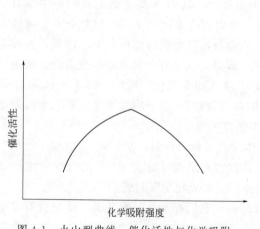

图 4-1 火山型曲线：催化活性与化学吸附
强度的关系

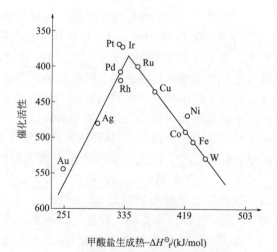

图 4-2 金属甲酸盐生成热与甲酸分解
催化剂活性的关系

## 4.2 金属的电子结构理论

在金属催化剂与反应物分子形成化学吸附的过程中，催化剂的电子或空穴参与了吸附态的形成，对催化剂的活性产生重要影响，因此，必须了解金属的电子结构。

能带理论和价键理论是讨论金属电子结构的两种基本理论，下面将分别介绍。

### 4.2.1 能带理论

能带理论认为，金属中原子间的相互结合能来源于带正电的阳离子和价电子之间的静电作用，原子中内壳层的电子是定域的。当原子相互聚集形成金属时，随着金属原子的相互靠近，因周围电场对孤立原子的作用，原子中所固有的各个分离能级将会发生重叠，不同能级的价电子将扩散成能带。对过渡金属而言，属于各个原子所有的 s、p、d 能级变成为整个金属的 s、p、d 能带；若金属中包含 $N$ 个原子，则 s 能带将包含 $N$ 个精细能级，p 能带与 d 能带将分别有 $3N$ 和 $5N$ 个精细能级。每一精细能级可容纳 2e；未填充电子的能带称为能带空穴。

金属催化剂大多数为过渡金属，其 s 能带和 d 能带间经常发生重叠，如第一长周期金属的 4s 能带与 3d 能带有部分重叠（图 4-3 所示），从而影响 d 能带电子充填的程度，使得 d 能带中 d 带空穴数量发生变化。

以金属 Ni 为例，Ni 原子的电子排布是 $3d^8 4s^2$。由 $N$ 个 Ni 原子形成金属后，金属中形成 3d 能带和 4s 能带。看起来好像 3d 能带中平均每个原子仍有 8e，4s 能带中平均每个原子仍有 2e，实际上并不是这样。由于 3d 能带和 4s

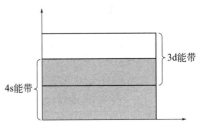

图 4-3　能带重叠

能带发生了重叠，使部分 4s 能带电子转入到 3d 能带中去。已测知在金属 Ni 中，每个 Ni 原子平均有 9.4 个 d 电子和 0.6 个 s 电子。换言之，3d 能带中有 $9.4N$ 个电子、$0.6N$ 个空穴；4s 能带中有 $0.6N$ 个电子、$1.4N$ 个空穴。所以在金属 Ni 中，平均每个 Ni 原子的电子结构为 $3d^{9.4} 4s^{0.6}$。同样测得 Co 原子的电子排布为 $3d^{8.3} 4s^{0.7}$，Fe 为 $3d^{7.8} 4s^{0.2}$，故 Fe、Co、Ni 的 d 能带空穴数分别为 2.2、1.7 与 0.6（每个原子）。

由于 d 能带的能级密度比 s 能带高，而且能级起点比 s 能带低，当 d 能带上有空穴时就有从外界接受电子和吸附物质成键的倾向。d 能带空穴数是表征金属电子结构的一个重要参数，过渡金属的 d 能带空穴数不同，接受电子的倾向亦不同，化学吸附能力和催化活性也不同。一般来说，在同一周期中的过渡金属，随着原子序数增加，d 能带空穴数逐渐减少，化学吸附键依次减弱，催化活性逐渐增加，到 Cu、Ag、Au 时，d 能带全部充满，催化活性显著下降。

d 能带空穴数可以由测定金属的磁化率得知，因为磁化率决定于未配对电子数，d 能带中较密的能级间距允许电子保持不成对，饱和磁矩在数值上等于 d 能带中的未配对电子数。

### 4.2.2 价键理论

价键理论是从金属价键概念来分析金属的电子结构，认为金属原子间结合力起源于金属键，而金属键由金属原子提供的 dsp 杂化轨道重叠形成。金属原子的外层电子轨道可分为三类：成键轨道、原子轨道、金属轨道，第一种参与形成金属键，第二种与金属的化学吸附能力密切有关，第三种起导电作用。

价键理论认为过渡金属原子以杂化键相结合，组成 spd 杂化键中 d 原子轨道所占的百分数称为金属的 d 百分数，d%，这是价键理论中用来表示金属电子结构的重要参数。

仍以 Ni 原子形成金属为例来解释金属价键理论。Ni 原子的价电子共有 10 个($3d^8 4s^2$)，金属 Ni 的原子是六价，Ni 原子形成金属时，每个 Ni 原子贡献 6e 形成金属键，这类电子叫做成键电子，还有 4e 没有参加成键作用，这类电子叫原子电子或未结合电子。根据测定，推测金属 Ni 有两种杂化轨道：$d^2 sp^3$ 和 $d^3 sp^2$；对应两种电子状态：Ni-A 和 Ni-B，各占 30% 和 70%，如图 4-4 所示。在 Ni-A 中，除 4 个原子电子占据 3 个 d 轨道外，杂化轨道 $d^2 sp^3$ 中 d 轨道成分为 2/6=0.33。在 Ni-B 中，除 4 个原子电子占据 2 个 d 轨道外，杂化轨道 $d^3 sp^2$ 和一个空轨道中，d 轨道成分为 3/7=0.43。金属 Ni 中，每个 Ni 原子的 d 轨道对成键贡献的百分数为：30%×0.33+70%×0.43=40%，这个百分数叫做金属的 d 百分数（d%）。

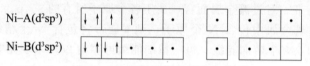

图 4-4　Ni 的外层电子排布方式

符号"↑"代表原子电子，符号"·"代表成键电子

d% 是价键理论用来表述成键轨道中的 d 轨道成分。金属键的 d% 越大，d 能带中的电子越多、空穴越少，并且从 1-40%=60%=0.6 所得数值和上面介绍的 d 能带空穴数相一致。显然，d% 可用作原子 d 轨道充满程度的量度，金属键的 d% 愈大，则原子 d 轨道充满的程度愈大。表 4-3 是过渡金属的 d%。

表 4-3　过渡金属的 d%

| ⅢB | ⅣB | ⅤB | ⅥB | ⅦB | Ⅷ₁B | Ⅷ₂B | Ⅷ₃B | ⅠB |
|---|---|---|---|---|---|---|---|---|
| Sc | Ti | V | Cr | Mn | Fe | Co | Ni | Cn |
| 20 | 27 | 35 | 39 | 40.1 | 39.7 | 39.5 | 40 | 36 |
| ⅢB | ⅣB | ⅤB | ⅥB | ⅦB | Ⅷ₁B | Ⅷ₂B | Ⅷ₃B | ⅠB |
| Y | Zr | Nb | Mo | Tc | Ru | Rh | Pd | Ag |
| 19 | 31 | 39 | 43 | 46 | 50 | 50 | 46 | 36 |
| ⅢB | ⅣB | ⅤB | ⅥB | ⅦB | Ⅷ₁B | Ⅷ₂B | Ⅷ₃B | ⅠB |
| La | Hf | Ta | W | Re | Os | Ir | Pt | Au |
| 19 | 29 | 39 | 43 | 46 | 49 | 49 | 44 | — |

气体在金属上化学吸附时，可以利用表面上未饱和的杂化轨道的电子成键，亦可利用金属的未结合电子成键。由于未结合电子所处的能级比杂化轨道电子所处的能级高，所以比较活泼，因此吸附物首先是与未结合电子成键。但从吸附键的电子云重叠来看，则杂化轨道成键时重叠较多，形成的吸附键较强。

对于 d% 与催化活性的关系，可以利用乙烯加氢来说明。利用金属薄膜或金属以 $SiO_2$ 为载体的催化剂催化乙烯加氢反应，测定反应速度常数 $k$ 作为活性标准，得到的结果见图4-5。从图中可以看出，两种催化剂体系的活性和 d% 数据基本上靠近一条光滑的曲线，说明催化剂的活性与 d% 有关联。化学工业中广泛应用的加氢催化剂主要是周期表中的四、五、六周期中的部分元素，它们的 d% 差不多在 40%～50% 范围内。

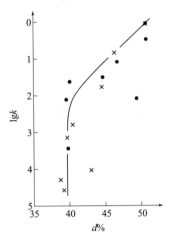

图 4-5　乙烯加氢催化剂活性和 d% 相互关系

## 4.3　金属表面几何因素与催化活性

前面根据电子结构理论讨论了金属的化学吸附活性与金属外层电子结构的关系，除了电子因素外，反应物分子与金属表面键合的能力还与金属表面原子的几何排布方式有关，即催化活性受到几何因素的影响。

### 4.3.1　原子间距

金属催化剂表面原子间距离和催化活性有关，下面以乙烯在 Ni 金属上的加氢反应为例来说明。如图 4-6 所示，Ni 金属为面心立方晶格，有（111）、（110）、（100）三个晶面，以及 $a_1 = 3.51 \times 10^{-10}$ m、$a_2 = 2.48 \times 10^{-10}$ m 两个晶格参数。当乙烯吸附到 Ni 金属上以后，对应 $a_1$ 和 $a_2$ 两种吸附情况，表现在吸附后 $\theta$ 键角的不同，见图 4-7。C—C 键长为 $1.54 \times 10^{-10}$ m，Ni—C 键长为 $1.82 \times 10^{-10}$ m。当吸附在窄双位上即 $a_2$ 上时，$\angle\theta = 105°$；当吸附在宽双位上即 $a_1$ 上时，$\angle\theta = 123°$。已知碳原子为正面体，键角为 109°28′，接近于 105°，但和 123° 相差较大。因此，乙烯吸附在窄双位 $a_2$ 上时，对应较稳定的吸附，吸附热也较大。对于表面吸附为控制步骤的催化反应，较低的吸附热对应较高的活性。故乙烯吸附在宽双位 $a_1$ 上时，受到较大的扭曲，对应较不稳定的吸附，能成为较为活泼的中间物，更有利于乙烯的催化加氢。从图 4-6 还可以看出，（110）面内的宽双位 $a_1$ 的数目比（100）面和（111）面内的数目多，因此 Ni 金属催化乙烯加氢时，（110）面应具有更高的催化活性。此观点已被证实。

原子间距对催化反应的选择性亦有影响。例如，丁醇在 MgO 上可以发生脱氢反应和脱水反应。MgO 正常面心立方晶格常数值 $a$ 为（4.16～4.24）$\times 10^{-10}$ m。发现 $a$ 增大将有利于脱水反应，反之则有利于脱氢反应，可以从空间因素来解释。因为脱水与脱氢所涉及的基团不同，前者要求断裂 C—O 键，其键长为 $1.43 \times 10^{-10}$ m；后者要求断裂 C—H 键，键长为 $1.08 \times 10^{-10}$ m，故脱水要求较宽的双位吸附（见图 4-8）。

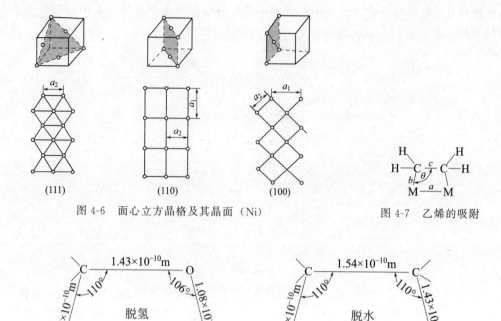

图 4-6 面心立方晶格及其晶面（Ni）

图 4-7 乙烯的吸附

图 4-8 醇在脱氢与脱水时的吸附构型

## 4.3.2 晶面花样

金属表面原子的晶面花样也是影响催化活性的重要因素。曾经用66种金属催化环己烷脱氢制苯的反应，发现只有面心立方晶格对称性 $A_1$ 型的 Pt、Pd、Ir、Rh、Co 和 Ni，以及六方晶格对称性 $A_3$ 型的 Re、Tc、Os、Zn 和 Ru 等11种金属有活性。进一步研究表明，$A_1$ 的（111）面和 $A_3$ 的（001）面上的原子呈正三角形排布，原子间最小距离 $d_{min}$（即正三角形的边长）在（2.7746～2.4916）$\times 10^{-10}$ m 范围内才有活性。总之，环己烷脱氢所用的金属催化剂要同时具有此二条件才有催化活性（见图4-9）。

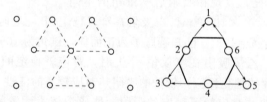

图 4-9 面心立方晶格的（111）面、六方晶格的（001）面及环己烷在其上吸附的六位模型

在以上基础上提出环己烷脱氢的六位模型：环己烷有椅式和船式两种，它吸附在金属催化剂的表面上，6C原子拉平成为平面六元环结构，见图4-9。粗线表示六元环，数字表示金属原子具有正三角形排布。2、4、6位吸附环己烷，1、3、5位脱氢，三个金属原子中每个拉断2H原子，共拉断6H原子使环己烷脱氢成苯。$d_{min}$ 过小，对环己烷铺平不利；$d_{min}$ 过大，对1、3、5位脱氢不利，$d_{min}$ 应在（2.7746～2.4916）$\times 10^{-10}$ m 范围内。

根据六位模型，反应物分子附属基团的空间障碍或分子的掩盖效应必然表现出来。例如，烯烃的加氢反应，在 Pt 上催化反应速率依照下列次序递降，顺式烯烃比反式烯烃易于反应。

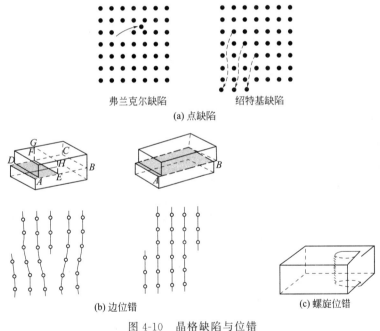

## 4.4 晶格的缺陷与位错

### 4.4.1 晶格缺陷和位错的主要类型

在金属晶体中，质点排布并不完全按顺序整齐排列。受制备条件的影响，会产生各种缺陷，与吸附和催化性能密切相关的有点缺陷和线缺陷两类。

点缺陷主要有两种，如图 4-10 所示。一种是离子或原子离开完整晶格的位置成为间隙离子或原子，这种缺陷叫弗兰克尔（Frenkel）缺陷。另一种是离子或原子离开正常晶格位置，移动到晶体表面，这种缺陷叫绍特基（Schottky）缺陷。

弗兰克尔缺陷　　　　绍特基缺陷

(a) 点缺陷

(b) 边位错　　　　　　　　　　(c) 螺旋位错

图 4-10　晶格缺陷与位错

线缺陷主要是指位错，涉及一条原子线的偏离。当原子面相互滑动时，已滑动与未滑动区域之间必然有一分界线，这条线就是位错。位错有边位错和螺旋位错两种类型，如图 4-10 所示。真实晶体中出现的位错，多为二类位错混合体。

### 4.4.2 晶格不规整性与多相催化

晶格不规整性即位错与缺陷关联到表面催化的活性中心。因为显现位错处和表面点缺陷处，催化剂原子的几何排布与表面其他地方不同，而表面原子的几何排布是决定催化活性的重要因素，边位错和螺旋位错有利于催化反应；晶格不规整处的电子因素促使催化剂有更高的催化活性。

**（1）位错作用和补偿效应**

金属催化剂表面晶格不规整性对其催化活性有影响。将经冷轧处理后的金属 Ni 催化剂用于甲酸的催化分解，发现分解速率 $k$ 增加的同时反应活化能 E 也增加。冷轧处理增加了金属的位错。采用离子轰击技术轰击结构规整的洁净的 Ni 和 Pt 表面，发现能增强乙烯加氢的催化活性，其原因是位错与缺陷的综合结果，这使得补偿效应这一普遍存在的现象得到更好的解释。高纯单晶银用正氩离子轰击，测出 Ag(111)、（100）和（110）三种晶面催化甲酸分解的速度方程中，随着指前因子 $A$ 的增加，总是伴随 $E$ 的增加，这就是补偿效应。Ag 单晶表面积不会因离子轰击而增加，主要是位错作用承担了表面催化活性中心。这与冷轧处理金属催化剂所得结果一致。

**（2）点缺陷和金属的"超活性"**

Cu、Ni 等金属丝催化剂，在急剧闪蒸前显示正常的催化活性；在高温闪蒸后，显示出催化的"超活性"，约增加 $10^5$ 倍。这是因为经高温闪蒸后，在它们的表面形成高度非平衡的点缺陷浓度，从而产生"超活性"。若此时将它冷却加工，就会导致空位的扩散和表面原子的迅速迁移，使"超活性"急剧消失。

### 4.4.3 金属表面在原子水平上的不均匀性

随着表面测试技术的发展，一些用肉眼看到的所谓平滑表面，它们在原子水平上不均匀，存在各种不同类型的表面位（sites），如图 4-11 所示。该图是原子表面的 TSK 模型，即台阶（terrace）、梯级（step）和拐折（kink）模型。在表面上存在的拐折、梯级、空位、附加原子等表面位非常活泼，它们对表面原子迁移、参加化学反应都起着重要作用，是催化活性较高的部位。例如，Pt 金属催化烃类转化反应，Pt 有多种晶面，各自有极不相同的表面结构，显示出极不相同的反应选择性。扁平的 Pt(111)、Pt(100)面，都对芳构化反应有好的选择性，但前者较后者更高；而对异构化的选择性，二者刚好相反。另外有两个晶面，具有原子梯级的有序阶梯面 Pt(775)和具有台阶和拐折的 Pt(10、8、7)面，对断裂 C—C 键的氢解反应活性特别强。实验证明，正庚烷在 Pt 单晶表面上催化氢解速率与晶面上拐折浓度密切相关。CO 的催化氧化，也取决于 Pt 催化剂裸露的单晶面。NH_3 在单晶表面上的合成速率，Fe(111)面为 Fe(110)面的 440 倍。这都说明单晶催化剂的催化活性和选择性随晶面而异。

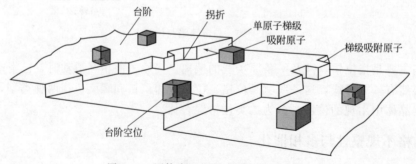

图 4-11　固体表面原子水平的 TSK 模型

## 4.5 各类金属催化剂及催化作用

### 4.5.1 块状金属催化剂

块状金属催化剂是指金属及合金以整体状态暴露于反应物中，其催化活性与金属特性和金属表面有着本质的联系。块状金属催化剂不含载体，属于非负载型催化剂。常见的块状金属催化剂有电解银催化剂、熔铁催化剂、铂网催化剂等。虽然块状金属催化剂种类较少，但在化工生产中发挥了极其重要的作用。例如，铂金属网几乎是氨氧化唯一的催化剂，主要有 Pt-10Rh，例如，用 Pt/Rh 细丝编成的金属网进行的氨氧化反应：

$$4NH_3 + 7O_2 \longrightarrow 4NO_2 + 6H_2O$$

这个反应按以下两步发生：

$$4NH_3 + 5O_2 \longrightarrow 4NO + 6H_2O$$

$$O_2 + 2NO \longrightarrow 2NO_2$$

然后 $NO_2$ 被水吸收生成硝酸：

$$3NO_2 + H_2O \longrightarrow 2HNO_3 + NO$$

由于在使用过程中表面不断变粗糙，使得所使用的金属网在不断地变化，直到金属网破坏而不得不更换。这种渐进式恶化的原因不完全清楚，但可以在铂金属网内增加约 10%Rh 来缓减这一过程的发生。氨氧化反应在温度 1000K 以上时发生，接触时间非常短（$\leqslant 10^{-3}$ s），反应速率由反应物到金属网表面的传质速率控制；由于整个反应是高度放热的过程，这个过程一旦开始就能够为反应自身提供能量。Pt 金属网材料也被用于气体混合物中挥发性有机化合物（VOCs）的催化氧化脱除。另一非负载的金属催化剂是非负载银（电化学制备的颗粒排列在厚度约 1cm 的薄层上），用于甲醇选择性氧化生成甲醛：

$$CH_3OH + \frac{1}{2}O_2 \longrightarrow HCHO + H_2O$$

全世界生产的甲醛中有大约一半来自银催化过程。这个反应是由 August Wilhelm von Hofmann 首次发现的，由于使用甲醇，因此该过程也会发生一些脱氢反应：

$$CH_3OH \longrightarrow HCHO + H_2$$

由于使用温度相对较高，非负载金属催化剂易烧结。为了尽可能增大表面积，金属颗粒必须是稳定化的。因为烧结通常是表面迁移机理，因此可以通过加入"助剂"帮助金属原子固定在表面上，阻止表面迁移和/或粒子聚结，提高金属颗粒稳定性。比如用于氨氧化的铂金属网，加入 Rh 会减缓表面重排。

### 4.5.2 负载型金属催化剂

负载型金属催化剂是通过将金属活性组分负载在载体上制得，这样不仅可以提高催化剂的活性表面积、热稳定性、机械强度和化学稳定性，而且金属与载体间还会产生相互作用，有可能改变催化性能。特别是对于贵金属催化剂，一方面是因其价格昂贵，另一方面化学反应主要在催化剂表面上进行，所以常将贵金属催化剂分散在比表面积比较大的固体颗粒上，以增加金属原子暴露于表面的机会。负载型金属催化剂的催化活性通常需要考虑金属的分散度、金属与载体相互作用、溢流现象等因素。

**（1）金属的分散度**

在负载型催化剂中，金属的分散度是指金属在载体上分散的程度，常用"$D$"表示，其定义为：

$$D = \frac{\text{表面的金属原子}}{\text{总金属原子}} / \text{克催化剂}$$

金属催化剂分散度不同（即金属颗粒大小不同），其表相和体相分布的原子数不同。当 $D=1$ 时意味着金属原子全部暴露。

除了分散度外，IUPAC 用暴露百分数（P.E.）代替 $D$，对于一个正八面体晶格的 Pt，其晶粒大小与 P.E. 的对应关系如表 4-4 所示。

表 4-4　Pt 晶粒的棱长和 P.E. 的关系

| Pt 晶粒的棱长/nm | 1.4 | 2.8 | 5.0 | 1000 |
| --- | --- | --- | --- | --- |
| P.E. | 0.78 | 0.49 | 0.30 | 0.001 |

一般工业重整催化剂，其 Pt 的 P.E. 大于 0.5。

金属在载体上微细分散的程度，直接关系到表面金属原子的状态，影响到负载催化剂的活性。通常原子在晶面上的位置有三种类型：位于晶角上，位于晶棱上和位于晶面上。显然位于顶角和棱边上的原子的配位数要低于位于晶面上的原子的配位数。随着晶粒大小的变化，不同配位数位的比例也会变化，相对应的原子数也随之变化。涉及低配位数位的吸附和反应，原子数将随晶粒变小而增加；而位于晶面上的配位数位，原子数将随晶粒的增大而增加。

分散度也指金属在载体表面上的晶粒大小。如果金属在载体表面上呈微晶状态或原子状态分布时，就称为高分散负载型金属催化剂。负载型催化剂的催化性能与其金属活性组分在载体上的尺寸大小密切相关。当金属活性组分在高比表面积的载体上以高度分散的纳米团簇形式存在时，可以充分利用催化活性位点，进而提高催化剂的反应活性和金属原子利用率。为了使负载型金属催化剂上每个金属原子的催化效果达到最佳，研究者不断减小活性金属的颗粒尺寸。从理论上讲，负载型金属催化剂分散的极限是金属以单原子的形式均匀分布在载体上，这不仅是负载型金属催化剂的理想状态，而且也将催化科学带入到一个更小的研究尺度——单原子催化。张涛课题组最早成功制备出单原子 $Pt_1/FeO_x$ 催化剂，在 CO 氧化和 CO 选择性氧化反应中获得很高的催化活性和稳定性，并由此提出单原子催化的概念。

单原子催化不同于纳米催化和亚纳米催化，因为当粒子分散度达到单原子尺寸时，引起很多新的特性，如急剧增大的表面自由能、量子尺寸效应、不饱和配位环境和金属-载体的相互作用等，正是这些与纳米或亚纳米级粒子显著不同的特性，赋予单原子催化剂优越的催化性能。此外，单原子催化剂的制备大大减少了贵金属的使用量，降低了制造成本。单原子催化剂具有单一分散的活性位，避免了副反应的发生和副产物可能带来的净化纯化等后续处理过程及潜在的环境问题，从而节省后期处理费用，使生产过程更加经济环保，达到"绿色催化"的目的。

单原子催化剂同样也存在不足。当金属粒子减小到单原子水平时，比表面积急剧增大，导致金属表面自由能急剧增加，在制备和反应时极易发生团聚耦合形成大的团簇，从而导致催化剂失活，这是制备单原子催化剂必须要解决的问题。

**（2）金属与载体相互作用**

金属-载体相互作用有三种类型，如图 4-12 所示。第一种类型是金属颗粒和载体的接触位置在界面部位，分散的金属可保持阳离子的性质。第二种类型是分散的金属原子溶于氧化物载体晶格中或与载体生成混合氧化物，其中 $CeO_2$、$MoO_3$、$WO_3$ 或其混合物对金属分散相的改进效果最佳。第三种类型是金属颗粒表面被来自载体的氧化物涂饰。涂饰物种可以和载体相同，也可以是部分还原态载体。金属氧化物在金属颗粒上涂饰，改变了处于金属与金属氧化物接触部位表面上金属离子的电子性质，也可能在有金属氧化物黏附的金属颗粒表面的接缝处产生新的催化中心。由于金属载体的相互作用，出现了金属-载体间的电荷转移。

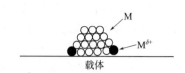

(a) 金属颗粒和载体接缝处的 $M^{\delta+}$ 阳离子中心

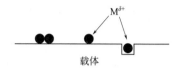

(b) 孤立金属原子和原子簇阳离子中心

金属与载体的相互作用能够改变催化剂的吸附性质。研究发现还原温度升高，负载型金属催化剂对 $H_2$ 和 CO 的化学吸附量下降。易被还原的金属氧化物如 MnO、$Nb_2O_5$、$TiO_2$、$V_2O_5$ 和 $Ta_2O_5$ 等对氢的化学吸附抑制最强，难被还原的氧化物载体如 $SiO_2$、$Al_2O_3$ 和 MgO 对氢的化学吸附的影响则要小得多。

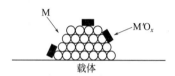

(c) 金属氧化物 $M'O_x$ 对金属粒面的涂饰

图 4-12　金属-载体相互作用的类型

金属与载体的相互作用也改变催化剂的催化性能。例如，CO 加氢反应因载体不同可得不同产物，用 $La_2O_3$、MgO 和 ZnO 负载 Pd 时，对生成甲醇的活性和选择性有利；用 $TiO_2$ 和 $ZrO_2$ 负载时，生成甲烷的活性和选择性则很高。可见，金属与载体间的相互作用对金属催化剂的性能产生重要影响，成为金属催化剂研究的一个热点。

**（3）结构敏感性**

对于金属负载型催化剂，Baudert 等总结归纳了影响转化频率（TOF）的三种因素：①在临界范围内颗粒大小的影响和单晶的取向；②一种活性的第Ⅷ族金属与一种较少活性的 IB 族金属，如 Ni-Cu 形成合金的影响；③从一种第Ⅷ族金属替换成同族中另一种金属的影响。根据对这三种影响因素敏感性的不同，催化反应可以区分为两大类：一类是涉及 H—H、C—H 或 O—H 键的断裂或生成反应，其反应速率对结构的变化、合金化的变化或金属性质的变化敏感度不大，称为结构非敏感反应。例如，环丙烷加氢就是一种结构非敏感反应。用宏观的单晶 Pt 作催化剂（分散度 $D \approx 0$）与用负载在 $Al_2O_3$ 或 $SiO_2$ 上的微晶（1～1.5nm）作催化剂（$D \approx 1$），测得的转化频率基本相同。由于这类 C—H、H—H 键断裂的反应，只需要较小的能量，因此可以在少数一两个原子组成的活性中心上或在强吸附的烃类所形成的金属烷基物种表面上进行反应。另一类是涉及 C—C、N—N 或 C—O 键的断裂或生成的反应，对结构的变化、合金的变化或金属性质的变化敏感性较大，称为结构敏感反应。氨在负载铁催化剂上的合成是一种结构敏感的反应。该反应的转化频率随铁分散度的增加而增加。乙烷在 Ni-Cu 催化剂上的氢解反应随 Cu 含量增多活性下降，也是一种结构敏感性反应。这类反应涉及 N—N、C—C 键断裂，需要提供大量的热量，反应是在强吸附中心上进行的，这些中心或是多个原子组成的集团，或是表面上顶或棱上的原子，它们对表面的细微结构十分敏感。因此，利用反应对结构敏感性的不同，可以调整晶粒大小，加入金属原子或离子等来调变催化活性和选择性。

**（4）溢流现象**

溢流现象是指固体催化剂表面的活性中心（原有的活性中心）经吸附产生一种离子或自

由基的活性物种，它们迁移到别的活性中心处（次级活性中心）的现象。它们可以化学吸附诱导出新的活性或进行某种化学反应。如果没有原有的活性中心，这种次级活性中心不可能产生出有意义的物种，这就是溢流现象。Khoobiar 第一个用实验直接证明了氢溢流（spill over）现象，他发现 $WO_3$ 与 $Pt/Al_2O_3$ 机械混合后，在室温下即可被 $H_2$ 还原而生成蓝色的 $H_xWO_3$。氢溢流的示意图如图 4-13 所示。

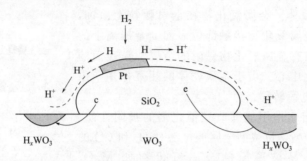

图 4-13　氢溢流的示意图

溢流现象的发生至少需要两个必要的条件：①溢流物种发生的主源；②接受新物种的受体。溢流现象可以发生在金属-氧化物、金属-金属、氧化物-氧化物等各体系中。目前发现的可能产生溢流的物质有 $H_2$、$O_2$、CO、NCO，并且体系不同，产生溢流物种的机理可能不同，并可能直接影响催化剂的活性、选择性和稳定性。例如，来自金属的氢溢流物种可能与表面的积炭反应生成 $CH_4$ 从而除去炭。氢溢流物种也可以与表面上可还原的金属氧化物上羟基反应生成水，使氧化物的金属暴露出来，成为吸附的活性中心。

溢流现象表明催化剂表面上的吸附物种是流动的，溢流的作用使原来没有活性的载体变成有活性的催化剂或催化成分，可以认为是负载金属型催化剂金属和载体相互作用的一种特殊情况。溢流现象增加了多相催化的复杂性，但也有助于我们对多相催化反应的理解。

## 4.5.3　合金催化剂

在金属催化领域内，有许多催化剂体系是以合金形式参与反应的。与单一金属相比，加入另一种金属与之形成合金，可相应改变合金表面的几何和电子结构，从而影响化学吸附强度、催化活性与选择性等性能。工业上最常用的是双金属合金催化剂，双金属系合金催化剂有三大类：第一类为（Ⅷ + ⅠB）族元素的双金属系，如 Ni-Cu、Pt-Au 等，用于烃的氢解、加氢和脱氢的反应；第二类由两种ⅠB族元素组成，如 Ag-Au、Cu-Au 等，曾用来改善部分氧化反应的选择性；第三类为两种Ⅷ族元素组成，如 Pt-Ir、Pt-Fe 等，曾用于稳定催化剂活性。

合金催化剂已得到广泛应用，其催化作用较单金属催化剂复杂，主要来自组合成分间的协同效应。例如，Ni-Cu 催化剂可用于乙烷氢解、环己烷脱氢，其活性与组成关系示于图 4-14。从图中可以看出，环己烷的脱氢速度随着 Cu 的加入，先是略有增大，而后在很宽的组成范围内不变，以后则急剧下降；乙烷的氢解速度从一开始就迅速下降。由此可知，金属催化剂的选择性，可通过合金化加以调变。这一现象可解释为：乙烷的氢解反应需要相邻 Ni 原子的双活性中心结构，Cu 的加入极大地降低了 Ni 在表面上必要的聚集姿态，活性结构数目很快减少，导致活性下降。环己烷的脱氢只需要较少数目的原子，Cu 的加入并不会破坏反应所需的结构，因此在较大的范围内，活性不随组成而改变。不但如此，Cu 的加入还会引起 d 空穴数的稍微减少，使 Ni 对产物苯的键合强度减弱，加快苯的解吸速度这一控制步骤，活性还略微有些升高。但当 Cu 含量过高时，Ni 大量稀释，活性又大大下降。

金属催化剂的合金化不仅改善催化剂的选择性，也能促进稳定性。例如，石脑油重整的 Pt-Ir 催化剂，较之 Pt 催化剂的稳定性大为提高，其主要原因是 Pt-Ir 合金可避免或减少表面烧结，Ir 有强盛的氢解活性，抑制表面积炭，促进活性稳定性的提高。

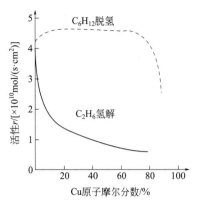

图 4-14　Ni-Cu 合金的组成与催化活性的关系

### 4.5.4　金属互化物催化剂

金属互化物又称金属间化合物（intermetallic compounds），是一类在特定条件下，由金属元素或具有金属性质的半金属元素之间，以金属键相结合，构成金属晶格，并可以以一定的化学式表示出来的一类物质。由两种元素组成的金属互化物可用 $A_mB_n$ 表示，作为 A 的元素有稀土元素、Ti、V、Zr、Cu 等；B 元素有 Fe、Ni、Mn、Co、Ru、Zn、Pd 等。如 $LaNi_5$、$La_2Ni_3$、$LaNi_3$、$Al_2Zn_3$、$CuZn$、$Cu_5Zn_8$、$CuZn_3$ 等。有时部分 B 可用性质相近的元素替代，形成三种以上元素的金属互化物，例如 $LaNi_4M$（M＝Pd、Cu、Co、Fe、Cr、Ag）。金属互化物的成分虽可以用化学式表示出，但其组成元素的化合价很难确定，并且组成不固定，可以在一定的范围内改变。例如，锌溶入铜中形成 $\alpha$-黄铜，其具有铜的面心立方晶格，如锌原子的摩尔分数超过 32% 时，就会出现新的晶格，其既不同于铜的面心立方，也异于锌的六角密集型结构，具有这种新晶格的合金称为 $\beta$-黄铜（Cu-Zn）。若继续增加锌的成分，还可出现 $\gamma$-黄铜（$Cu_5Zn_8$）和 $\varepsilon$-黄铜（$CuZn_3$）。则 $\beta$-黄铜、$\gamma$-黄铜和 $\varepsilon$-黄铜均为铜锌金属互化物。

金属互化物的性能通常介于陶瓷材料和普通金属之间，密度较低，如铝钛金属互化物的密度只有 $(3.7\sim4.2)\times10^3\,kg/m^3$，而且具有耐磨性强、耐腐蚀性能高等特点。在高温下，强度仍然保持稳定。因大多数元素是金属，金属互相反应形成许多金属互化物，其中稀土元素和铜系元素的互化物尤为普遍，含有稀土元素的金属互化物有 1000 种以上。金属互化物已成为新型结构材料的重要分支，被广泛用于永磁材料、储氢材料、超导材料、航空材料、催化材料等方面。在催化应用方面，这类化合物可用于合成氨、烯烃加氢、合成醇、烃类异构化等反应，具有较好的活性、选择性和热稳定性。

### 4.5.5　金属簇合物催化剂

金属簇合物是指含有金属-金属键并通过这些键形成三角形闭合结构或更大闭合结构的分子配合物，又称金属原子簇化合物。其中的金属多半具有零价态，多个金属原子构成三角形、四面体、正方棱锥形核八面体等簇骨架。骨架内几乎是空穴，骨架上则被朝外的络合于金属原子的配位体所包围。金属原子簇化合物的骨架呈巢形或笼状。例如碳硼烷具有笼状骨架；多核羰基金属组成了许多多面体笼状物；四聚的甲基锂、七叔丁基异腈合四镍都是四面体笼状物。还有 5～15 个金属原子的原子簇化合物。图 4-15 分别列出了 3 核簇、4 核簇、5 核簇的立体结构。

金属原子簇化合物可分为同核和异核（混合金属）原子簇化合物两大类。同核原子簇的代表有 $Os_3(CO)_{12}$，$Rh_6(CO)_{16}$，$H_2Ru(CO)_{10}$，$[Pd_3(PEt_3)_3(PPh_2)_2Cl]^+$，$Pt_3(CO)_3(PPh_3)_4$，$[Pt_{19}(CO)_{22}]^{4-}$ 等；异核原子簇包括 $[(C_5H_5Ni)_2(PhC\equiv Cr)Fe(CO)_3]$，$RuPt_2(CO)_5L_3$

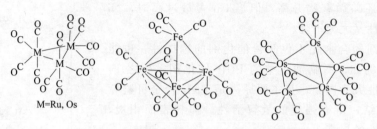

图 4-15　3 核簇、4 核簇、5 核簇的立体结构

[L＝PPh₃，PPh₂Me，PPhMe₂，PPh(OMe)₂ 或 AsPh₃]，H₂FeRu₂Os(CO)₁₃ 等。

原子簇分子可以看作是微观的金属颗粒，外层被配位体化学吸附着，这些配位体是活动的。仅有少数亚族元素没有配位体，成为裸露的金属簇离子，如 $Te_6^{2+}$、$Sb_3^-$、$Sn_9^{4-}$ 等。金属配位体的键合是假定金属-金属键合是相对独立的，彼此关联很少，配位体同金属键合通常处于最低能态。原子簇的化学活性往往同金属-配体间的键合状态有关。因此，用适当的配体同金属键合可以调整原子簇的反应活性。金属原子簇合物可以催化氢化、氧化、异构化、二聚、羰化和水煤气变换等由传统的均相或多相催化剂进行的各种反应。

许多原子簇可溶于适当的溶剂中作为均相催化剂，以实现单核配合物催化剂不能实现的分子转化或者改善已知的单核催化剂体系的反应活性。以 CO 加氢反应为例。用单核金属配合物不能催化 CO 加氢实现 Fischer-Tropsch 反应，而多相催化剂则可办到。这二者之间的差别直到近年来从原子簇的研究中才获得解释。一般认为 CO 化学吸附后，要断开 C—O 键，先要经过一个解离的中间过渡态，即：

然后和配合的 H₂ 反应生成烃类。这样的反应过程仅含单个金属原子的配合物是无法完成的。至少需要两个金属原子才能形成过渡态活化物，从而使 C—O 键断裂，发生进一步转化。原子簇配合物可以满足这个条件，可以在均相反应中催化加氢。例如，采用 Os₃(CO)₁₂ 和 Ir₄(CO)₁₂ 原子簇催化剂，在 160℃、0.1～0.3MPa 的压力下，可实现 CO 均相加氢乙烷生成甲烷和丙烷。

也可以采用类似单核配合物均相催化剂固相化的化学方法，将原子簇催化剂载于有机或无机载体表面，制成多相催化剂。例如，把 [Ru₃(CO)₁₂] 固载到 SiO₂ 上，再将它在 H₂ 中还原除去羰基，留下微小的金属粒子（直径 150～200×10⁻¹⁰ m）均匀地分散于 SiO₂ 表面上，制成一种在石油工业中有用的多相催化剂。把 [Os₃(CO)₁₂] 键合到 SiO₂、Al₂O₃ 等氧化物表面上，经红外光谱等表征发现，其表面配合物如左图所示。其中，M 为 Si 或 Al。这种表面配合物能在保持原子簇结构的反应条件下（H₂存在，＜70℃），具有良好的催化烯烃异构化的活性，而当温度较高时，原子簇结构破坏，活性大大下降，说明原子簇是更活泼的催化活性物种。

可见，金属原子簇催化剂兼具均相和多相催化剂两者的优点，同时它又是研究多相催化剂表面活性中心较理想的模型。它在均相催化和多相催化之间架起了一座桥梁，并给催化领域增添了很多新的内容，为设计新的催化反应、发展新催化剂提供理论指导和开拓新的途径。

### 4.5.6　金属膜催化剂

膜催化剂技术，是指通过催化反应和膜分离技术相结合来实现反应和分离一体化的工艺。该技术可使反应产物选择性地分离出反应体系，或向反应体系选择性地提供原料，促进反应平衡右移，提高反应转化率。对于生产中间产物为目的的连串反应，如烃类选择性氧化等，更具意义。

金属膜催化剂包括金属及其合金组成的膜催化剂以及负载金属膜催化剂。目前金属及金属合金膜的研究较多。最早从事膜催化剂研究的苏联学者 B. M.，研制出一种致密的薄壁 Pd 膜，成功地用于乙烯加氢精制和对加氢选择性要求特别高的合成香料、医药制品与化学试剂等工艺。但金属 Pd 膜催化剂存在 $H_2$ 的低温穿透性和传输速率过低、操作弹性过小、应用途径过窄、液相反应速率过慢、竞争吸附难以消除、催化剂表面积过低等缺点。基于这些因素，合金型金属膜催化剂成为新的视点。如在 Pd 金属中加入 $10\% \sim 30\%$ 的 Ag、Rh、Ru、Au 或稀土金属等，制得合金型膜催化剂，其乙烯加氢性能明显改善。研究表明，Pd、Rh、Ni、Ag 等金属及其合金对 $H_2$ 和 $O_2$ 有良好的渗透性，特别是制成微纳米金属膜催化剂后，更有助于提高加氢/脱氢反应以及部分氧化反应的活性和选择性。例如，在载体上涂覆一定厚度的 Pt 结晶 Pt（111）和单层 Ni 膜，发现其催化表面的性能既不同于纯 Pt 结晶，也不同于较厚的多层 Ni 膜。这种单层膜 Ni/Pt 体系尤其对环己烯加氢为环己烷具有优良的催化作用。而在纯 Pt 或在 Pt 结晶上涂覆两个以上原子层的 Ni 的情况下，加氢反应不发生。通过表面震动光谱和 X 射线吸收法研究环己烯的表面行为，发现单层 Ni/Pt 表面的独特化学性能归因于吸附质与单层 Ni 膜之间弱的相互作用。这表明通过控制金属催化剂的膜厚度可以改变其化学性能。此外，Soga 等用过渡金属与稀土金属互化物做成膜，如 $LaNi_5$ 膜、$LaCo_5$ 膜，以及 Ce、Pr、Sm 等分别与 Co 制成的互化物膜。

金属膜催化剂多用于研究加氢、脱氢反应及利用膜作为化学活性基质进行选择性的化学转化等。金属膜催化剂与常规金属催化剂相比，其扩散阻力小，温度极易控制，选择性非常高，能够进行不生成副产物的序贯反应；如果制成的膜催化剂具有选择性透过功能，可获得超高纯的产品。表 4-5 列举了一些常见金属膜的反应实例。

表 4-5　金属膜反应实例

| 反应体系 | 膜材料 | 反应温度/℃ |
|---|---|---|
| $2CH_4 \longrightarrow C_2H_6 + H_2$ | Pd(0.3mm) | $350 \sim 440$ |
| $2HI \longrightarrow H_2 + I_2$ | Pd-Ag | 500 |
| 环己烷 $\longrightarrow$ 环己烯 $+ H_2$ | 多孔 Pd-23%Ag | 125 |
| 呋喃 $+ H_2 \longrightarrow$ 四氢呋喃 | Pd-Ni | 140 |
| $CO_2 + H_2 \longrightarrow CO + H_2O$ | Ru 涂覆在 Pd-Cu 合金膜上 | $<187$ |
| 环己烯 $+ H_2 \longrightarrow$ 环己烷 | Au 涂覆在 Pd-Ag 合金膜上 | $70 \sim 200$ |
| $C_6H_{12} \longrightarrow C_6H_6 + 3H_2$<br>$H_2 + \frac{1}{2}O_2 \longrightarrow H_2O$ | Pd-25%Ag | $407 \sim 490$ |
| 环己醇 $\longrightarrow$ 环己酮 $+ H_2$<br>苯酚 $+ H_2 \longrightarrow$ 环己酮 | Pd-98%Ru | $137 \sim 282$ |

1. 简述金属催化剂催化的主要反应类型。

2. 加氢反应中一般选择金属催化剂作为活性中心，说明 $H_2$ 在金属表面上的吸附与活化，以及催化活性与化学吸附强度的关系。

3. 简述金属的电子结构理论。

4. 说明 d% 的含义及其与金属催化剂的化学吸附和催化活性的关系。

5. 举例说明几何因素在金属催化中的应用。

6. 简述晶格缺陷、位错的类型及其对多相催化的影响，以及金属表面在原子水平上的不均匀性。

7. 负载型催化剂中金属分散度的定义是什么？

8. 解释溢流现象及其发生条件。

9. 举例说明什么是结构敏感反应和结构非敏感反应。

10. 简述金属与载体间的相互作用类型。

11. 简述合金催化剂的分类，并举例说明合金催化剂的组成与催化活性的关系。

12. 简述金属互化物催化剂、金属原子簇催化剂和金属膜催化剂的特点及其在催化中的应用。

# 第 5 章

# 金属氧化物催化剂

金属氧化物催化剂广泛用于多种反应类型，如烃类选择氧化、$NO_x$还原、烯烃歧化与聚合等。按照导电性划分，在金属氧化物中，短周期元素和碱土金属元素的氧化物为绝缘体；常用作金属氧化物催化剂的大多数过渡金属氧化物都是半导体，故被称为半导体催化剂。本章将使用能带理论来分析半导体金属氧化物催化剂的催化机理，讨论金属氧化物的电导率、脱出功等性质与其催化活性之间的关系。需要指出的是，过渡金属硫化物与金属氧化物有许多相似之处，都是半导体型化合物，故常见的过渡金属硫化物催化剂也归属于半导体催化剂之列。表 5-1 列出了金属氧化物和金属硫化物半导体催化剂的一些实例。

表 5-1　典型金属氧化物和金属硫化物半导体催化剂及催化反应

| 反应类型 | 反应式 | 催化剂 |
|---|---|---|
| 氧化 | $SO_2 + \frac{1}{2}O_2 \longrightarrow SO_3$ <br> $2NH_3 + \frac{5}{2}O_2 \longrightarrow 2NO + 3H_2O$ | $V_2O_5$-$K_2O$/（硅藻土）<br> $V_2O_5$-$K_2O$/（硅藻土） |
| 氨氧化 | $CH_2 = CHCH_3 + NH_3 + \frac{3}{2}O_2 \longrightarrow CH_2 = CHCN + 3H_2O$ | $MoO_3$-$Bi_2O_3$-$P_2O_5$/$SiO_2$ |
| 氧化脱氢 | $C_4H_8$（丁烯）$+ \frac{1}{2}O_2 \longrightarrow C_4H_6 + H_2O$ | $P_2O_5$-$Bi_2O_3$-$MoO_3$/$SiO_2$ |
| 脱氢 | 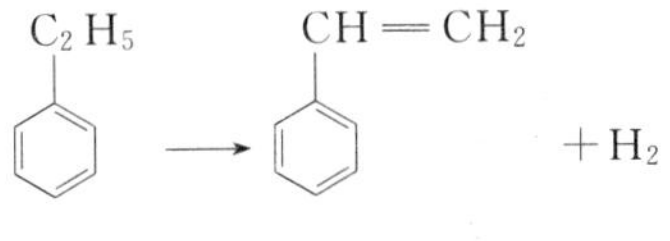 （苯乙基→苯乙烯 + H₂ 结构式） | $Fe_2O_3$-$K_2O$-$Cr_2O_3$-$CuO$ |
| 加氢 | $CO + 2H_2 \longrightarrow CH_3OH$ | $ZnO$-$Cr_2O_3$-$CuO$ |
| 中温变换反应 | $CO + H_2O \longrightarrow CO_2 + H_2$ | $Fe_2O_3$-$Cr_2O_3$-$MgO$-$K_2O$ |
| 加氢脱硫 | $RSH + H_2 \longrightarrow RH + H_2S$ <br> （噻吩）$+ 4H_2 \longrightarrow C_4H_{10} + H_2S$ | $CoO$-$MoO_3$-$Al_2O_3$ <br> $NiO$-$MoO_3$-$Al_2O_3$ |
| 歧化 | $2C_3H_6 \longrightarrow C_4H_8 + C_2H_4$ | $Co$-$Mo$-$Al$/氧化物 |

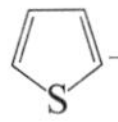

# 5.1 非计量化合物和计量化合物

## 5.1.1 非计量化合物的成因

过渡金属氧化物成为半导体，与其化学组成有关。很多半导体金属氧化物的化学组成是非计量的，即元素组成并不符合正常分子式的化学计量，而是其中某一元素按化学计量衡量，或多一些或少一些。例如 ZnO 中 Zn 和 O 原子个数比不等于 1，Zn 比 O 多一些。

非计量化合物的形成来自于离子缺陷、过剩或杂质引入。对于一个过渡金属氧化物而言，当其与气相中的氧接触时，氧能够在气相和固体之间进行交换直到建立平衡，在这个过程中，吸附在金属氧化物表面的氧可能渗入固体晶格成为晶格氧，并造成阳离子缺位，使得金属元素比例下降，形成非计量化合物，同时，固体中阳离子化合价增加；类似地，金属氧化物中的氧也可以进入气相，使得固体中氧元素比例下降，也形成非计量化合物。过渡金属氧化物具有热不稳定性，在受热时容易得失氧而使其元素组成偏离化学计量比，形成非计量化合物。

## 5.1.2 非计量化合物的类型

按照形成方式不同，非计量化合物可分为五类。

**（1）阳离子过量（n-型半导体）**

含有过量阳离子的非计量化合物，依靠准自由电子导电，称为 n-型半导体。以 ZnO 为例，一定量的晶格氧转移到气相，导致有微量过剩的 $Zn^{2+}$ 存在于晶格间隙中，为保持晶体的电中性，此 $Zn^{2+}$ 吸引电子于其周围形成间隙锌原子 $eZn^+$（即电中性的锌原子）；不需要太高温度，被吸引的电子 e 就能脱离 $Zn^+$，在晶体中作比较自由的运动，故称为准自由电子，如图 5-1（a）所示。温度升高时，准自由电子数量增加，使得 ZnO 具有导电性，构成 n-型半导体。间隙锌原子（$eZn^+$）能提供准自由电子，称为施主。

**（2）阳离子缺位（p-型半导体）**

阳离子缺位的非计量化合物，依靠准自由空穴导电，称为 p-型半导体。以 NiO 为例，一定数量的氧渗入晶格，导致晶格中缺少 $Ni^{2+}$，每出现一个 $Ni^{2+}$ 缺位即相当于缺少两个单位正电荷，为保持电中性，在缺位附近会有两个 $Ni^{2+}$ 的价态升高为 $Ni^{3+}$，$Ni^{3+}$ 可以看做 $Ni^{2+}$ 束缚住一个单位的正电荷空穴"⊕"，即 $Ni^{3+} = Ni^{2+⊕}$，参见图 5-1(b)。当温度不太高时，被束缚的空穴可以脱离 $Ni^{2+}$ 形成较自由的空穴，称为准自由空穴，$Ni^{2+⊕}$ 能够提供准自由空穴，称为受主。当温度升高时，准自由空穴数量增加，产生导电性，使 NiO 具有导电性，成为 p-型半导体。

**（3）阴离子缺位**

当金属氧化物晶体中一定数目的 $O^{2-}$ 从晶体转到气相可能形成 $O^{2-}$ 缺位。以 $V_2O_5$ 为例，当出现 $O^{2-}$ 缺位时，晶体要保持电中性，$O^{2-}$ 缺位□束缚电子形成 $\boxed{e}$，其附近的 $V^{5+}$ 变成 $V^{4+}$ 以保持电中性；$\boxed{e}$ 称为 F 中心，参见图 5-1(c)。F 中心束缚的电子随温度升高可变为准自由电子，产生导电性，因此 $V_2O_5$ 是 n-型半导体；F 中心提供准自由电子，被称为施主。

**（4）阴离子过量**

含过量阴离子的金属氧化物比较少见，因为负离子的半径比较大，金属氧化物晶体中的孔

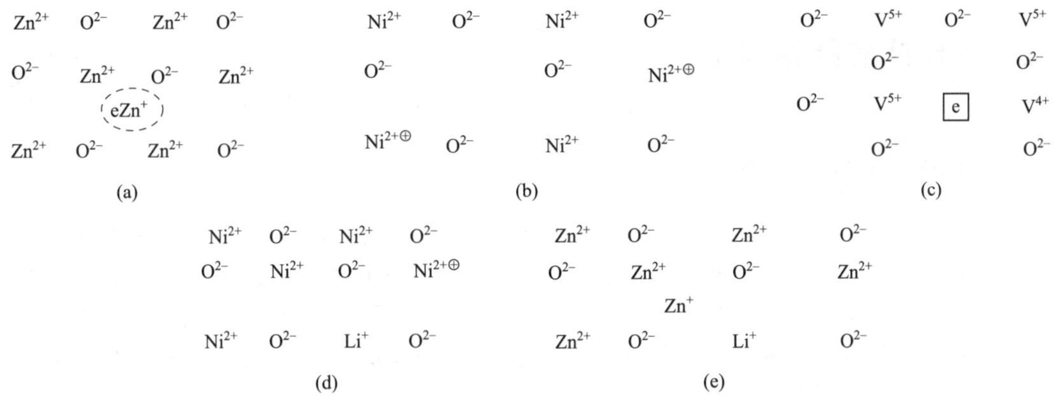

Zn²⁺ O²⁻ Zn²⁺ O²⁻          Ni²⁺ O²⁻ Ni²⁺ O²⁻          O²⁻ V⁵⁺ O²⁻ V⁵⁺

O²⁻ Zn²⁺ O²⁻ Zn²⁺                    O²⁻    Ni²⁺⊕     O²⁻

(eZn⁺)                                                  O²⁻ V⁵⁺  e  V⁴⁺

Zn²⁺ O²⁻ Zn²⁺ O²⁻          Ni²⁺⊕ O²⁻ Ni²⁺ O²⁻

(a)                              (b)                              (c)

Ni²⁺ O²⁻ Ni²⁺ O²⁻          Zn²⁺ O²⁻ Zn²⁺ O²⁻

O²⁻ Ni²⁺ O²⁻ Ni²⁺⊕          O²⁻ Zn²⁺ O²⁻ Zn²⁺

                                        Zn⁺

Ni²⁺ O²⁻ Li⁺ O²⁻          Zn²⁺ O²⁻ Li⁺ O²⁻

(d)                              (e)

图 5-1　非计量化合物的成因

隙不易容纳一个较大的负离子，间隙负离子出现的机会很小，非化学计量的 $UO_2$ 属于此类。

**(5) 含杂质的非计量化合物**

金属氧化物晶格结点上阳离子被其他异价杂质阳离子取代可以形成杂质非计量化合物或杂质半导体。掺入的杂质阳离子价态比金属氧化物中金属离子价态高或低，对导电性产生不同影响。以 NiO 为例，当掺入 $Li_2O$ 时，低价的 $Li^+$ 取代晶格上的部分 $Ni^{2+}$，使取代位置附近的 $Ni^{2+}$ 发生氧化而增高价数称为 $Ni^{3+}$（$Ni^{2+\oplus}$），以保持电中性，如下式所示；相当于增加了 $Ni^{2+\oplus}$ 的数量，导致准自由空穴数增加，p-型半导体 NiO 导电性增强，如图 5-1（d）所示。此时，$Li^+$ 能提供准自由空穴，成为受主。

$$2Ni^{2+}O^{2-} + Li_2^+O^{2-} + \frac{1}{2}O_2 \longrightarrow 2Ni^{3+} + 2Li^+ + 4O^{2-}$$

如果在 NiO 中引入高价的 $La^{3+}$，则效果相反，$La^{3+}$ 取代晶格上的部分 $Ni^{2+}$，使得邻近的 $Ni^{2+\oplus}$ 变成 $Ni^{2+}$，减少了空穴数，导致 p-型半导体 NiO 导电性减弱，如下式所示。

$$O^{2-} + 2Ni^{3+} + La_2^{3+}O_3^{2-} \longrightarrow 2Ni^{2+} + 2La^{3+} + 3O^{2-} + \frac{1}{2}O_2$$

对于 n-型半导体，如 ZnO，当加入低价的 $Li_2O$ 时，$Li^+$ 导致间隙锌原子（$eZn^+$）中的 e 消失，变为 $Zn^+$，造成准自由电子数减少，导电性下降，如下式和图 5-1(e) 所示。类似地，引入高价杂质时，造成准自由电子数增多，导电性提高。

$$2Zn^0（间隙原子）+ Li_2^+O^{2-} + \frac{1}{2}O_2 \longrightarrow 2Li^+ + 2Zn^+ + 2O^{2-}$$

总而言之，金属氧化物晶格结点上的阳离子被异价杂质离子取代可形成杂质半导体；若被母晶离子价数高的杂质取代，则促进电子导电；若比价数低者取代，则促进空穴导电。

## 5.1.3　计量化合物(本征半导体)

金属氧化物也有计量化合物，如 $Fe_3O_4$ 和 $Co_3O_4$ 等。在 $Fe_3O_4$ 晶体中，单位晶胞内包含 $32O^{2-}$ 和 $24Fe^{n+}$，后者又包含 $8Fe^{2+}$ 和 $16Fe^{3+}$，即 $Fe^{n+}$ 有 $Fe^{2+}$ 和 $Fe^{3+}$ 两种价态，其比例是 $1:2$，故 $Fe_3O_4$ 可以表示为 $Fe_3(Fe^{2+}, Fe^{3+})O_4$。这种计量化合物中没有施主或受主，晶体中的准自由电子或准自由空穴不是由施主或受主提供，这类半导体称为本征半导体。本征半导体在催化中并不重要，因为化学变化过程的温度（一般反应温度为 $300 \sim 700℃$）不足以使本征半导体产生电子跃迁。

## 5.2  半导体的能带理论

### 5.2.1  半导体的能带结构

　　固体是由许多原子组成的，这些原子彼此紧密相连，并且周期性地排列，固体中的电子状态和单独的原子不同。在固体中，原子之间挨得很近，不同原子间的轨道发生重叠，外层电子有显著变化，电子不再局限于在一个原子内运动，可由一个原子转移到相邻的原子上去，进而在整个固体中运动，称之为电子共有化（见图5-2）。一般地，原子外层电子共有化特征显著，而内层电子基本不变。

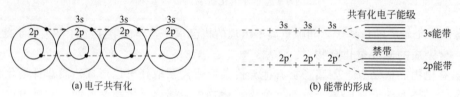

(a) 电子共有化　　　　　　　　　(b) 能带的形成

图 5-2　半导体的能带结构

　　发生电子共有化后，$N$ 个 3s 原子能级起了变化，形成 $N$ 个 3s 共有化电子能级，这一组级的整体叫做 3s 能带。3s 能带中每一个 3s 共有化电子能级对应一个共有化轨道，每一个共有化轨道最多容纳 2 个电子（2e），3s 能带最多容纳 2$Ne$。2p 能带稍有不同，由于原子的 2p 能级对应三个 p 状态，因此 $N$ 个 2p 原子能级起了变化，形成了 $N$ 个 2p 共有化电子能级，每个 2p 共有化电子能级对应三个共有化轨道，因此 2p 能带最多容纳 6$Ne$。3s 能带和 2p 能带之间存在间隔，无能级，无填充电子，这个区域叫做禁带。

　　凡是没有被电子全充满的能带叫做导带。在外电场作用下，电子可以从导带中的一个能级跃迁到另一个能级，成为准自由电子，这就是导带中电子导电的原因，具有这样性质的固体叫做导体。凡是被电子全充满的能带叫做满带，满带中的电子不能从一个能级跃迁到另一个能级，因此满带中电子不能导电，绝缘体的能带都是满带。半导体是介于导体和绝缘体间的一类固体。在 $T=0K$ 时，半导体中能量较低的能带被电子全充满，这时半导体和绝缘体无区别。半导体的禁带较窄，约 1eV。在有限温度时，电子产生热运动，热运动的能量使其从满带激发到空带，称为准自由电子。空带是没有填充电子的能带，见图5-3。空带中有了准自由电子，空带变成导带，这是半导体导电的一个原因。从图5-3还可以看出，每当一个电子从满带激发到空带后，满带便出现一个空穴，用符号"⊕"表示（简记为"○"），该空穴是准自由空穴。当外电场存在时，空穴从能带中的一个能级跃迁到另一个能级，即和电子交换位置，见图5-4，这是半导体导电的另一个原因。靠准自由电子导电的半导体叫 n-型半导体，靠准自由空穴导电的半导体叫 p-型半导体。

图 5-3　电子从满带激发到空带　　　　　图 5-4　空穴的跃迁

## 5.2.2　施主和受主

在非计量化合物或掺入杂质的非计量化合物半导体中，存在着施主（A+ · ）或受主（B⊕）。施主 A+ · 束缚的电子基本上不共有化，位于施主能级上；同样，受主 B⊕ 所束缚的空穴"⊕"位于受主能级，见图5-5。从图中可以看到，施主 A+ 的束缚电子跃迁到导带，变成准自由电子，如果半导体的导电性主要靠电子的激发到导带而来，这种半导体称为 n-型半导体；满带中的电子跃迁到受主能级，消灭受主所束缚的空穴，同时满带中出现准自由空穴，如果半导体的导电性质主要是靠这种方式产生的准自由空穴而来，这种半导体称为 p-型半导体。满带中出现了空穴而产生导电性质，满带已变成导带。对于本征半导体，其组成计量，晶体中既无施主也无受主，其准自由电子和准自由空穴是在外电场作用下，电子从价带（禁带）迁移到导带中产生。本征半导体的能谱见图5-6。

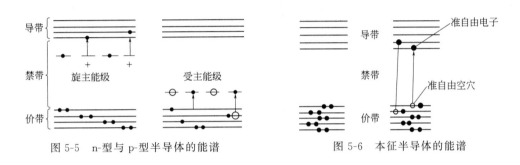

图 5-5　n-型与 p-型半导体的能谱　　　　图 5-6　本征半导体的能谱

## 5.2.3　费米能级和脱出功

在半导体中，用费米（Fermi）能级 $E_f$ 来衡量固体中电子输出的难易程度。$E_f$ 表示半导体中电子的平均位能，$E_f$ 越高，电子输出越容易。一般而言，本征半导体的 $E_f$ 在禁带中间，n-型半导体的 $E_f$ 在施主能级与导带之间，p-型半导体的 $E_f$ 在满带与受主能级之间。$E_f$ 和电子脱出功 $\phi$ 相关。$\phi$ 是把1个电子从半导体内部拉到外部，成为完全自由电子时所需的能量，用来克服电子的平均位能，见图5-7。$E_f$ 的大小和半导体导电性有关。掺入施主杂质，增加了导带中电子数量，$E_f$ 提高，$\phi$ 下降，n-型半导体电导率增加。反之，如掺入受主杂质，则 $E_f$ 降低，$\phi$ 增大，p-型半导体电导率增加。

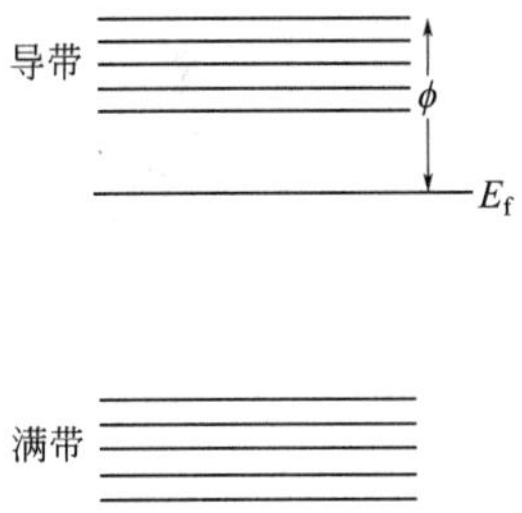

图 5-7　费米能级与脱出功的关系

$E_f$ 的变化也会影响催化剂的性能。对于给定的晶格结构，Fermi 能级 $E_f$ 的变化对于它的催化活性具有重要意义，故在多相金属和半导体氧化催化剂的研制中，常采用添加少量助剂以调变主催化剂 $E_f$ 的位置，达到改善催化剂活性、选择性的目的。$E_f$ 提高，使电子逸出变易；$E_f$ 降低，使电子逸出变难，这些变化会影响半导体催化剂的催化性能。例如，在氧化反应中，若 $O_2$ 在催化剂表面吸附变成负离子，即从催化剂中得到电子是反应的控制步骤，则 n-型半导体对提高催化剂活性有利；在 n-型半导体中加入少量高价阳离子作为杂质，能够使 $E_f$ 提高，准自由电子数增多，容易给出电子使 $O_2$ 变为负离子，从而降低反应活化能，提高反应速率。$E_f$ 和 $\phi$ 对催化剂选择性的影响见5.5节。

## 5.3　气体在半导体上的化学吸附

半导体中有准自由电子和准自由空穴，当气体分子吸附在半导体表面上时，与半导体发生电子交换而被离子化，例如，半导体给出电子，则使被吸附物负离子化，如用空穴接受电子，则可使被吸附物正离子化。

吸附气体会对半导体的电性质产生影响。例如，当给电子能力强的 $H_2$ 吸附于 n-型 ZnO 上时，表面晶格 $Zn^{2+}$ 为吸附中心，$H_2$ 把电子给与半导体，以正离子形式吸附，使得晶格上的 $Zn^{2+}$ 变成 $Zn^+$ 和 Zn，它们在晶格上不稳定，转化为间隙原子，使得半导体电导率上升，脱出功下降。当 $H_2$ 在 p-型半导体 NiO 上吸附时，表面上的 $Ni^{3+}$ 为吸附中心，$H_2$ 失去电子，进入 $Ni^{3+}$ 的空穴，导致 $Ni^{3+}$ 变为 $Ni^{2+}$，空穴数减少，使得半导体电导率下降，脱出功下降。由于半导体表面晶格正离子数比正离子空位数多得多，从吸附位的浓度来看，n-型半导体易于使 $H_2$ 正离子化。

若在 n-型 $V_2O_5$ 上吸附夺电子能力强的 $O_2$，氧离子填入半导体表面负离子空位，并从邻近结点上的 $V^{4+}$ 取得电子，使晶格上出现 $V^{5+}$，由于 $V^{4+}$ 减少，故 n-型电导率下降。同理可知，$O_2$ 在 p-型半导体表面的晶格正离子上发生吸附，因为表面上的负离子空位比晶格结点正离子少得多，所以 $O_2$ 更易在 p-型半导体上吸附，造成大量的表面 $O^-$ 和 $O^{2-}$。吸附的氧离子常常是氧化反应的活性物质。当烃类部分氧化时，为减少深度氧化，必须控制吸附氧离子数目，常用 n-型半导体（如 $V_2O_5$）催化剂；当烃类完全燃烧时，则选用 p-型半导体催化剂。

如上所述，吸附气体可看成一种杂质，$H_2$ 为施主杂质，使 n-型半导体的电导率提高；$O_2$ 为受主杂质，使 p-型半导体的电导率提高。所以，可从吸附过程中固体电导率的变化来估计吸附分子在催化剂表面上的离子化的情况。$H_2$、$O_2$ 在 n-型半导体和 p-型半导体上所占据的吸附位和对半导体电性质的影响情况见表 5-2。

表 5-2　施电子气体与受电子气体（以 $H_2$、$O_2$ 为例）在半导体表面上的吸附

| 被吸附物 | 吸附剂 | 吸附位 | 吸附后发生的变化 | | |
| --- | --- | --- | --- | --- | --- |
| | | | 吸附物质 | 吸附剂 | 对电导率的效应 |
| 施电子气体 | n-型（ZnO） | 晶格正离子 | $H_2 \longrightarrow H^+$ | $Zn^{2+} \longrightarrow Zn^+ + Zn$（转至间隙位置） | n-型上升 |
| | p-型（NiO） | 正离子空位 | $H_2 \longrightarrow H^+$ | $Ni^{3+} \longrightarrow Ni^{2+}$（点阵上） | p-型下降 |
| 受电子气体 | n-型（$V_2O_5$） | 负离子空位 | $O_2 \longrightarrow O^-, O^{2-}$ | $V^{4+} \longrightarrow V^{5+}$（点阵上） | n-型下降 |
| | p-型（$Cu_2O$） | 晶格正离子 | $O_2 \longrightarrow O^-, O^{2-}$ | 出现正离子空位 | p-型上升 |

## 5.4　半导体的导电性与催化活性

导电性是影响半导体催化剂活性的重要因素。下面举几个例子说明半导体催化剂的活性与导电性质的关联。

### 5.4.1 N₂O 的分解

$$N_2O \longrightarrow N_2 + \frac{1}{2}O_2$$

对于 N₂O 的分解反应，不同电性质的催化剂活性序列如图 5-8 所示。

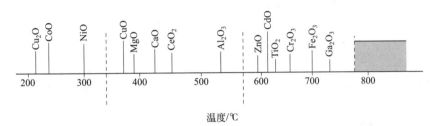

图 5-8　N₂O 在金属氧化物催化剂上分解时的催化剂活性序列
（以开始进行反应的温度表示）

按照图 5-8 中反应温度的高低可以将各种金属氧化物催化剂分为三类，第一类是在 200～300℃，$Cu_2O$、CoO 和 NiO 均为 p-型半导体；第二类是在 400～500℃，CuO 为本征半导体，MgO、CaO、$CeO_2$ 和 $Al_2O_3$ 均为非导体；第三类是在 600～700℃，ZnO 为 n-型半导体，CdO、$Cr_2O_3$ 和 $Fe_2O_3$ 均为 p-型半导体。总体而言，p-型半导体能够作为该反应催化剂的数量最多、活性最高，其次是绝缘体，n-型半导体数量最少、活性最低。

实验表明，N₂O 在 p-型半导体上分解时，半导体电导率上升；在 n-型半导体上分解时，半导体电导率则下降。催化剂电导率的变化和活性顺序可以从 N₂O 的分解反应机理来解释。有不少实验证明该反应有如下两个步骤：

$$N_2O + e^- \text{（来自催化剂）} \xrightarrow{\text{快}} N_2 + O^-$$

$$O^- \text{（吸附）} \xrightarrow{\text{慢}} \frac{1}{2}O_2 + e^- \text{（至催化剂）}$$

第一步反应，N₂O 从催化剂表面夺取电子，对于 n-型半导体，准自由电子数量减少，电导率下降；对于 p-型半导体，电子数量减少可以产生更多准自由空穴，电导率上升。

在两步反应中，第二个反应速率最慢，是控制步骤，催化剂对这步反应的加速能力取决于催化剂的活性。这步反应实际上是催化剂表面的 $O^-$ 变成 $O_2$ 分子脱附的过程，即电子向催化剂回输的过程。根据能带理论，p-型半导体利用价带中的空穴导电，n-型则利用导带中的电子导电；由于 p-型半导体的价带能量比 n-型半导体的导带能量低，因而更容易接受电子，有利于过程进行。同时由于第一步的进行，增加了 p-型电导，即增加准自由空穴，故亦有利于第二步的进行。因此，N₂O 的分解反应中，一般来说，p-型半导体催化剂活性比 n-型高。

### 5.4.2 CO 的氧化

$$CO + \frac{1}{2}O_2 \longrightarrow CO_2$$

该反应分别用 p-型 NiO 与 n-型 ZnO 为催化剂，当在催化剂中掺入异价离子杂质后，催化剂的电导率与反应的活化能将按图 5-9 变化。

可以这样来解释：在 p-型半导体上，CO 吸附而正离子化为控制步骤（CO 为给电子气体，在 p-型半导体上这类吸附位的浓度较低）。在 p-型 NiO 中加入低价杂质 $Li_2O$，将提高

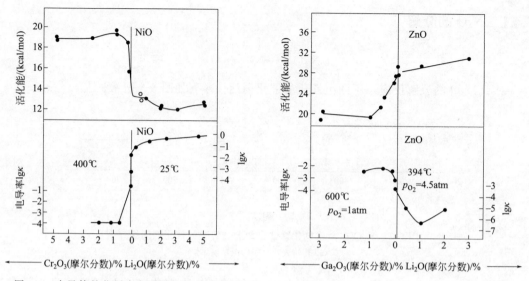

图 5-9　半导体催化剂中杂质掺入的效应（1kcal=4.1868kJ；1atm=101325Pa；$\kappa$ 为电导率，S/m）

其准自由空穴的浓度，电导率上升，接受电子的能力增加，CO 易于正离子化，整个反应的活化能下降。若加入高价杂质 $Cr_2O_3$，则结果相反。在 n-型 ZnO 上反应时，$O_2$ 吸附而负离子化为控制步骤（$O_2$ 为受电子气体，在 n-型半导体上这类吸附位的浓度较低）；若在 ZnO 中掺入低价离子 $Li^+$，将使 n-型半导体电导率下降，准自由电子减少，不利于向 $O_2$ 施电子，活化能上升；若加入高价离子 $Ga^{3+}$，则结果反之。

## 5.5　半导体 $E_f$ 和 $\phi$ 对催化反应选择性的影响

半导体掺杂，不仅改变半导体的导电性，而且也改变 $E_f$。对某些反应，$E_f$ 的改变影响反应选择性，这种现象叫做调变作用。例如，丙烯氧化制丙烯醛的反应，此反应可以用 p-型 $Cu_2O$、n-型 $Bi_2O_3$-$MoO_3$ 做催化剂。当使用 $Cu_2O$ 催化剂时，通过调节丙烯与氧的比例或由气相引入 $Cl^-$，都会改变催化剂的 $E_f$，进而改变其选择性。调节至 $E_f=0.5eV$ 时，催化剂的选择性与活性最好。同样，调节 $Bi_2O_3$-$MoO_3$ 的 $E_f$ 约为 0.5eV 时，活性和选择性也最佳。这说明 $E_f$ 的高低对反应选择性的影响存在最佳值。此外，还说明原料气组成对半导体催化剂性能也有影响。

$$CH_2\!=\!CH\!-\!CH_3 + O_2 \longrightarrow CH_2\!=\!CH\!-\!CHO + H_2O \longrightarrow CO_2$$

半导体的脱出功 $\phi$ 对其催化反应选择性也产生重要影响。例如，同样是丙烯选择性氧化成丙烯醛的反应，采用 CuO 为催化剂，为了研究 $\phi$ 对催化剂选择性的影响，用不同的杂质离子掺杂。结果发现，当掺入 $SO_4^{2-}$ 和 $Cl^-$ 后，由于二者的受主作用，使得 CuO 催化剂的 $\phi$ 增加，生成丙烯醛的选择性提高；当掺入 $Li^+$、$Cr^{3+}$、$Fe^{3+}$ 后，由于其施主作用，使得 CuO 的 $\phi$ 减少，降低了生成丙烯醛的选择性。动力学研究表明，$\phi$ 的增加，有利于降低生成丙烯醛反应的活化能和指前因子，而提高生成 $CO_2$ 反应的活化能和指前因子，从而对反应选择性造成影响。

## 5.6　d 电子构型、金属-氧键、晶格氧与催化活性

### 5.6.1　d 电子构型

前面的讨论都是用半导体催化剂整体性质（导电性与 $E_f$）来解释催化剂活性，实际上过渡金属氧化物的局部性质也和催化活性有关，即半导体催化剂中过渡金属离子的 d 电子构型与催化活性之间存在依赖关系。如第四周期的金属氧化物对 $H_2/D_2$ 交换、环己烷歧化和丙烯脱氢等反应的催化活性常出现最大值和最小值。最小值常出现在正离子 d 电子构型为 $d^0$、$d^5$、$d^{10}$ 的物系，而最大值常出现在它们的中间物系，如图 5-10 所示。

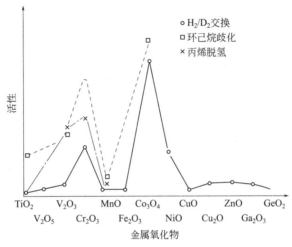

图 5-10　第一长周期元素氧化物的催化活性

作为部分氧化或选择性氧化反应的催化剂常是具有 $d^0$、$d^{10}$ 构型的金属离子。这是因为 $d^0$ 构型金属离子吸附外来物质时无反馈电子，用 $d^{10}$ 金属离子吸附时，吸附较弱，吸附物种较为活泼，不会在表面上停留过长，导致深度氧化。

### 5.6.2　金属-氧键

金属-氧键有 M—O—M 和 M=O 两种类型，它们在红外光谱上的特征峰分别在 $800\sim900cm^{-1}$ 和 $900\sim1000cm^{-1}$ 处。在 $WO_3$、$V_2O_5$ 和 $MoO_3$ 中，这两种键型都存在。在对氧同位素交换和 CO 氧化的反应速率及对丙烯、甲醇氧化反应的活性与选择性的研究中发现，$MnO_2$、$Co_3O_4$、NiO 和 CuO 等不含 M=O 键，它们是深度氧化的催化剂。另一类含 M=O 键的氧化物，如 $V_2O_5$、$MoO_3$、$Bi_2O_3$-$MoO_3$ 和 $Sb_2O_5$ 等是选择性氧化的催化剂。

### 5.6.3　晶格氧($O^{2-}$)

早在 1954 年，人们在分析萘在 $V_2O_5$ 上氧化制苯酐时就提出了如下的催化循环：

$$M^{n+}—O(催化剂)+R \longrightarrow RO+M^{(n-1)+}(还原态)$$
$$2M^{(n-1)+}(还原态)+O_2 \longrightarrow 2M^{n+}—O(催化剂)$$

此催化循环称为还原-氧化机理（redox mechanism）。当时并未涉及氧的形态，可以是吸附

氧，也可以是晶格氧。以后的大量研究证明，此机理对应的为晶格氧，是晶格氧承担了氧化功能，对于许多复合氧化物催化剂和许多催化反应，当催化剂处于氧气流和烃气流的稳态下反应，纵使 $O_2$ 供应中断，催化反应仍将继续一段时间，以不变的选择性进行反应。若催化剂还原后，其活性下降；当恢复供氧，反应再次回复到原来的稳定状态。例如，采用同位素示踪法研究丙烯气相氧化成丙烯醛的催化反应，以 $Bi_2^{16}O_3$-$Mo^{16}O_3$ 为催化剂，用纯 $^{18}O_2$ 氧化丙烯，考察生成物中的氧，结果发现生成物中几乎见不到 $^{18}O$。

$$CH_2\!=\!CH\!-\!CH_3 \xrightarrow{O_2} CH_2\!=\!CH\!-\!CH^{16}O$$

这表明晶格氧参与了反应。进一步研究证实，$Bi_2O_3$ 中的氧参与了丙烯氧化反应而被消耗，并由 $MoO_3$ 中的氧供给 $Bi_2O_3$，结果 $MoO_3$ 被还原，它的不足氧再由气相氧补充而复原。根据实验结果可以概括出：

① 选择性氧化涉及有效的晶格氧；

② 无选择性的完全氧化反应，吸附氧和晶格氧都参加反应；

③ 对于有两种不同阳离子参与的复合氧化物催化剂，一种阳离子承担对烃分子的活化与氧化功能，它们靠沿晶格传递的 $O^{2-}$ 再氧化；使另一种金属离子处于还原态，承担接受气相氧。这就是双还原氧化（dual-redox）机理。

目前，人们正在进行烃类晶格氧选择氧化新工艺研究。新工艺采用催化剂的晶格氧作为烃类选择氧化的氧化剂，由于体系没有气相氧，故可减少深度氧化、大幅度提高反应选择性，不受爆炸极限限制，可提高原料浓度，反应产物易分离回收。所以，新工艺是控制深度氧化、节约资源和保护环境的新型绿色催化技术。

## 5.7　金属硫化物催化剂

金属硫化物与金属氧化物有许多相似之处，都是半导体化合物，常见的过渡金属硫化物及其归属的半导体类型见表 5-3。金属硫化物具有氧化还原功能和酸碱功能，更主要的是前者。金属硫化物作为催化剂可以是单组分形式和复合硫化物形式。这类催化剂主要用于加氢精制过程。通过加氢反应将原料或者杂质中会导致催化剂中毒的组分除去。例如，载于活性炭上的 Rh 和 Pt 族金属硫化物催化剂，$Al_2O_3$ 负载的 Mo、W 和 Co 等硫化物复合型催化剂。

表 5-3　半导体类型的过渡金属硫化物

| 硫化物 | 半导体类型 | 禁带宽度 $E_g/eV$ | 硫化物 | 半导体类型 | 禁带宽度 $E_g/eV$ | 硫化物 | 半导体类型 | 禁带宽度 $E_g/eV$ |
|---|---|---|---|---|---|---|---|---|
| $Cu_2S$ | p | 1.7 | $MoS_2$ | p | 1.2 | $Ag_2S$ | n | 1.2 |
| NiS | p | — | $WS_2$ | p | — | $Cr_2S_3$ | n | 0.9 |
| FeS | p | 0.1 | $FeS_2$ | p,n | 1.2 | ZnS | n | 3.6 |

硫化物催化剂的活性相，一般是其氧化物母体先经高温焙烧，形成所需结构后，再通过还原、硫化而成。硫化过程可在还原之后进行，也可用含硫还原气体边还原边硫化。还原与硫化两个过程，还原是控制步骤。还原时产生氧空位，便于硫原子的插入。常用的硫化剂是 $H_2S$ 和 $CS_2$。前者活性更高，实验室常用。后者为液体，便于运输储存，工业生产中更常用；采用 $CS_2$ 时要同时含有 $H_2$ 或 $H_2O$，以便生成 $H_2S$ 作为硫化剂。此过程中新生态 $H_2S$

的活性更高，可得到高硫化度的催化剂。硫化后的催化剂含硫量越高对活性越有利。硫化度与硫化温度的控制、原料气中的硫含量（或外加硫化剂量）有关。使用过程中因硫流失导致催化剂活性下降，一般可重新硫化再生。

早期发现，Fe、Mo、W 等金属硫化物具有加氢、异构和氢解等催化活性，后将它们用于重油加氢精制。随着炼油工业的发展，加氢脱硫（HDS）、加氢脱氮（HDN）、加氢脱金属（HDM）等过程都寄希望于硫化物催化剂。

### 5.7.1　加氢脱硫及其相关过程的作用机理

在石油炼制过程中，要将原油中的硫含量降到最低水平，需要脱硫处理。原油中的硫来源于含硫化合物，其中有机硫是主要成分，包括噻吩、苯并噻吩、二苯并噻吩、甲基苯并噻吩和 4,6-二甲基二苯并噻吩等，以及少量硫醇、硫醚和二硫醚。硫的脱除涉及催化加氢脱硫（HDS）过程，先催化加氢，使硫化物与氢反应生成 $H_2S$ 与烃，脱出的 $H_2S$ 再经氧化生成单质硫加以回收。对于硫醇和硫醚等烷基硫化物，其硫原子上的孤对电子密度很高，且 C—S 键较弱，因此易于进行 HDS 反应，而对于杂环硫化物，如噻吩和苯并噻吩类物质，由于硫原子上的孤对电子与噻吩环上的 $\pi$ 电子之间形成了稳定的共轭结构，导致其加氢脱硫活性较低，故评价 HDS 催化剂时常用噻吩作为标准物进行评定。从催化的角度看，HDS 涉及加氢的 S—C 键断裂，可以首先考虑金属，它们是活化氢必须的，还能使许多单键氢解。大多数金属都能与 $H_2S$ 和有机硫反应生成金属硫化物，在适宜的温度和压力下它们都能有效地被 $H_2$ 解离，吸附有机硫并使之氢解。研究发现，HDS 的作用机理为：$H_2$ 化学吸附于金属硫化物表面，生成 $H_2S$ 和一个阴离子空位，紧接着是有机硫化物化学吸附，导致表面再硫化，与 Redox 机理相似。该过程要求金属与硫的化学键适中。Ni-W 等二元硫化物有较好的 HDS 催化活性。Co-Mo-S/$\gamma$-Al$_2$O$_3$ 等催化剂也是较好的 HDS 催化剂，其 HDS 机理本质相似。

### 5.7.2　重油的催化加氢精制

重油的催化加氢精制除 HDS 外，还包括加氢脱氮（HDN）和加氢脱金属（HDM）。原油一般含硫 $0.2\%\sim4\%$，在进行加工处理前，需降低硫含量。此外，原油还含有一定量的氮，含量一般比硫含量小一个数量级，其中碱性氮会使酸性催化剂中毒，存在于油品中会污染大气，因此发展了与 HDS 相似的过程，即 HDN 工艺。含氮物主要是碱性有机氮化物如喹啉和氮蒽；它们具有 C≡N 键，键能大，难以断裂，要求 HDN 催化剂的加氢活性更高。工业上常用的催化剂有 Ni-Mo-S/$\gamma$-Al$_2$O$_3$ 和 Ni-W-S/$\gamma$-Al$_2$O$_3$，它们较之 Co-Mo-S/$\gamma$-Al$_2$O$_3$ 催化剂加氢能力更强。

原油尤其是常压渣油和减压渣油中，含有 V、Ni、Fe、Pb 等多种金属及其有机金属化物，以及 As、P 等；在 HDS 过程中，它们氢解为金属或金属硫化物，沉积于金属表面，造成催化剂中毒或堵塞孔道；残留在燃料油中的 V，其氧化物会腐蚀设备，故要求在石油炼制和油品使用之前将它们除去，这就是 HDM 工艺，即加氢脱金属过程。石油中有两类主要金属化合物：卟啉类和沥青质，前者类似于血红蛋白和叶绿素，需要用生物化学的方法进行处理；后者的相对分子质量高达 $4\times10^5$ 以上，极性很强，芳构化程度极高，含 S、N、O、Ni、V 等多种杂原子，在室温下形成直径 $2\sim8$nm 的大胶团。它们的结构目前尚不清楚，难以处理。近期的研究提出，可用高温使之热分解，进而研究其热解模型化合物的结构和性能，再做进一步加工处理。有关 HDM 的催化技术是当前工业催化研究的前沿。

1. 简述非计量化合物的定义、成因及类型。

2. 分别列举一些常见的 n-型半导体催化剂和 p-型半导体催化剂。

3. 应用能带结构理论阐述导体、半导体。

4. 简述半导体掺杂原则。

5. Fermi 能级与电子逸出功有什么联系？

6. 说明气体（以 $H_2$ 和 $O_2$ 为例）在半导体上的吸附情况，并解释 n-型半导体催化剂 ZnO 利于加氢反应的原因。

7. 工业烧焦过程常用 NiO 使 CO 完全氧化。试解释 $CO + O_2 \longrightarrow CO_2$ 在 p-型半导体 NiO 上的反应机理。

8. 说明 d 电子构型、金属-氧键和晶格氧与催化活性的关系。

9. 简述金属硫化物催化剂加氢脱硫作用机理。

# 第6章

# 固体酸碱催化剂

在现代石油炼制和石油化工中，固体酸碱催化剂得到了广泛的应用，对石油产品的生产起到了极其重要的作用，例如，催化裂化、异构化、烷基化、聚合、水合与脱水、酯交换等工艺。与液体酸碱催化剂相比，固体催化剂具有易分离回收，重复使用性能好、腐蚀性小、污染少等特点，目前，正逐渐取代一些传统的液体酸碱催化剂。表6-1对固体酸碱催化剂进行了分类。

表 6-1　固体酸碱催化剂的分类

| 固体酸 | 固体碱 |
|---|---|
| 1. 天然黏土类:高岭土、膨润土、活性白土、蒙脱土、天然沸石等 | 1. 浸润类:NaOH、KOH 浸于 $SiO_2$、$Al_2O_3$ 上;碱金属、碱土金属分散于 $SiO_2$、$Al_2O_3$、炭、$K_2CO_3$ 上;$R_3N$、$NH_3$ 浸于 $Al_2O_3$ 上;$Li_2CO_3/SiO_2$ 等 |
| 2. 浸润类:$H_2SO_4$、$H_3PO_4$ 等液体酸浸润于载体上,载体为 $SiO_2$、$Al_2O_3$、硅藻土等 | 2. 阴离子交换树脂 |
| 3. 阳离子交换树脂 | 3. 活性炭在 1173K 下热处理或用 $N_2O$、$NH_3$ 活化 |
| 4. 活性炭在 573K 下经热处理 | 4. 金属氧化物:MgO、BaO、ZnO、$Na_2O$、$K_2O$、$TiO_2$、$SnO_2$ 等 |
| 5. 金属氧化物和硫化物:$Al_2O_3$、$TiO_2$、$CeO_2$、$V_2O_5$、$MoO_3$、$WO_3$、CdS、EnS 等 | 5. 金属盐:$Na_2CO_3$、$K_2CO_3$、$CaCO_3$、$(NH_4)_2CO_3$、$Na_2WO_4 \cdot 2H_2O$、KCN 等 |
| 6. 金属盐:$MgSO_4$、$SrSO_4$、$ZnSO_4$、$NiSO_4$、$Bi(NO_3)_3$、$AlPO_4$、$TiCl_2$、$BaF_2$ 等 | 6. 复合氧化物:$SiO_2$-MgO、$Al_2O_3$-MgO、$SiO_2$-ZnO、$ZrO_2$-ZnO、$TiO_2$-MgO 等 |
| 7. 复合氧化物:$SiO_2$-$Al_2O_3$、$SiO_2$-$ZrO_2$、$Al_2O_3$-$MoO_3$、$Al_2O_3$-$Cr_2O_3$、$TiO_2$-$V_2O_5$、$TiO_2$-ZnO、$MoO_3$-CoO-$Al_2O_3$、杂多酸、合成分子筛等 | 7. 用碱金属离子或碱土金属离子处理、交换的合成分子筛 |

本章将从固体酸碱催化剂的酸碱性测定、酸碱性来源、酸碱催化作用机理等方面介绍固体酸碱催化剂，由于化学工业，尤其石油炼制和石油化学工业中更多使用固体酸催化剂，而且固体碱和固体酸具有很多相似性，因此，本章主要讨论固体酸催化剂。

## 6.1　酸碱的定义和性质测定

### 6.1.1　酸碱的定义

**(1) Brönsted 酸碱**

能给出质子的物质称为 Brönsted 酸（简称 B 酸）或质子酸；能接受质子的物质称为

Brönsted 碱（简称 B 碱）。B 酸（碱）的概念可用于液体也可用于固体。例如，在氨与水合氢离子的正向反应中，$H_3O^+$ 给出质子，是 B 酸，$NH_3$ 接受质子，是 B 碱。类似地，在逆向反应中，$NH_4^+$ 是 B 酸，$H_2O$ 是 B 碱。$NH_4^+$ 和 $NH_3$，$H_3O^+$ 和 $H_2O$ 分别构成两个酸碱对，$NH_4^+$ 是 $NH_3$ 的共轭酸，$NH_3$ 是 $NH_4^+$ 的共轭碱。

$$NH_3 + H_3O^+ \Longrightarrow NH_4^+ + H_2O$$

**（2）Lewis 酸碱**

能接受电子对的物质称为 Lewis 酸（简称 L 酸）；能给出电子对的物质称为 Lewis 碱（简称 L 碱）。L 酸（碱）的概念同样可用于液体和固体。以 $BF_3$ 和 $NH_3$ 的反应为例，在该反应中，$BF_3$ 接受电子对，表现为 L 酸；$NH_3$ 给出电子对，表现为 L 碱。L 酸和 L 碱形成的产物称为酸碱配合物。

$$
\begin{array}{cccc}
& \text{F} & & \text{H} \\
& \cdot\cdot & & \cdot\cdot \\
\text{F} \!:\! \text{B} & + & :\text{N}\!:\!\text{H} & \longrightarrow \\
& \cdot\cdot & & \cdot\cdot \\
& \text{F} & & \text{H}
\end{array}
\quad
\begin{array}{ccccc}
\text{F} & & \text{H} \\
\cdot\cdot & & \cdot\cdot \\
\text{F}\!:\!\text{B}\!:\!\text{N}\!:\!\text{H} \\
\cdot\cdot & & \cdot\cdot \\
\text{F} & & \text{H}
\end{array}
$$

## 6.1.2　固体酸碱性质的测定

固体酸碱性质包括酸（碱）类型、酸（碱）强度和酸（碱）浓度三个主要方面，下面分别介绍其测定方法和原理，以酸为例。

**（1）酸类型**

酸的类型按广义的酸碱定义分为 B 酸和 L 酸，区分二者的方法有：离子交换法、电位滴定法、高温酸性色谱测量法、红外光谱法、紫外-可见光谱法和核磁共振法等。真正有效的是各种光谱法，其中红外光谱法（IR）应用最广，下面简单介绍该法的原理和使用方法。

$Al_2O_3$、$SiO_2$、$SiO_2\text{-}Al_2O_3$ 等常见固体酸的酸性来源于其表面羟基，但是，并非所有的表面羟基都具有酸性，这取决于羟基所处的化学环境和位置，这些羟基在 IR 中表现为不同的振动频率，从而可以利用 IR 判断固体表面酸碱中心。以 $\gamma\text{-}Al_2O_3$ 为例，其 IR 中检测出 5 种羟基的存在，振动频率分别为 $3800cm^{-1}$、$3780cm^{-1}$、$3744cm^{-1}$、$3733cm^{-1}$ 和 $3700cm^{-1}$，根据 $NH_3$ 吸附结果，可分别归属于 A、B、C、D、E 五种化学环境，如图 6-1 所示。其中，A 部位电荷密度最小，容易给出电子，是一个碱性中心；C 部位电荷密度最大，是一个酸性中心。

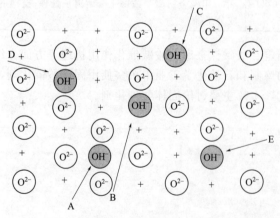

图 6-1　$\gamma\text{-}Al_2O_3$ 表面酸碱中心示意图

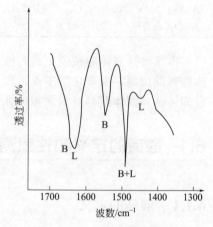

图 6-2　HZSM-5 的吡啶 IR 结果

在用 IR 表征固体表面酸性羟基的基础上，先在高真空体系中进行脱气来净化催化剂表面，然后用探针碱性气体分子在其一定蒸气压下进行气固吸附，这些探针分子与催化剂表面不同类型的酸中心形成的吸附物种在 IR 中表现出不同的振动频率，用 IR 测定吸附物种的振动谱带和催化剂本身表面酸性羟基谱带的变化，就能够表征催化剂表面不同类型的酸中心。常用于检测酸类型的探针分子是吡啶。吡啶分子与 B 酸中心作用形成吡啶离子（BPY），与 L 酸中心作用形成吡啶配合物（LPY），BPY 在 1545cm$^{-1}$ 处的吸收带和 LPY 在 1450cm$^{-1}$ 处的吸收带分别用作 B 酸和 L 酸中心存在的判据，采用一些半定量分析方法，还能够得到 L 酸和 B 酸的含量比例等信息。图 6-2 所示是用吡啶 IR 表征 HZSM-5 分子筛的 B 酸和 L 酸中心，可见，1545cm$^{-1}$ 处表征 B 酸中心，1630cm$^{-1}$ 和 1455cm$^{-1}$ 处表征 L 酸中心，1490cm$^{-1}$ 处为 B 酸和 L 酸的叠加。

**（2）酸强度**

固体酸强度的含义是指 B 酸给出质子的能力或 L 酸接受电子对的能力。衡量酸强度的标准随测试方法不同而异。指示剂法用哈梅特（Hammett）酸函数 $H_0$ 表示；量热法和碱性气体吸附-脱附法分别用吸附热和脱附活化能表示。

① Hammett 酸函数 $H_0$  $H_0$ 有明确的化学概念，可用于液体酸碱催化剂和固体酸碱催化剂，其定义和推导过程如下。以 B 代表碱性的 Hammett 指示剂，H$^+$ 代表质子，B 接受 H$^+$ 生成共轭酸 BH$^+$，则有：

$$B+H^+ \rightleftharpoons BH^+$$
$$\text{碱性色} \qquad\qquad \text{酸性色}$$

BH$^+$ 的解离平衡常数 $K_a$ 为：

$$K_a = \frac{a_{H^+} a_B}{a_{BH^+}} = \frac{a_{H^+}[B]f_B}{[BH^+]f_{BH^+}} \tag{6-1}$$

式中，$a_B$、$f_B$、[B] 分别是指示剂的活度、活度系数和浓度；$a_{H^+}$ 代表质子活度；$a_{BH^+}$、$f_{BH^+}$、[BH$^+$] 分别表示共轭酸的活度、活度系数和浓度。

定义：
$$H_0 = -\lg\frac{a_{H^+}f_B}{f_{BH^+}}, \qquad pK_a = -\lg K_a \tag{6-2}$$

将式（6-1）两边取对数并联合式（6-2），可得：

$$H_0 = pK_a - \lg\frac{[BH^+]}{[B]} \tag{6-3}$$

由式（6-2）可知，当 $f_B/f_{BH^+}$ 为定值时，$H_0$ 值愈小，平衡系统中 $a_{H^+}$ 愈大，$H_0$ 称为酸强度函数。$H_0$ 值可为正或负，$H_0$ 愈大，酸愈弱；$H_0$ 愈小，酸愈强。在稀溶液中，因为 $f_B = f_{BH^+} = 1$，故 $H_0 = pH$；在浓溶液中或固体表面上：$H_0 \neq pH$。

由式（6-3）可知，确定指示剂后，$pK_a$ 为常数，于是 $H_0$ 决定于 [BH$^+$]/[B]；当 [BH$^+$]=[B] 时，$H_0 = pK_a$，达到固体酸碱强度 $H_0$ 的等当点。因此，利用具有不同 $pK_a$ 值的指示剂（见表 6-2）可以求得不同酸强度的 $H_0$，对固体表面不同强度的酸部位进行分类。若某 $pK_a$ 值的 Hammett 指示剂吸附在催化剂表面上呈酸性色，则催化剂的酸强度 $H_0 \leqslant pK_a$，此为 Hammett 指示剂滴定法的变色条件。例如，能使二肉桂丙酮（$pK_a = -3.0$）变色而不能使苯亚甲基苯乙酮（$pK_a = -5.6$）变黄的催化剂，其 $H_0$ 必在 $-3.0 \sim -5.6$ 之间。

当 [BH$^+$]=[B] 时，$H_0 = pK_a$ 等当点值是理论的，实际上人的肉眼观察分辨颜色有限。采用目视法测试 $H_0$ 时，$H_0 = pK_a \pm 1$；采用光度法（或比色法）测试 $H_0$ 时，$H_0 \approx pK_a$。

表 6-2　用于测定酸强度的指示剂

| 指示剂 | 碱型色 | 酸型色 | $pK_a$ | $[H_2SO_4]/\%$[①] | 指示剂 | 碱型色 | 酸型色 | $pK_a$ | $[H_2SO_4]/\%$[①] |
|---|---|---|---|---|---|---|---|---|---|
| 中性红 | 黄 | 红 | $+6.8$ | $8\times10^{-8}$ | 苯偶氮二苯胺 | 黄 | 紫 | $+1.5$ | 0.02 |
| 甲基红 | 黄 | 红 | $+4.8$ | — | 结晶紫 | 兰 | 黄 | $+0.8$ | 0.1 |
| 苯偶氮萘胺 | 黄 | 红 | $+4.0$ | $5\times10^{-5}$ | 对硝基二苯胺 | 橙 | 紫 | $+0.43$ | — |
| 二甲基黄 | 黄 | 红 | $+3.3$ | $3\times10^{-4}$ | 二肉桂丙酮 | 黄 | 红 | $-3.0$ | 48 |
| 2-氨基-5-偶氮甲苯 | 黄 | 红 | $+2.0$ | $3\times10^{-3}$ | 蒽醌 | 无色 | 黄 | $-8.2$ | 90 |

① 与 $pK_a$ 相当的硫酸质量分数。

用 $H_0$ 表示的固体酸强度范围可按如下划分：

$$+6.8\geqslant H_0\geqslant+0.8 \qquad 弱酸$$
$$-3.0\geqslant H_0\geqslant-8.2 \qquad 中强酸$$
$$-8.2>H_0\geqslant-11.9 \qquad 强酸$$
$$-11.9>H_0 \qquad 超强酸$$

测定固体催化剂 $H_0$ 的步骤是：将 0.2g 已烘干的催化剂，置于 2mL 非极性溶剂内，加入几滴指示剂，振荡一段时间。若起作用，则比较快地看到指示剂变色。用各种指示剂重复几次，很容易判断变色指示剂 $pK_a$ 区域。使用的非极性溶剂一般是苯、环己烷、异辛烷等。这些溶剂对催化剂的物理、化学性质影响小，测定结果可靠。

指示剂法测定固体酸强度存在的缺点是：样品须严格除水，因为水本身可以与固体表面反应并改变其酸性特征；达到平衡需要的时间长，有时需好几天；测量条件与反应条件不同；不能区分 B 酸和 L 酸各自的强度；黑色或深色的固体需要有其他可用的确定滴定终点的方法，才能比较精确。

② 芳香醇酸函数 $H_R$　芳香醇与质子有以下反应关系：

$$ROH+H^+\Longleftrightarrow R^++H_2O$$

因此，芳香醇酸函数 $H_R$ 为：

$$H_R=pK_a-\lg\frac{[R^+]}{[ROH]}$$

表 6-3 给出了某些芳香醇酸强度指示剂。采用 $H_R$ 指示剂的优点是：仅适用于 B 酸，与能同时测试 B 酸＋L 酸之和的 $H_0$ 方法相结合，可以同时给出 B 酸和 L 酸的强度分布。

表 6-3　某些测试酸强度的芳香醇指示剂

| 指示剂名称 | $pK_a$ | $[H_2SO_4]/\%$[①] |
|---|---|---|
| 4,4′,4″-三甲氧基三苯甲醇(4,4′,4″-trimethoxytriphenylmethanol) | $+0.82$ | 1.2 |
| 4,4′,4″-三甲基三苯甲醇(4,4′,4″-trimethytriphenylmethanol) | $-4.02$ | 36 |
| 三苯甲醇(triphenylmethanol) | $-6.63$ | 50 |
| 3,3′,3″-三氯三苯甲醇(3,3′,3″-trichlorotriphenylmethanol) | $-11.03$ | 68 |
| 二苯甲醇(diphenylmethanol) | $-13.3$ | 77 |
| 4,4′,4″-三硝基三苯甲醇(4,4′,4″-trinitrotriphenylmethanol) | $-16.27$ | 88 |
| 2,4,6-三甲基苯醇(2,4,6-trimethylbenzylalcohol) | $-17.38$ | 92.5 |

① 与 $pK_a$ 相当的硫酸质量分数。

③ 碱性气体吸附法　在给定条件下，测定氨、吡啶或喹啉这类气态碱在一定温度下的吸附量是测定酸强度的另一种方法，称为碱性气体吸附法，优点是在更为接近的反应条件下来研究催化剂。氨是广泛使用的一种碱，可在 $150\sim500^\circ C$ 的范围内，比较各种催化剂作为温度函数的氨吸附量。为了消除物理吸附，最低温度必须约 $150^\circ C$。用 IR 可以区分 B 酸部位与 L 酸部位，例如吡啶可与 B 酸部位生成吡啶离子，与 L 酸部位生成配位键。用指示剂法测得的某些催化材料的固体酸强度列于表 6-4。从表中可知，同一种固体，处理方法不同，酸强度也不同。

表 6-4　某些催化材料的固体酸强度

| 催化材料 | $H_0$ | 催化材料 | $H_0$ |
|---|---|---|---|
| 高岭石原土 | $-3.0\sim-5.0$ | $H_3BO_4/SiO_2$(1.0mmol/g) | $1.5\sim-3.0$ |
| 氢化高岭石 | $-5.6\sim-8.2$ | $H_3PO_4/SiO_2$(1.0mmol/g) | $-5.6\sim-8.2$ |
| 蒙脱土原土 | $1.5\sim-3.0$ | $H_2SO_4/SiO_2$(1.0mmol/g) | $<-8.2$ |
| 氢化蒙脱土 | $-5.6\sim-8.2$ | $NiSO_4\cdot xH_2O$,350℃灼烧 | $6.8\sim-3.0$ |
| Co・Ni・Mo/$\gamma$-$Al_2O_3$ | $<-5.6$ | $NiSO_4\cdot xH_2O$,460℃灼烧 | $6.8\sim1.5$ |
| $SiO_2$-$Al_2O_3$ | $<-8.2$ | ZnS,500℃灼烧 | $6.8\sim3.3$ |
| Y 型沸石 | $<-8.2$ | ZnS,300℃灼烧 | $6.8\sim4.0$ |
| $Al_2O_3$-$B_2O_3$ | $<-8.2$ | ZnO,300℃灼烧 | $6.8\sim3.3$ |
| $SiO_2$-MgO | $1.5\sim-3.0$ | $TiO_2$,400℃灼烧 | $6.8\sim1.5$ |

### (3) 酸浓度

酸浓度又称酸度或酸量，系指某一酸强度范围内酸性部位（中心）的密度，以单位质量样品或单位面积样品上的酸部位表示，记作 mmol/g 催化剂或 mmol/m² 催化剂。固体酸催化剂表面的酸部位有不同的强度，每一强度范围的酸部位数量又有不同。因此酸浓度对酸强度有一分布，见图 6-3。

测定酸浓度的方法很多，但使用最广的仍然是经典的 Hammett 指示剂-正丁胺滴定法。该法在采用正丁胺滴定酸浓度时同时可测定酸强度 $H_0$。其基本步骤是将试样放在非水溶液（如苯）中加入某 $pK_a$ 的指示剂，用正丁胺滴定；从指示剂由酸性色恢复为碱性色所需用的正丁胺滴定

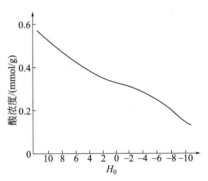

图 6-3　酸浓度对酸强度的分布
（硅铝催化剂）

量可换算出酸浓度。需要指出的是，用正丁胺滴定的结果是酸强度 $H_0$ 小于或等于所用指示剂 $pK_a$ 值（即 $H_0\leqslant pK_a$）的全部酸中心的浓度，更换不同 $pK_a$ 值的指示剂则可求得不同酸强度范围内的酸浓度值。

测定实例：称取在 300℃下烘干的 $NiSO_4$（100～200 筛孔）0.5g，放入苯中，滴入几滴黄色的指示剂二甲基黄（$pK_a=+3.3$），指示剂吸附在酸点后转变为红色，$H_0\leqslant+3.3$，以 0.1mol/L 正丁胺的苯溶液滴定，使指示剂恢复到黄色为止。共用正丁胺 0.55mL，它相当于有 $0.1\times0.55=0.055$mmol 的酸点与正丁胺作用。于是得到固体酸催化剂 $NiSO_4$ 的酸强度 $H_0\leqslant3.3$ 时的酸浓度为 $0.055/0.5=0.11$mmol/g。若已知 $NiSO_4$ 催化剂的比表面积为 11m²/g，则此强度下酸浓度又可表示为 $0.11/11=0.01$mmol/m²。利用另一 $pK_a$ 的指示剂，

又可测得其他强度下的酸浓度。最后，可以把实验结果整理成类似图 6-3 的分布曲线。

与酸强度的测定相似，正丁胺滴定法给出的也是 B 酸和 L 酸的总量。该法不适合于那些孔径小到指示剂分子都不能进入孔内的沸石催化剂，但具有开放结构的沸石如 Y 型沸石和某些用酸沥取过的丝光沸石等除外。指示剂和正丁胺在催化剂表面上达到吸附平衡的时间长，因此可采用提高滴定温度、超声波搅拌等方法来加快吸附平衡。

## 6.2 固体酸碱性的来源

常见的固体酸可以分为以下几类：

① 天然黏土：如高岭土、蒙脱土、沸石等；

② 负载酸：将液体酸，如 $H_2SO_4$、$H_3PO_4$、HCl 等负载于氧化硅、氧化铝、硅藻土等载体上；

③ 氧化物及复合氧化物：如 $Al_2O_3$、$SiO_2$、$ZrO_2$、$SiO_2$-$Al_2O_3$、$SiO_2$-$TiO_2$ 等；

④ 金属盐：如 $NiSO_4$、$CuSO_4$、$CaSO_4$ 等；

⑤ 固体超强酸：如 $SO_4^{2-}/ZrO_2$、$SO_4^{2-}/TiO_2$ 和 $SO_4^{2-}/Fe_3O_4$ 等；

⑥ 杂多酸：如磷钨酸、磷钼酸和硅钨酸等；

⑦ 离子交换树脂：如阳离子交换树脂、阴离子交换树脂。

下面将分别介绍各类典型固体酸的酸性来源，其中，沸石或分子筛的酸性来源将在 6.4 节中单独介绍。

### 6.2.1 负载酸

获得固体酸催化剂最简单的方法是把所需要的酸，如 $H_2SO_4$、$H_3PO_4$、HCl 等负载在常规载体，如氧化硅、氧化铝、硅藻土等。这种固体酸的酸性和液体酸一样，都是来自于质子，表面为 B 酸，其催化反应发生在表面液膜上，催化作用原理与均相酸催化反应相同。例如，$C_3$ 和 $C_4$ 烯烃聚合、乙烯水合使用的固体磷酸/硅藻土催化剂。

### 6.2.2 氧化物及复合氧化物

部分金属和非金属氧化物可以产生酸中心，既可作为酸性催化剂的活性组分，又可以作为催化剂载体。

**(1) $Al_2O_3$**

$Al_2O_3$ 是石油炼制与化工中最常用的酸性载体或催化剂。在制备 $Al_2O_3$ 时，其水合物或氢氧化铝 [$Al(OH)_3$] 分子间羟基在高温下发生脱水反应，形成 Al—O—Al 骨架，产生表面正、负电荷中心，从而形成表面酸、碱中心。L 酸中心是脱水形成的配位不饱和铝或 $Al^{3+}$（可接受电子对），L 碱中心是脱水形成的 $O^-$（可给出电子对），因此，$Al_2O_3$ 表面既具有酸中心，又具有碱中心。$Al_2O_3$ 表面 L 酸中心易吸水变为 B 酸中心，如下所示。

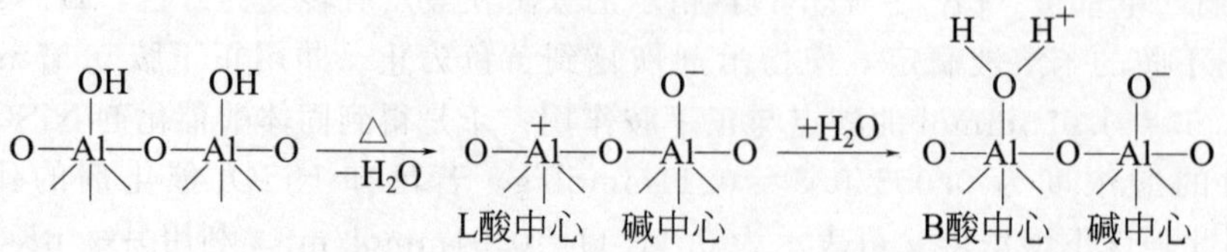

可见，$Al_2O_3$ 具有酸、碱两类中心，主要为 L 酸，但在一定条件下 L 酸可转化为 B 酸。

**（2）$SiO_2$**

水玻璃酸化产生硅凝胶，中间要经过硅溶胶阶段，硅溶胶的形成是硅酸聚合成多聚硅酸的过程。多聚硅酸胶球离子可以失水形成 Si—O—Si 链，但表面仍有一些 OH 基联结，OH 基中 $H^+$ 就是 B 酸中心的根源，如图 6-4 所示。

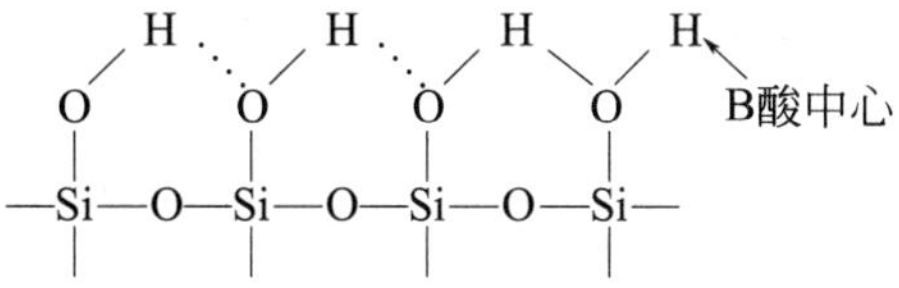

$SiO_2$ 在 $60\sim80℃$ 之间热处理时，B 酸中心浓度很高；在 $300\sim600℃$ 之间热处理时，B 酸和 L 酸约各占一半。$SiO_2$ 在低温下可吸水，故以 B 酸为主，高温焙烧后则以 L 酸为主。

图 6-4 $SiO_2$ 表面的 B 酸中心

**（3）$SiO_2$-$Al_2O_3$（硅酸铝）**

$SiO_2$-$Al_2O_3$ 是 $SiO_2$ 和 $Al_2O_3$ 的混合物，也可以 $SiO_2 \cdot Al_2O_3$ 表示，其酸强度远比 $SiO_2$ 或 $Al_2O_3$ 高。硅酸铝的酸中心来源于三个方面：首先，$SiO_2$ 和 $Al_2O_3$ 形成硅酸铝，$Al^{3+}$ 部分取代硅氧四面体中 $Si^{4+}$，使晶体中缺少一个正电荷，形成 $Al^{\ominus}$，周围吸附一个 $H^{\oplus}$，这个 $H^{\oplus}$ 就是 B 酸中心，见图 6-5（a）。其次，处于晶体结构边缘的 $Al^{3+}$，其配位数仍然是 4，Al—O 键中电子对偏向氧原子，造成 Al 原子具有能与带有自由电子对的分子配位的能力，形成 L 酸中心，见图 6-5（b）。最后，硅酸铝吸附水后，形成易给出的弱连接的 $H^+$，该 $H^+$ 亦成为 B 酸中心，见图 6-5（c）。

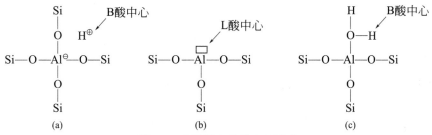

图 6-5 硅酸铝上的酸中心图式

硅酸铝的 L 酸和 B 酸的酸度随 $Al_2O_3$ 质量分数的变化而变化。如图 6-6 所示，硅含量越低，即 Al 含量越大，酸中心越多。铝氧四面体不能直接相连，硅酸铝中铝硅比$\leqslant$1，一般情况下 $Al_2O_3$ 质量分数为 $13\%\sim20\%$。

**（4）复合氧化物酸性来源——Thomas 规则**

类似 $SiO_2$-$Al_2O_3$ 的复合氧化物的酸性来源，可按照 Thomas 规则来总结，即"金属氧化物中加入价数不同或配位数不同的其他氧化物，同晶取代的结果产生了酸性中心结构"。可见，酸性的产生有两种情况：

① 阳离子的配位数相同而价数不同。在 $SiO_2$-$Al_2O_3$ 中，Si 为 +4 价，配位数为 4；Al 为 +3 价，配位数为 4，其酸性来源于 $Al^{3+}$ 部分取代硅氧四面体中 $Si^{4+}$ 形成的 $Al^{\ominus}$ 或 $Al^-$；类似地，在 $SiO_2$-MgO 中，Si 为 +4 价，配位数为 4；Mg 为 +2 价，配位数为 4，其酸性来源于 $Mg^{2+}$ 部分取代 $Si^{4+}$ 形成的 $Mg^{2\ominus}$ 或 $Mg^{2-}$。可见，$Al^-$ 为 -1 价，能结合 1 个质子，而 $Mg^{2-}$ 为 -2 价，能结合 2 个

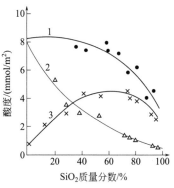

图 6-6 硅酸铝的酸度与 $SiO_2$ 质量分数的关系
1—总酸度（$H_0\leqslant1.5$）；
2—L 酸的酸度；3—B 酸的酸度

质子，如下所示。因此，$SiO_2$-$Al_2O_3$ 的酸度比 $SiO_2$-MgO 低，但酸强度比后者高。

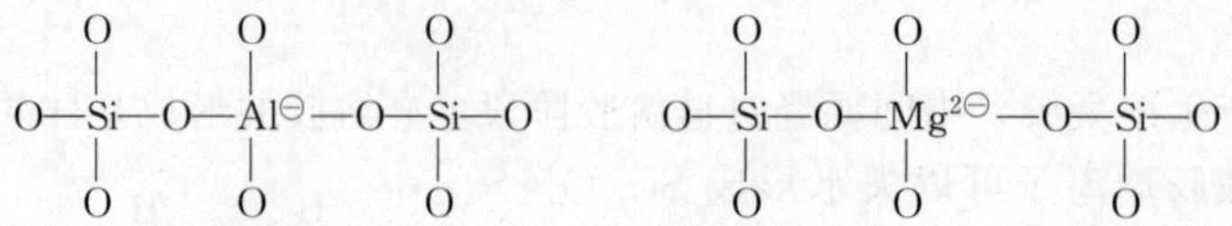

② 阳离子的价数相同而配位数不同。在 $B_2O_3$-$Al_2O_3$ 中，Al 为 +3 价，配位数为 6；B 为 +3 价，配位数为 4，其酸性来源于 $Al^{3-}$，可结合 3 个质子；在 $SiO_2$-$ZrO_2$ 中，Si 为 +4 价，配位数为 4；Zr 为 +4 价，配位数为 8，其酸性来源于 $Zr^{4-}$，可结合 4 个质子，如下所示。因此，$SiO_2$-$ZrO_2$ 的酸度比 $B_2O_3$-$Al_2O_3$ 高。

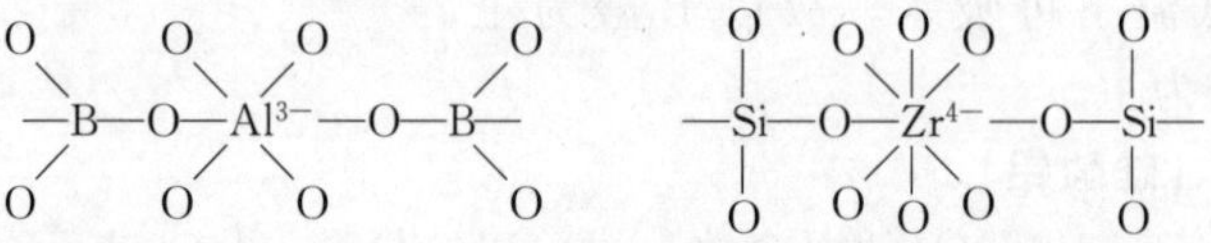

在复合氧化物中，当两种金属离子的价数和配位数均相同而电负性不同时，也会产生酸性。总之，只要局部环境存在电荷不平衡，就会产生酸性，包括杂质的存在。在金属氧化物中，表面金属离子为 L 酸，氧负离子为 L 碱；表面羟基的酸碱性则由 M—OH 中的 M—O 键决定，若 M—O 键强，则按酸式解离生成 $H^+$，呈酸性；若 M—O 键弱，则按碱式解离生成 $OH^-$，显碱性。

## 6.2.3 金属盐

金属盐，如 Ni、Fe 等的硫酸盐、硝酸盐及其他无机盐，当含有少量结晶水时，由于金属离子对水的极化作用，会产生 B 酸中心，进一步脱水后得到的低配位金属离子产生 L 酸中心。

**(1) 硫酸盐酸中心的形成**

过渡金属元素的硫酸盐，比如 $NiSO_4$、$FeSO_4$、$CoSO_4$、$CuSO_4$、$ZrSO_4$ 等具有类似的酸中心形成过程。以硫酸镍为例，水合硫酸镍是弱酸或中强酸催化剂，其酸性中心的形成与热处理温度有关。硫酸镍在 31℃ 以下时为六水合物，150～300℃ 时为一水合物，400℃ 时为无水硫酸镍，从二水合物到无水硫酸镍其结构变化如图 6-7 所示。其准稳状态的酸中心有两种：L 酸和 B 酸。L 酸部位是由于 Ni 的 $sp^3d^2$ 杂化轨道中只配位 5 个配位体，一个空着的杂化轨道吸收电子对，从而形成 L 酸中心。B 酸是由于在两个 Ni 原子的作用下，水分子易解离出 $H^+$，从而形成 B 酸中心。此外，对于水合硫酸盐，通过压缩或辐射处理也可呈现出不同的酸性。比如，$Al_2(SO_4)_3 \cdot 18H_2O$ 经加压处理可提高其表面酸性，一般认为产生的是 B 酸中心。

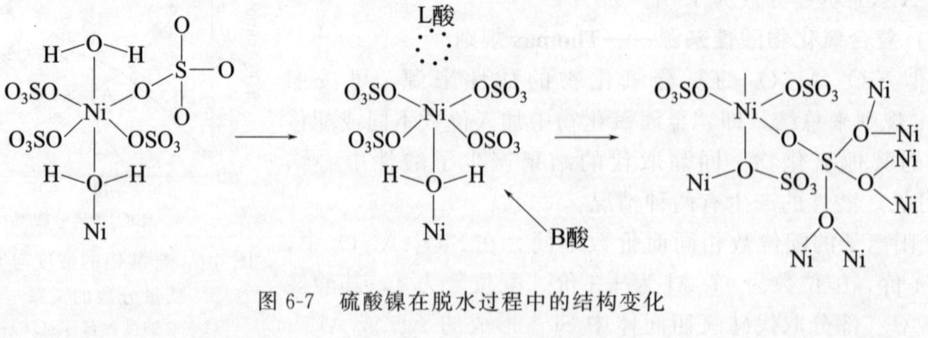

图 6-7　硫酸镍在脱水过程中的结构变化

**(2) 磷酸盐酸中心的形成**

结晶或无定形的金属磷酸盐都可作为酸性催化剂或碱性催化剂，这里以磷酸铝为例说明其酸中心的形成。磷酸铝的酸性与铝磷比和羟基的含量有关。化学计量比铝磷比为 1 的样品，经600℃以下处理，其表面同时存在B酸中心和L酸中心。P上的羟基为酸性羟基，由于与相邻的Al—OH形成氢键，使其酸性增强，可视为B酸中心。如果高温下抽真空处理，羟基会缩合脱水，则材料表面出现L酸中心。经脱水后，铝磷氧化物中的O主要留在P原子上，P=O键属于共价键性质，所以O原子不能视为碱中心。B酸转化为L酸的过程如图6-8所示。

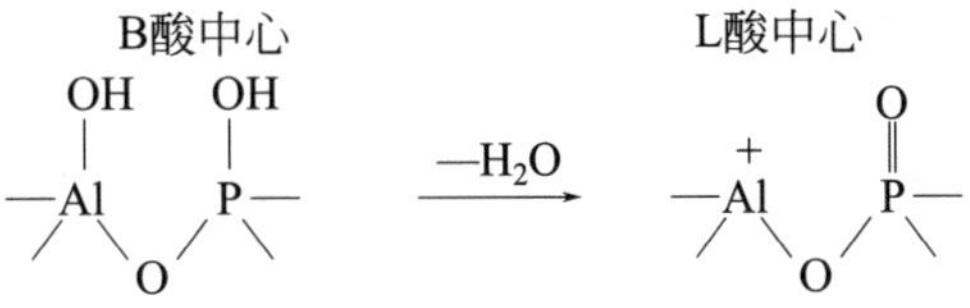

图 6-8　磷酸铝B酸中心转化为L酸中心的过程

## 6.2.4　固体超强酸

固体超强酸是酸强度超过100％H$_2$SO$_4$的固体酸，其Hammett函数$H_0 < -11.9$。固体超强酸又可分为含卤素和不含卤素两大类。含卤素的固体超强酸虽然活性高，但其制备原料价格较高，稳定性较差，且卤素对设备也有一定的腐蚀性。相比之下，不含卤素的固体超强酸催化剂更易于制备和保存，不腐蚀反应设备，对环境无污染。这类固体超强酸主要有以SO$_4^{2-}$促进的锆系（SO$_4^{2-}$/ZrO$_2$）、钛系（SO$_4^{2-}$/TiO$_2$）和铁系（SO$_4^{2-}$/Fe$_3$O$_4$），以及以金属氧化物如WO$_3$、MoO$_3$和B$_2$O$_3$等作为促进剂（负载物）制备的WO$_3$/Fe$_3$O$_4$、WO$_3$/SnO$_2$、WO$_3$/TiO$_2$、MoO$_3$/ZrO$_2$和B$_2$O$_3$/ZrO$_2$等，可作为酸催化剂而应用于异构、裂解、酯化、醚化、酰化、氯化等各种催化反应中，如替代传统的H$_2$SO$_4$和氟磺酸，可克服工艺过程中的环保、设备腐蚀和分离困难等问题，因而被认为是"绿色"催化剂，具有广阔的应用前景。

以SO$_4^{2-}$促进的SO$_4^{2-}$/M$_x$O$_y$型固体超强酸的酸中心形成机理：主要是由于SO$_4^{2-}$在表面上的配位吸附，在M—O上的电子云强度偏移，因而产生L酸中心。在干燥和焙烧过程中，由于所含的结构水发生解离吸附而产生了B酸中心。一般认为，焙烧的低温阶段是催化剂表面游离H$_2$SO$_4$的脱水过程；高温有利于促进剂与固体氧化物发生固相反应而形成超强酸；而在更高温度时，则容易造成促进剂SO$_4^{2-}$的流失。SO$_4^{2-}$/M$_x$O$_y$型固体超强酸表面上酸中心形成的理论模型如图6-9所示。

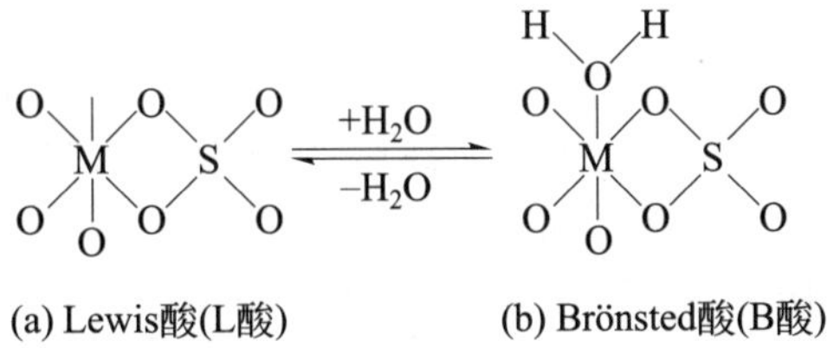

(a) Lewis酸(L酸)　　　　(b) Brönsted酸(B酸)

图 6-9　SO$_4^{2-}$/M$_x$O$_y$型固体超强酸的B酸和L酸形成机理

## 6.2.5　杂多酸

杂多酸在固态时由杂多阴离子、阳离子（质子、金属阳离子、有机阳离子）、水和有机分子组成，具有确定的结构。通常把杂多阴离子的结构称为一级结构，把杂多阴离子、阳离子和水或有机分子等的三维排列称为二级结构。目前已确定的一级结构有Keggin［XM$_{12}$O$_{40}$］、

Dawson $[X_2 M_{18} O_{62}]$、Anderson $[XM_{24} O_{62}]$、Silverton $[XM_{12} O_{42}]$、Strandberg $[X_2 M_5 O_{23}]$ 和 Lindgvist $[XM_6 O_{24}]$（X 为杂原子；M 为尖顶原子）。其中，Keggin 结构的杂多酸最稳定，常见的具有 Keggin 结构的杂多酸有磷钨酸、磷钼酸和硅钨酸。磷钨酸是由磷酸根离子和钨酸根离子在酸性条件下缩合而成，其反应式为：

$$12WO_4^{2-} + HPO_4^{2-} + 23H^+ \longrightarrow [PW_{12}O_{40}]^{3-} + 12H_2O$$

缩合态的磷钨酸阴离子需要有质子（$H^+$）相互配位，形成强 B 酸中心。

杂多酸化合物作为固体酸催化剂，有三种形式：纯杂多酸，杂多酸盐（酸式盐）和负载型杂多酸（盐）。杂多酸是很强的 B 酸，但杂多酸盐既有 B 酸中心也有 L 酸中心。其酸强度顺序一般为：

$$H > Zr > Al > Zn > Mg > Ca > Na$$

杂多酸化合物酸性的形成有 5 种可能的机理：

① 酸性杂多酸盐中的质子给出 B 酸中心；

② 制备时发生部分水解给出质子，例如 $(PW_{12}O_{40})^{3-} + 3H_2O \longrightarrow (PW_{11}O_{39})^{7-} + WO_4^{2-} + 6H^+$；

③ 与金属离子配位水的酸式解离给出质子，例如 $[Ni(H_2O)_m]^{2+} \longrightarrow [Ni(H_2O)_{m-1}(OH)]^+ + H^+$；

④ 金属离子提供 L 酸中心；

⑤ 金属离子还原产生质子，例如 $Ag^+ + H_2 \longrightarrow Ag + 2H^+$。

杂多酸由于阴离子的体积大、对称性好、电荷密度低，因而表现出较传统无机含氧酸（$H_2SO_4$，$H_3PO_4$ 等）更强的 B 酸性，其酸强度取决于组成元素，其酸性可以通过选择适当的阴离子组成元素、部分成盐（酸式盐），形成不同的金属离子盐或分散负载在载体上来进行调控，从而能够设计与合成具有一定酸强度的酸催化剂。

杂多酸（盐）可分散在合适的载体上制得负载型杂多酸（盐）。酸性或中性物质如 $SiO_2$、活性炭、酸性离子交换树脂等都是合适的载体，最常用的是 $SiO_2$。负载型杂多酸（盐）的酸性和催化活性取决于载体的类型、杂多酸的负载量以及预处理条件等。

杂多酸化合物作为酸催化剂的优点在于低挥发性、低腐蚀性、强酸性、高活性和易调变等，常用于烯烃水合、烯烃酯化、异丙苯过氧化氢分解、环氧化物醇解、醇类聚合等反应。

## 6.2.6　离子交换树脂

离子交换树脂分为阳离子交换树脂和阴离子交换树脂两类。阳离子交换树脂又分为强酸性和弱酸性两种，阴离子交换树脂又分为强碱性和弱碱性两种（或再分出中强酸性和中强碱性）。离子交换树脂常采用苯乙烯或丙烯酸（酯）为原料，通过交联剂二乙烯苯产生聚合反应生成具有三维网络结构的骨架，再在骨架上导入不同类型的化学活性基团（通常为酸性或碱性基团）而制成。阳离子交换树脂酸中心一般是通过引入呈酸性的官能团实现的。例如，利用 $H_2SO_4$ 使得苯环磺化而引入磺酸基（—$SO_3H$），得到强酸性离子交换树脂；引入羧基（—COOH）可得到弱酸性离子交换树脂；而向共聚物中引入季铵基（—$NR_3OH$）可得阴离子交换树脂，由于—$NR_3OH$（R 为碳氢基团）能在水中解离出 $OH^-$，从而呈强碱性。

市场上销售的阳离子交换树脂多数为钠盐，为使其具有酸性必须用无机酸溶液如 HCl 进行处理，使 $Na^+$ 被 $H^+$ 取代，成为 B 酸催化剂。阴离子交换树脂需要采用碱溶液处理，即将 OH⁻ 交换到树脂上，得到 B 碱催化剂。离子交换树脂可代替无机酸和碱作催化剂用于有机合成反应，进行酯化、水解、酯交换、水合等反应。并且相较无机酸、碱，其优点更多，如树脂可反复使用、产品容易分离、反应器不易被腐蚀、不污染环境、反应容易控制等。

## 6.3　固体酸碱性与催化作用

不同反应对固体酸碱催化剂的酸碱性要求不同，需要根据反应要求选择适宜的催化剂。

### 6.3.1　酸中心类型与催化作用的关系

不同酸催化反应，要求不同类型酸中心（L 酸或 B 酸）。在催化剂设计时，应根据催化反应的需要选择合适的酸类型。

例如，乙醇脱水制乙烯，用 $\gamma$-$Al_2O_3$ 催化剂，是 L 酸中心起作用。研究表明，乙醇与表面的 L 酸中心形成乙氧基：

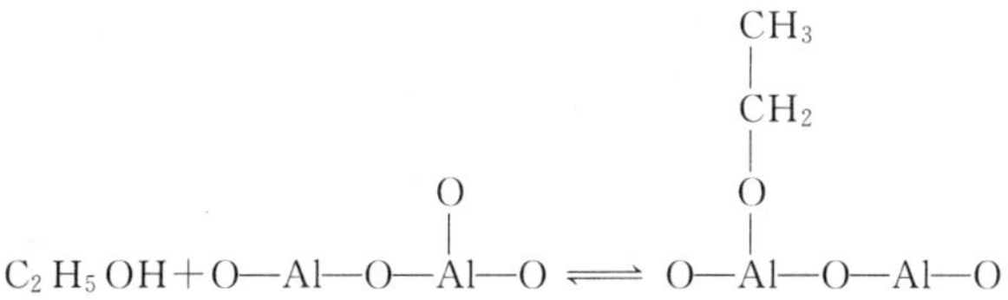

乙氧基在高温下与邻 OH 脱水生成乙烯；在温度较低以及乙醇的分压较大的情况下，两个乙氧基互相作用生成乙醚。如下式所示：

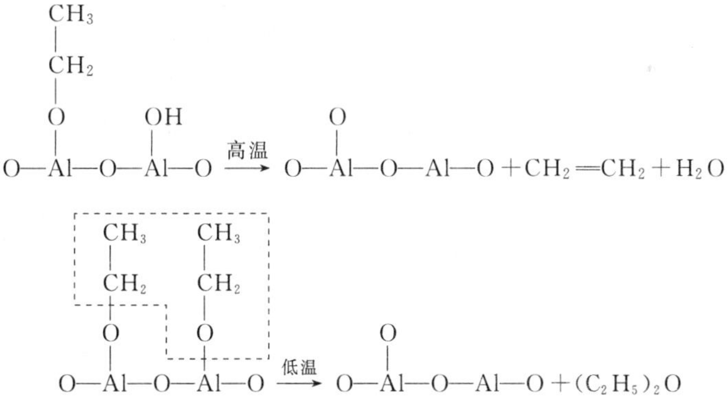

与乙醇脱水要求的 L 酸中心相反，异丙苯裂解反应要求 B 酸中心。其反应机理为：

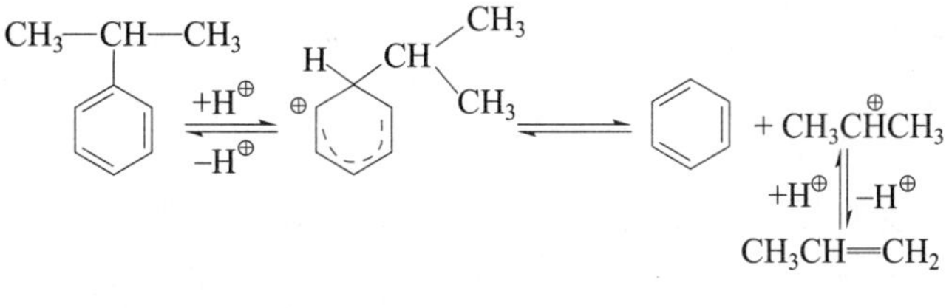

异丙苯裂化产物单一，该反应常作为鉴定酸催化活性的标准反应。

催化反应对固体酸催化剂酸中心的依赖关系是复杂的。例如，重油加氢裂化反应，要求 L 酸和 B 酸中心在表面邻近处共存，L 酸中心在 B 酸中心附近，可以提高 B 酸中心的酸强度，产生协同催化作用。烃类的催化氧化反应不被 B 酸催化，但是 B 酸的存在，可以影响反应物和产物的吸附和脱附速率，或成为副反应的活性中心，从而影响反应的活性和选择性。

### 6.3.2 酸强度与催化作用的关系

在固体酸催化剂表面上，不同酸强度部位有一定分布，并有不同的催化活性。例如，$\gamma$-$Al_2O_3$ 就有强酸部位和弱酸部位，前者是催化异构化反应的活性中心，后者是催化脱水反应的活性中心。涉及 C—C 键断裂，如催化裂化、骨架异构、烷基转移和歧化反应等，要求强酸中心；涉及 C—H 键断裂，如氢转移、水合、环化、烷基化等，需要弱酸中心。表 6-5 列举了部分二元氧化物的最大酸强度、酸类型和催化反应示例。

表 6-5　二元氧化物的最大酸强度、酸类型和催化反应示例

| 二元氧化物 | 最大酸强度 $H_0$ | 酸类型 | 催化反应示例 |
|---|---|---|---|
| $SiO_2$-$Al_2O_3$ | $\leqslant -8.2$ | B 酸 | 丙烯聚合,邻二甲苯异构化 |
| | | L 酸 | 异丁烷裂解 |
| $SiO_2$-$TiO_2$ | $\leqslant -8.2$ | B 酸 | 1-丁烯异构化 |
| $SiO_2$-ZnO(70%) | $\leqslant -3.2$ | L 酸 | 丁烯异构化 |
| $SiO_2$-$ZrO_2$ | $= -8.2$ | B 酸 | 三聚甲醛解聚 |
| $WO_3$-$ZrO_2$ | $= -14.5$ | B 酸 | 正丁烷骨架异构化 |
| $Al_2O_3$-$Cr_2O_3$(17.5%) | $\leqslant -5.2$ | L 酸 | 加氢异构化 |

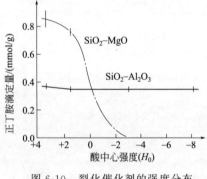

图 6-10　裂化催化剂的强度分布

酸中心强度分布也会影响催化剂选择性。例如，对于催化裂化反应，$SiO_2$-MgO 所产生的汽油收率较大，但汽油质量较差（异构烷烃量较少）。$SiO_2$-$Al_2O_3$ 所产生的汽油收率小一些，但汽油辛烷值较高。这是因为硅镁的酸性中心数目较多，但酸中心强度 $H_0 \geqslant -3$（如图 6-10）的弱酸中心较多，对异构化反应不利。而硅铝却相反，酸中心强度分布均一，$H_0 \leqslant -3$ 的强酸性中心较多，有利于异构化反应，汽油辛烷值较高；但总酸中心数目较少，汽油收率较低。

### 6.3.3 酸浓度与催化活性的关系

催化剂酸浓度与催化活性密切相关，一般来说，在适宜的酸类型和酸强度下，催化活性随酸浓度的增加而增加。例如，石油烃裂化活性（汽油收率）和喹啉吸附量（酸中心浓度）成正比，如图 6-11 所示；异丙苯裂化活性和催化剂酸浓度成正比，如图 6-12 所示。

催化活性与酸浓度的关系，也可由加入碱性物质覆盖了酸性中心，使活性下降的结果看出。无机碱毒性的离子顺序为：$Cs^+ > K^+ \approx Ba^{2+} > Na^+ > Li^+$，这与离子半径大小及碱性有关，离子半径愈大，碱性愈大，覆盖的酸性中心也愈多。有机碱的毒性随有机碱吸附平衡常数（$K$）变化，一般 $K$ 愈大，毒性也愈大。这表明，反应速率随着酸性中心被有机碱覆盖度增加而下降。

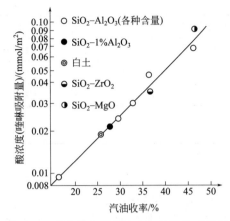

图 6-11　裂化催化剂酸浓度与汽油收率关系

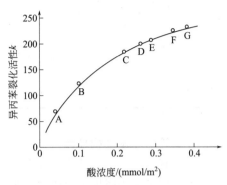

图 6-12　异丙苯裂化活性与催化剂酸浓度
A~G 表示具有不同酸浓度的硅酸铝催化剂

# 6.4　分子筛催化剂

分子筛或沸石（zeolite）是结晶的硅铝酸盐的含水化合物，加热时结晶水可汽化除去，故又称为沸石；因其具有均匀的孔隙结构，有筛分不同尺寸分子的能力，故得分子筛的称谓。分子筛是一类用途十分广泛的固体酸碱催化剂，自然界存在的沸石约有 40 余种，人工合成的多达数百种。分子筛除用作吸附剂外，也是一类催化剂与载体。尤其作为催化剂，在石油天然气化工和精细化工中已获得广泛应用。常用的主要有：方钠型沸石，如 A 型分子筛；八面型沸石，如 X 型、Y 型分子筛；丝光沸石（M 型）；高硅型沸石，如 ZSM-5 等。分子筛催化剂参与的催化过程有：石油炼制中的催化裂化、加氢裂化、催化重整、异构化、聚合、烷基化、烯烃叠合、（非）临氢降凝、润滑油催化脱蜡、水合和脱水等，天然气化工中的液化气（LPG）芳构化、甲醇制汽油（MTG）、甲烷氧化偶联制烯烃（OCM）、甲醇制烯烃（MTO）和甲醇制甲胺，精细化工中的催化氧化、醇、醛、酯、酮、腈的合成等。本节将介绍分子筛的结构、催化性能、酸性来源等。

## 6.4.1　分子筛的结构

### （1）分子筛的化学组成

分子筛是具有结晶结构的硅铝酸盐，其化学组成通常可表示为：

$$M_{x/n}\left[(AlO_2)_x(SiO_2)_y\right] \cdot wH_2O$$

式中，M 代表阳离子；$n$ 代表阳离子价数；$w$ 代表水分子个数；$x$ 和 $y$ 分别代表铝氧和硅氧四面体的个数。$y/x$ 与分子筛结构有关，称为硅铝比（$m$）。常见分子筛的化学组成和孔径见表 6-6。

表 6-6　分子筛的化学组成和孔径

| 类型 | 孔径/$10^{-10}$ m | 单元晶胞化学组成 | 硅铝原子数比 |
| --- | --- | --- | --- |
| 4A | 4.2 | $Na_{12}\left[(AlO_2)_{12}(SiO_2)_{12}\right] \cdot 27H_2O$ | 1∶1 |
| 5A | 5 | $Na_{3.6}Ca_{4.2}\left[(AlO_2)_{12}(SiO_2)_{12}\right] \cdot 31H_2O$ | 1∶1 |

| 类型 | 孔径/$10^{-10}$ m | 单元晶胞化学组成 | 硅铝原子数比 |
|---|---|---|---|
| 13X | 8～9 | $Na_{86}[(AlO_2)_{86}(SiO_2)_{106}] \cdot 264H_2O$ | (1.5～2.5)∶1 |
| Y | 8～9 | $Na_{56}[(AlO_2)_{56}(SiO_2)_{136}] \cdot 264H_2O$ | (2.5～5)∶1 |
| 丝光沸石 | 5.8～6.9 | $Na_8[(AlO_2)_8(SiO_2)_{40}] \cdot 24H_2O$ | 5∶1 |
| ZSM-5 | 5.4×5.6 <br> 5.1×5.5 | $xM_2O \cdot (1-x)(R_4N)_2O \cdot Al_2O_3 \cdot pSiO_2 \cdot qH_2O$① | ＞6 |

① M 为+1 价金属原子；$R_4N$ 为季铵离子。

**（2）分子筛的基本结构单元**

分子筛具有规整的孔道结构、极高的比表面积，这是由其特殊的结构造成的。分子筛可视为由三级结构单元逐级堆砌而成。一级结构单元构成二级结构单元，二级结构单元构成三级结构单元，三级结构单元构成单元晶胞的骨架。合成分子筛时，得到的微米级的晶体是上千个单元晶胞的集合体。

① 分子筛的一级结构单元　Si、Al 原子通过 $sp^3$ 杂化轨道与氧原子相联，形成的硅氧四面体（$SiO_4$）和铝氧四面体（$AlO_4$）是构成分子筛的最基本的结构单元，如图 6-13 所示，硅和铝是分子筛骨架的基本元素。

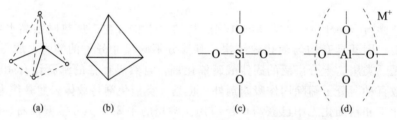

图 6-13　分子筛的一级结构单元（硅氧或铝氧四面体）

（a）图中·表示 Si 或 Al 原子，○表示氧原子；（b）四面体顶角代表氧原子，Si 或 Al 在四面体内部，图中未标出；
（c）硅氧四面体平面示意图；（d）铝氧四面体平面示意图

② 分子筛的二级结构单元　硅氧或铝氧四面体顶角的氧原子，由于价键未饱和，易为其他四面体所共用，相邻的四面体由氧桥连接成环结构，构成分子筛的二级结构单元。按成环的氧原子数划分为四元环、五元环、六元环、八元环、十元环和十二元环等，如图 6-14 所示。环是分子筛的通道孔口，对通过的分子起筛分作用。四元环、五元环、六元环、八元环、十元环和十二元环的孔径分别约为 0.1 nm、0.15nm、0.22nm、0.42nm、0.63nm 和 0.8～0.9nm。

③ 分子筛的三级结构单元　二级结构单元通过氧桥相互联结，形成具有三维空间的中空多面体，称为笼，构成分子筛的三级结构单元（见图 6-15）。笼是分子筛结构的重要特征，也是划分分子筛类型的重要依据。

$\alpha$ 笼是 A 型分子筛骨架结构的主要孔穴，是由 12 个四元环、8 个六元环和 6 个八元环组成的二十六面体，平均孔径为 1.14nm，空腔体 0.76nm³；最大窗孔为八元环，孔径 0.41nm，小于 0.41nm 的分子可通过八元环进入笼中。$\alpha$ 笼的饱和容纳量为 25 个 $H_2O$、19～20 个 $NH_3$、12 个 $CH_3OH$、9 个 $CO_2$ 或 4 个 $C_4H_{10}$。

八面沸石笼是构成 X 型和 Y 型分子筛骨架结构的主要孔穴，是由 18 个四元环、4 个六元环和 4 个十二元环组成的二十六面体，平均孔径为 1.25nm，空腔体积 0.85nm³；最大窗

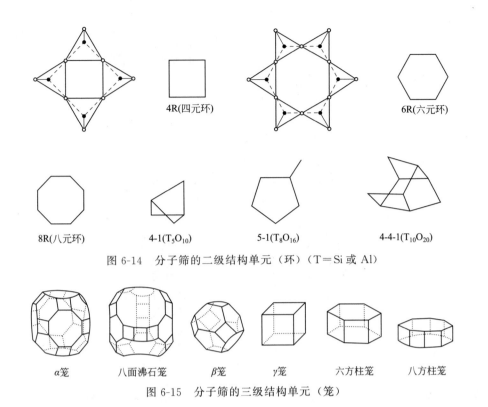

图 6-14　分子筛的二级结构单元（环）（T＝Si 或 Al）

图 6-15　分子筛的三级结构单元（笼）

孔为十二元环，孔径 0.74nm。饱和容纳量为：28 个 $H_2O$、5.4 个苯、4.6 个甲苯或 4.1 个环己烷。八面沸石笼也称为超笼。

$\beta$ 笼主要构成 A 型、X 型和 Y 型分子筛的骨架结构，其形状宛如削顶的正八面体，是由 6 个四元环、8 个六元环组成的十四面体，空腔体积 0.16nm³，窗口孔径 0.66nm，只允许 $NH_3$、$H_2O$ 等尺寸较小的分子进入，饱和容纳量为 4 个 $H_2O$＋0.5 个 NaOH。

此外，还有 $\gamma$ 笼、六方柱笼和八方柱笼，它们体积较小，一般分子进不去。

**（3）分子筛的类型**

下面介绍几种具有代表性的分子筛。

① A 型分子筛　A 型分子筛类似于 NaCl 的立方晶系结构。将 NaCl 晶格中的 $Na^+$、$Cl^-$ 全部换成 $\beta$ 笼，相邻 $\beta$ 笼用 $\gamma$ 笼联结，即得到 A 型分子筛；8 个 $\beta$ 笼联结形成方钠石型结构，如图 6-16 所示。A 型分子筛的中心为 $\alpha$ 笼，$\alpha$ 笼之间通道有一个八元环窗口，直径约 0.4nm，故称为 4A 分子筛。4A 分子筛上 70％的 $Na^+$ 被 $Ca^{2+}$ 交换，八元环孔径增至 0.5nm，称为 5A 分子筛。反之，70％的 $Na^+$ 被 $K^+$ 交换，八元环孔径缩小到 0.3nm，称为 3A 分子筛。

② X 型和 Y 型分子筛　X 型、Y 型分子筛类似于金刚石的密堆立方晶系结构，若以 $\beta$ 笼取代金刚石的碳原子结点，用六方柱笼将相邻的 2 个 $\beta$ 笼联结，即用 4 个六方柱笼将 5 个 $\beta$ 笼联结在一起，其中一个 $\beta$ 笼居中心，其余 4 个位于正四面体之顶，就形成八面沸石型结构，如图 6-16 所示。继续联结这种结构，就得到 X 型、Y 型分子筛结构。在这种结构中，由 $\beta$ 笼和六方柱笼形成的大笼为八面沸石笼，它们相通的窗口是十二元环，平均孔径 0.7～0.8nm。X 型和 Y 型的差异主要是其中的硅铝比，X 型中其值为 1.5～3.0，Y 型中大于 3.0。

③ 丝光沸石　丝光沸石是一种特殊的分子筛，具有层状结构而无笼结构，结构中含有

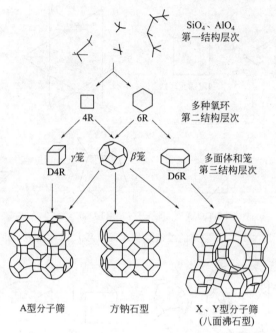

SiO₄、AlO₄
第一结构层次

多种氧环
第二结构层次

多面体和笼
第三结构层次

A型分子筛          方钠石型          X、Y型分子筛
                                    (八面沸石型)

图 6-16　各级分子筛结构与一级、二级、三级结构单元的关联

大量成对相联的五元环，每对五元环通过氧桥再与一对联结，联结处形成四元环，如图 6-17 所示。这种结构单元的进一步联结，就形成图 6-17 中（c）的层状结构；层中有八元环和十二元环，后者呈椭圆形，平均直径 0.74nm，是丝光沸石的主孔道，而且是一维直通道。

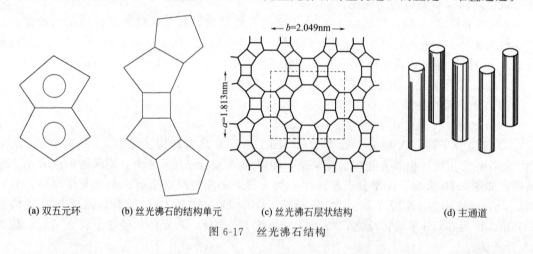

(a) 双五元环          (b) 丝光沸石的结构单元          (c) 丝光沸石层状结构          (d) 主通道

图 6-17　丝光沸石结构

④ ZSM 型分子筛　ZSM 型分子筛是理想的斜方晶系，其系列中广为应用的是 ZSM-5，与之结构相同的有 ZSM-8、ZSM-11；另一组有 ZSM-21、ZSM-35 和 ZSM-38 等。ZSM-5 常称为高硅型沸石，其 $m$ 可达 50 以上，ZSM-8 的 $m$ 可高达 100，ZSM 型显示憎水特性。它们的结构单元与丝光沸石相似，由成对五元环组成，只有通道而无笼状空腔。ZSM-5 有两组交叉通道，一种为直通道，另一种为之字形，相互垂直，均由十元环构成；通道呈椭圆形，窗口孔径约 0.55～0.60nm。ZSM-5 的结构和通道示于图 6-18。属于高硅沸石的分子筛还有全硅型的 Silicalite-1（结构同 ZSM-5）和 Silicalite-2（结构同 ZSM-11）。

⑤ 磷酸铝系分子筛　这是美国联碳公司于 1982 年开发的新一代分子筛。它们认为除硅

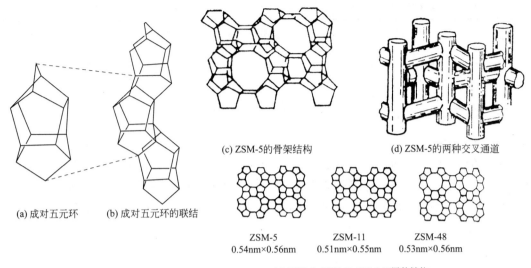

(a) 成对五元环　　(b) 成对五元环的联结

(c) ZSM-5的骨架结构　　　　　　　(d) ZSM-5的两种交叉通道

ZSM-5　　　　　　　ZSM-11　　　　　　　ZSM-48
0.54nm×0.56nm　　0.51nm×0.55nm　　0.53nm×0.56nm

(e) ZSM-5, ZSM-11, ZSM-48层状结构

图 6-18　　ZSM 型分子筛结构

铝分子筛骨架结构之外，还可以形成以其他元素为骨架的晶体结构。选定 Al 和 P 两个元素成功合成了磷铝分子筛。经结构测定，其具有分子筛的结构特征，只是骨架呈电中性，没有可交换阳离子，酸性微弱，催化裂解活性不高。在此基础上加入其他元素取代部分 P 和 Al，形成三或多元素的骨架结构。最初添加的是 Si，相继又使用了 Li、Be、Mg、Ti、Mn、Fe、Co、Zn、Ga、Ge、As 等元素，包括一价到五价的骨架离子，形成了元素数目有二元、三元、四元、五元和六元的骨架阳离子组成体系。已确定的结构类型超过 24 个，骨架结构数达 200 多种。孔径 0.3～0.8nm，包括小孔、中孔和双孔沸石分子筛的孔径范围；孔容（水含量）0.18～0.48 cm³/g，包括沸石分子筛的全部孔容范围；具有由弱到强的酸强度分布，催化裂解活性也由低到高变化。

### 6.4.2　分子筛的特性和催化性能

**（1）离子交换能力**

分子筛具有离子可交换性，Si 被 Al 同晶取代，使三维氧骨架带有一个过剩负电荷，由阳离子予以补偿。例如，4A 分子筛的单位晶胞中有 12 个 $Si^{4+}$ 被 12 个 $Al^{3+}$ 取代，产生了12 个过剩负电荷，则需要 12 个 $Na^+$ 补偿。补偿阳离子可以被其他不同性质和价态的阳离子交换，这就引进具有催化作用的元素。通过改变阳离子的性质和交换度，可以制备出一整族性质逐渐变化的催化剂。交换阳离子可以是单个阳离子，亦可以是类似 $Cu(NH_3)_4^{2+}$、$Pt(NH_3)_4^{2+}$ 这样的配合阳离子。对离子交换引进的阳离子性质的唯一限制，是分子筛的酸稳定性。A 型、X 型和 Y 型分子筛在酸中的稳定性较差，在 0.1mol/L 的 HCl 中就可分解为无定形物质。硅铝比 $m$ 愈高，分子筛在酸性溶液中就愈稳定，可通过提高 $m$ 来提高分子筛在酸液中的稳定性。各种分子筛在酸液中的稳定性顺序是：ZSM-5＞丝光沸石＞Y 型＞13X 型＞A 型。

离子交换后对分子筛性质产生重大影响，这成为调变其性质的重要手段。离子交换的速率和交换程度取决于交换离子的类型、大小、电荷、浓度、温度、pH 值等因素。表 6-7 是4A 型和 13X 型分子筛的离子交换顺序。

表 6-7  4A 型、13X 型分子筛的离子交换顺序（置换能力由大到小）

| 4A 型 | $Ag^+$，$Cu^{2+}$，$Ti^{4+}$，$Al^{3+}$，$Zn^{2+}$，$Sr^{2+}$，$Ba^{2+}$，$Ca^{2+}$，$Co^{2+}$，$Au^{2+}$，$Na^{+①}$，$Ni^{2+}$，$NH_4^+$，$Cd^{2+}$，$Hg^{2+}$，$Li^+$，$Mg^{2+}$ |
| --- | --- |
| 13X 型 | $Ag^+$，$Cu^{2+}$，$H^+$，$Ba^{2+}$，$Al^{3+}$，$Ti^{4+}$，$Sr^{2+}$，$Hg^{2+}$，$Cd^{2+}$，$Zn^{2+}$，$Ni^{2+}$，$Ca^{2+}$，$Co^{2+}$，$NH_4^+$，$K^+$，$Au^{2+}$，$Na^{+①}$，$Mg^{2+}$，$Li^+$ |

① 表示常见的钠型分子筛形态。

**（2）热稳定性**

分子筛在真空中或惰性气流中受热，$H_2O$ 分子在逐渐解吸，在 $100\sim250℃$ 之间即可吸热失重，失重多少取决于补偿阳离子性质。脱水时，多价阳离子通常趋于迁入小笼或微孔中并与氧原子配位结合。部分分子筛的热稳定温度为：A 型，700℃；X 型和 Y 型，约 800℃；丝光沸石，$\geqslant800℃$；ZSM-5，$\geqslant1100℃$。

对于 X 型和 Y 型分子筛，采用 $Ca^{2+}$、$Mg^{2+}$ 和 $La^{3+}$ 等多价阳离子交换，可增加它们的结构稳定性。$H^+$ 交换或 $NH_4^+$ 交换分子筛分解得到的 H 型分子筛，热稳定性要比母分子筛低几百度。对于催化裂化分子筛催化剂，预先用多价阳离子交换，可使其结构稳定。从晶格中逐渐溶洗出铝原子，也可增加分子筛热稳定性。丝光沸石的溶洗在强酸性溶液中（HF 除外），八面沸石使用螯合剂，形成新硅氧烷桥，导致离子交换能力降低。铝的最佳除去量是 $25\%\sim50\%$。用作裂化和加氢裂化催化剂的分子筛，还要求具有高的水热稳定性，$m$ 的增加有利于分子筛的水热稳定性。因为 $m$ 增加，分子筛中亲水性的 $[AlO_4]$ 四面体及其相连的阳离子减少，疏水性的 $\equiv Si-O-Si \equiv$ 结构增加。纯硅分子筛几乎无吸水能力，当丝光沸石的 $m$ 提高到 80 时，吸水量降为零，环己烷吸附量仅下降 5%。

**（3）酸性**

分子筛是常用的固体酸碱催化剂，B 酸中心和 L 酸中心在分子筛中都存在。前者是连接在晶格氧原子上的 $H^+$，多价阳离子对水分子极化产生的 $H^+$，以及过渡金属离子还原形成的 $H^+$；后者是补偿电荷的阳离子，或是缺氧位，或是三配位 $Al^{3+}$ 强化酸位形成的 L 酸中心。关于分子筛催化剂 B 酸中心和 L 酸中心的形成和模型详见 6.4.3 部分。

**（4）阳离子在分子筛中的位置**

阳离子类型及其落位对分子筛催化性能有很大影响。阳离子在 X 型、Y 型分子筛中有三种位置分布，如图 6-19 所示。$S_I$ 部分位于六方柱笼中心，一个晶胞中有 16 个阳离子；$S_{II}$ 部分在 β 笼靠近十二元环一侧的六元环中间，一个晶胞中有 32 个阳离子；$S_{III}$ 部分在 β 笼靠近十二元环一侧的四元环中间，一个晶胞中有 38 个阳离子（X 型）或 8 个阳离子（Y 型）。

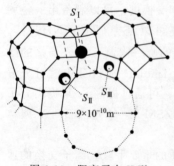

图 6-19  阳离子在 X 型、Y 型分子筛中的分布

阳离子在分子筛中的位置可说明离子交换程度即离子交换度对分子筛催化活性的影响。二价阳离子（如 $Ca^{2+}$）在 $S_I$ 位有很大亲和力，离子交换时首先进入 $S_I$，$S_I$ 被占满后，再进入 $S_{II}$。$S_I$ 位于六方柱笼内，烃类分子进不去，即首先进入 $S_I$ 的 16 个 $Ca^{2+}$ 对催化反应不起作用，只有 $S_I$ 被占满后，再进入 $S_{II}$ 的 $Ca^{2+}$ 才有催化活性。这就说明为什么随着离子交换度的增加，在开始时催化活性变化不大，只有超过某一数值后，随交换度增加，催化活性才迅速增大。对 Y 型分子筛，可交换的二价阳离子，一个晶胞内有 28 个，其中 $S_I$ 占 16 个，为 57%，这个数字已被 Ca-Y 分子筛催化正己烷裂解反应证实。

此外，分子筛中的水合阳离子易进入 $\beta$ 笼，主要位于 $S_{III}$ 处；当结构脱水时，这些阳离子迁移，回到 $S_I$、$S_{II}$，$S_I$、$S_{II}$ 和 $S_{III}$ 的概率不同。

**(5) 分子筛的择形催化性质**

分子筛具有特定尺寸的孔道、通道或空腔，只允许有一定分子尺寸的反应物、产物进出和中间物（过渡态）在其中停留，这种性质称为分子筛的择形选择性，故分子筛催化又称为择形催化。导致择形选择性的机理有两种，一是由反应物分子扩散引起，即质量传递选择性；二是由过渡态空间限制引起，即过渡态选择性。

① 反应物的择形催化　反应混合物中的某些分子因太大而不能扩散进入分子筛的空腔内，只有直径小于内孔径的分子才能进入内孔进行催化反应，这就是反应物的择形催化。如图 6-20（a）所示。例如，丁醇催化脱水，如用非择形催化剂 Ca-X，正构体较之异构体难以脱水；选用择形催化剂 Ca-A，2-丁醇完全不反应，异丁醇脱水速率也极低，正丁醇则转化很快。此外，像分子筛脱蜡、重油加氢裂化等就属于反应物的择形催化。

② 产物的择形催化　当产物混合物中某些分子太大，难以从分子筛窗口扩散出来，就形成产物的择形选择性。如图 6-20（b）所示。这些未扩散出来的大分子，可以异构成较小的异构体扩散出来，或裂解成较小分子，乃至不断裂解、脱氢，最终以炭的形式沉积于孔内和孔口，使分子筛失活。例如，$C_8$ 芳烃异构化的分子筛择形催化剂，其窗口只允许对二甲苯（P-X）从反应区扩散出来，其余异构体保留在空腔内主要构成 P-X。这是混合二甲苯择形催化生产 P-X 的原理，它保证 P-X 产物的高选择性。

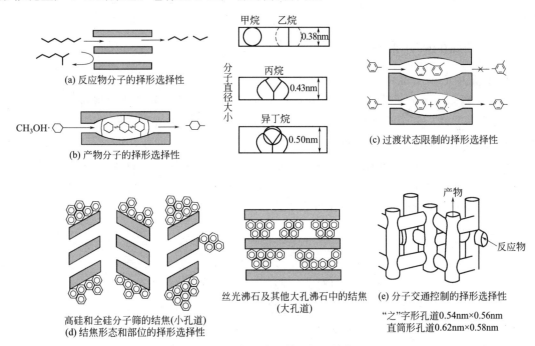

图 6-20　各种分子筛的择形催化

③ 过渡状态限制的择形催化　某些反应的反应物、产物分子都不受分子筛窗口孔径限制，只需要内孔或笼腔有较大空间，才能形成相应的过渡状态，否则受扩散限制使反应无法进行；有些反应只产生需要较小空间的过渡态，就不受这种限制。这就构成限制过渡态的择形催化。例如，分子筛催化二烷基苯的烷基转移反应，反应中某一烃基从一个分子转移到另一个分子上去，属于双分子反应；产物是单烃基苯和各种三烃基苯的异构体混合物，平衡时

1,3,5-三烷基苯是各种混合物的主要成分。在非择形催化剂 H-Y、$SiO_2$-$Al_2O_3$ 上，这种主要成分的相对含量接近于该反应条件下非催化的平衡产量分布；在择形催化剂 HM（丝光沸石）上，主要成分的产量几乎为零。这说明在 HM 上对称的异构体的形成受到阻碍，HM 的内孔无足够大的空间满足大尺寸的过渡状态，非对称异构体的过渡状态的形成只需要较小空间，见图 6-20（c）。

④ 结焦形态和部位的择形催化　ZSM-5 分子筛常用于过渡状态选择性的催化反应，如用它催化低分子烃类的异构化反应、裂化反应、二甲苯的烷基转移反应等。其最大优点是阻止结焦，具有比其他分子筛或无定形催化剂更长的寿命。ZSM-5 较其他分子筛具有较小的孔，不利于生焦前驱物的聚合反应需要的大尺寸过渡状态。在 ZSM-5 上，焦多沉积于外表面；而 HM 等大孔分子筛上，焦在孔内生成，见图 6-20（d）。为了发生择形催化，要求分子筛的活性部位尽可能在孔道内；其外表面只占总表面的 1%～2%，其活性部位要毒化除去。

⑤ 分子交通控制的择形催化　在具有两种不同形状和大小的孔道分子筛中，反应物分子可以很容易地通过一种孔道进入到分子筛活性部位，进行催化反应，产物分子从另一孔道扩散出去，尽可能减少逆扩散，增加反应速率，这是一种特殊形式的择形选择性，称为分子交通控制择形催化，如图 6-20（e）所示。例如，ZSM-5、全硅沸石均有两种孔结构，一种接近于圆形，横截面 0.54nm×0.56nm，呈"之"字形；另一种为椭圆形，横截面 0.62nm×0.58nm，为直筒形，与前者相垂直；反应物分子从"之"字孔道进入，较大的产物分子从直孔道逸出。

## 6.4.3　分子筛的酸性来源

### （1）B 酸中心和 L 酸中心的形成

① 脱金属阳离子分子筛产生 B 酸中心和 L 酸中心　合成的分子筛一般都含有 $Na^+$ 离子，没有表面酸性。分子筛具有离子交换性，用稀酸或铵盐与之进行交换，可以将 $H^+$ 引入分子筛，使其具有 B 酸中心。例如，合成的 Na-Y 型分子筛不显酸性，将 $Na^+$ 与 $NH_4^+$ 交换成为 $NH_4^+$-Y，约 300℃ 热处理脱去 $NH_3$，成为脱金属阳离子分子筛 H-Y，其 $H^+$ 容易解离显酸性；加热到更高温度（500℃），开始脱水，两个 B 酸中心转化为一个 L 酸中心。分子筛中 B 酸中心和 L 酸中心的相互转化可表示为：

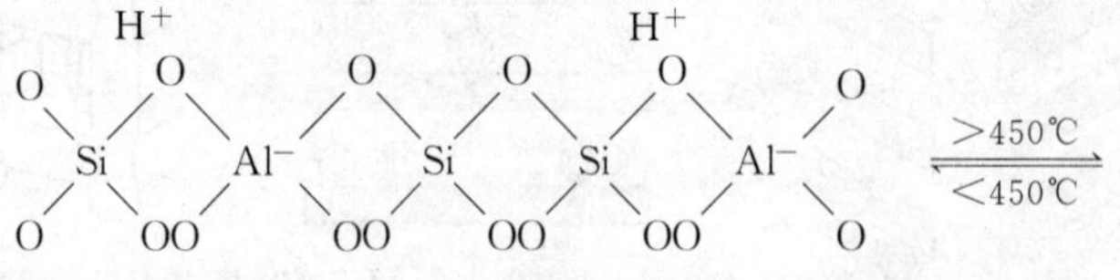

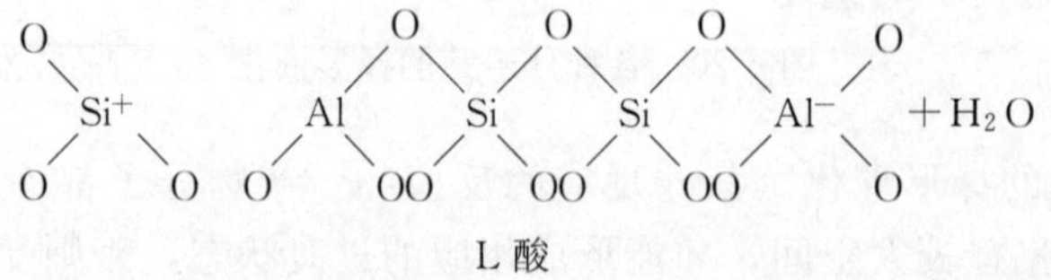

② 骨架外铝离子强化酸位形成 L 酸中心　H-Y 型分子筛在约 500℃ 时脱水形成 L 酸中心，三配位的铝离子易从分子筛骨架上脱出，以 $(AlO)^+$ 或 $(AlO)_p^+$ 阳离子形式存在于空隙中：

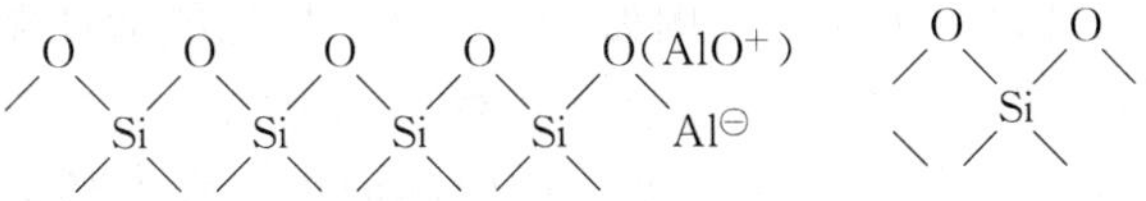

这种骨架外的铝离子，可成为 L 酸位中心，它与羟基酸中心相互作用，可使之强化，强化的酸位可表示为如下结构：

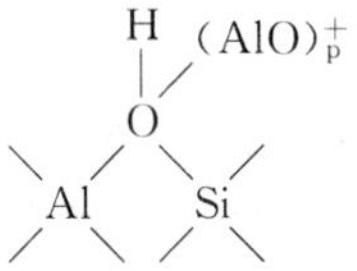

③ 多价阳离子对水分子的极化作用，产生 B 酸中心　Na 型分子筛可以用 2 价（如 $Ca^{2+}$）、3 价（如 $La^{3+}$）或 4 价（如 $Ce^{4+}$）离子交换产生酸性。这些多价阳离子极化水分子产生 B 酸中心。例如：

$$Ca^{2+} + H_2O \rightleftharpoons Ca(H_2O)^{2+} \rightleftharpoons Ca(OH)^{+} + H^{+}$$

$$RE^{3+} + 2H_2O \rightleftharpoons RE(H_2O)_2^{3+} \rightleftharpoons RE(OH)_2^{+} + 2H^{+}$$

金属阳离子半径越小，价数越高，对水的极化能力越强，产生的 B 酸中心越多，酸催化活性越高。例如，碱土金属离子交换的 Y 型和 X 型分子筛的酸性与活性顺序分别为：

Be-Y＞Mg-Y＞Ca-Y＞Sr-Y＞Ba-Y；Mg-X＞Ca-X＞Sr-X＞Ba-X

由于稀土（RE）离子半径较 $Ca^{2+}$ 小，电荷又高，对水的极化作用更大，可产生更多、更强的 B 酸中心，$H_0$ 可达－14。

④ 过渡金属离子还原形成 B 酸中心　过渡金属离子在氢气中还原也能产生 B 酸中心，例如：

$$Cu^{2+} + H_2 \longrightarrow Cu^{0} + 2H^{+}$$

$$Ag^{+} + \frac{1}{2}H_2 \longrightarrow Ag^{0} + H^{+}$$

气相 $H_2$ 强化 Ag-Y 分子筛的催化活性高过 H-Y，后者活性不受 $H_2$ 影响。

**(2) 静电场极化模型**

此模型认为，阳离子在分子筛晶体表面引起静电场，能够把烃分子诱导为正离子。由图 6-19 可知，$S_{\mathrm{I}}$ 部位位于六方柱笼内部，其电场基本上被屏蔽；$S_{\mathrm{II}}$、$S_{\mathrm{III}}$ 靠近十二元环一侧，位于 $\alpha$ 笼的出口处。计算表明，$S_{\mathrm{II}}$、$S_{\mathrm{III}}$ 位上的阳离子产生的静电场影响 $\alpha$ 笼，距离阳离子 0.2nm 处的静电场强度为 5～10V/$10^{-10}$m，这样的场强足以使 C—H 键极化而产生 $C^{\delta\oplus}$—$H^{\delta\ominus}$，如图 6-21 所示。图中 $A^{\oplus}$ 是分子筛表面与晶格联系的阳离子，它促使 C—H 极化，但并不一定需要全部解离，其结果是按碳正离子机理，进行裂化、氢转移等反应，这种活性中心又称为碳正离子化中心。

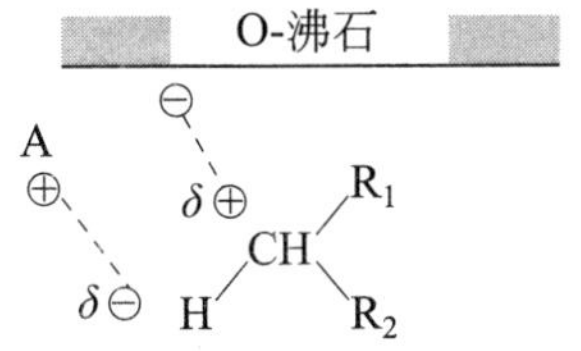


图 6-21　分子筛表面对 C—H 键的极化作用

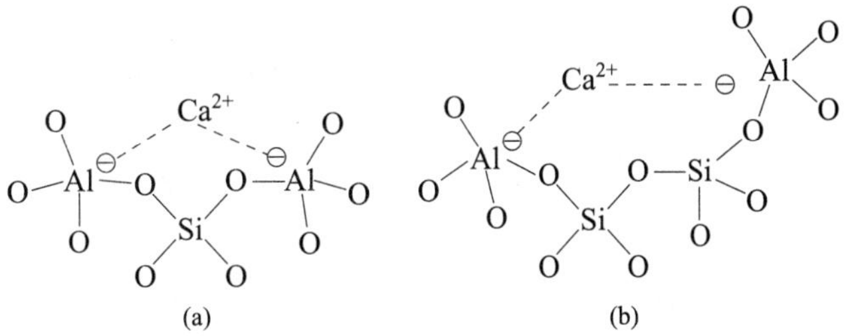


图 6-22　硅铝比对极化静电场的影响

已有实验证实静电场极化活化模型。例如，对己烷异构化的活性顺序是：Na-Y＜Ba-Y＜Ca-Y＜Mg-Y。阳离子电荷愈大，离子半径愈小，静电场愈大，活性也愈大。此外，对己烷异构化的活性 Mg-Y＞Mg-X，这可由两种分子筛引起的极化静电场的不同得到解释，如图 6-22 描述出 X 型分子筛（$m=1$）与 Y 型分子筛（$m=2$），$Ca^{2+}$ 在晶格中的排列不同，引起极化静电场不同，在 $m=2$ 中，$Ca^{2+}$ 不对称分布在 $Al^{\ominus}$ 之间，$Ca^{2+}$（极化）静电场较大。

─────── **思考题** ───────

1. 固体酸强度的含义是什么？其测定方法有哪些？
2. 简述 Hammett 函数的表示方法及意义。
3. 简述酸度的定义以及正丁胺滴定法测定酸度的基本步骤。
4. 常见固体酸有哪些类型？
5. $Al_2O_3$ 酸中心是如何形成的？
6. 简述硅酸铝酸中心的来源。
7. 以杂多酸和离子交换树脂为例，分别说明杂多酸和离子交换树脂的催化作用。
8. 什么是固体超强酸，有哪些类型？
9. 简述酸强度和催化作用的关系。
10. 简述分子筛结构的三个层次。
11. 分子筛催化剂有哪些重要特性？其表面酸性是如何产生的？
12. 叙述分子筛的择形催化性能。
13. 简述静电场极化模型。

# 第7章

# 均相催化剂

催化分为多相催化和均相催化两大类型。据估计，工业上利用多相与均相催化剂的比例为 75：25，但均相催化剂在工业中的应用比例正在不断提高。均相催化主要有三方面的应用：一是在化工生产中的应用，世界上每年有数千万吨有机化学产品经由均相催化反应生产；二是用于催化过程研究，均相催化可以作为相应的多相催化过程的模型反应；三是提供精细有机合成的新方法。因此，均相催化在石油化工、精细化工、碳一化工以及正在大力开发的绿色化工领域具有重要的应用和开发前景。

## 7.1 液体酸碱催化剂

液体酸碱作为催化剂的重要工业催化反应包括：烷基化、酯化、异构化、水合、醇化、脱水、水解、缩合、聚合和低聚等。液体酸碱催化剂在石油炼制与化工、精细化工行业得到广泛应用，它们具有确定的酸型、酸强度和酸度，在较低温度下就有相当高的催化活性，无论对反应机理，还是对催化剂的作用本质，都已进行了大量研究，是研究得最广泛、深入和详细的一个催化领域。

### 7.1.1 酸碱催化反应的特点

在水溶液中，$H^+$、$OH^-$，未解离的酸、碱分子，以及广义的酸与碱都能催化某些反应。均相酸碱催化的一般特点是：以离子型机理进行；反应速率很快，不需要很长的活化时间；对 B 酸和 B 碱催化反应，在离子型机理中包含"质子转移"这一步为特征。B 酸催化反应一般为：反应物 S 和质子 $H^+$ 作用，生成质子化物 $SH^+$；质子从质子化物 $SH^+$ 转移，重新得到 $H^+$ 及产物。

$$S（反应物）＋HA（酸催化剂）\longrightarrow SH^+ + A^- \longrightarrow 产物+HA$$

B 碱催化反应：反应物 HS 将质子给催化剂 B，然后进一步反应得到产物，并使碱催化剂恢复。

$$HS（反应物）＋B（碱催化剂）\longrightarrow S^- + BH^+ \longrightarrow 产物+B$$

### 7.1.2 Brönsted 酸碱催化剂

#### (1) 稀溶液中 B 酸和 B 碱的催化作用

在均相酸碱催化反应中，$H^+$、$OH^-$ 是非常有效的催化剂。pH 值代表稀溶液中 $H^+$ 的浓度和酸强度，稀溶液中 $H^+$ 和 $OH^-$ 对反应的催化作用可以归结为 pH 值对催化反应速率的影响（见图 7-1）。若一反应只被酸催化，则它的反应速率常数 $k$ 与 pH 关系见图 7-1 中的 d 线，即反应随溶液中 $H^+$ 浓度的加大而加快。若反应只能被碱催化，则其 $k$ 与 pH 的关系是 c 线，即反应随 $OH^-$ 的浓度加大而加快。若反应既可被酸又可被碱催化，则其 $k$ 与 pH 关系是 b 线。反应除了受酸碱催化外，还能自发进行，其 $k$ 与 pH 关系是 a 线，a 线中间一段水平线表示反应自发进行，与酸碱无甚关系。例如，1,1-二甲基环氧乙烷的水解，属于图中 a 线表示的反应。其总反应为：

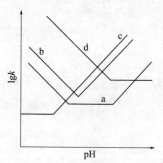

图 7-1 不同酸碱催化反应的 $\lg k$ 和 pH 的关系

其反应速率常数的对数，在 pH<7 时，随 pH 增加而直线下降；pH＝7～12 时，保持恒定；pH>12 时，又直线上升。在酸性、中性及碱性水溶液中，反应机理各异，在酸性溶液中质子转移为控制步骤，其反应机理为：

在中性溶液中，反应物和水分子直接反应：

在碱性溶液中，$OH^-$ 的转移为控制步骤：

在酸性溶液中，反应速率受 pH 的影响，随 pH 增加反应速率呈对数下降，在中性溶液中不受 $H^+$ 或 $OH^-$ 的影响，而由 $k_0$ 决定，在碱性溶液中，反应速率随 pH 增加而增加。

#### (2) 浓溶液中 B 酸的催化作用

在浓酸溶液中，用 pH 描述酸的强弱已不适用，而用 $H_0$ 描述。例如，羟基丁酸的内酯化反应：

$$
\begin{array}{c}
\mathrm{CH_2-CH_2} \\
\underset{\displaystyle\mathrm{HO-C=O}}{\mathrm{OH}\quad\mathrm{CH_2}} + \mathrm{H^+}
\end{array}
\underset{\text{快}}{\overset{\text{慢}}{\rightleftharpoons}}
\begin{array}{c}
\mathrm{CH_2-CH_2} \\
\underset{\displaystyle\mathrm{H_2O-^+C=O}}{\mathrm{OH}\quad\mathrm{CH_2}}
\end{array}
\underset{\text{+H_2O，慢}}{\overset{-\mathrm{H_2O，快}}{\rightleftharpoons}}
\begin{array}{c}
\mathrm{CH_2-CH_2} \\
\underset{\displaystyle\mathrm{C=O}}{^+\mathrm{OH}\ \ \mathrm{CH_2}}
\end{array}
\underset{\text{快}}{\overset{}{\rightleftharpoons}}
\begin{array}{c}
\mathrm{CH_2-CH_2} \\
\underset{\displaystyle\mathrm{C=O}}{\mathrm{O}\quad\mathrm{CH_2}}
\end{array}+\mathrm{H}
$$

如图 7-2 所示，在中等浓度的盐酸或高氯酸的水溶液中，$\gamma$-羟基丁酸的内酯化速度与 $H_0$ 之间呈直线关系（实线），而与酸浓度（pH）的关系则为曲线（虚线）。这种反应速率与 $H_0$ 之间呈直线关系的例子很多。但是，反应速率与 $H_0$ 之间并不总是符合直线关系，有时偏离直线，直线斜率偏离 1。为了解决这一问题，Bennett 提出了 $\omega$ 参量，把准一级反应速率常数 $k$ 的对数值与 $H_0$ 之和对水的活度 $a_{\mathrm{H_2O}}$ 的对数值作图，得到一条斜率为 $\omega$ 的直线-Bennett 方程：$\lg k + H_0 = \omega \lg a_{\mathrm{H_2O}}$。该方程式中的 $\omega$ 值取决于反应机理，二者之间的关系见表 7-1。

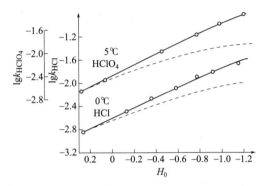

图 7-2　$\gamma$-羟基丁酸在酸溶液中的内酯化速度
虚线表示以 $\lg a_{\mathrm{H_3O^+}}$ 为坐标参量的速度曲线

表 7-1　$\omega$ 值与反应机理的关系

| $\omega$ 值 | 水在速度控制基元反应中的作用 |
| --- | --- |
| 2.5～0.0 | 无 |
| 1.2～3.3 | 亲核 |
| >3.3 | 作为质子给予体：底物在杂质原子 O、N 上质子化 |
| ≈0 | 作为质子给予体：底物在碳原子上质子化 |

### (3) 酸碱协同催化作用

吡喃型葡萄糖有两种旋光异构体，即 $\alpha$ 型和 $\beta$ 型。这两种异构体在酸或碱的催化作用下可以相互转化（变旋）：

$\beta$-D-(+) 葡萄糖 $\underset{}{\overset{\text{酸或碱}}{\rightleftharpoons}}$ $\alpha$-D-(+) 葡萄糖

即把氧桥旁的 OH 基从环的一侧转到环的另一侧。酸催化是用酸（HA）中的 $\mathrm{H^+}$ 进攻环中的桥氧原子，碱催化则是碱（HB）中的 B：进攻氧桥旁 OH 基中的 $\mathrm{H^+}$。实验发现，虽然吡啶和甲酚在水中分别都能催化葡萄糖的旋光转化，但变化不甚显著，如果把两者混在一起用，则反应大为加快。在吡啶和苯酚一起催化四甲基葡萄糖的互变反应时，也发现此规律。由此，认为这是一种酸、碱协同催化作用，即酸和碱分别作为质子的给予体和接受体，同时作用于同一基质分子的不同部位，从而大大加快了反应速率。

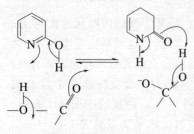

图 7-3　双功能催化剂

在一催化剂上同时具有酸性和碱性基团，如 α-吡啶酮，这种催化剂（称为双功能催化剂）就能产生酸、碱协同催化效应（见图 7-3）。而且发现在 0.05mol/L 的 α-吡啶酮溶液中，旋光转化速度比在相同浓度的苯酚和吡啶溶液中快 50 倍。人们认为，酶催化具有特别高的效率，其原因之一是酸、碱协同催化作用。

**（4）Brönsted 规则**

因为催化活性与催化剂的酸、碱强度有关，所以人们很自然地期望建立相应的定量关系。在大量实验的基础上，总结出如下关系：

$$k_a = G_a K_a^\alpha \tag{7-1}$$

$$k_b = G_b K_b^\beta \tag{7-2}$$

式中，$k_a$、$k_b$ 为催化系数，分别代表酸、碱催化剂的催化活性，主要取决于催化剂自身性质；$K_a$、$K_b$ 为酸、碱催化剂的解离平衡常数，表示酸、碱强度，$K_a = 1/K_b$；$G_a$、$G_b$、$\alpha$、$\beta$ 是和反应种类、溶剂种类、反应温度有关的常数，$\alpha$ 与 $\beta$ 范围为 0～1。

上述关系首先为 Brönsted 等在研究硝酰胺的分解时所建立，故称为 Brönsted 规则。它是从大量实验中总结出来的经验规则，对均相酸碱催化领域内的许多反应都适合，可用它指导实验。固定某一种类型酸碱催化反应，用不同催化剂测它们的催化系数，再用催化剂的解离平衡常数求得 $G_a$、$G_b$、$\alpha$、$\beta$，然后利用 Brönsted 规则从任意催化剂的 $K_a$（或 $K_b$）算出它的催化系数，可作为选择催化剂的参考。非均相的催化体系有时也应用该规则。

### 7.1.3　Lewis 酸碱催化剂

L 酸催化剂有两种类型。一种是分子型 L 酸，如 $BF_3$、$AlCl_3$、$SnCl_4$、$ZnCl_2$ 等；另一种是离子型 L 酸，如 $Cu^{2+}$、$Ca^{2+}$、$Ag^+$、$Fe^{3+}$ 等。

L 酸催化反应机理也是离子机理，如 $AlCl_3$ 催化剂催化苯与卤代烃的烷基化反应，其弗里德尔-克拉夫茨（Friedel-Crafts）反应机理为：

$$C_5H_{11} \overset{..}{\underset{..}{Cl}} : + \overset{\overset{Cl}{|}}{\underset{\underset{Cl}{|}}{Al}} : Cl \rightleftharpoons C_5^+H_{11} + [AlCl_4]^-$$

$AlCl_3$ 接受电子对，为 L 酸。产生的碳正离子进一步按下式反应：

$$\text{苯} + C_5^+H_{11} \longrightarrow \text{苯—}C_5H_{11} + H^+$$

$$[AlCl_4]^- + H^+ \longrightarrow AlCl_3 + HCl$$

若金属离子是 L 酸时，它的酸性可用它的得电子能力或电负性表示。活性与酸性的关系，可用活性与电负性关系反映。如氨基酸的水解、各种酸的脱羧基反应等，许多金属离子对它们的催化活性与金属离子自身的电负性呈直线关系。

## 7.1.4 有机小分子催化

　　与传统的金属或金属化合物催化剂不同，有机催化（organo catalysis）是指只含 C、H、S 和其他非金属元素的有机化合物催化剂对化学反应的催化作用。这类不含金属原子的小分子有机化合物催化剂，称为有机催化剂（Organocatalyst），通常是有机小分子，主要由 C、H、O、N、S 和 P 原子组成。有机催化剂与有机金属配合物相比，除了它们自己不含有金属，还具有以下优点：①通常价格低廉，容易获得；②在空气和水介质中稳定；③在反应结束后不需要对金属进行分离和回收；④有机催化剂通常比它们的有机金属类似物毒性更小，并且环境友好。

　　这些分子通常是路易斯酸或碱，所以有机催化是酸催化的一个分支。虽然世界上大多数均相催化的研究工作集中于有机金属配合物，但是对于有机小分子催化剂的兴趣也在增加。例如，Knoevenagel 缩合是以哌啶为催化剂的缩合反应。马来酸二甲酯与正丁醛反应，在哌啶的催化下综合生成 $\alpha$，$\beta$-不饱和产物，其反应过程如下所示：

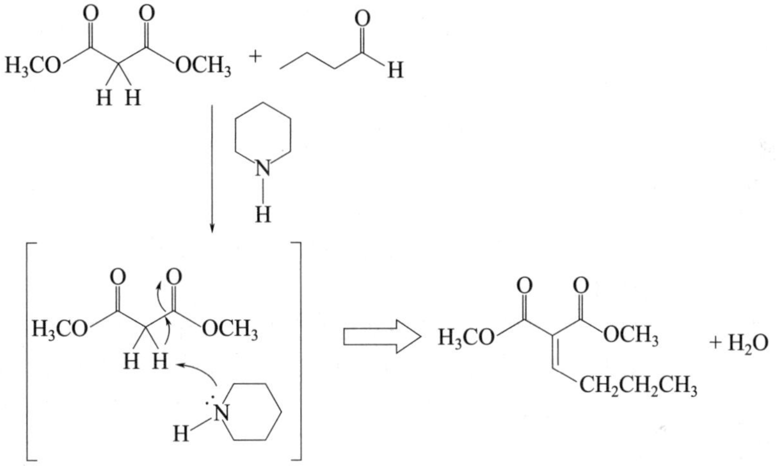

　　哌啶分子从反应物攫取一个酸性氢，形成烯醇中间体，随后与醛反应。近年来，对其有机研究有了一些重要进展，但在工业生产中的应用还鲜有报道。

# 7.2 离子催化剂

## 7.2.1 中性盐效应

　　由强酸和强碱形成的中性盐在水溶液中完全电离，电离后的两种离子不具有酸、碱性质，中性盐本身无酸碱催化作用。把中性盐加入反应体系，则会影响酸碱催化反应，这称为中性盐效应。

　　以强酸和强碱为催化剂时，添加中性盐可以改变反应环境，使反应中间体-活化复合物的活度发生变化，影响反应速率。这种加入中性盐使中间复合物活度发生变化，影响反应速率的效果称为第一中性盐效应。例如，连二硫酸钠（$Na_2S_2O_6$）在碱性催化剂作用下水解，增大离子强度，反应速率随之增加；但在酸催化剂作用下，增加离子浓度，反应速率反而减小。

　　在以弱酸和弱碱为催化剂时，加入中性盐后，除产生第一中性盐效应之外，还由于影响弱酸、弱碱催化剂的电离度，使 $H_3O^+$ 和 $OH^-$ 浓度发生变化，结果又影响到反应速率，这种作用称为第二中性盐效应。

## 7.2.2 离子对催化剂

在水溶液中，静电的相互作用极少表现出特异催化能力，但在介电常数低的非水溶液中，静电作用引起的催化效应显著变大。例如，四甲基葡萄糖或四乙酰基葡萄糖在吡啶或硝基甲烷中用碱催化剂进行变旋光反应，单纯用不带电的碱时，催化作用极小，加入各种中性盐后，催化作用被显著促进。这种效应的大小随加入盐的种类而异，0.02mol/L 的 $LiClO_4$ 可使吡啶的催化作用增大 10 倍。这是因为在变旋光反应机理中，包括生成葡萄糖的醛型中间体，在过渡状态中明显存在正负电荷分离过程，如下所示。

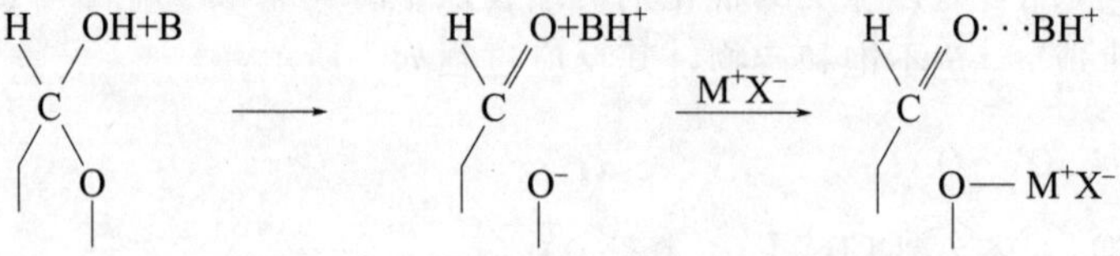

由于离子对 $M^+ X^-$ 的作用，使这种过渡状态得以静电稳定。将这些离子对（中性盐）的催化作用称为电解质催化作用，这种催化作用在介电常数低的溶剂中明显存在。

## 7.2.3 金属离子催化剂

金属离子催化剂是指催化剂在加入反应之前是简单盐而非络盐的物质。事实上，金属络盐催化剂中包含金属离子催化剂。

金属离子的催化作用是多方面的，包括络盐催化作用、氧化还原催化作用、酸碱催化作用及离子-游离基反应催化作用等。用金属离子作催化剂的典型反应类型和催化剂种类，汇集于表 7-2 中，多数反应都可由几种金属离子来催化。例如，$H_2O_2$ 的分解反应中，$Fe^{3+}$ 为催化剂，其催化反应机理为：

$$Fe^{3+} + HO_2^- \rightleftharpoons Fe^{3+} HO_2^- \longrightarrow FeO^{3+} + OH^-$$
$$FeO^{3+} + H_2O_2 \longrightarrow Fe^{3+} + H_2O + O_2$$

表 7-2　以金属离子作催化剂的反应类型和催化剂种类

| 反应类型[①] | a | b | c | d | e | f | g | h | i |
|---|---|---|---|---|---|---|---|---|---|
| 金属离子 | $Cu^+$ $Ag^+$ $Hg^+$ $Hg^{2+}$ | $Cu^{2+}$，$Zr^{4+}$ $Th^{4+}$，$Mn^{2+}$ $Fe^{2+}$，$Fe^{3+}$ $Co^{2+}$，$Ni^{2+}$ | $Cu^{2+}$ $Ag^+$ $Mn^{3+}$ | $Cu^{2+}$，$Zn^{2+}$ $Al^{3+}$，$Fe^{2+}$ $Fe^{3+}$ | $Cu^{2+}$ | $Li^+$ $Na^+$ $K^+$ $Cs^+$ | $Cu^+$ | $Cu^{2+}$，$Mg^{2+}$，$Ca^{2+}$，$Ba^{2+}$，$Zn^{2+}$，$La^{3+}$ $Al^{3+}$，$Pb^{2+}$，$Mn^{2+}$ $Fe^{2+}$，$Fe^{3+}$，$Co^{2+}$ | $Ca^{2+}$ $Hg^{2+}$ $Fe^{3+}$ |

① a—$H_2$ 活化；b—$H_2O_2$ 分解；c—草酸离子氧化；d—β 酮酸脱羧；e—抗坏血酸氧化；f—$MnO_4^-$ 与 $MnO_4^{2-}$ 的交换；g—过氧化物和过氧酯与烯烃反应；h—氨基酸酯水解；i—其他（腈、脲水解，三磷酸腺苷脱磷酸，酸性靛蓝溶液脱色）。

对于该反应，$Cu^{2+}$ 具有促进作用：

$$Fe^{3+} HO_2^- + Cu^{2+} \rightleftharpoons [Fe^{3+} HO_2^- Cu^{2+}] \longrightarrow FeO^{3+} + CuOH^+$$

$Cu^{2+}$ 的促进作用是由于 β 位氧与 $Cu^{2+}$ 的配位切断了分子的缘故（图 7-4）。

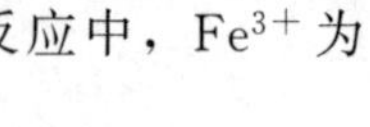

图 7-4　β 位氧与 $Cu^{2+}$ 的配位

# 7.3 络合催化剂

络合催化系指催化剂在反应过程中对反应物起络合作用，并使之在配位空间进行催化的过程。催化剂可以是溶解状态或固态，可以是普通化合物或络合物，包括均相络合催化和非均相络合催化。络合催化已广泛用于工业生产，如 Wacker 工艺、OXO 工艺、Ziegler - Natta 工艺、Fischer-Tropsch 合成、Monsanto 甲醇羰化工艺等。

络合催化的一个重要特征，是在反应过程中催化剂活性中心与反应体系始终保持着配位络合。例如，$PdCl_2$-$CuCl_2$(aq.)催化乙烯氧化制乙醛（参见 3.3.3），乙烯与水在配位空间对 Pd 中心配位，使 $C_2H_4$ 经 $\sigma$-$\pi$ 键络合活化，再以 $H_2O$ 分子的穿插等步骤生成乙醛产物。能通过在配位空间内的空间效应和电子因素以及其他因素，对其进程、速率和产物分布等，起选择性调变作用，故络合催化又称为配位催化。与其他类型催化反应相比较，络合催化反应条件较温和，反应温度约 $100 \sim 200$℃、压力为 $0.1 \sim 2.0$MPa；反应体系涉及一些小分子如 CO、$H_2$、$O_2$、$C_2H_4$ 和 $C_3H_6$ 等的活化，便于研究反应机理。主要的缺点是均相催化剂不易回收，现在多研究将其固相化，这是络合催化的发展方向。

## 7.3.1 络合催化中的化学键合

### (1) 重要的过渡金属离子与络合物

过渡金属（T.M.）原子的价电子层有 $(n-1)$d 轨道，在能量上与 $n$s、$n$p 轨道相近，可作为价层的一部分使用。空的 $(n-1)$d 轨道，可以与配位体 L(CO、$C_2H_4$…) 形成配位键（M←:L），可以与 H、R-基形成 M-H、M-C 型 $\sigma$ 键，具有这种键的中间物的生成与分解对络合催化十分重要。由于 $(n-1)$d 轨道或 $n$d 外轨道参与成键，故 T.M. 可以有不同的配位数和价态，且容易改变，这对络合催化的催化循环十分重要。目前尚不能预告哪种 T.M. 对于哪些类型的催化最有效，但是已有一些趋势：

① 可溶性的 Rh、Ir、Ru、Co 的络合物对单烯烃的加氢特别重要；

② 可溶性的 Rh、Co 的络合物对低分子烯烃的羰基合成最重要；

③ Ni-络合物对于共轭烯轻的低聚较重要；

④ Ti、V、Cr 络合物催化剂适合 $\sigma$-烯烃的双聚和聚合；

⑤ 第Ⅷ族过渡金属元素的络合催化剂适合于烯烃的低聚。

### (2) 配位键合与络合活化

各种不同的配位体与 T.M. 相互作用时，根据各自的电子结构特征建立不同的配位键合，配位体本身得到活化。具有孤对电子的中性分子与金属相互作用时，利用自身的孤对电子与金属形成给予型的配位键，记之为 L→M。

如 :$NH_3$、$H_2O$ 给予电子对的 L：称为 L 碱，接受电子对 M 称为 L 酸。M 要求具有空的 d 或 p 轨道。H・、R・等自由基配位体与 T.M. 相互作用，形成电子配对型 $\sigma$ 键，记为 L-M。金属利用半充满的 d、p 轨道电子，转移到 L 并与 L 键结合，自身得到氧化。带负电荷的离子配位体，如 $Cl^-$、$Br^-$、$OH^-$ 等，具有一对以上的非电子对，可以分别与 T.M. 的两个空 d 或 p 轨道作用，形成一个 $\sigma$ 键和一个 $\pi$ 键（图7-5）。这类配位体称为 $\pi$-给予配位体，形成 $\sigma$-$\pi$ 键合。具有重键的配位体，如 CO、$C_2H_4$ 等与 T.M. 相互作用（图7-6），也是

通过 σ-π 键合而配位活化。经过 σ-π 键合相互作用后，总的结果可以看成为配位体的孤对电子、σ、π 电子（基态）通过金属向配体自身空 π* 轨道跃迁（激发态）分子得到活化，表现为 C—O 键拉长，乙烯 C—C 键拉长。对于烯丙基类的配位体，其配位活化可以通过端点碳原子的 σ 键型，也可以通过大 π³ 键型活化。这种从一种配位型变为另一种配位型的配体，称为可变化的配位体，对于络合异构化反应很重要。

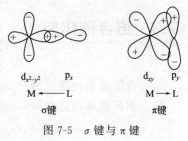

图 7-5　σ 键与 π 键

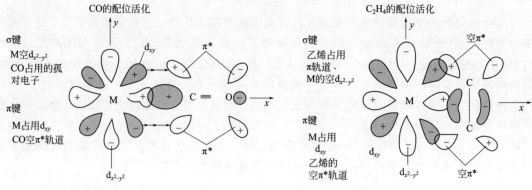

图 7-6　CO 和 $C_2H_4$ 的配位活化

## 7.3.2　络合催化的关键反应步骤

### （1）配位不饱和与氧化加成

络合物的配位数低于饱和值，谓之配位不饱和，就有络合空位。一些金属的饱和配位值及其构型如下：

$d^6$(Cr, Co, Fe)　　　　$d^8$(Ni)　　　　$d^{10}$(Cu)

（饱和值）　　　　（饱和值）　　　　（饱和值）

要形成配位络合，过渡金属必须提供络合的空配位。配位不饱和可以有以下几种情况：原来不饱和；潜在的不饱和，可能发生配位体的解离；暂时为介质分子所占据，易为基质分子（如烯烃）所取代。分别如下所示：

$$Ir(CO)(PPh_3)_2Cl \xrightarrow[H_2]{\text{原来不饱和}} Ir(CO)(PPh_3)_2H_2Cl$$

$$Fe(CO)_5 \xrightarrow{\triangle} Fe(CO)_4 + CO（配位体解离）$$

$$Rh(PPh_3)_3Cl + \underset{\text{(介质)}}{S} \longrightarrow Rh(PPh_3)_2ClS \xrightarrow{\text{S暂时占据}} Rh(PPh_3)_3Cl\cdots \underset{\overset{\|}{CH_2}}{CH_2} + S$$

配位不饱和的络合物易发生加成反应，如

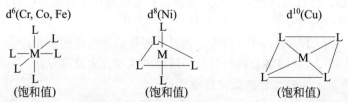

氧化加成增加金属离子的配位数和氧化态数，加成物 X-Y 可以是 $H_2$、HX、RCOCl、酸酐、RX、尤其是 $CH_3I$ 等。加成后 X-Y 分子被活化，可进一步参与反应。如 $H_2$ 加成被活化可进行加氢和氢醛化反应等。具有平面四方形构型的 $d^8$ 金属最易发生氧化加成，加成的逆反应为还原消除。例如：

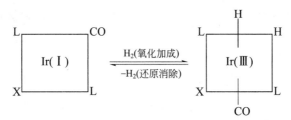

此处 X＝Cl、Br 和 I，L＝$PPh_3$，在 Ir（Ⅰ）络合物中，只有 X-Ir 是共价键，其 $L_2$、CO 与 Ir 为配位键，Ir 的价态数则为 Ⅰ。进行氧化加成后，H-Ir 则为 $\sigma$-共价键，Ir 的价态数则由 Ⅰ 增加为 Ⅲ，得到氧化。又例如 Rh（Ⅰ）Cl 络合催化的乙烯加氢反应，可图示于下式：

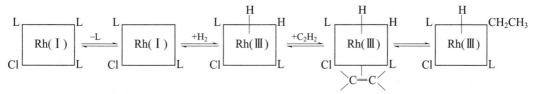

加成活化方式有以下三种：

① 氧化加成活化　这种方式能使中心金属离子的配位数和氧化态（即价态）都增加 2。

$$L_n M^{n+} + X-Y \longrightarrow L_n M^{(n+2)+} \diagup^{X}_{\diagdown Y}$$

$L_n = 4$　　$d^{10} \rightleftharpoons d^8$　　（如 $Pd^0 \rightleftharpoons Pd^{2+}$）

$L_n = 5$　　$d^8 \rightleftharpoons d^6$　　（如 $Rh^+ \rightleftharpoons Rh^{3+}$）

$L_n = 6$　　$d^6 \rightleftharpoons d^4$　　（如 $Ru^{2+} \rightleftharpoons Ru^{4+}$）

这类加成反应的速率与中心离子的电荷密度大小、配位体的碱度以及它的空间大小有关。碱性配位体能够增加中心离子的电子密度，故反应速率增大。L 较大，在配位数增加 2 的情况下，造成配位空间拥挤，故会抑制反应速率。

② 均裂加成活化　这种加成方式能使中心离子的配位数和氧化态各增加 1。

$$(L_n)_2 M_2{}^{n+} + X_2 \longrightarrow 2L_n M^{(n+1)+} X^-$$

用于低压羰基合成用的络合催化剂——羰基钴就属于这种类型。

$$Co_2^0(CO)_8 + H_2 \rightleftharpoons 2HCo^{\mathrm{I}}(CO)_4 \text{（活性物种）}$$

③ 异裂加成活化　这种加成方式实为取代，中心离子的配位数和氧化态都不变。也可以将过程看成两步，先氧化加成，马上进行还原消除，其结果与取代反应相同。

$$L_n M^{n+} + X_2 \longrightarrow L_{n-1} M^{n+} X + X^+ + L^-$$

三价钌催化剂从前驱物 $(RuCl_6)^{3-}$ 变成催化活性物种，就是这种异裂加成过程：

$$(RuCl_6)^{3-} + H_2 \rightleftharpoons \underset{\text{活性物种}}{(RuCl_5H)^{3-}} + H^+ + Cl^-$$

**（2）穿插反应**

穿插反应指的是在配位群空间内，在金属配键 M-L 间插入一个基团，结果是形成新的配位体，而保持中心离子的原来配位不饱和度。如：

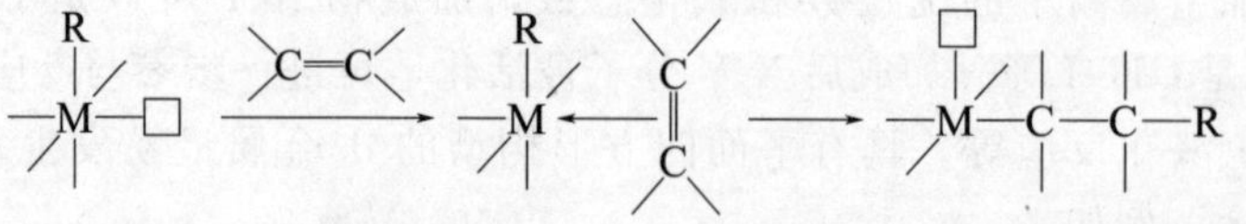

在加氢反应中，R 为 H；在催化反应中，R 为各种不同的烷基，邻位插入造成配位空位。协同穿插活化能特别低，活化能小或为负。两种过渡态和两种机理在实验上很难区分，因为导致相同的产物。

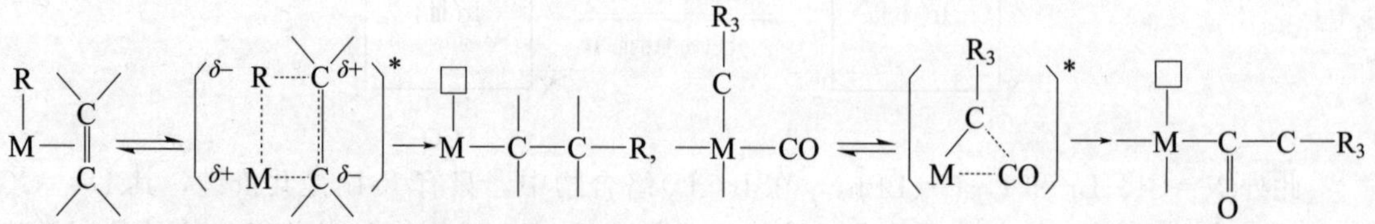

前者为穿插反应，后者为邻位转移。

### (3) $\beta$-氢转移（$\beta$ 消除反应）

过渡金属络合物 —M—CH$_2$—CH$_2$—R ，其有机配位体 $\displaystyle\left(CH_2—CH_2\cdot R\right)$ 用 $\sigma$ 键与金属 M 络合，在其 $\beta$ 位碳原子上有氢，企图进行 C—H 键断裂，形成金属氢化物 M—H，而有机配位体本身脱离金属络合物，成为有烯键的终端。即：

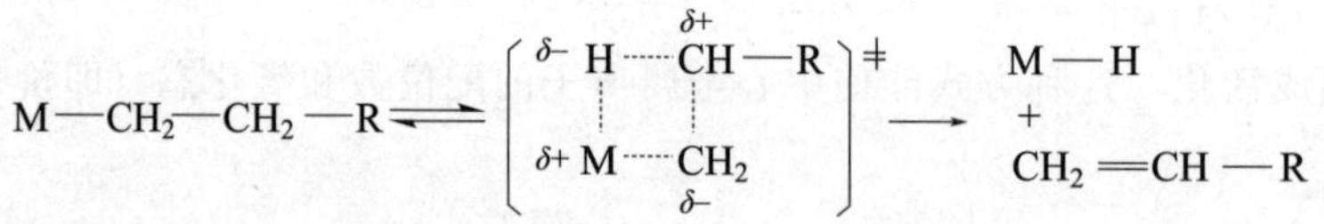

这种过程称为 $\beta$-氢转移或 $\beta$ 消除反应。

对于配位聚合反应，$\beta$-氢转移决定了产物的分子量大小。如果穿插反应导致的链增长步骤只有两步，接着就是 $\beta$-氢转移，得到的产物就是烯烃的双聚物，如果是少数几个步骤，得到产物就是烯烃的低聚物；如果是一系列的链增长步骤，得到的产物就是高聚物。

影响 $\beta$-氢转移步骤发生的趋势，取决于多种因素。首先是金属类型，一般是第Ⅷ族金属活性大于同周期系左边的金属；其次是金属价态，例如 Ti（Ⅳ）大于 Ti（Ⅲ）；再次是配位环境，吸电子配位体较之给电子体更有利于 $\beta$-氢转移。因为吸电子配位体会增加中心金属离子的正电荷，进而增强极化邻近键的能力（包括对 C—H 键）；而给电子配位体会降低中心离子的正电荷，有利于单体的插入，故 Ti（Ⅳ）聚合催化剂所得聚乙烯分子量，比 Ti（Ⅲ）的要低。就配位环境来说，配位空间中，就中心离子而言应有一空位有效，不然不会发生 $\beta$-氢转移反应，因为此空位提供给 H 去配位于 M 上。$\beta$-氢转移步骤是前述邻位插入的逆过程。

### (4) 配位体解离和配位体的交换

这是络合催化的基元步骤中的两个关键步骤，它们也参与催化循环。多数络合催化剂的活性物种，常是由其前驱物的配位体解离而形成。例如：Wilkinson 的加氢催化剂，就是由 RhCl[P(C$_6$H$_5$)$_3$]$_3$ 前驱物，解离出一个 P(C$_6$H$_5$)$_3$ 基而形成活性物种；加氢催化剂 Fe(CO)$_5$，也是解离出一个 CO 基变成催化活性体 Fe(CO)$_4$。

至于配位体的交换步骤，可以看成为配位体解离的一种特殊形式。如络合物的潜在不饱和空位，就是通过基质分子将溶剂分子进行配位体交换而发生配位络合。

### 7.3.3 络合催化循环

**(1) 络合加氢**

例如,乙烯在 $[L_2RhCl]_2$ 催化剂作用下络合加氢生成乙烷,如图7-7所示。

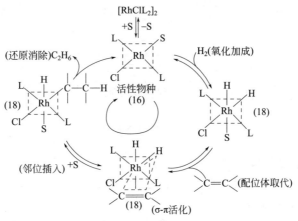

图7-7 乙烯络合加氢

络合催化循环遵循一个经验规则,即18电子(或16电子)规则。过渡金属络合物,如果价层电子为18电子,则该络合物特别稳定,尤其是有π键配位体时。因为过渡金属价层共9个价轨道,其中5个为 $(n-1)$ d,3个为 $np$,1个为 $ns$,共可容纳18个价层电子,具有这样价电子层结构的原子或离子最稳定。这个经验规则不是严格的定律,可以有例外,如16个价层电子就是如此。

18电子的计算方法很简单。金属要求计入价电子总数,共价配体拿出一个电子,配价配体拿出一对电子,对于离子型配体要考虑其电荷数。例如:$Cr(CO)_6$:$Cr^{VI}$,每个CO一对电子,共18电子;$Fe(C_5H_5)_2$:$Fe^{II}$,每个 $C_5H_5$ 有5个电子,共18电子;$Co(CN)_6^{3-}$:$Co^{III}$,每个CN拿出一对电子,有3个负电荷,共18个电子。

络合加氢,除上述的简单加氢处,尚有二烯烃和杂环等选择性加氢,不对称加氢等多种类型。下面再列举丁二烯选择性加氢成丁烯的络合催化循环为例说明(见图7-8)。

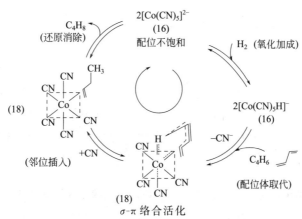

图7-8 丁二烯选择性加氢成丁烯的络合催化循环

## （2）络合催化氧化

以乙烯络合催化氧化生成乙醛为例说明。此过程涉及 $Pd^{2+}$ / $Pd^0$ 与 $Cu^{2+}$ / $Cu^+$ 两种物质，属于共催化循环，反应的基本式见 3.3.3 部分。其络合催化循环如图 7-9 所示。

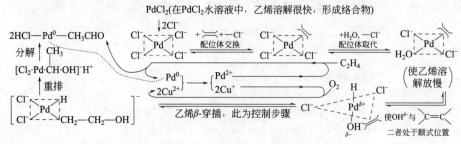

图 7-9　乙烯络合催化循环

在此共络合催化循环中，包括 $Pd^{2+}$ / $Pd^0$ 与 $Cu^{2+}$ / $Cu^+$ 两对金属之间的共循环和乙烯生成乙醛的氧化循环，是一种比较复杂的催化氧化循环体系。

## （3）羰基合成、氢甲酰化

从合成气（$CO/H_2$）或 CO 出发，对烯烃进行氢甲酰化或羰化具有重要工业意义。反应温度为 $100\sim180℃$，压力为 100MPa，$CO/H_2$ 为 $1.0\sim1.3$，催化剂为 $Co_2(CO)_8$，介质溶剂为脂肪烃、环烷烃或芳烃，反应物高碳烯烃本身就是介质。

$Co_2(CO)_8$ 中的 Co 形式上为零价，因为 CO 为配位键合。在 $H_2$ 存在下，有下面的平衡关系：

$$Co_2(CO)_8 + H_2 \Longrightarrow 2HCo(CO)_4$$

$HCo(CO)_4$ 是催化反应真正的活性物种（图 7-10），在室温常压为气态，慢冷到 $-26℃$ 为亮黄色固体，易溶于烃，略溶于水。要在 $120℃$、1MPa 或 $200℃$、10MPa 下维持其稳定性。其几何构型为双三角形立锥体。

$Co_2(CO)_8$ 络合催化烯烃的羰基化循环或氢醛化循环示于图 7-11。

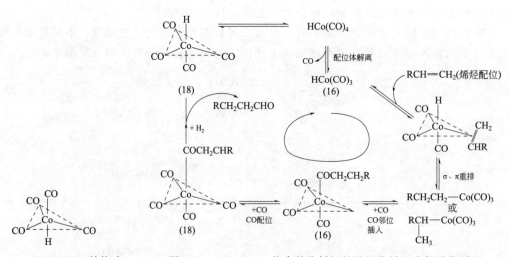

图7-10　$HCo(CO)_4$ 结构式　　　图 7-11　$Co_2(CO)_8$ 络合催化烯烃的羰基化循环或氢醛化循环

## （4）甲醇络合羰化合成乙酸

甲醇络合羰化合成乙酸，催化剂可用羰基钴，也可用铑络合物，用 $CH_3I$ 为促进剂。铑催化剂的反应条件相对来说要温和得多。温度约 175℃，压力为 1～12MPa，反应物的转化率极高。总反应式为：
$$CH_3OH + CO = CH_3COOH$$
同时还涉及以下的平衡式：
$$2CH_3OH \rightleftharpoons CH_3OCH_3 + H_2O$$
$$CH_3OH + CH_3COOH \rightleftharpoons CH_3COOCH_3 + H_2O$$
$$CH_3OH + HI \rightleftharpoons CH_3I + H_2O$$
催化循环如图 7-12 所示。

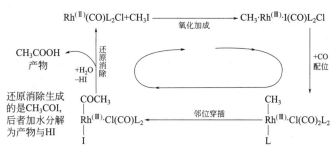

图 7-12 甲醇络合羰化合成乙酸

上述循环中，$CH_3I$ 对 Rh-络合物的氧化加成是反应的速率控制步骤，其余步骤都很快。

**(5) 络合异构化**

异构化有骨架异构和双键位移两类，此处仅以双键位移为例说明之。例如，有一端点双键烯烃，在 $Rh(CO)(PPh_3)_3$ 催化剂的络合催化作用下，异构成同碳数的内烯烃，过程机理涉及 M-烯丙基物种的 $\sigma$、$\pi$ 调变和 1，3-H 位移。反应步骤如图 7-13 所示。

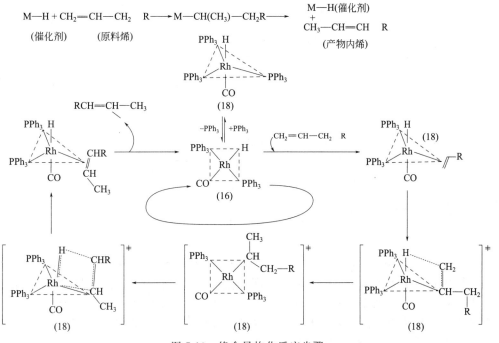

图 7-13 络合异构化反应步骤

### 7.3.4 配位场的影响

#### （1）空位概念和模板效应

在前面分析络合催化中已明确了解到，反应物分子配位键合进入反应时，需要过渡金属配位空间中有一个空位。是否在反应介质中真实存在具有空位的络合结构呢？实质上，这种配位空位是一种概念上的虚构。络合物的生成是瞬间的，引入空位概念可简化络合催化的图形表象和配位环境的讨论，并常用以描绘活性中心。在络合配位和催化反应的绝大多数情况下，为了提供有效的配位，在原则上可以想像得到络合物的对称性作相似的微小变化。另一方面，保留有空位的高对称结构，只有用介质分子占用，刚开始可以成立，因为它们很易为反应基质分子在催化循环进程中所取代。

与这种"自由"空位相连的问题是模板效应。这意味着在同种催化剂中心处，将几个基质分子连在一起，需要一个以上的空位。Reppe 从 $C_2H_2$ 合成环辛四烯时提出了这个概念。该反应是在 Ni(Ⅱ)-催化剂上均相进行，反应条件为温度 80～95℃，压力 2～3MPa，要求 4 个 $C_2H_2$ 同时配位于 Ni(Ⅱ) 中心。如若一个配位为 $PPh_3$ 配体占用，则只能合成苯。如若用两个含氮的配体占据两个配位，则无反应。当无反应物分子存在时，可以在概念上想象有四个"空位"，实质上为介质分子占用或几个金属中心彼此缔合成金属簇。

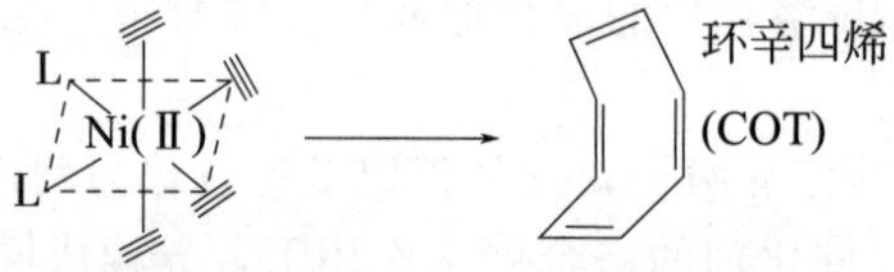

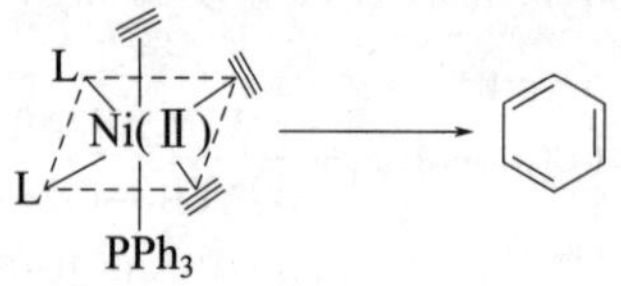

#### （2）反式效应

反式效应有两种情况，一是反式影响，属于热力学概念；另一种是反式效应，属于动力学概念。在一个络合物中，某一配位体会削弱与它处于反式位的另一配位体与中心金属的键合，谓之反式影响，是一种热力学概念。而反式效应是指某一配位体对位于对位（反式位）的另一配位体的取代反应速率的影响。各种配位体的反式效应大小是不同的。这种效应的理论解释有两种：一种是基于静电模型的配体极化和 $\sigma$ 键理论；另一种是 $\pi$ 键理论。

## 7.4 离子液体催化剂

离子液体（ionic liquids，ILs）是指在室温或近室温条件下呈液态的盐，由特定有机阳离子和无机或有机阴离子组成。阴阳离子之间的作用力为库仑力，其大小与阴阳离子的电荷数量及半径有关，离子半径越大，它们之间的作用力越小，这种离子化合物的熔点就越低。某些离子化合物的阴阳离子体积很大，结构松散，导致它们之间的作用力较低，以至于熔点接近室温。因此，ILs 也称为室温离子液体或室温熔融盐。

### 7.4.1 离子液体的分类及特点

ILs 种类很多,可以按不同的分类方式进行分类。按阳离子的化学结构可以分为四类:季铵盐类、季鏻盐类、咪唑盐类和吡啶盐类等 ILs。根据阴离子的种类可以分为两类,一类是氯铝酸盐类 ILs（AlCl$_3$ 型,其中 Cl 可能被 Br 取代）,这类 ILs 有酸碱性可调、具有催化功能等优点,但是其对水及氧化性物质过于敏感,不适合在有水体系及空气中长期暴露,且其酸性很难控制;另一类是组成固定,且大多数对水和空气稳定的其他阴离子型 ILs,这类 ILs 是将第一类 ILs 的氯铝酸根置换为 BF$_4^-$,PF$_6^-$ 和 NO$_3^-$ 等阴离子。这类 ILs 的阴离子还有 CF$_3$COO$^-$、(CF$_3$SO$_2$)$_3$C$^-$、CF$_3$SO$_3^-$、SbF$_6^-$、C$_4$F$_9$SO$_3^-$、(CF$_3$SO$_2$)$_2$N$^-$、NO$_2^-$ 等。此外,根据酸碱性的不同,还可以把 ILs 大致分为酸性、中性和碱性等三类 ILs。部分组成 ILs 的阴阳离子列于表 7-3 中。

**表 7-3　部分组成 ILs 的阴阳离子**

阳离子

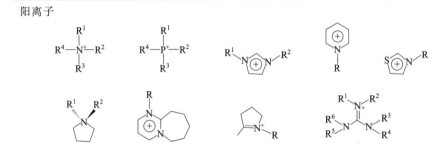

阴离子

Cl$^-$、Br$^-$、I$^-$、AlCl$_4^-$、Al$_2$Cl$_5^-$、BF$_4^-$、PF$_6^-$、CF$_3$COO$^-$、C$_3$F$_7$COO$^-$、CF$_3$SO$_3^-$、C$_4$F$_9$SO$_3^-$、(CF$_3$SO$_2$)$_2$N$^-$、(C$_2$F$_5$SO$_2$)N$^-$、(CF$_3$SO$_2$)$_3$C$^-$、SbF$_6^-$、AsF$_6^-$、CB$_{11}$H$_{12}^-$、NO$_3^-$、EtSO$_4^-$、MeSO$_4^-$、H$_2$PO$_4^-$、HSO$_4^-$、C$_8$H$_{17}$SO$_4^-$、CH$_3$(CH$_2$)$_n$COO$^-$

与传统有机溶剂和电解质相比,ILs 具有一系列突出的优点:

① 熔点低,液态范围宽。从低于或接近室温到 300℃ 以上,因此可以在很宽温度范围内进行操作,作为溶剂适用于很多化学反应。

② 蒸气压小,不挥发。使用过程中可避免因逸散而造成污染。同时,ILs 不会和其他有机物形成共沸物,很容易经蒸馏将其与其他物质分离,可循环使用。

③ 具有较宽的稳定范围,不易燃,不易爆。其热稳定性主要决定于碳、氢与杂原子间键合力的强弱。

④ 具有较宽的电化学窗口,导电性好。多数 ILs 的电化学稳定窗为 4V 左右,可作为许多物质电化学研究的电解液。

⑤ 种类繁多。通过阴阳离子的设计可调节其对无机物、水、有机物及聚合物的溶解性,并且其酸度可调至超酸。

⑥ 对大量无机盐和有机物都表现出良好的溶解性,且具有溶剂和催化剂的双重功能,可以作为许多化学反应溶剂或催化活性载体。

由于 ILs 的这些特殊性质和表现,在电化学、有机合成、催化、分离等领域被广泛地应用。

### 7.4.2　离子液体的合成

ILs 的合成方法主要取决于目标 ILs 的结构和组成,目前所报道的合成方法主要有一步法和两步法以及一些辅助合成技术。

**（1）一步法**

利用咪唑与卤代烃或酯类化合物（硫酸酯、羧酸酯、碳酸酯、磷酸酯）的亲核加成反应以及酸碱中和反应一步直接合成目标 ILs。比较典型的卤素盐 ILs 都是通过这种方式合成。例如，烷基咪唑和三氟甲烷磺酸酯一步反应可以制备亲水性的咪唑基三氟甲烷磺酸 ILs。类似地，甲基咪唑和三氟乙酸乙酯直接一步反应生成 3-甲基-1-乙基咪唑三氟乙酸盐 ILs，如下式所示：

$$\text{咪唑} + CF_3SO_3CH_3 \longrightarrow \text{咪唑盐} \quad CF_3SO_3^-$$

$$\text{咪唑} + CF_3COOEt \longrightarrow \text{咪唑盐} \quad CF_3COO^-$$

进一步利用这一 ILs 和四氟硼酸、六氟磷酸等反应可以制备其他非卤化型 ILs。此外，不引入卤离子的咪唑基时 ILs 的合成也可采用甲醛、伯胺、乙二醛和四氟硼酸或六氟磷酸水溶液一步环化和季铵化而成。例如，反应体系中加入正丁胺、甲醛、甲胺、乙二醛和四氟硼酸水溶液进一步反应以 66％的产率生成一种淡黄色室温 ILs 混合物，其中含 1-甲基-3-丁基咪唑四氟硼酸盐 50％，1，3-二丁基咪唑四氟硼酸盐 40％，1，3-二甲基咪唑四氟硼酸盐 10％。

$$n\text{-}C_4H_9NH_2 + HCHO \xrightarrow[OHC-CHO]{CH_3NH_2, HBF_4} \text{Bu}\text{咪唑盐}\text{Me} \quad BF_4^- + \text{Bu}\text{咪唑盐}\text{Bu} \quad BF_4^- + \text{Me}\text{咪唑盐}\text{Me} \quad BF_4^-$$

通过咪唑与相应的酸的中和反应也可以一步合成 ILs。此合成过程一般为均相反应，操作简便、经济，无副产物，产品收率较高，易于纯化。酸可以选择四氟硼酸、六氟磷酸、三氟乙酸、三氟甲烷磺酸、盐酸、磷酸、硫酸、硝酸等。例如，硝酸乙铵 ILs 就是由乙胺的水溶液与硝酸中和反应制备。反应结束后加热和真空下除去多余的水，将 ILs 溶解在乙腈或四氢呋喃等有机溶剂中，用活性炭处理，最后真空除去有机溶剂得到高纯度的 ILs。

$$EtNH_2 + HNO_3 \longrightarrow [EtNH_3]NO_3$$

**（2）两步法**

两步法是合成 ILs 特别是某些功能化 ILs 常用的方法，其主要合成途径是：首先由卤代烷烃与咪唑、吡啶、叔胺及其衍生物制得目标阳离子的卤化物，然后利用含目标阴离子的无机盐或酸置换出卤素阴离子或者发生复分解反应，从而制得目标 ILs。

$$R^1\text{咪唑} \xrightarrow{R^2X} R^1\text{咪唑盐}R^2 \quad X^- \xrightarrow{MY/H_2O} R^1\text{咪唑盐}R^2 \quad Y^-$$
$$\downarrow AgZ$$
$$R^1\text{咪唑盐}R^2 \quad Z^- + AgX$$

采用两步法，S. V. Dzyuba 等合成了对称取代的正甲基到正癸基的对称烷基咪唑六氟磷酸盐类 ILs。首先，咪唑和卤代烷在碱性条件下合成对称烷基咪唑卤代盐，然后再与六氟磷酸复分解得到目标 ILs，收率 89％～95％。

$$\text{咪唑} \xrightarrow[RBr/回流]{NaH/THF} R\text{咪唑盐}R \quad Br^\ominus \xrightarrow[H_2O]{KPF_6} R\text{咪唑盐}R \quad PF_6^\ominus$$

两步合成法的优点是普适性好、收率高。但是合成过程中的最大问题是阴离子交换反应产生等物质的量的无机盐副产物，纯化过程中需要使用大量挥发性有机溶剂，制备过程环境不友好。同时，不可避免地有少量（约 1%～5%）卤素离子仍存在于离子液体中，采用常规的纯化手段难以将其除去。由于卤离子有较强的配位能力，即使含有卤离子杂质不高于 1% 的 ILs 作为反应介质用于过渡金属催化反应时，也会导致催化活性降低。并且，采用银盐进行 $Ag^+$ 交换反应时，ILs 的合成费用会增加。

**（3）辅助合成技术**

ILs 的合成采用常规加热法即可完成。但是，由于传统的加热搅拌工艺中烷基化反应往往耗时长，并需要大量的有机溶剂作为反应介质或用于洗涤纯化，产物收率偏低。为了解决这些问题，在 ILs 的合成过程中运用超声波、微波和电化学等辅助手段，以期在不加溶剂的条件下快速有效地合成目标 ILs。例如，Varma 等采用超声波辅助合成咪唑卤素盐 ILs，反应中无需添加任何溶剂就能在较短的时间内得到 90% 以上的收率。合成途径如下：

与超声波相比，微波辐射的使用更广泛。Vasundhara 等报道了微波法合成 [Bmim] $HSO_4$，反应 20s 就能得到 92% 的产物收率。合成途径如下：

Lévêque 等以 [Bmim]Cl 和铵盐为原料，丙酮为溶剂，在超声波辐射条件下制备了几种 1-丁基-3-甲基-咪唑盐 ILs[Bmim]$BF_4$、[Bmim]$PF_6$、[Bmim]$CF_3SO_3$ 和 [Bmim]$BPh_4$。实验发现，在 20～24℃ 下以 30kHz 超声波辐射 1h，上述 ILs 的两相合成反应就可以顺利完成，时间比常规搅拌法大大缩短，产率有一定提高，产物纯度也有所提高。合成途径如下：

此外，电化学法可用于制备不含卤素离子的高纯 ILs，纯度可以达到 99.99%，$X^-$ 含量可低于 $100\mu g/g$，$Na^+$ 含量低于 $20\mu g/g$。

## 7.4.3 离子液体在催化反应中的应用

ILs 具有蒸气压低、热稳定性好、不燃烧爆炸、溶解性能独特、反应产物分离简单等优点，已广泛应用于各类有机催化和有机合成反应中。特别是通过对 ILs 进行定性修饰而制备出的功能化 ILs 具有丰富的、多样性的结构，并展现出不同的、可以调节的物理、化学性能，因此在催化领域的应用更加广泛。

**（1）$C_4$ 烷基化反应**

异丁烷与丁烯烷基化是合成高辛烷值环保汽油的主要方法。尽管传统无机催化剂 HF 和 $H_2SO_4$ 在活性、选择性和催化剂寿命上都表现出了良好性能，但生产过程中容易造成环境污染、设备腐蚀和人身伤害等问题，使得异丁烷烷基化的工业应用受到了很大限制。利用 $Cu^{2+}$ 改性的 $AlCl_3$ 型 ILs 为催化剂，进行上述反应，产物中 $C_8$ 组分达 85%，烷基化油的收率达到 178%，已接近或达到工业硫酸法烷基化的水平，且催化剂可多次重复使用。

**（2）Friedel-Crafts 反应**

芳环上的氢在 Brönsted/Lewis 酸的作用下被烷基取代，称为 Friedel-Crafts 反应。

Friedel-Crafts 反应在精细化工、石油化工等领域中有着举足轻重的作用。传统上该反应是以无水 AlCl₃ 等 Lewis 酸为催化剂的，反应溶剂为石油醚、氯苯等，一般反应 5～6h，收率为 80％左右，产物为各种异构体的混合物，选择性差。生产过程中产生大量的酸性富铝废弃物及蒸气，既不经济又污染环境。如若反应在 [emim] AlCl₃ 中进行，该 ILs 既作为溶剂，也作为催化剂，反应只需 30s 就转化完全（100％转化），选择性极高，并能很好地克服工业过程中所存在的问题。总之，在 ILs 中进行 Friedel-Crafts 反应有很多优点：在 HCl 等协调下，ILs 可以表现为超酸性质，酸性 ILs 既作溶剂又作催化剂，反应条件温和，反应速率快，反应的选择性明显提高，产物容易分离。更重要的是，分离过程中没有 AlCl₃ 等废料产生。

**(3) 氧化反应**

ILs 在氧化反应中主要用作反应介质。在六氟磷酸-1-甲基-3-烷基咪唑 ILs 与水构成的两相系统中，以 $H_2O_2$ 为氧化剂，对于甲基戊烯酮的环氧化反应，在适宜的反应条件下原料的转化率为 100％，环氧化产物的选择性为 98％，催化剂重复使用 8 次后仍保持原活性。

**(4) 酯化反应**

传统的酯化反应中产物的分离比较困难，而采用 ILs 为催化剂和溶剂时，由于 ILs 和酯不互溶，可以自动相互分开，另外 ILs 在较高的温度下经脱水后可重复使用。研究报道，吡啶类 ILs([PSPy]HSO₄) 用作溶剂/催化剂双功能催化剂，用于催化苯甲醇与正辛酸合成辛酸苄酯，酯化率可达 95.3％，反应结束后产物与催化体系分层，并且 ILs 重复使用 10 次后，酯化率仍有 94.2％，表现出很强的催化活性。

**(5) 还原反应**

ILs 在还原反应中主要用作反应的溶剂，使产物易于分离；也可作为纳米催化剂粒子的稳定剂。例如，以 Ir 纳米粒子作催化剂，[C₄mim]PF₆ ILs 为反应介质，脂肪类烯烃和芳香烃进行加氢反应，在温和的条件下，脂肪类烯烃的转化率大于 99％。反应结束后利用产物在 ILs 中溶解度低的特点，产物容易从反应系统中分离，过程的后处理与传统工艺相比得到很大的简化。

# 7.5 均相催化剂的多相化

## 7.5.1 均相催化剂存在的问题

一般认为均相催化剂全部中心金属原子均参与构成活性物种，它们具有确定的均一结构，活性高，反应条件温和（节能），反应选择性高（节省原材料）。表面上看，似乎均相催化的优点多于多相催化。但是，均相催化剂与产品的分离问题，带来了工程上的困难。此外，均相催化剂还存在着催化剂流失和设备腐蚀问题。例如，烯类氢醛化反应中 Co 常沉积；乙烯氧化制乙醛的反应在 PdCl₂-CuCl₂ 的盐酸溶液中进行，设备腐蚀严重需要用特殊的 Ti 合金材料，增大了投资成本。这些严重缺点使均相催化剂的应用受到很大限制。均相催化剂多相化，将均相催化与多相催化的优点结合，又避免了它们的缺点。均相催化剂多相化后，从整体上看它是多相的，但从分子水平来看，它却更接近可溶的均相体系。因此，这种催化剂具有均相、多相两类催化剂之间的某些性质。目前几乎所有的均相催化领域，例如聚合、羰基合成、加氢、氧化、异构化、歧化、不对称合成及固氮等，都有多相化的研究报道。

### 7.5.2 均相催化剂多相化的方法

均相催化剂多相化方法分为物理吸附法和化学键合法，进一步可归结为四种，见图7-14。

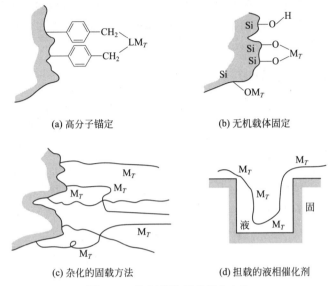

(a) 高分子锚定　　　　(b) 无机载体固定

(c) 杂化的固载方法　　　(d) 担载的液相催化剂

图7-14　均相催化剂多相化方法

**（1）高分子锚定**

将均相催化剂的中心金属（$M_T$）与天然或合成的高分子中的官能团连接，从而使金属络合物或ILs锚定在高分子上。结合方式可以通过$\sigma$键或$\pi$键，也可以通过配位键或离子键，官能团可以是一种、两种或两种以上，也可以用螯合的方式，所用的高分子可以是不溶的"刚性的"（交联高分子），也可以是可溶的"挠性的"。某些多配位的固载体系，在空间环境上具有类似酶催化的性质。高分子载体的优点在于容易官能团化、精确合成和光谱表征，但其热稳定性、机械稳定性和导热性差。

**（2）无机载体固定**

无机载体固定属于物理吸附法，常用的载体有$SiO_2$、$Al_2O_3$、$MgO$、$TiO_2$、活性炭和分子筛等。它是用浸渍法使金属络合物溶液或ILs吸附于载体上。另一种方法是仿效气液色谱采用的技术，以固定液为媒介把催化剂活性组分分散，然后负载于无机或有机惰性载体上。无机载体固定所用载体价格便宜，载体稳定性和导热性好，吸附操作简便。缺点是活性组分和载体之间靠物理吸附相连接，在反应过程中金属活性组分能移动或流失，易失去活性，并有相当量的催化剂进入产物，存在部分催化剂的分离和回收问题。

**（3）杂化的固载方法**

在无机载体上连接有机基团，或将带官能团的高分子负载在无机载体上，再将均相催化剂的中心金属与之结合，或者先将中心金属锚定在高分子的官能团上，然后再固定在无机载体上。这种固载方法有时出现性能优良的独特催化体系。

**（4）担载的液相催化剂**

该法是将含均相催化剂的高沸点溶液担载在大表面的无机载体上（主要在载体的孔隙结构中），具有大的气液表面，有利于催化剂在界面上的富集。这种催化剂活性物种处于有机溶剂中，具有均相催化的特点，又由于大的气液界面，有利于传质过程，催化剂亦不易流失。

除上述以外，还有一种不使用载体的固相化络合催化剂，它是将带一定活性基团的单体聚合成不溶性高聚物催化剂。例如，苯磺酸是一种均相酸性催化剂，由苯磺酸聚合而成的聚苯磺酸是一种不溶性的多相酸性催化剂，它们的活性中心都是磺酸基。随着高分子合成技术进展，有可能合成出具有一定活性基团的不含金属的高聚物，这类非负载型固体催化剂也是多相催化有发展前途的一个领域。

### 7.5.3 均相催化剂多相化效应

均相催化剂多相化后，对催化活性、选择性和稳定性产生不同程度的影响，包括提高、不变和降低。这三种性能指标的三类变化的排列组合，产生了千变万化的结果。

#### （1）催化剂活性

低分子络合物与高聚物结合，催化剂活性略有降低。一般来说，固相化后的催化剂与相应的均相催化剂常具有相近的活性，甚至也有活性变高的情况。表 7-4 给出的是原有均相催化剂的活性与固相化催化剂活性的定性比较。

表 7-4　两类催化剂活性比较

| 反应类型 | 原料 | 低分子催化剂 | 高聚物体系 | 活性比较 |
|---|---|---|---|---|
| 氢化反应 | 环己烯 | $RhCl(PPh_3)_2$ | ⊢—〈苯环〉—$CH_2PPh_2$ | 相等 |
| 氢化反应 | 1-己烯 | $RhCl(PPh_3)_3$ | ⊢—〈苯环〉—$CH_2PPh_2$ | 1.8 倍 |
| 氢化反应 | 1-己烯 | $Rh_2(OCOCH_3)_4$ | 聚丙烯酸 | 120 倍 |
| 氢醛化反应 | 1-己烯 | $Rh(CO)_2Cl$ | ⊢—〈苯环〉—$CH_2N(CH_3)_2$ | 相等 |
| 烯烃二聚反应 | 乙烯 | $\sigma\text{-}PhNi(PPh_3)_2Br$ | ⊢—〈苯环〉—$Ni(PPh_3)_2Br$ | 98％ |

#### （2）催化剂选择性

将 Co、Pt 等均相络合催化剂固载在离子交换树脂上，用它们催化烯烃的氢甲酰反应，得到表 7-5 所示结果。可以看出，催化剂对醛选择性较好，金属流失也较少。羰基 Rh 是非常活泼的氢甲酰催化剂，其活性大约是 Co 催化剂的 $10^3 \sim 10^4$ 倍。将 Rh 负载于膦化高聚物和硅胶等载体上，在保持活性和选择性的同时，解决了金属流失及催化剂分离问题。

表 7-5　固载化 Co、Pt 络合催化剂对烯烃氢甲酰化反应的选择性

| 活性中心 | 烯烃 | 反应条件 | 金属流失/(g/g 催化剂) | 选择性/% | | |
|---|---|---|---|---|---|---|
| | | | | 庚醛 | 庚醛 | 己烷 |
| Co | 1-己烯 | 120℃,20.7MPa | 1 | 98.9 | 0.5 | 0.6 |
| Pt | 1-己烯 | $H_2/CO=1:1$ | 0.03 | 97.2 | 0 | 2.1 |

#### （3）催化剂稳定性

高分子配位体与低分子配位体是两类不同性质的物质。高聚物在交联度、颗粒度等方面的差异构成了固相化络合催化剂不同于均相络合催化剂的特殊性。高交联度的高分子配位体可以为催化剂活性组分提供特殊的稳定作用。例如，单分子的二茂钛很难存在，这是由于它

易于二聚，采用含 20％二乙烯基苯的聚苯乙烯作载体使其固相化，由于链的僵硬性，使得生成的二茂钛化合物在反应过程中不易二聚，而对环己烯催化反应呈现良好的活性。有些低分子络合物溶液，如 $RhCl(PPh_3)_3$ 溶液，接触空气就易失活，将它负载到高聚物上制成的固相络合催化剂，即使在空气中操作也不失活，催化剂活性位得以稳定。

如上所述，均相催化剂多相化后应具有如下优点：产物与催化剂容易分离，催化剂回收方便；反应容易控制，选择性高；不腐蚀反应器，无环境污染问题；由于高分子效应，催化活性点浓度高。但是，均相催化剂多相化，还存在一系列的问题：金属尤其是贵金属的脱落，是当前影响均相催化剂多相化工业应用的主要障碍；有时会带来多相催化反应中的扩散问题；可能丧失均相催化剂制备重复性好的特点，出现制备方法的技艺问题；有时会出现金属的聚集；对水和氧极其敏感的体系，表征困难；金属含量过低，表征困难，失去了均相催化剂活性物种结构明确的特点。此外，ILs 还存在价格昂贵的问题。要使这类催化剂在工业上广泛应用，还有许多研究工作要做。

## 思考题

1. 简述液体酸碱催化剂的优缺点及其工业应用。
2. 简述 B 酸 B 碱催化反应的特点，及其在稀溶液和浓溶液中的催化作用。
3. 简述 Bennett 方程和 Brönsted 规则。
4. 简述 L 酸催化剂的种类和催化反应机理。
5. 举例说明酸碱协同催化作用。
6. 什么是中性盐效应？离子对催化剂有什么作用？
7. 阐述金属离子催化剂的催化作用，$Fe^{3+}$、$Cu^{2+}$ 催化 $H_2O_2$ 分解反应机理。
8. 阐述络合催化反应中的化学键合和反应步骤。
9. 乙烯在 $[L_2RhCl]_2$ 催化剂作用下的络合加氢催化循环。
10. 简述离子液体的定义、分类及特点。
11. 简述离子液体的合成方法及其在催化反应中的作用。
12. 阐述均相催化剂的多相化方法及其多相化效应。

# 第3篇

## 工业催化剂的组成、制备、使用、分析测试和表征

# 第8章

# 助催化剂与载体

## 8.1 助催化剂

在催化剂中添加少量的某些物质，能够使催化剂的化学组成、晶体与表面结构、离子价态及分布、酸碱性等发生改变，从而使催化剂的性能（如活性、选择性、热稳定性、抗毒性与使用寿命等）得到改善。但当单独使用这些物质做催化剂时，没有活性或只有很低的活性，这些添加物质就称为助催化剂。

### 8.1.1 助催化剂的种类

#### 8.1.1.1 结构性助催化剂

结构性助催化剂（结构助剂）的作用是增大表面，防止烧结，提高催化剂主要成分的结构稳定性。这类助剂可在温度升高时防止和减慢微晶生长，增加催化剂的稳定性，又称为稳定剂。例如，$Fe_3O_4$ 还原生成的 $\alpha$-Fe 微晶对氨的合成反应有很高的活性，但在 500℃ 的高温条件下 $\alpha$-Fe 微晶极易烧结长大，从而减少活性表面，使活性丧失，寿命不超过几个小时。若在熔融的 $Fe_3O_4$ 中加入 $Al_2O_3$，则 $Al_2O_3$ 与 $Fe_3O_4$ 发生同晶取代，生成固溶体 $Fe_{3-t}Al_tO_4$。在还原过程中，熔解 $Al_2O_3$ 在 Fe 微晶之间的小孔中析出，把 Fe 晶体隔开成为 Fe 微晶，增大催化剂比表面积和 Fe 活性中心数目，并防止 Fe 微晶在还原和使用中长大，保持还原后的微晶结构，提高催化剂的热稳定性及使用寿命。因此，合成氨催化剂中的 $Al_2O_3$ 是一种结构助剂。

通常结构助剂是熔点及沸点较高、难还原的金属氧化物，如 $SiO_2$、$Al_2O_3$、$MgO$、$CaO$、$Cr_2O_3$ 和 $MnO_2$ 等。将它们加入到易被还原的金属氧化物中，可以稳定所形成的金属结构，使活性组分的熔点升高。载体也起着结构助剂的作用，如烃类蒸汽转化催化剂中使用的 $Al_2O_3$、$MgO$、水泥等载体，不仅作为 Ni 基催化剂的骨架和基底，而且支撑着 Ni 组分的细分散状态，防止 Ni 微晶高温烧结而失去催化能力。但是，结构助剂无改变催化反应总活化能的能力。

#### 8.1.1.2 调变性助催化剂

调变性助催化剂（调变助剂）的作用是改变催化剂主要成分的化学组成、电子结构（化合形态)、表面性质或晶型结构，从而提高催化剂的活性和选择性。调变助剂能够降低反应的活化能。

**(1) 电子助催化剂**

仍以合成氨 Fe 催化剂为例，$K_2O$ 就是一种电子助催化剂（电子助剂）。人们发现在加入 $Al_2O_3$ 以后再加入第二种助剂 $K_2O$，Fe 催化剂活性会更高。这是因为 $K_2O$ 起电子施主作用，Fe 原子有空 d 轨道，可以接受电子，即 Fe 起电子受主作用。$K_2O$ 把电子转给 Fe 后，增加 Fe 的电子密度，降低 Fe 表面的电子脱出功 $\phi$，从而加速了 $N_2$ 在 Fe 上的活化吸附，提高了催化剂的活性。

在加氢催化反应中，那些具有 d 空轨道或 d 能带空穴并对加入的电子有强吸引力的金属，会强烈地吸附氢，对氢吸附太牢，这类金属是不良的加氢催化剂；而无 d 空轨道的金属对氢只有弱的吸引力，也显示出较差的催化加氢能力；只有少数 d 空轨道的金属如 Ni、Pt，可吸附 $H_2$，但又能很快放还给其他作用物，这类金属才是良好的加氢催化剂。若加入电子助剂来影响 d 空轨道的数目，改善对 $H_2$ 的吸附性能，就可明显改进催化剂的加氢活性。

**(2) 选择性助催化剂**

选择性助催化剂（选择助剂）又称为毒化型助催化剂，是利用某些成分能使某些有害的活性中心毒化，留下目的反应所需要的活性中心，以提高反应的选择性，减少副反应。如为防止某些催化剂上的炭沉积反应，可以加入少量的碱性组分以毒化引起炭沉积的酸中心。

例如，在轻油水蒸气转化催化剂（Ni/水泥）中，加入的少量 $K_2O$ 即为一种选择性助剂。它能有效抑制积炭副反应，提高催化剂选择性，延长催化剂寿命。由于蒸汽转化通常在 $700\sim800℃$、$2.0\sim2.5MPa$ 下操作，碱迁移损失可观，故应把游离碱含量尽可能降低以减少碱损失。这可以先把游离碱制成化合态物质如 $KAlSiO_4$，在 $H_2O(g)$ 作用下逐渐放出少量 $K_2O$，中和水泥中含有酸性氧化物的酸中心，防止裂化积炭，使反应沿着气化方向进行。

**(3) 扩散助催化剂**

扩散助催化剂（扩散助剂）在催化剂制造中亦称为致孔剂。工业催化剂要求有较大的表面积和很好的通气性能，以利于传质和传热。为此在催化剂制备过程中，有时加入一些受热易挥发或分解的物质，使制成的催化剂具有很多孔隙。如生产 ZnO-MgO 脱硫剂时，除了 ZnO 和 MgO 之外，还加入一定量的 $ZnCO_3$ 一起成型，煅烧时 $ZnCO_3$ 分解放出 $CO_2$，就在催化剂中造出很多的孔。可以作为扩散助剂的物质有氢氧化物、$NH_3$、碳酸盐、萘、矿物油、水、石墨、木屑、糊精、蓖麻油、油酸、硫黄、纤维素粉、甲基纤维素、多孔性硅藻土等。

**(4) 降低熔点的助催化剂**

在 $SO_2$ 氧化和萘氧化的 V 催化剂中，加入 $K_2SO_4$ 与主催化剂 $V_2O_5$ 生成新的化合物，降低 $V_2O_5$ 的熔点，使催化剂表面在反应过程中呈熔融状态，增加表面的流动性，不断更新活性中心，延长催化剂使用寿命，提高催化活性。

**(5) 晶格缺陷助催化剂**

许多氧化物催化剂的活性中心是在靠近表面的晶格缺陷，如面缺陷、点缺陷和线缺陷等，少量杂质或附加物对晶格缺陷数目有很大影响，助剂可以看成加入催化剂中的杂质或附加物。若氧化物催化剂表面的晶格缺陷数目是因某种助剂的加入而增加，从而提高催化活性，这种助剂就称为晶格缺陷助催化剂。例如，有人认为，Cu-Cr 加氢催化剂，其活性区域是 Cu-CuO 边界，这种边界因 $Cr_2O_3$ 存在而得到稳定。

**(6) 增界助催化剂**

在相与相或晶体与晶体之间的边界区域，与主体相有不同的催化活性，可能产生或增加这种活性界面数目的添加物，称为增界助催化剂。

**（7）双重作用助催化剂**

在某些催化作用中，必须催化一种以上的反应才能得到全部结果。在这种情况下，助催化可以催化其中一个反应，即有选择性地在多种反应中促进一种反应。

某些重要工业催化剂中的助催化剂及其作用类型见表 8-1。

表 8-1　助催化剂及其作用类型

| 反应过程 | 催化剂（制法） | 助催化剂 | 作用类型 |
|---|---|---|---|
| 氨合成<br>$N_2 + 3H_2 \longrightarrow 2NH_3$ | $Fe_3O_4, Al_2O_3, K_2O$<br>（热熔融法） | $Al_2O_3$<br>$K_2O$ | $Al_2O_3$ 结构助剂，$K_2O$ 电子助剂，降低电子逸出功，使 $NH_3$ 易解吸 |
| CO 中温变换<br>$CO + H_2O \rightarrow CO_2 + H_2$ | $Fe_3O_4, Cr_2O_3$<br>（沉淀法） | $Cr_2O_3$ | 结构性助催化剂，与 $Fe_3O_4$ 形成固熔体，增大比表面积，防止烧结 |
| 萘氧化<br>萘＋氧 $\longrightarrow$ 邻苯二甲酸酐 | $V_2O_5, K_2SO_4$<br>（浸渍法） | $K_2SO_4$ | 与 $V_2O_5$ 生成共熔物，增加 $V_2O_5$ 的活性和生成邻苯二甲酸酐的选择性 |
| 合成甲醇<br>$CO + 2H_2 \longrightarrow CH_3OH$ | $CuO, ZnO, Al_2O_3$<br>（共沉淀法） | $ZnO$ | 结构性助催化剂，把还原后的细小 Cu 晶粒隔开，保持大的 Cu 表面 |
| 轻油水蒸气转化<br>$C_nH_m + nH_2O \longrightarrow nCO + (0.5m + n)H_2$ | $NiO, K_2O, Al_2O_3$<br>（浸渍法） | $K_2O$ | 中和载体 $Al_2O_3$ 表面酸性，防止结炭，增加低温活性、电子性 |

### 8.1.1.3　加速催化剂预处理的助催化剂

这种助催化剂能降低催化剂预处理温度及提高还原速度，如 Cu 加入到沉淀 Co 或 Fe 催化剂中，可以提高还原速度。

此外，一些催化剂配方中添加的抑制剂，也属于助催化剂范畴。抑制剂的作用是降低催化剂活性，使催化剂的诸性能均衡匹配，整体优化。有时，过高的活性反而有害，它会影响反应器散热而导致"飞温"，或者导致副反应加剧，选择性下降，甚至催化剂积炭失活。几种催化剂的抑制剂见表 8-2。

表 8-2　几种催化剂的抑制剂

| 催化剂 | 反应 | 抑制剂 | 作用效果 |
|---|---|---|---|
| Fe | 氨合成 | Cu、Ni、P、S | 降低活性 |
| $SiO_2\text{-}Al_2O_3$ | 柴油裂化 | Na | 中和酸点，降低活性 |
| $V_2O_5$ | 苯氧化 | $Fe_2O_3$ | 引起深度氧化 |

## 8.1.2　助催化剂对催化性能的影响

**（1）对催化剂活性的影响**

助催化剂的加入可以从两种形式来增加催化剂活性。一种是加入助催化剂提高催化能力，

使反应的 $E_a$ 下降。在工业上可使催化反应活性温度降低，产率或转化率提高。电子助剂等调变助剂属于这一类助催化剂。另一种是加入助催化剂虽不改变反应的 $E_a$，但能使催化剂的固有活性持久、稳定，以增加对毒物的抵抗能力。结构助剂属于这一类，在工业上应用极为普遍，所有使用载体以及加入高熔点难还原的金属氧化物的催化剂都用这类助催化剂。

**（2）对催化剂选择性的影响**

助催化剂包括载体，能提高催化剂的选择性。例如在 Ni 基催化剂上进行烃类水蒸气转化制 $CO+H_2$ 合成气时，可按下列示意方式进行：

当催化剂以酸性氧化物作为载体时，酸性中心有利于催化裂化，反应容易向析炭反应 I 方向进行。当用碱（$K_2O$）作助催化剂时，不仅中和酸性中心，而且有利于向反应 II 方向进行。也可用 MgO 作载体，使反应向气化方向进行。

合成甲醇的 Zn-Cr 催化剂，放入一定量的碱性助剂，会在合成甲醇的同时生成一定量的异丁醇等高级醇类。周期表中ⅠA 族的金属离子具有这种性能。它们的助催化活性与碱性密切有关，碱性随原子量的增加而增加。Li、Na、K、Rb、Cs 的碱类加入 Zn-Cr 催化剂中对生成高级醇的催化活性以 $Cs^+$ 为最高，其次是 $Rb^+$、$K^+$。Ni 催化剂中加入 $Al_2O_3$ 和 MgO，可提高加氢活性，但加入 Ba、Ca、Fe 的氧化物时，则对苯加氢的活性下降。在石油催化裂化中，单独使用 $SiO_2$ 或 $Al_2O_3$ 催化剂时，汽油收率低，若将两者混合，则汽油收率高。

**（3）对催化剂热稳定性和寿命的影响**

低压甲醇合成 Cu 基催化剂，若不加入一定量的 $Al_2O_3$ 或 $Cr_2O_3$，还原态的金属 Cu 会很快失去热稳定性。合成氨工业中的甲烷化催化剂，如果没有 $\gamma$-$Al_2O_3$ 或低硅铝酸钙水泥作为载体，活性相的金属 Ni 就会很快失去活性；在这些催化剂中加入少量的 La 系元素，不仅可提高活性，而且可提高热稳定性，即使在 600℃ 也不至于使 Ni 微晶体显著变大。催化剂热稳定性增加，多与助催化剂使活性组分的熔点升高有关。当助催化剂与活性组分形成固溶体时，就能升高熔点。例如，烃类蒸汽转化制合成气的 Ni 基催化剂，活性相 Ni 与载体 $Al_2O_3$ 和 MgO 形成固溶体，即使在 800℃ 的高温中运转，也具有足够的热稳定性和寿命。

**（4）对催化剂抗毒能力的影响**

催化剂在使用过程中，要受原料气中所含各种毒物的毒害。毒化现象分为两类，一类为可逆毒化，即催化剂中毒并降低活性后，只要重新处于纯净的反应介质中，活性可重新恢复；另一类为不可逆毒化，中毒后活性不能复原，例如硫化物对 Cu 基催化剂的毒害是不可逆中毒。在合成氨与合成甲醇工艺过程中，可能带入反应介质中并对催化剂有毒害作用的毒物为硫化物。硫化物对 Fe-Cr 催化剂（CO 变换）的毒害为可逆性中毒，对 Cu 基催化剂（合成甲醇）或 Ni 基催化剂（甲烷化）是不可逆中毒。在 Fe-Cr 催化剂中，加入一定量的助催化剂，可提高催化剂对 S 的抗毒作用。在合成氨 Fe 催化剂中加入少量的稀土元素氧化物，也可显著提高催化剂对 S 的抗毒能力。另外，加入扩散助剂，可增加催化剂的内表面积和孔径率等，亦可增强对 S 的抗毒能力。加入合适的载体，可降低与抑制催化剂的中毒程度。在脂肪油、萘、苯的氢化反应中以酸性白土为载体对中毒的抑制较为有效。

# 8.2 载体

载体是催化剂的次要组分，其在催化剂中的含量远较活性组分和助催化剂的高，它主要用来改进催化剂的物理性能。

## 8.2.1 理想载体应具备的条件

工业催化剂使用的载体，随活性组分和催化反应种类而异。理想载体应具备下列条件：

① 具有能适合反应过程的形状和大小；

② 有足够的机械强度，经受反应过程中的机械冲击和热冲击；有足够的抗拉强度，抵抗催化剂使用过程中逐渐沉积在细孔里的副反应产物（如积炭）或污物的破裂作用；

③ 有足够的比表面积、合适的孔结构吸水率，以便其表面能均匀地负载活性组分和助催化剂，满足催化反应的需要；

④ 足够的稳定性以抵抗反应物和产物的化学侵蚀，经受催化剂的再生处理；

⑤ 耐热，并具有合适的导热系数、比热容、相对密度和表面酸性等性质；

⑥ 不含有使催化剂中毒或使副反应增加的物质；

⑦ 原料易得，制备方便，在制备载体和催化剂时不造成环境污染；

⑧ 能与活性组分发生化学作用，以改良比活性或尽可能降低烧结；

⑨ 能阻止催化剂减活，包括稳定催化剂使其抗烧结，以及使中毒降至低限。

## 8.2.2 载体的作用

### (1) 分散作用

气固相催化反应是一种界面现象，因此要求催化活性组分具有足够的表面积。对于单位质量物质，要扩大其表面积，就必须提高其分散度，使其处于从微米级至原子级的分散状态。载体的重要功能就是使活性组分分散到一定的分散度并保持稳定。例如，粉状的金属 Ni、Ag 等，它们对某些反应虽有活性，但不能在实际上使用，需分别负载于载体 $Al_2O_3$、分子筛或硅铝上，才能工业应用。但并非所有催化剂的比表面积愈高愈好，例如氧化反应，在使用比活性较高的组分时，应控制其表面积的载体；高比活性的催化组分，则应根据反应系统的特性（如热负荷、选择性等），选择适宜比表面积的载体。

### (2) 支承作用

对某些催化剂来说，需要把活性组分负载于载体上，才能使催化剂获得足够的机械强度，使之符合工业反应器中流体力学条件的需要。要根据反应床（器）的要求，选用不同强度的载体。主要考虑载体的三种强度：压碎强度、磨损强度和冲击强度。通常催化剂颗粒在使用过程中遭到破碎或粒度分布变化，均可导致反应工艺的破坏，如阻力增大、流体分布不均等。颗粒破碎可能是由于催化剂的自重压碎；崩裂可能由于温度、压力的突变而胀裂，或者颗粒孔隙结焦。磨损可能由于气流的冲刷。用于流化床的催化剂载体应当有较好的磨损和冲击强度，固定床催化剂载体应当有较好的压碎强度。有时还需要采用添加黏合剂等手段强化催化剂的强度。所以，在选择载体时，应从诸方面来考虑其机械强度的适应性。除了载体的种类和用量外，负载方法等因素也会影响催化剂的强度。

### (3) 稳定化作用

用载体防止活性组分的微晶发生半熔或再结晶作用的机理是：载体使活性组分微晶隔

开，可以防止其在高温条件下的转移。

当无载体时，活性组分颗粒间接触面上的原子或分子发生相互作用，使活性组分颗粒变大，表面积减少，甚至烧结，活性下降。若把活性组分负载于载体，能防止颗粒变大，使颗粒分布均匀，即提高了分散度。例如，纯 Cu 催化剂在 200℃时很快失活，这是因为 Cu 颗粒变大，发生半熔或烧结的结果。但是利用共沉淀法得到的 $Cu/Cr_2O_3$ 催化剂，因其高分散度，即使在 250℃下工作，仍能维持相当的活性而不烧结。$Cr_2O_3$ 明显地提高了催化剂的热稳定性，延长了寿命，使 Cu 催化剂可以用于温和的加氢、脱氢等反应。由此看出，载体自身必须具备一定的热稳定性，所以实际采用的载体多为耐火材料。另外，载体的导热性好，将反应热及时传出，既能避免催化剂的热分裂，也能使反应温度稳定，避免高温下的副反应，提高催化剂选择性。如乙烯氧化制环氧乙烷的 Ag 催化剂，就是以导热性好的刚玉作为载体。

### （4）提供活性中心

载体也有可能直接提供活性中心，这与催化剂的多功能催化作用相联系。多功能催化剂指催化剂可以同时促进多种反应。如反应物 A 经第一步变为 B，B 经第二步变为 C。第一步需要活性中心 $K_1$，第二步需要活性中心 $K_2$。从 A 制取 C，一是把 A 连续分别经过 $K_1$、$K_2$ 得到 C，再一种办法是把 $K_1$、$K_2$ 混合制备成双功能催化剂，当 A 通过时，一次就得到 C。

除活性组分外，在多功能催化剂中的载体也可以提供具有某种功能的活性中心。以 Pt 重整反应为例，重整反应类型较多，下面仅给出两种：

烷基环戊烷脱氢异构化：

$$ \quad\rightleftharpoons\quad \rightleftharpoons\quad + 3H_2 $$

正构烷烃异构化：

$$ C-C-C-C-C-C \;\rightleftharpoons\; C-\underset{\underset{C}{|}}{C}-C-C-C $$

此二反应可以利用双功能催化剂来完成。例如，正构烷烃的异构化可按下列方式进行：

$$ 正构烷烃 \overset{Me}{\rightleftharpoons} 正构烯烃 \overset{HA}{\rightleftharpoons} 异构烯烃 \overset{Me}{\rightleftharpoons} 异构烷烃 $$

式中，Me 代表金属催化剂的活性中心；HA 代表酸性催化剂活性中心。

在 Pt 重整反应中，Me 是 Pt 活性中心，HA 是 $Al_2O_3$ 酸中心。反应是在加（脱）氢的 Pt 活性中心和促进异构化反应的 $Al_2O_3$ 酸性活性中心上发生。因此，载体的酸碱性常常具有重要意义。酸碱载体如 $SiO_2$、$SiO_2$-$Al_2O_3$ 和分子筛等在系统中表现出附加的酸碱催化功能，导致副反应（如聚合、裂解等）的发生。此外，也可利用载体的酸催化功能与活性组分的氧化-还原催化功能构成多功能催化剂。此时载体不仅起物理作用，亦成为活性组分的一部分。

### （5）与活性组分作用形成新化合物

当活性组分负载在载体上时，两者有一部分可能形成新化合物，新化合物的活性和活性组分的活性有所不同。例如，以 $SiO_2$ 为载体，用共沉淀法制成的 Ni 催化剂，对—C≡C—的加氢反应与—C—C—氢解都有很高活性；以 $Al_2O_3$ 为载体，用共沉淀法制成的 Ni 催化剂，对—C≡C—的加氢有很高活性，但对—C—C—氢解活性不高；采用矿物酸处理这种 Ni 催化剂，它对—C≡C—加氢仍有很高的活性，但对—C—C—氢解几乎没有活性。从以上结果推测，可能是以 $SiO_2$ 为载体时，$SiO_2$ 与 Ni 之间不形成化合物；Ni 以纯金属态存在，Ni

对两个反应都有较高的活性；当以 $Al_2O_3$ 为载体时，大部分 Ni 仍以金属态吸附在 $Al_2O_3$ 上，因此对—C≡C—加氢有较高活性，对—C—C—氢解稍有活性；用矿物酸处理后，可能把负载的金属 Ni 溶去，而留下铝酸镍，它只对—C≡C—加氢有活性，对—C—C—氢解没有活性。这说明铝酸镍与 Ni 的活性不同。这种观点可由改变催化剂的制备方法证实。例如，用浸渍法制取的以 $Al_2O_3$ 为载体的 Ni 催化剂，对两种反应的活性都比较高，这是由于浸渍法制取的催化剂中，金属 Ni 与载体 $Al_2O_3$ 基本上不形成铝酸镍化合物。

**（6）节省活性组分用量**

使用载体可以节省活性组分用量。比如制硫酸用的 V 催化剂，若只有 $V_2O_5$，需要很多活性组分；而把 $V_2O_5$ 负载于硅藻土时，则用少量 $V_2O_5$ 就能起到同样的催化效果。尤其是使用分子筛作载体时，节省活性组分的效果更显著。分子筛中有些特殊位置，活性组分在这些特殊位置上比在其他位置上发挥的作用更大。

减少活性组分的用量，对贵金属催化剂如 Pt、Pd 等具有更重要的意义。例如，液相乙烯氧化制乙醛使用 $PdCl_2$ 为活性组分，若以气固相反应进行这一过程，把 Pd 载于载体硅胶上，只需微量 Pd（$10^{-4}$ 数量级）。

**（7）提高催化剂的抗毒能力**

催化剂在使用中常会由于各种因素使活性降低或失去活性，尤其是金属催化剂会由于各种毒物的存在而中毒，将金属活性组分负载在载体上就可以增加催化剂的抗毒性能。其原因除了载体使活性表面增加，降低对毒物的敏感性以外，而且载体还有分解和吸附毒物的功能。例如，重油加氢裂化采用的双功能催化剂，抗氮中毒能力是重要指标之一，以前的催化剂是将 Ni 载于 $SiO_2$-$Al_2O_3$ 上制得，但重油中的氮化物会使催化剂中毒，故在进行加氢裂化以前须先用 Mo 系催化剂脱氮。若采用 $0.5\%$ Pd 载 H-Y 型分子筛上制成的催化剂，就不会由于氮化物的存在而中毒，即使重油中含有 $10^{-4}$ 级的氮化物，也无需除去，可以长期运转。

**（8）均相催化剂载体化**

与多相催化剂相比较，均相催化剂具有较为确定的活性部位，金属原子的空间和电子的环境在原则上可以任意调节等优点；但其主要缺点是催化剂与产物分离时会损失催化剂，分离步骤既复杂又费时，而且催化剂容易中毒、腐蚀反应器。如果能将催化剂浸载于支载体上或用某些方法与其化学键合，就可以保持其优点，克服缺点。用作均相催化剂载体化的支载体有：玻璃、硅胶、分子筛等无机物质，苯乙烯树脂、纤维素等有机物质和蚕丝一类的天然高分子。支载体在催化剂中有时是以络合物的特种配位体形式存在和结合在一起，它与一般多相催化剂用的载体有一定区别。为区别起见，有时称它为支载体。例如，CO、$CH_3OH$ 制造 HAc 的 Monsanto 法，采用 Rh 络合物催化剂，$CH_3I$ 助催化剂，从工艺上看，它分为均相催化和气固多相催化两种。以前采用 Co 系催化剂的 BASF 法，反应压力 $>50MPa$，选择率仅 $90\%$（摩尔分数）；采用 Monsanto 法催化剂后，反应压力仅 $0.1MPa$，而选择率 $>99\%$（摩尔分数）。

## 8.2.3 载体的分类

### 8.2.3.1 按载体的相对活性分类

**（1）不活性载体**

作为这类载体的物质有 SiC、MgO、$Al_2O_3$、$SiO_2$（熔融）及 $Al_2O_3$-$SiO_2$ 等。常用的有天然绿柱石 $[Be_3Al_2(SiO_3)_6]$、合成蒙沸石（$3Al_2O_3 \cdot SiO_2$）、$ZrO_2$、$MgAl_2O_4$ 和 $\beta$-$Al_2O_3$ 等。合成物质经高温烧结可以制成表面积较小（$0.5m^2/g$）的疏松粉末、颗粒或块

状物，主要用作抗高温催化剂。例如绿柱石和高温烧结的 $\alpha$-$Al_2O_3$ 作为贵金属的载体，已在工业生产中应用。疏松刚玉作为 $V_2O_5$ 的载体，在 $400\sim500℃$ 温度下，用于极快的氧化反应。

**（2）相对活性载体**

① 绝缘体　绝缘体是一种导电能力小到可以忽略不计的固体，是一些无定形或微晶形物质。价数不变而且稳定的金属氧化物常属于这种类型。绝缘性氧化物都可用作载体。天然物质有硅藻土、白土煅烧产物（膨润土、蒙脱石、海泡石）、硅石及石棉等。碱土金属的硫酸盐如 $BaSO_4$ 等可用作氢化催化剂的载体，但不宜用于高温，因为硫酸盐高温还原产生 $H_2S$。

② 半导体　半导体的导电是由晶体中存在的结构缺陷引起，通常形成离子晶格的氧化物具有半导体性质。具有高熔融温度的半导体氧化物如 $TiO_2$、$Cr_2O_3$、$ZnO$ 等是用得较多的半导体，它们分别用作加氢、脱氢及一些非贵金属催化剂的载体。石炭（如焦、石墨、碳纳米管、活性炭等）也属于半导体载体。焦和石墨比表面积较小，碳纳米管和活性炭比表面积较大，在 $100\sim1000m^2/g$，但碳纳米管成本较高，一般应用比表面积为 $200m^2/g$ 的活性炭。在活化剂 $ZnCl_2$ 存在下，部分氧化和高温裂解制得的活性炭在低温过程中显示出酸性和具有亲水表面，在高温过程中却具有酸性和疏水表面。

③ 导体　金属一般都有活性，通常不用作载体，但它们具有导热性能好、机械强度高和制造方便等优点。金属对活性组分的黏着性很差，一般是制成多孔性薄片状形式。例如，蜂窝状 Raney-Ni 和在金属板上喷镀其他活性金属制成的催化剂等。

### 8.2.3.2　按载体的表面积分类

**（1）小表面积载体**

① 有孔小表面积载体　包括硅藻土、浮石、碳化硅烧结物、耐火砖和多孔金属等，比表面积$< 20m^2/g$。它们的特点是具有较高的硬度和导热系数，在高温下结构稳定。它们常用于活性组分对于所选择的反应是非常活泼的情况。多孔的金属产品，如多孔的不锈钢及熔结金属物质也可用作载体，通常是将它们制成薄片形式，使反应物能够均匀地通过孔结构而无过大的压力降。总的来说，这类载体由于比表面积很小，限制了它们的应用。

② 无孔小表面积载体　比表面积约 $1m^2/g$ 左右，它们具有很高的硬度和导热系数。例如石英粉，碳化硅，刚铝石等。这类载体仅用于活性组分是极端活泼的场合，在部分氧化及放热量很大的反应中，使用这种载体可以避免深度氧化及反应热过度集中。

**（2）大表面积载体**

这类载体的特点是比表面积较大，通常为 $10^2\sim10^3\,m^2/g$ 数量级，常用的有活性炭、$SiO_2$、$Al_2O_3$、硅酸铝、分子筛等。它们的孔结构多种多样，随制法而异。

① 有孔大表面积载体　比表面积$>50m^2/g$，孔容$>0.2mL/g$，如 $SiO_2$、$Al_2O_3$、活性炭、分子筛等。这类载体常呈现酸性或碱性，影响催化剂的催化活性，有时还提供反应活性中心。Pt 重整反应中的 $Pt$-$Al_2O_3$ 催化剂，载体 $Al_2O_3$ 就起着酸性活性中心的作用。有孔大表面积载体通常用在要求有最大活性及稳定性的场合，载体为活性组分提供很大的有效表面并增加其稳定性。载体的稳定性一定要与活性组分的稳定性结合考虑。如果反应产物还会进一步反应，选择性又极为重要，就宁可选择较小面积，较大孔径的载体，这样就会对接触时间有较好的均匀性。制备这类载体时，可以根据不同原料及反应条件采取多种方法。天然产物如多水高岭土、膨润土、黏土矿等可以通过洗涤、酸处理及煅烧等过程进行制备；$Al_2O_3$ 及 $MgO$ 等无机骨架产物，可以通过晶体水合物或氢氧化物经共沉淀或热处理制得；活性炭

是将原料经过炭化，再经活化制得。

② 无孔大表面积载体  这类载体通常是称为颜料的物质，包括氧化铁颜料、炭黑、高岭土、$TiO_2$、$ZnO$、$Cr_2O_3$ 及石棉等。其中有些属于半导体如 $TiO_2$、$ZnO$ 等。比表面积 $>$ $5m^2/g$，具有亚微粒子大小（$0.1\sim10\mu m$）。制备时大多需要黏结剂，经压丸或挤压，高温焙烧成型。

常用载体的分类见表 8-3。常用载体的典型性质见表 8-4。

表 8-3  常用载体的分类

| 产品 | 载体 | 比表面积/(m²/g) | 孔容/(mL/g) | 分类 |
|---|---|---|---|---|
| 合成产品 | 硅胶 | 200～800 | 0.2～4.0 | 大表面积载体 |
| | 白土 | 150～280 | 0.4～0.52 | 大表面积载体 |
| | $\gamma$-$Al_2O_3$ | 150～300 | 0.3～1.2 | 大表面积载体 |
| | $\eta$-$Al_2O_3$ | 130～390 | 0.2 | 大表面积载体 |
| | $\chi$-$Al_2O_3$ | 150～300 | 0.2 | 大表面积载体 |
| | $\alpha$-$Al_2O_3$ | <10 | 0.02 | 小表面积载体 |
| | 硅酸铝(低铝) | 550～600 | 0.65～0.75 | 大表面积载体 |
| | 硅酸铝(高铝) | 400～500 | 0.80～0.85 | 大表面积载体 |
| | 丝光沸石 | 550 | 0.17 | 大表面积载体 |
| | 八面沸石 | 580 | 0.32 | 大表面积载体 |
| | Na-Y | — | 0.25 | 大表面积载体 |
| | 活性炭 | 500～1500 | 0.3～2.0 | 大表面积载体 |
| | 碳化硅 | <1 | 0.40 | 小表面积载体 |
| | $Mg(OH)_2$ | 30～50 | 0.3 | 小表面积载体 |
| 天然产品 | 硅藻土 | 2～30 | 0.5～6.1 | 小表面积载体 |
| | 石棉 | 1～16 | — | 小表面积载体 |
| | 浮石 | <1 | — | 小表面积载体 |
| | 铁矾石 | 150 | 0.25 | 大表面积载体 |
| | 刚铝石 | <1 | 0.33～0.45 | 小表面积载体 |
| | 刚玉 | <1 | 0.08 | 小表面积载体 |
| | 耐火砖 | <1 | — | 小表面积载体 |
| | 多水高岭土 | 140 | 0.31 | 大表面积载体 |
| | 膨润土 | 280 | 0.46 | 大表面积载体 |

表 8-4  常用载体的典型性质

| 载体 | 制备要点 | 典型比表面积/(m²/g) | 典型孔径/nm |
|---|---|---|---|
| 高比表面积 $SiO_2$ | 无定形,制成硅胶 | 200～800 | 2～5 |
| 低比表面积 $SiO_2$ | 粉末状玻璃 | 0.1～0.6 | $(2\sim60)\times10^3$ |
| $\gamma$-$Al_2O_3$ | | 150～400 | 不同孔径 |

| 载体 | 制备要点 | 典型比表面积/(m²/g) | 典型孔径/nm |
|---|---|---|---|
| α-Al₂O₃ | | 0.1~5 | (0.5~2)×10³ |
| MgO | 细长形孔 | 约200 | 1~2 |
| ThO₂ | 有轻微放射性；制成胶 | 约80 | 1~2 |
| | 将胶加热至497℃ | 约20 | |
| | 加热至997℃ | 约1.5 | |
| TiO₂ | 锐钛矿 | 40~80 | |
| | 金红石 | 高达200 | |
| | 烧结>777℃ | 10 | |
| ZrO₂ | 水凝胶 | 150~300 | |
| Cr₂O₃ | 呈胶状；加热至97℃ | 80~350 | <2 |
| | 加热至>497℃（空气中） | 10~30 | |
| 活性炭 | 具有三个近似极大值的不同孔径 | 高达1000 | <2,10~20,>500 |
| 石 墨 | | 1~5 | |
| 碳分子筛 | 细长形孔 | 高达1000 | 0.4~0.6 |
| SiC、铝红石、锆石 | | 0.1~0.3 | (10~90)×10³ |
| 沸 石 | 酸性 | 500~700 | 0.4~1 |
| SiO₂-Al₂O₃ | 酸性 | 200~700 | 3.5 |

**思考题**

1. 简述助催化剂的概念、种类和对催化剂性能的影响。
2. 举例说明结构助催化剂、选择性助催化剂和扩散助催化剂的作用原理。
3. 载体有哪些作用？理想载体应具备哪些条件？
4. 对于氧化、加氢等强放热反应，如何选择催化剂的载体？

# 第9章

# 工业催化剂的制备技术

本章着重介绍固体催化剂常用制备方法以及催化剂性能控制的方法。

催化剂是催化工艺的灵魂，它决定着催化工艺的水平及其创新程度，催化剂的主催化剂、助催化剂、载体均已选定以后，催化剂的性能（活性、选择性、稳定性等）就取决定于制备方法。相同组成的催化剂如果制备方法不一样，其性能可能会有很大差别。即使是同一种制备方法，加料顺序的不同也可能导致催化剂性能很大的不同。因为催化剂的性能不仅与催化剂的组成有关，还与催化剂的结构有很大关系。这涉及催化剂的制备工艺，不同的制备工艺得到的催化剂的结构差别很大，其性能的差别也就很大。因此，催化剂的制备成为影响催化剂性能的重要因素，催化剂制备工艺上的创新是催化剂开发的重要组成部分。

## 9.1 概述

### 9.1.1 催化剂制备特点

#### （1）满足用户对催化剂的性能要求

高活性和高选择性是工业催化剂的必备性质，此外还有长寿命和合理的流体力学特性。长寿命是指需要具有良好的热稳定性、机械稳定性、结构稳定性和耐中毒性，以保证催化剂在使用中的长期稳定运转。合理的流体力学特性要求催化剂具有最佳的颗粒形状和较好的颗粒强度。这些性质与催化剂的化学组成和物理结构密切相关但常常又互相矛盾。例如，提高机械强度有时以牺牲部分表面积为代价，提高选择性又需要消除结构中的细孔而使活性有所下降。合理处理这些矛盾，确定催化剂配方，一般在实验室中进行，但是催化剂制备中还必须选择正确的操作方法和质量监控。

#### （2）良好的制备重复性

催化剂生产中因原料来源改变或操作控制中极细小的变化，都会引起产品性质的极大变化。制备重复性问题在室内研究阶段就应引起重视。当几种制备技术均能满足产品性能要求时，应尽量选择操作弹性较大的制备方法，易于生产控制。催化剂在放大制备的初始阶段，会出现性能重复性差的现象，可能是由于质量检测及控制手段不完善或操作不熟练的原因造成，也可能是选择的工艺条件及单元操作设备不当而引起。因此，为达到良好的制备重复性，应规定确切的原料规格，加强质量检测工作，严格控制过程条件，并提高操作水平。

**（3）生产装置应有较大的适应性**

催化剂的产量一般不大，但种类繁多。为了适合品种多、灵活性大的特点，催化剂厂家常把各类生产设备装配成几条生产线，将使用相同单元操作的几种催化剂按需求量和生产周期安排在同一生产线上生产，提高设备利用率，降低产品成本，以生产出不同规格的催化剂。

**（4）注意废料处理，减少环境污染**

催化剂生产中常常产生大量废气和废液，在装置设计时应考虑废气处理和废液中无机盐的回收问题，生产过程中也应尽量避免使用毒性大的原料，以改善劳动条件，减少环境污染。

### 9.1.2 催化剂制备技术

催化剂的制备方法很多，可分为干法与湿法。干法包括熔融法、混碾法、喷涂法等。湿法用得较多，包括沉淀法、胶凝法、浸渍法、湿混法、离子交换法等。

固体催化剂的湿法制备，一般经过三个步骤：

① 选择原料及原料溶液的配制：选择原料必须要考虑到原料的纯度（尤其是毒物的最高限量）及催化剂制备过程中原料互相起化学作用后的副产物的分离或去除的难易。

② 通过诸如共沉淀、浸渍、离子交换、化学交联中的一种或几种方法，将原料转变为微粒大小、孔结构、相结构、化学组成合乎要求的基本材料。

③ 通过物理方法（诸如洗涤、过滤、干燥、成型）及化学方法（如分子间缩合、加热分解、氧化还原）把基本材料中的杂质去除，并转化为宏观结构、微观结构以及表面化学状态都符合要求的成品。

催化剂的制备工艺基本上都包括：原料预处理、活性组分制备、热处理及成型等四个主要过程。选用的主要单元操作有：研磨、沉淀、浸渍、还原、分离、干燥、焙烧等。单元操作的安排和操作条件显著影响成品催化剂的性能。下面逐一介绍常用的催化剂制备方法。

## 9.2 沉淀法

沉淀法是制备固体催化剂最常用的方法之一，广泛用于制备高含量的非贵金属、金属氧化物、金属盐催化剂或催化剂载体。严格说，几乎所有的固体催化剂，至少都有一个单元操作属于沉淀操作。沉淀法是在含金属盐类的水溶液中加入沉淀剂，以便生成水合氧化物、碳酸盐的结晶或凝胶。将生成的沉淀物分离、洗涤、干燥焙烧后，即得催化剂。

### 9.2.1 沉淀原理

沉淀是沉淀法制备催化剂过程中的第一步，也是最重要的一步，它给予催化剂基本的催化属性，沉淀物实际上是催化剂或载体的"前驱物"，直接影响催化剂的活性、寿命和强度。

沉淀过程是一个复杂的化学反应过程，当金属盐类水溶液与沉淀剂作用，形成沉淀物的离子浓度的乘积大于该条件下的溶度积时，产生沉淀。要得到结构良好而纯净的沉淀物，必须了解沉淀的形成过程和沉淀物性状。沉淀物的形成包括两个过程，晶核生成和晶核长大。前一过程是形成沉淀物的离子相互碰撞产生晶核，晶核在水溶液中处于沉淀与溶解的平衡状态，比表面积大，因而溶解度比晶粒大的沉淀物的溶解度大，形成过饱和溶液，如果在某一温度下溶质的饱和浓度为 $c^*$，在过饱和溶液中的浓度为 $c$，则 $c/c^*$ 称为过饱和度，$(c-c^*)/c^*$ 称为相对过饱和度。晶核的生长过程是当溶液达到一定的过饱和度后，固相生成速率大于固相溶解速率，瞬时生成大量的晶核。然后，溶质分子在溶液中扩散到晶核表面，晶核继续长大为晶体。难溶沉淀的生成速率如图 9-1 所示。图中表明，晶核生成是从反应后 $t_i$ 开始，$t_i$ 称为诱导时间，在 $t_i$ 瞬间生成大量晶核，随后新生成的晶核数目迅速减少。

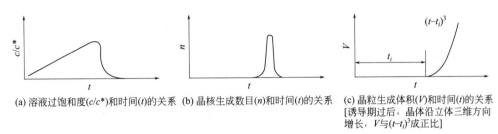

(a) 溶液过饱和度($c/c^*$)和时间($t$)的关系　(b) 晶核生成数目($n$)和时间($t$)的关系　(c) 晶粒生成体积($V$)和时间($t$)的关系
[诱导期过后，晶体沿立体三维方向增长，$V$ 与 $(t-t_i)^3$ 成正比]

图 9-1　难溶沉淀的生成速率

应当指出，晶核生成速率和晶核长大速率的相对大小直接影响到生成的沉淀物的类型。如果晶核生成的速率大大超过晶核长大的速率，则离子很快聚集为大量的晶核，溶液的过饱和度迅速下降，溶液中没有更多的离子聚集到晶核上，于是晶核迅速聚集成细小的无定形颗粒，这样就会得到非晶型沉淀，甚至是胶体；反之，如果晶核长大的速率大大超过晶核生成的速率，则溶液中最初形成的晶核不是很多，有较多的离子以晶核为中心，依次排列长大而成为颗粒较大的晶型沉淀。因此，得到什么样的沉淀，取决于沉淀形成过程中两个速率之比。

此外，沉淀反应终了后，沉淀物与溶液在一定条件下接触一段时间，在这时间内发生的一切不可逆变化称为沉淀物的老化。由于细小晶体溶解度比粗晶体溶解度大，溶液对大晶体已达饱和状态，而对细晶体尚未达饱和，于是细晶体逐渐溶解，并沉积在粗晶体上，如此反复溶解、反复沉积的结果是基本上消除了细晶体，获得了颗粒大小较为均匀的粗晶体。此时，空隙结构和表面积也发生了相应的变化。而且，由于粗晶体表面积小，吸附杂质少，滞留在细晶体之中的杂质也随溶解过程转入溶液。初生的沉淀不一定具有稳定的结构，沉淀与母液在高温下一起放置，将会逐渐变成稳定的结构。新鲜的无定形沉淀，在老化过程中逐步晶化也是可能的，例如分子筛、水合氧化铝等。

## 9.2.2　沉淀法的工艺过程

沉淀法制备催化剂包括原料金属盐溶液配制、中和沉淀、过滤、洗涤、干燥、焙烧、粉碎、混合和成型等工艺过程。

### (1) 金属盐溶液的配制

除在实验室或少量生产场合采取已制成的金属硝酸盐和硫酸盐外，一般盐类大多用酸溶解金属和金属氧化物制取。由于硝酸盐易溶于水，在后续工序中易于除去，不影响催化剂质量，所以多用硝酸溶解金属。使用硝酸时，溶解通常在不锈钢溶解槽中进行，溶解过程产生的 $NO_2$ 气体对人体有害，故要求溶解槽尽量封闭，安装排气管，并对尾气进行处理。

### (2) 中和沉淀

中和沉淀是催化剂制备的通常单元操作，在制备催化剂过程中起着重要作用。沉淀的生成过程实际是晶核形成和长大过程。沉淀的影响因素，如加料顺序、温度、pH 值、溶液浓度和搅拌程度等对催化剂组成、结构和性能影响显著,制备条件是否得当,都会使催化剂表面结构、活性、选择性、稳定性、机械强度及成型性能发生很大差别。

**(3) 过滤及洗涤**

过滤中和液可使沉淀物与母液分离,可除去大部分 $H_2O$、$NO_3^-$、$SO_4^{2-}$、$Cl^-$、$NH_4^+$、$Na^+$、$K^+$。沉降快的沉淀可用倾析法,沉降慢的可用加压或真空过滤;对于胶体沉淀,还可加入絮凝剂,使其聚集成大颗粒沉淀。但过滤后的滤饼仍含有 $60\%\sim90\%$ 的水分,水分中仍含有部分盐类,因此,对过滤后的滤饼还必须进行洗涤。

洗涤过程实际上是老化过程的继续,选择洗涤温度和洗涤液时不仅要考虑使杂质离子很快除去,而且还要兼顾对沉淀物性质的影响。对于溶解度较大的沉淀,最好用沉淀剂的稀溶液来洗涤,以减少沉淀物因溶解而造成的损失;溶解度很小的非晶型沉淀,一般用含电解质的稀溶液洗涤,以避免非晶型沉淀在洗涤过程中又分散成胶体;沉淀的溶解度很小又不易生成胶体时,可以用去离子水或蒸馏水洗涤;热洗涤液容易将沉淀洗净,但沉淀损失也较多,只适用于溶解度很小的非晶型沉淀。

**(4) 干燥及焙烧**

经洗涤过滤后的滤饼,含水率约为 $60\%\sim90\%$,需加热干燥。干燥是滤饼的脱水过程,水分从沉淀物内部扩散到达表面,再从表面汽化脱除,催化剂的部分孔结构也在此时形成。干燥温度为 $100\sim160℃$。干燥设备类型、加料体积对干燥器体积的比例、干燥空气循环速度、干燥器中水蒸气分压、干燥器内温度分布,以及干燥物料厚度等都会对干燥结果产生影响。由于物料性质、结构及周围介质不同,干燥机理也不一样,所以产品的孔结构形成也就不完全相同。在选择干燥设备及操作条件时,一定要结合干燥物料的性质加以选择。

焙烧是指载体或催化剂在不低于其使用温度下,在空气或惰性气流中进行热处理的过程。焙烧主要有三个方面的作用:①通过热分解反应除去物料中易挥发组分(如 $CO_2$、$NO_2$、$NH_3$ 等)及化学结合水,使之转化为所需要的化学成分和化学形态。②焙烧时发生的再结晶过程,使催化剂获得一定的晶型、晶粒大小和孔结构。③使微晶适当烧结,以提高催化剂的机械强度。

## 9.2.3 沉淀法的分类

随着催化剂开发的不断深入,沉淀法制备催化剂已经由单组分沉淀法发展到多组分共沉淀法、均匀沉淀法、超均匀共沉淀法、浸渍沉淀法和导晶沉淀法。

**(1) 单组分沉淀法**

单组分沉淀法是通过沉淀剂与一种待沉淀溶液作用以制备单一组分沉淀物的方法。这是催化剂制备中最常用的方法之一。由于沉淀物只含一个组分,操作不太困难。它可以用来制备非贵金属的单组分催化剂或载体。如与机械混合和其他单元操作组合使用,又可用来制备多组分催化剂。

氧化铝是最常见的催化剂载体。氧化铝晶体可以形成 8 种变体,如 $\gamma$-$Al_2O_3$、$\eta$-$Al_2O_3$ 和 $\alpha$-$Al_2O_3$ 等。为了适应催化剂或载体的特殊要求,各类氧化铝变体,通常由相应的水合氧化铝加热失水而得。文献报道的水合氧化铝制备实例甚多,但其中属于单组分沉淀法的占绝大多数,并被分为酸法与碱法两大类。

酸法以碱为沉淀剂,从酸化铝盐溶液中沉淀水合氧化铝。

$$Al^{3+} + OH^- \longrightarrow Al_2O_3 \cdot nH_2O\downarrow$$

碱法以酸为沉淀剂,从偏铝酸盐溶液中沉淀水合物,所用的酸有 $HNO_3$、$HCl$、$CO_2$ 等。

$$AlO_2^- + H_3O^+ \longrightarrow Al_2O_3 \cdot nH_2O \downarrow$$

**（2）共沉淀法（多组分共沉淀法）**

共沉淀法是将催化剂所需的两个或两个以上组分同时沉淀的一种方法。此法常用来制备高含量的多组分催化剂或催化剂载体。其特点是一次可以同时获得几个催化剂组分，而且各个组分之间的比例较为恒定，分布也比较均匀。如果组分之间可以形成固溶体，那么分散度和均匀性则更为理想。共沉淀法的分散性和均匀性好，是它较之于混合法等的最大优势。

共沉淀法的操作原理与沉淀法基本相同，但共沉淀要求的操作条件比较特殊。为了避免各个组分的分步沉淀，各金属盐的浓度、沉淀剂的浓度、介质的 pH 值以及其他条件必须同时满足各个组分一起沉淀的要求。

低压合成甲醇用的 $CuO\text{-}ZnO\text{-}Al_2O_3$ 三组分催化剂为典型的共沉淀法实例。将给定比例的 $Cu(NO_3)_2$、$Zn(NO_3)_2$ 和 $Al(NO_3)_3$ 混合盐溶液与 $Na_2CO_3$ 并流加入沉淀槽，在强烈搅拌下，于恒定的温度和近中性的 pH 值下，形成三组分沉淀。沉淀经洗涤、干燥与焙烧后，即为该催化剂的先驱物。

**（3）均匀沉淀法**

均匀沉淀法是在非沉淀的条件下，首先使待沉淀金属盐溶液与沉淀剂母体充分混合，预先造成一种十分均匀的体系，然后调节温度和时间，逐渐提高 pH 值（图 9-2），或者在体系中逐渐生成沉淀剂的方式，创造形成沉淀的条件，使沉淀缓慢进行，以制得颗粒十分均匀而且比较纯净的沉淀物。例如，在制备 $Al(OH)_3$ 沉淀时，在铝盐溶液中加入尿素预沉淀剂，均匀混合后加热至 $90\sim100℃$，此时溶液中各处的尿素同时放出 $OH^-$：

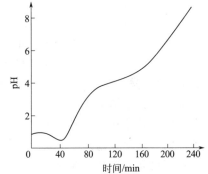

图 9-2　尿素水解过程中 pH 值随时间的变化

$$(NH_2)_2CO + 3H_2O \longrightarrow 2NH_4^+ + 2OH^- + CO_2$$

于是，$Al(OH)_3$ 沉淀可在整个体系内均匀而同步地形成。尿素的水解速度随温度的变化而变化，调节温度可以控制沉淀反应在所需要的 $OH^-$ 浓度下进行。

均匀沉淀法并不限于利用中和反应，还可以利用酯类或其他有机物的水解、配合物的分解或氧化-还原等方式来进行。除尿素以外，均匀沉淀法常用的沉淀剂母体见表 9-1。

表 9-1　均匀沉淀法常用的沉淀剂母体

| 沉淀剂 | 预沉淀剂 | 化学反应 |
|---|---|---|
| $OH^-$ | 尿素 | $(NH_2)_2CO + 3H_2O \longrightarrow 2NH_4^+ + 2OH^- + CO_2$ |
| $PO_4^{3-}$ | 磷酸三甲酯 | $(CH_3)_3PO_4 + 3H_2O \longrightarrow 3CH_3OH + H_3PO_4$ |
| $C_2O_4^{2-}$ | 尿素与草酸二甲酯或草酸 | $(NH_2)_2CO + 2HC_2O_4^- + H_2O \longrightarrow 2NH_4^+ + 2C_2O_4^{2-} + CO_2$ |
| $SO_4^-$ | 硫酸二甲酯 | $(CH_3)_2SO_4 + 2H_2O \longrightarrow 2CH_3OH + 2H^+ + SO_4^{2-}$ |
| $SO_4^{2-}$ | 磺酰胺 | $NH_2SO_3H + H_2O \longrightarrow NH^{4+} + H^+ + SO_4^{2-}$ |
| $S^{2-}$ | 硫代乙酰胺 | $CH_3CSNH_2 + H_2O \longrightarrow CH_3CONH_2 + H_2S$ |
| $S^{2-}$ | 硫脲 | $(NH_2)_2CS + 4H_2O \longrightarrow 2NH_4^+ + 2OH^- + CO_2 + H_2S$ |
| $CrO_4^{2-}$ | 尿素与 $HCrO_4^-$ | $(NH_2)_2CO + 2HCrO_4^- + H_2O \longrightarrow 2NH_4^+ + CO_2 + 2CrO_4^{2-}$ |

#### (4) 超均匀共沉淀法

超均匀共沉淀法也是针对沉淀法、共沉淀法等所得沉淀粒度大小和组分分布不够均匀的缺点提出的。这些粒子之所以分布不够均匀，其原因在于它们在逐渐加料中先后形成沉淀时，相互间不可避免存在的时间差和空间差，其形成过程中的反应时间、pH 值、温度、浓度也有不可避免的差异。均匀沉淀法在克服此差异方面已有所突破，而超均匀沉淀法则更进一步。

超均匀沉淀法将沉淀操作分成两步进行。首先制成盐溶液的悬浮层，并将这些悬浮层（一般是两到三层）立即瞬间混合成为过饱和的均匀溶液；然后由过饱和溶液得到超均匀的沉淀物。两步操作之间所需的时间，随溶液中的组分及其浓度而不同，通常需要数秒钟或数分钟，少数情况下也有数小时的。这个时间是沉淀的引发期。在此期间，所得的超饱和溶液处于不稳定状态，直到形成沉淀的晶核为止。瞬间立即混合是此法的关键操作。它可防止形成不均匀的沉淀。例如，制备苯选择性加氢用的颗粒状 $Ni/SiO_2$ 催化剂，先要制备硅酸镍水凝胶。在一个沉淀釜中，底层装入硅酸钠溶液（$3mol/L$，$\rho = 1.3g/cm^3$），中层隔以硝酸钠缓冲溶液（质量分数 $20\%$，$\rho = 1.2g/cm^3$），上层放置酸化的硝酸镍溶液（$\rho = 1.1g/cm^3$）；然后强烈搅拌，静置一段时间（几分钟至几个小时）便析出均匀的水凝胶或胶冻。用分离方法将水凝胶自母液中分出，或将胶冻破碎成小块，得到的水凝胶经水洗、干燥和焙烧，即得所需催化剂先驱物。这样制得的 $Ni/SiO_2$ 催化剂，同一般由氢氧化镍和水合硅胶机械混合而得的催化剂，在结构和性能上大不相同。其原因在于，"立即混合"的操作大大缩小了沉淀过程中的时间差和空间差。苯选择性加氢制环己烷的 $Ni/SiO_2$ 催化剂，若以超均匀共沉淀法制备，则可以使苯选择性加氢为环己烷，但又不使苯中 C—C 键断裂，比其他方法制备的催化剂具有更高的活性和选择性。

#### (5) 浸渍沉淀法

浸渍沉淀法是在浸渍法的基础上辅以沉淀法发展起来的一种新方法，即在浸渍液中预先配入沉淀剂母体，待浸渍单元操作完成之后，加热升温使待沉淀组分沉积在载体表面上。此法可以用来制备比浸渍法分布更加均匀的金属或金属氧化物负载型催化剂。

#### (6) 导晶沉淀法

此法是借助晶化导向剂（晶种）引导非晶型沉淀转化为晶型沉淀的快速而有效的方法。它普遍用来制备以廉价易得的水玻璃为原料的高硅钠型分子筛，包括丝光沸石、Y-型与 X-型合成分子筛。分子筛催化剂的晶型和结晶度至关重要，而利用结晶学中预加少量晶种引导结晶快速完整形成的规律，可简便有效地解决这一难题。

### 9.2.4 金属盐前驱体和沉淀剂的选择

一般首选硝酸盐来提供无机催化剂材料所需要的阳离子，因为绝大多数硝酸盐都可溶于水，并可方便地由硝酸与对应的金属或其氧化物、氢氧化物、碳酸盐等反应制得。两性金属铝，除可由 $HNO_3$ 溶解以外，还可由 NaOH 等强碱溶解其氧化物而阳离子化。

Au、Pt、Pd、Ir 等贵金属不溶于硝酸，但可溶于王水。溶于王水的这些贵金属，在加热驱赶硝酸后，得相应氯化物。这些氯化物的浓盐酸溶液，即为对应的氯金酸、氯铂酸、氯钯酸和氯铱酸等，并以这种特殊的形态，提供对应的阳离子。氯钯酸等稀贵金属溶液，常用于浸渍沉淀法制备负载催化剂。这些溶液先浸入载体，而后加碱沉淀。在浸渍-沉淀完成后，这些贵金属阳离子转化为氢氧化物而被沉淀，$Cl^-$ 则可被水洗去。

最常用的沉淀剂是 $NH_3$、$NH_3 \cdot H_2O$ 以及 $(NH_4)_2CO_3$ 等铵盐。因为它们在沉淀后的洗涤和热处理时易于除去而不残留。若采用 KOH 或 NaOH 时，则要考虑到某些催化剂不希望有 $K^+$、$Na^+$ 残留其中，且 KOH 价格较贵，因而可以考虑使用 NaOH 或 $Na_2CO_3$ 来提供 $OH^-$、$CO_3^{2-}$，且晶体沉淀易于洗净。

选择合适的沉淀剂是沉淀工艺的重要环节，可以根据以下原则进行选择。

① 尽可能选用易分解并含易挥发成分的沉淀剂。生产中常用的沉淀剂有：碱类（$NH_3 \cdot H_2O$、NaOH、KOH）、碳酸盐[$(NH_4)_2CO_3$、$Na_2CO_3$]、有机酸(乙酸、草酸)等。其中最常用的是 $NH_3 \cdot H_2O$ 和 $(NH_4)_2CO_3$，因为铵盐在洗涤和热处理时容易除去，一般不会遗留在催化剂中，为制备纯度高的催化剂创造了条件。

② 形成的沉淀物必须便于过滤和洗涤。沉淀可分为晶型沉淀和非晶型沉淀，晶型沉淀则又有粗晶和细晶。晶型沉淀带入的杂质少便于过滤和洗涤，应尽量选用能形成晶型沉淀的沉淀剂。盐类沉淀剂原则上可以形成晶型沉淀，而碱类沉淀剂一般都会生成非晶型沉淀。

③ 沉淀剂的溶解度要大。一方面可以提高阴离子的浓度，使金属离子沉淀完全；另一方面，溶解度大的沉淀剂，可能被沉淀物吸附的量比较少，洗涤脱除也较快。

④ 形成的沉淀物溶解度要小。这是制备沉淀物的基本要求。沉淀物溶解度越小，沉淀反应越完全，原料越得以充分利用，这对于 Cu、Ni、Ag 等比较贵重的金属特别重要。

⑤ 沉淀剂尽可能不带入杂质，以减少后处理工序；而且必须无毒，不造成环境污染。

### 9.2.5 影响沉淀形成的因素

**（1）前驱体浓度**

溶液中生成沉淀的首要条件之一是其浓度超过饱和浓度。如以 $c^*$ 表示饱和浓度，$c$ 为实际浓度，则溶液的过饱和度定义为：

$$\alpha = \frac{c}{c^*}$$

相对过饱和度定义为：

$$\beta = \frac{c - c^*}{c^*}$$

形成沉淀时所需要达到的过饱和度，目前只能根据大量实验来估计。溶液的浓度对沉淀过程的影响表现在对晶核生成和晶核生长的影响。

① 晶核的生成　沉淀过程要求溶液中的溶质分子或离子进行碰撞，以便凝聚成晶体的微粒——晶核，这个过程称为晶核的生成或结晶中心的形成。此后更多的溶质分子或离子向这些晶核的表面扩散，使晶核长大，此过程称为晶核的生长。溶液中生成晶核是产生新相的过程，只有当溶质分子或离子具有足够的能量以克服它们之间的阻力时，才能相互碰撞而形成晶核。当晶核生长时，则要求溶液同晶核表面之间有一定的浓度差，作为溶质分子或离子向晶核表面扩散的动力。

② 晶核的生长　晶核长大的过程与化学反应的传质过程相似。它包括扩散和表面反应两步，溶质粒子先扩散至固-液界面上，然后经表面反应而进入晶格。图 9-3 中，曲线 1 和 2 分别表示晶核生成（析出）速率和晶核生长速率与溶液过饱和度的关系。

对于晶型沉淀，应当在适当稀的溶液中进行沉淀反应。这样，沉淀开始时，溶液的过饱和度不至于太大，可以使晶核生成的速度降低，因而有利于晶体长大。

对于非晶型沉淀，宜在含有适当电解质的较浓的热溶液中进行沉淀。由于电解质的存在，能使胶体颗粒胶凝而沉淀，又由于溶液较浓，离子的水合程度较小，这样就可以获得比较紧密的沉淀，而不至于成为胶体溶液。胶体溶液的过滤和洗涤都相当困难。

**（2）沉淀温度**

溶液的过饱和度与晶核的生成和生长有直接关系，而溶液的过饱和度又与温度有关。一般来说，晶核生长速度随温度的升高而出现极大值。

当溶液中溶质数量一定时，温度高则过饱和度降低，使晶核生成的速率减小；而当温度低时，由于溶液的过饱和度增大，使晶核的生成速率提高。似乎温度与晶核生成速率间是一种反变关系，但再考虑到能量的作用，其实两者的关系并不这样简单，在温度与晶核生成速率关系曲线上出现一极大值，如图 9-4 所示。

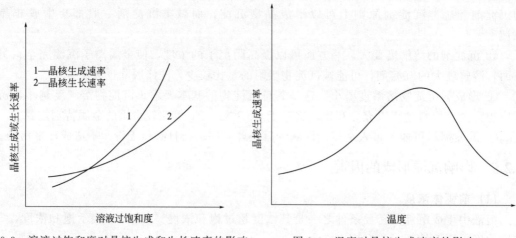

图 9-3　溶液过饱和度对晶核生成和生长速率的影响　　　图 9-4　温度对晶核生成速率的影响

很多研究结果表明，晶核生成速率最快时的温度比晶核生长速率最快时所需温度低得多。即低温有利于晶核的形成，而不利于晶核的长大，所以在低温时一般得到细小的颗粒。

对于晶型沉淀，沉淀应在较热的溶液中进行，这样可使沉淀的溶解度略有增大，过饱和度相对降低，有利于晶体成长增大。同时，温度越高，吸附的杂质越少。但这时为了减少已沉淀晶体溶解度增大而造成的损失，沉淀完毕后，应待老化、冷却后过滤和洗涤。

非晶型沉淀，在较热的溶液中沉淀也可以使离子的水合程度减小，获得比较紧密凝聚的沉淀，防止胶体溶液的形成。

此外，较高温度操作对缩短沉淀时间、提高生产效率有利，对降低料液黏度亦有利。但显然温度受介质水沸点的限制，因此多数沉淀操作均在 70～80℃ 之间进行温度选择。

**（3）pH 值**

既然沉淀法常用碱性物质作沉淀剂，因此沉淀物的生成在相当程度上必然受溶液 pH 值的影响，特别是制备活性高的混合物催化剂更是如此。

由盐溶液用共沉淀法制备氢氧化物时，各种氢氧化物一般并不是同时沉淀下来，而是在不同的 pH 值下（表 9-2）先后沉淀下来的。即使发生共沉淀，也仅限于形成沉淀所需 pH 值相近的氢氧化物。

表 9-2　形成氢氧化物沉淀所需要的 pH 值

| 氢氧化物 | 形成沉淀物所需要的 pH 值 | 氢氧化物 | 形成沉淀物所需要的 pH 值 |
|---|---|---|---|
| $Mg(OH)_2$ | 10.5 | $Be(OH)_2$ | 5.7 |
| $AgOH$ | 9.5 | $Fe(OH)_2$ | 5.5 |
| $Mn(OH)_2$ | 8.5～8.8 | $Cu(OH)_2$ | 5.3 |
| $La(OH)_3$ | 8.4 | $Cr(OH)_3$ | 5.3 |
| $Ce(OH)_3$ | 7.4 | $Zn(OH)_2$ | 5.2 |
| $Hg(OH)_2$ | 7.3 | $U(OH)_4$ | 4.2 |
| $Pr(OH)_3$ | 7.1 | $Al(OH)_3$ | 4.1 |
| $Nd(OH)_3$ | 7.0 | $Th(OH)_4$ | 3.5 |
| $Co(OH)_2$ | 6.8 | $Sn(OH)_2$ | 2.0 |
| $U(OH)_3$ | 6.8 | $Zr(OH)_4$ | 2.0 |
| $Ni(OH)_2$ | 6.7 | $Fe(OH)_3$ | 2.0 |
| $Pd(OH)_2$ | 6.0 | | |

　　这就是说，由于各组分的溶度积是不同的，如果不考虑形成氢氧化物沉淀所需 pH 值相近这一点的话，那么很可能制得的是不均匀的产物。例如，当把氨水溶液加到含两种金属硝酸盐的溶液中时，氨将首先沉淀一种氢氧化物，然后再沉淀另一种氢氧化物。在这种情况下，欲使所得的共沉淀物更均匀些，可以采用如下两种方法：第一种是把两种硝酸盐溶液同时加到氨水溶液中去，这时两种氢氧化物就会同时沉淀；第二种是把一种原料溶解在酸性溶液中，而把另一种原料溶解在碱性溶液中。例如，$SiO_2$-$Al_2O_3$ 的共沉淀可以由 $Al_2(SO_4)_3$ 与 $Na_2SiO_3$（水玻璃）的稀溶液混合制得。

　　氢氧化物共沉淀时有混合晶体形成，这是由于量较少的一种氢氧化物进入另一种氢氧化物的晶格中，或者生成的沉淀以其表面吸附另一种沉淀所致。

**（4）加料顺序**

　　沉淀法中，加料顺序对沉淀物的性质有较大影响，加料顺序大体可分为正加法与倒加法两种，前者是将沉淀剂加到金属盐类的溶液中，后者是将盐类溶液加到沉淀剂中。加料顺序通过溶液 pH 值的变化而影响沉淀物的性质。用沉淀法制 Cu-ZnO-$Cr_2O_3$ 催化剂时，正加法所得铜的碳酸盐比较稳定，而倒加法得到的碳酸盐由于来自较强的碱性溶液易于分解为 CuO。

　　加料顺序通过影响沉淀物的结构来改变催化剂的活性。上述 Cu-ZnO-$Cr_2O_3$ 催化剂随加料顺序的不同而具有不同的比表面和粒度。倒加快加、正加快加、倒加慢加所得催化剂的比表面较大，而用正加慢加法所得催化剂的比表面较小。它们的粒度大小变化与比表面大小变化有相反的趋势。

　　此外，加料顺序还影响簇粒的分布。仍以 Cu-ZnO-$Cr_2O_3$ 催化剂为例：用正加法，加料速率愈慢，所得铜的粒子愈大，表明在酸性溶液中铜有优先沉淀的可能，同时也表明，沉淀是分步进行的，结果得不到均匀的簇粒。相反，用倒加法，溶液由碱变中性，就有可能消除因酸度变化而出现的分步沉淀过程，使所得的沉淀簇粒趋向均匀。

## 9.3 浸渍法

浸渍法是操作比较简捷的一种催化剂制备方法，广泛应用于金属催化剂的制备中。浸渍法是将载体浸泡在含有活性组分（主、助催化剂组分）的可溶性化合物中，接触一定的时间后除去过剩的溶液，再经干燥、焙烧和活化，即可制得催化剂。工艺流程如下所示：

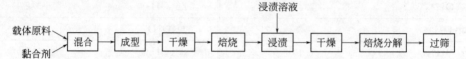

浸渍法的基本原理：当多孔载体与溶液接触时，由于表面张力作用而产生的毛细管压力，使溶液进入毛细管内部，然后溶液中的活性组分再在细孔内表面上吸附。

浸渍法制备催化剂有很多优点。首先，浸渍的各组分主要分布在载体表面，用量少，利用率高，从而降低了成本，这对于贵金属催化剂是非常重要的。其次，市场上有各种载体供应，可以用已成型的载体，省去催化剂成型的步骤。再者，载体的种类很多，且物理结构比较清楚，可以根据需要选择合适的载体。

### 9.3.1 载体的选择

负载型催化剂的物理性能很大程度上取决于载体的物理性质，载体甚至还影响到催化剂的化学活性。因此正确地选择载体和对载体进行必要的预处理，是采用浸渍法制备催化剂时首先要考虑的问题。载体种类繁多、作用各异，载体的选择要从物理和化学因素两方面考虑。

从物理因素考虑首先是颗粒大小、表面积和孔结构。通常采用已成型好的具有一定尺寸和外形的载体进行浸渍，省去催化剂成型。浸渍载体的比表面积和孔结构与浸渍后催化剂的比表面积和孔结构之间存在着一定关系，即后者随前者的增减而增减。例如，银催化剂与载体的比表面积的关系如表 9-3 所示。对于 $Ni/SiO_2$ 催化剂，Ni 组分的比表面积随载体 $SiO_2$ 的比表面积增大而增大，而 Ni 晶粒的大小则随 $SiO_2$ 的比表面积增大而减小。以上事实告诉我们，第一要根据催化剂成品性能的要求，选择载体颗粒的大小、比表面积和孔结构。第二要考虑载体的导热性，对于强放热反应，要选用导热性能良好的载体，可以防止催化剂因内部过热而失活。第三要考虑催化剂的机械强度，载体要经得起热波动，机械冲击等因素的影响。

表 9-3　Ag 催化剂及其载体 $\gamma$-$Al_2O_3$ 比表面积对照

| 载体比表面积/($m^2/g$) | 170 | 120 | 80 | 10 |
|---|---|---|---|---|
| 催化剂比表面积/($m^2/g$) | 100 | 73 | 39 | 6 |

从化学因素考虑根据载体性质的不同区分成以下三种情况。①惰性载体，这种情况下载体的作用是使活性组分得到适当的分布，使催化剂具有一定的形状、孔结构和机械强度。小表面、低孔容的 $\alpha$-$Al_2O_3$ 等就属于这一类。②载体与活性组分有相互作用，它使活性组分有良好的分布并趋于稳定，从而改变催化剂的性能。例如，丁烯气相氧化反应，分别将活性组分 $MoO_3$ 载于 $SiO_2$、$Al_2O_3$、MgO、$TiO_2$ 载体上。结果发现，用前三种载体负载的催化剂活性都很低，而用 $TiO_2$ 做载体时，都获得了较高的活性和稳定性，分析表明，$MoO_3$ 与 $TiO_2$ 发生作用生成了固溶体。③载体具有催化作用，载体除有负载活性组分的功能外，还

与所负载的活性组分一起发挥自身的催化作用，如用于重整的 Pt 负载于 $Al_2O_3$ 上的双功能催化剂，用氯处理过的 $Al_2O_3$ 作为固体酸性载体，本身能促进异构化反应，而 Pt 则促进加氢、脱氢反应。

购入或贮存过的载体，由于与空气接触后性质会发生变化而影响负载能力，因此在使用前常需进行预处理，预处理条件要根据载体本身的物理化学性质和使用要求而定。例如，通过热处理使载体结构稳定；当载体孔径不够大时可采用扩孔处理；而载体对吸附质的吸附速率过快时，为保证载体内外吸附质的均匀，也可进行增湿处理。但对人工合成的载体，除有特殊需要一般不作化学处理。选用天然的载体如硅藻土时，除选矿外还需经水煮、酸洗等化学处理除去杂质，且要注意产地不同，载体性质可能有很大的差异，可能影响到催化剂的性能。

### 9.3.2 浸渍液的配制

进行浸渍时，通常不是用活性组分本身制成溶液，而是用活性组分金属的易溶盐配成溶液。所用的活性组分化合物应该易溶于水（或其他溶剂），且在焙烧时能分解成所需的活性组分，或在还原后变成金属活性组分；同时还必须使无用组分，特别是对催化剂有毒的物质在热分解或还原过程中挥发除去，因此最常用的是硝酸盐、铵盐、有机酸盐（乙酸盐、乳酸盐等）。一般以无离子水为溶剂，但当载体能溶于水或活性组分不溶于水时，则可用醇或烃作为溶剂。

浸渍液的浓度必须控制恰当，溶液过浓不易渗透粒状催化剂的微孔，活性组分在载体上也就分布不均。在制备金属负载催化剂时，用高浓度浸渍液容易得到较粗的金属晶粒，并且使催化剂中金属晶粒的粒径分布变宽。溶液过稀，一次浸渍就达不到所要求的负载量，而要采用反复多次浸渍法。

浸渍液的浓度取决于催化剂中活性组分的含量。对于惰性载体，即对活性组分既不吸附又不发生离子交换的载体，假设制备的催化剂要求活性组分质量分数（以氧化物计）为 $a$，所用载体的比孔容为 $V_p(mL/g)$，以氧化物计算的浸渍液浓度为 $c(g/mL)$，则 $1g$ 载体中浸入溶液所负载的氧化物量为 $V_pc$。因此

$$a = (V_pc)/(1 + V_pc) \times 100\%$$

用上述方法，根据催化剂中所要求活性组分的质量分数 $a$，以及载体的比孔容 $V_p$ 就可以确定所需配制的浸渍液的浓度。

### 9.3.3 活性组分在载体上的分布与控制

浸渍时溶解在溶剂中含活性组分的盐类（溶质）在载体表面的分布，与载体对溶质和溶剂的吸附性能关系很大。活性组分在孔内吸附的动态平衡过程模型，如图 9-5 所示。

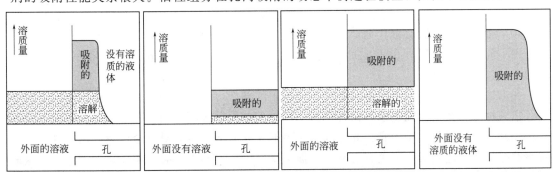

图 9-5　活性组分在孔内吸附的情况

图中列举了可能出现的四种情况，为了简化起见，用一个孔内分布情况来说明。浸渍时，如果活性组分在孔内的吸附速率快于它在孔内的扩散，则溶液在孔中向前渗透过程中，活性组分就被孔壁吸附，渗透至孔内部的液体就完全不含活性组分，这时活性组分主要吸附在孔口近处的孔壁上，见图9-5(a)。如分离出过多的浸渍液，并立即快速干燥，则活性组分只负载于颗粒孔口与颗粒外表面，分布显然是不均匀的。图9-5(b)是到达(a)的状态后，马上分离出过多的浸渍液，但不立即进行干燥，而是静置一段时间，这时孔口仍充满液体，如果被吸附的活性组分能以适当的速率进行解吸，则由于活性组分从孔壁上解吸下来增大了孔中的液体的浓度，活性组分从浓度较大的孔的前端扩散到浓度较小的末端液体中去，使末端的孔壁上也能吸附上活性组分，这样活性组分通过脱附和扩散，而实现再分配，最后活性组分就均匀分布在孔的内壁上。图9-5(c)是让过多的浸渍液留在孔外，载体颗粒外面的溶液中的活性组分，通过扩散不断补充到孔中，直到达到平衡为止，这时吸附量将更多，而且在孔内呈均一性分布。图9-5(d)表明，当活性组分浓度低，如果在达到均匀分布前，颗粒外面溶液中的活性组分已耗尽，则活性组分的分布仍可能是不均匀的。一些实验事实证明了上述的吸附、平衡、扩散模型。由此可见，要获得活性组分的均匀分布，浸渍液中活性组分的含量要多于载体内外表面能吸附的活性组分的数量，以免出现孔外浸渍液的活性组分已耗尽的情况，并且分离出过多的浸渍液后，不要马上干燥，要静置一段时间，让吸附、脱附、扩散达到平衡，使活性组分均匀地分布在孔内的孔壁上。

对于贵金属负载型催化剂，由于贵金属含量低，要在大表面积上得到均匀分布，常在浸渍液中除活性组分外，再加入适量的第二组分，载体在吸附活性组分的同时必吸附第二组分，新加入的第二组分就称为竞争吸附剂，这种作用称为竞争吸附。由于竞争吸附剂的参与，载体表面一部分被竞争吸附剂所占据，另一部分吸附了活性组分，这就使少量的活性组分不只是分布在颗粒的外部，也能渗透到颗粒的内部，加入适量竞争吸附剂，可使活性组分达到均匀分布。常使用的竞争吸附剂有盐酸、硝酸、三氯乙酸、乙酸等。例如，在制备Pt/γ-Al$_2$O$_3$重整催化剂时，加入乙酸竞争吸附剂后使少量氯铂酸能均匀地渗透到孔的内表面，由于铂的均匀负载，使活性得到了提高，如图9-6所示。

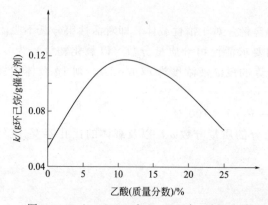

图9-6　Pt/γ-Al$_2$O$_3$（含Pt0.36%，质量分数）的加氢活性与H$_2$PtCl$_8$溶液中乙酸质量分数的关系

必须指出，并非所有催化剂都要求孔内外负载均匀。粒状载体，活性组分在载体上可形成各种不同的分布。以球形催化剂为例，有均匀、蛋壳、蛋黄和蛋白型等四种，如图9-7所示。

在上述四种类型中，蛋白型及蛋黄型都属于埋藏型，可视为一种类型，所以实际上看作只存在三种不同类型。究竟选择何种类型，取决于催化反应的宏观动力学。当催化反应由外扩散控制时，应以蛋壳型为宜，此时处于孔内部深处的活性组分对反应已无效用，这对于节省活性组分量特别是贵金属更有意义。当催化反应由动力学控制时，则以均匀型为好，这时催化剂的内表面可以利用，而一定量的活性组分分布在较大面积上，可以得到高的分散度，增加了催化剂的热稳定性。当介质中含有毒物而载体又能吸附毒物时，这时载体起到对毒物

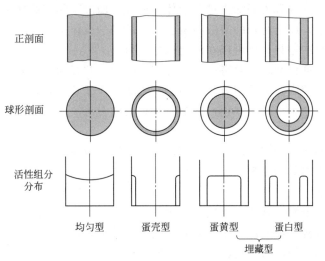

图 9-7　活性组分在载体上的不同分布

的过滤作用，为了延长催化剂寿命，则应选择蛋白型，此时活性组分处于外表层下呈埋藏型的分布，既可减少活性组分中毒，又可减少磨损引起的活性组分剥落。

上述各种活性组分在载体上分布而形成的各种不同类型，也可以采用竞争吸附剂来达到。选择竞争吸附剂时，要考虑活性组分与竞争吸附剂间吸附特性的差异、扩散系数的不同以及用量不同的影响，还需注意残留在载体上竞争吸附剂对催化作用是否产生有害的影响，最好选用易于分解挥发的物质。如用氯铂酸溶液浸渍 $Al_2O_3$ 载体，由于浸渍液与 $Al_2O_3$ 的作用迅速，铂集中吸附在载体外表面上，形成蛋壳型的分布。用无机酸或一元酸作竞争吸附剂时，由于竞争吸附从而得到均匀型的催化剂。若用多元有机酸（柠檬酸、酒石酸、草酸）为竞争吸附剂，由于一个二元酸或三元酸分子可以占据一个以上的吸附中心，在二元或三元羧酸区域可供铂吸附的空位很少，大量的氯铂酸必须穿过该区域而吸附于小球内部。根据使用二元或三元羧酸竞争吸附剂分布区域的大小，以及穿过该区域的氯铂酸能否到达小球中心处，可以得到蛋白型或蛋黄型的分布。由上可见，选择合适的竞争吸附剂，可以获得活性组分不同类型的分布；而采用不同用量的吸附剂，又可以控制金属组分的浸渍深度，这就可以满足催化反应的不同要求。

### 9.3.4　常用浸渍工艺

**（1）过量溶液浸渍法**

此法是将载体浸渍在过量的溶液中，溶液的体积大于载体可吸附的液体体积，一段时间后除去过剩的液体，干燥、焙烧、活化后就得到催化剂样品。此法操作非常简单，一般不必先抽真空去除载体表面吸附的空气。在生产过程中，可以在盘式或槽式容器中进行。如果要连续生产，可采用传送带式浸渍装置，将装有载体的小筐安装在传送带上，送入浸渍液中浸泡一段时间后，回收带出多余的液体，然后进行后续处理。

处理浸渍后多余的液体，可以采取过滤、离心分离、蒸发等方法。过滤和离心分离时，由于分离后的液体中仍然含有少量的活性组分，致使活性组分流失，且催化剂中活性组分的含量变得不确定了，采用蒸发的办法则能克服这些缺点。

**（2）等体积浸渍法**

预先测定载体吸入溶液的能力，然后加入正好使载体完全浸渍所需的溶液量，这种方法称为等体积浸渍法。此法省去了除去过剩液体的操作，增加了测定载体吸附能力的步骤。实际操作中采用喷雾法，即把配好的溶液喷洒在不断翻动的载体上，达到浸渍的目的。工业上可以在转鼓式搅和机中进行，也可以在流化床中进行。

浸渍制备多组分催化剂时，要考虑各组分在溶液中的共存问题。若各组分的可溶性化合物不能共存于同一溶液中，可采用分步浸渍法。同时，由于载体对各活性组分的吸附能力不同，导致竞争吸附，这将影响各组分在载体表面上的分布，制备催化剂时必须考虑这个问题。

此法可以间歇和连续操作，设备投资少，能精确调节吸附量，工业上广泛采用。但此法制得的催化剂的活性组分的分散不如用过量浸渍法的均匀。

**（3）多次浸渍法**

该法是将浸渍、干燥和焙烧反复进行多次。通常在以下两种情况下采用此法：浸渍化合物的溶解度小，一次浸渍不能得到足够大的负载量；多组分浸渍时，各组分之间的竞争吸附严重影响了催化剂的性能。每次浸渍后必须干燥焙烧，使已浸渍的活性组分转化为不溶性物质，防止其再次进入溶液，也可提高下次的吸附量。多次浸渍工艺操作复杂，劳动效率低，生产成本高，一般情况下应避免采用。

**（4）蒸汽浸渍法**

蒸汽浸渍法是借助浸渍化合物的挥发性，以蒸汽相的形式将其负载于载体上。此法首先应用在正丁烷异构化用催化剂的制备中。所用催化剂为 $AlCl_3$/铁矾土，在反应器中装入铁矾土载体，然后以热的正丁烷气流将活性 $AlCl_3$ 组分汽化，并带入反应器，使之浸渍在载体上。当负载量足够时，便可切断气流中的 $AlCl_3$，通入正丁烷进行异构化。近年来，此法也用于合成 $SbF_5/SiO_2 \cdot Al_2O_3$ 固体超强酸催化剂，用 $SbF_5$ 蒸气浸渍载体 $SiO_2 \cdot Al_2O_3$。此法制备的催化剂的活性组分容易流失，需随时通入活性组分蒸气以维持催化剂的稳定性。

**（5）浸渍沉淀法**

本方法是使载体先浸渍在含有活性组分的溶液中一段时间后，再加入沉淀剂进行沉淀。此法常用来制备贵金属催化剂。由于贵金属的浸渍液多采用氯化物的盐酸溶液，如氯铂酸、氯钯酸、氯铱酸等，载体在浸渍液中吸附饱和后，往往要加入 NaOH 溶液中和盐酸，并使金属氯化物转化为金属氢氧化物沉淀在载体的内孔和表面上。

此法有利于除去液体中的氯离子，并可使生成的贵金属化合物能在较低的温度下进行预还原，不会造成废气污染，并且得到的催化剂的粒度较细。

## 9.3.5 浸渍颗粒的热处理过程

**（1）干燥过程中活性组分的迁移**

用浸渍法制备催化剂时，毛细管中浸渍液所含的溶质在干燥过程中会发生迁移，造成活性组分的不均匀分布。这是由于在缓慢干燥过程中，热量从颗粒外部传递到其内部，颗粒外部总是先达到液体的蒸发温度，因而孔口部分先蒸发使一部分溶质析出。由于毛细管上升现象，含有活性组分的溶液不断地从毛细管内部上升到孔口，并随溶剂的蒸发溶质不断地析出，活性组分就会向表层集中，留在孔内的活性组分减少。因此，为了减少干燥过程中溶质的迁移，常采用快速干燥法，使溶质迅速析出。有时亦可采用稀溶液多次浸渍法来改善。

**（2）负载型催化剂的焙烧与活化**

负载型催化剂中的活性组分（例如金属）是以高度分散的形式存在于高熔点的载体上，这种催化剂在焙烧过程中活性组分表面积会发生变化，一般是由于金属晶粒大小的变化导致活性组分表面积的变化。也就是说，比较小的晶粒长成比较大的晶粒，并在此过程中表面自由能也有相应的减小。图 9-8 示出了 $Pd/Al_2O_3$ 催化剂金属 Pd 的比表面积与温度的关系。

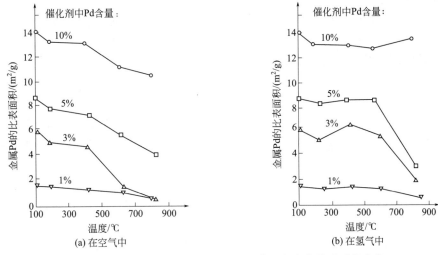

图 9-8　$Pd/Al_2O_3$ 催化剂金属 Pd 的比表面积在热处理时的变化

从图 9-8 中可以看到，随着热处理温度的升高，金属 Pd 的比表面积下降。对于金属 Pt 催化剂，也得到了类似的结果。如图 9-9 所示，随着焙烧温度的升高，Pt 平均晶粒大小增加。由图 9-9 还看出，用离子交换法制备的催化剂，在同样焙烧条件下比浸渍法制备的更为稳定。对于金属微晶烧结的机理还存在许多争论，到目前为止还没有一种理论能够完全解释这类催化剂烧结过程所观察到的现象。有些情况下载体和金属微晶都可能发生烧结；但更多的情况下，只有活性金属总面积减少，而载体的比表面积并不因此降低。

在实际使用中，为抑止活性组分的烧结，可加入耐高温作用的稳定剂起间隔作用，防止容易烧结的微晶相互接触。易烧结物在烧结后的平均结晶粒度与加入稳定剂的量及其晶粒大小有关。在金属负载型催化剂中，载体实际上也起着间隔的作用，图 9-10 示出了分散在载体中的金属含量愈低，烧结后的金属晶粒愈小；载体的晶粒愈小，则烧结后的金属晶粒也愈小。

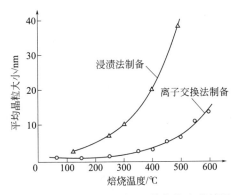

图 9-9　在热处理过程中 Pt 晶粒长大的情况

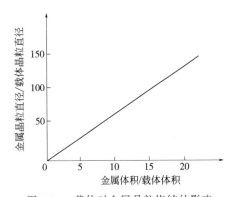

图 9-10　载体对金属晶粒烧结的影响

对于负载型催化剂，除了焙烧影响晶粒大小外，还原条件对金属的分散度也有影响。为了得到高活性金属催化剂，希望在还原后得到高分散度的金属微晶。按结晶学原理，在还原过程中增大晶粒生成的速率，有利于生成高分散度的金属微晶；而提高还原速率，特别是还原初期的速率，可以增大晶核的生成速率。在实际操作中，可采用下面方法提高还原速率，以获得金属的高分散度。

① 在不发生烧结的前提下，尽可能提高还原温度。提高还原温度可以大大提高催化剂的还原速率，缩短还原时间，而且由于还原过程中有水产生，可以减少已还原的催化剂暴露在水蒸气中的时间，减少反复氧化还原的机会。

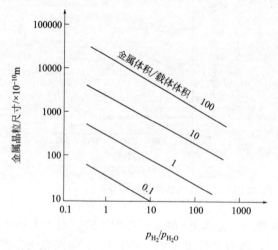

图 9-11 负载金属催化剂还原时生成的金属晶粒尺寸

② 使用较高的还原气空速，高空速有利于还原反应平衡向右移动，提高还原速率。另外，空速大时气相水蒸气浓度低，水蒸气扩散快，催化剂孔内水分容易逸出。

③ 尽可能降低还原气体中水蒸气的分压，还原气体中水分和氧含量愈多，还原后的金属晶粒愈大。因此，可在还原前先将催化剂脱水，或用干燥的惰性气体通过催化剂层等。

还原后金属晶粒的大小与负载催化剂中金属含量和还原气氛的关系见图 9-11。催化剂中金属含量低，还原气体中 $H_2$ 含量高，水蒸气分压低，还原所得金属晶粒小，即金属分散度大。

**(3) 互溶与固相反应**

在热处理过程中活性组分和载体之间可能生成固体溶液（固溶体）或化合物，可以根据需要采取不同的操作条件，促使它们生成或避免它们生成。

# 9.4 混合法

混合法是工业上制备多组分固体催化剂时常采用的方法。它是将几种组分用机械混合的方法制成多组分催化剂。混合的目的是促进物料间的均匀分布，提高分散度。因此，在制备时应尽可能使各组分混合均匀。尽管如此，这种单纯的机械混合，组分间的分散度不及其他方法。为了提高机械强度，在混合过程中一般要加入一定量的黏结剂。

混合法又分为干法和湿法两种。干混法操作步骤最为简单，只要把制备催化剂的活性组分、助催化剂、载体或黏结剂、润滑剂、造孔剂等放入混合器内进行机械混合，然后送往成型工序，滚成球状或压成柱状、环状的催化剂，再经热处理后即为成品。例如，天然气蒸汽转化制合成气的镍催化剂，便是由典型的干混法工艺制备的。

湿混法的制备工艺要复杂一些，活性组分通常以沉淀得到的盐类或氢氧化物，与干的助催化剂或载体、黏结剂进行湿式碾和，然后进行挤条成型，经干燥、焙烧、过筛、包装即为成品。目前国内 $SO_2$ 接触氧化使用的钒催化剂就是将 $V_2O_5$、碱金属硫酸盐与硅藻土共混而成。

## 9.5　离子交换法

离子交换法是利用载体表面上存在可进行交换的离子，将活性组分通过离子交换（通常是阳离子交换）交换到载体上，然后再经过适当的后处理，如洗涤、干燥、焙烧、还原，最后得到金属负载型催化剂。离子交换反应在载体表面固定而有限的交换基团和具有催化性能的离子之间进行，遵循化学计量关系，一般是可逆的过程。该法制得的催化剂分散度好，活性高。尤其适用于制备低含量、高利用率的贵金属催化剂。均相络合催化剂的固相化和沸石分子筛、离子交换树脂的改性过程也常采用这种方法。

例如，焙烧过的硅酸铝（SA）表面带有 OH 基团，是很强的质子酸。然而这些质子（$H^+$）不能直接与过渡金属离子或金属氨络合离子进行交换，若将表面的质子先以 $NH_4^+$ 离子代替，离子交换就能进行（见图 9-12）。离子交换反应为：

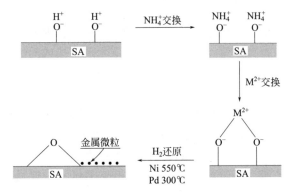

图 9-12　离子交换过程

$$H_2SA + 2NH_4^+ \longrightarrow (NH_4)_2SA + 2H^+$$
$$(NH_4)_2SA + M^{2+} \longrightarrow MSA + 2NH_4^+$$

得到的催化剂经还原后所得的金属微粒极细，催化剂活性和选择性极高。例如，Pd/SA 催化剂，当钯的含量小于 0.03mg/g 硅酸铝时，Pd 几乎以原子状态分布。离子交换法制备的 Pd/SA 催化剂只加速苯环加氢反应，不会断裂环己烷的 C—C 键。

离子交换法常用于 Na 型分子筛和 Na 型离子交换树脂，常通过离子交换除去 $Na^+$ 而制得许多不同用途的催化剂。例如，用酸（$H^+$）与 Na 型离子交换树脂进行交换反应，得到的 H 型离子交换树脂可用作某些酸、碱反应的催化剂。用 $NH_4^+$、碱土金属离子、稀土金属离子或贵金属离子与分子筛发生交换反应，可得到多种相对应的分子筛型催化剂，其中 $NH_4^+$ 分子筛加热分解，又可得到 H 型分子筛。

## 9.6　熔融法

熔融法是借助于高温将催化剂的各组分熔化合成为均匀分布的混合体、合金固溶体或氧化物固溶体，以制备高活性、高稳定性和高机械强度的催化剂的一种方法。固溶体是几种固态成分相互扩散而得到的极其均匀的混合体，各组分高度分散。由于由此法研制的催化剂比表面积小、孔容低等缺点使其应用范围受到限制，目前主要用于制备骨架型催化剂，如骨架镍催化剂、合成氨用熔铁催化剂、费-托合成催化剂等。

熔融法制备工艺显然是高温下的过程，因此其特征操作工序为熔炼，通常在电阻炉、电弧炉等熔炉中进行，熔炼温度、熔炼次数、环境气氛、熔浆冷却速度等因素对催化剂性能都有影响，其中熔炼温度是关键性的控制因素，熔炼温度根据金属或金属氧化物的种类来确定。

熔融法的制备过程一般为：①固体粉碎；②高温熔融或烧结；③冷却、破碎成一定的粒度；④活化。例如，目前合成氨工业中使用的熔铁催化剂，是将磁铁矿（$Fe_3O_4$）、$KNO_3$、$Al_2O_3$ 在 1600℃高温熔融，冷却破碎，然后在 $H_2$ 或合成气中还原，得到 $Fe-K_2O-Al_2O_3$ 催化剂。

# 9.7　其他制备技术

随着新型催化反应和新型催化材料的开发，催化剂制备技术不断涌现。如纳米技术、超临界技术、微波技术、成膜技术等，都被认为是与催化剂直接或间接相关的新技术。

## 9.7.1　微乳液技术

一般情况下，我们将两种互不相溶的液体在表面活性剂作用下形成的热力学稳定、各向同性、外观透明或半透明、粒径 10～100nm 的分散体系称为微乳液。相应地，把制备微乳液的技术称为微乳化技术（MRT）。在结构方面，微乳液有 O/W（水包油）型和 W/O（油包水）型，类似于普通乳液，但微乳液与普通乳液有本质区别。普通乳液是热力学不稳定体系，分散相质点大、不均匀、外观不透明，靠表面活性剂或其他乳化剂维持动态稳定；微乳液是热力学稳定体系，分散相质点小、外观透明或近乎透明，经高速离心分离不发生分层现象（见表 9-4）。

表 9-4　普通乳液和微乳液的比较

| 外　观 | | 普通乳液 | 微乳液 |
|---|---|---|---|
| | | 不透明 | 透明或近乎透明 |
| 性质 | 质点大小 | 大于 100nm，一般多为分散体系 | 10～100nm，一般为单分散体系 |
| | 质点形状 | 一般为球状 | 球状 |
| | 热力学稳定性 | 不稳定，用离心机分离易于分层 | 稳定，离心机不能使之分层 |
| | 表面活性剂用量 | 少，一般无需助表面活性剂 | 多，一般需加助表面活性剂 |
| | 与油水混溶性 | 与油水在一定条件下可混溶 | O/W 型与水混溶；W/O 型与油混溶 |

20 世纪 80 年代以来，微乳的理论和应用研究获得了迅速的发展，尤其是 90 年代以后，微乳的应用研究发展更快，在许多技术领域，如三次采油、污水处理、萃取分离、催化、食品、生物医药、化妆品、材料制备、化学反应介质及涂料等领域均具有潜在的应用前景。我国的微乳化技术研究始于 20 世纪 80 年代初期，在理论和应用研究方面取得了可喜的成果。

1982 年，Boutonnet 首先报道了应用微乳液制备出了纳米颗粒：用水合肼或者 $H_2$ 还原在 W/O 型微乳液水核中的贵金属盐，得到了单分散的 Pt、Pd、Ru、Ir 金属颗粒（3～

5nm）。从此以后，不断有文献报道用微乳液合成各种纳米粒子催化剂。

用微乳法制备纳米催化剂，首先要制备稳定的微乳体系。微乳体系一般由有机溶剂、水溶液、活性剂、助表面活性剂 4 个部分组成。常用的有机溶剂多为 $C_6 \sim C_8$ 直链烃或环烷烃。表面活性剂一般有 AOT（琥珀酸二异辛酯磺酸钠）、SDS（十二烷基硫酸钠）、SDBS（十二烷基苯磺酸钠）等阴离子表面活性剂、CTAB（十六烷基三甲基溴化铵）阳离子表面活性剂、Trition X（聚氧乙烯醚类）非离子表面活性剂等。助表面活性剂一般为中等碳链 $C_5 \sim C_8$ 的脂肪醇。常规制备微乳液的方法有两种：Schulman 法和 Shah 法。Schulman 法是把有机溶剂、水、乳化剂混合均匀，然后向该乳液中滴加醇，在某一时刻体系会突然间变得透明，这样就制得了微乳液。Shah 法是把有机溶剂、醇、乳化剂混合为乳化体系，向该乳化液中加入水，体系也会在瞬间变得透明。微乳液的形成不需要外加功，主要依靠体系中各组分的匹配，寻找这种匹配关系的主要途径有 PPT（相转换温度）、CER（黏附能比）、表面活性剂在油面相和界面相的分配、HLB 和盐度扫描等方法。

## 9.7.2 溶胶-凝胶法

溶胶-凝胶技术是 20 世纪 70 年代出现的一项新技术。因反应条件温和、产品纯度高、结构介观尺度可以控制和操作简单等优点，引起众多研究者的兴趣。近年来，溶胶-凝胶（Sol-Gel）技术广泛应用于电子、陶瓷、光学、热学、化学、生物和复合材料等各个科学技术领域。溶胶-凝胶技术在化学方面主要用于制备化学稳定性好及孔径易于控制的无机氧化物超滤膜和气体过滤器，对金属、玻璃、塑料等起保护作用的 $SiO_2$、$ZrO_2$ 和 $TiO_2$ 等氧化物膜或金属氧化物催化剂等。

溶胶-凝胶主要制备步骤是将前驱物溶解在水或有机溶剂（如乙醇）中形成均匀的溶液，溶质与溶剂产生水解或醇解反应，反应生成物聚集成 1nm 左右的粒子形成溶胶，经蒸发干燥转变为凝胶，经干燥、焙烧等处理后得到所需的催化剂。

这种制备过程能够在液相中精确控制各组分的含量，实现在原子/分子水平上的均匀混合。胶体的形成和干燥步骤都会影响材料的性能，特别是影响活性组分和载体间的相互作用。与传统催化剂制备方法比较，溶胶-凝胶法具有以下优点：能够得到高均一性和高比表面积的材料；材料的孔径分布均一可控；金属组分高度分散在载体上，使催化剂具有很高的反应活性；能够较容易地控制材料的组成；能够得到足够的机械强度和较高抗失活能力的材料；能够提高催化稳定性，且催化剂不易泄漏；能够提高反应速率和选择性。

## 9.7.3 等离子体技术

等离子体就是处于电离状态下的气体，其英文名称为 Plasma，它是美国科学家 Langmuir 于 1927 年在研究低气压下泵蒸气中的放电现象时发现并命名的。等离子体由大量的电子、离子、中性原子、激发态原子、光子和自由基等组成，但电子和正离子的电荷数必须相等，整体表现出电中性，这即是"等离子体"的含义。由于等离子体在许多方面与液体、气体和固体不同，因此又有人把它称为物质的第四态。

宏观电中性是等离子体的基本特征，一般等离子体化学合成涉及的是冷等离子体。冷等离子体的电子温度高达 $10^4$ K 以上，而气体主流体温度却可低至数百摄氏度甚至室温。冷等离子体的这种非平衡性意义重大：一方面，电子具有足够高的能量，通过非弹性碰撞使气体分子激发、解离和电离；另一方面，整个等离子体系又可以保持低温，可实现化学反应和能量的有效利用。

等离子体在化学合成、薄膜制备、表面处理、精细化学品加工及环境污染治理等诸多领域都有应用。利用等离子体制备的催化剂，比表面积大、分散性好、晶格缺陷多、稳定性好，与传统催化剂制备方法相比，具有高效、清洁等优点。

### 9.7.4　微波技术

微波是一种频率在 $300MHz\sim300GHz$，即波长在 $1\sim1000nm$ 范围内的电磁波，位于电磁波谱的红外辐射（光波）和无线电波之间。微波是特殊的电磁波段，不能用无线电和高频技术中普遍使用的器件（如真空管和晶体管）来产生。100W 以上的微波功率常用磁控管发生器。微波在一般条件下可方便地穿透某些材料，如玻璃、陶瓷、塑料(如聚四氟乙烯)等。

微波加热作用最大特点是可以在被加热物体的不同深度同时产生热，也正是这种"体加热作用"，使得加热速度快且加热均匀，缩短了处理材料所需要的时间，节省了能源。微波的这种加热特征，使其可以直接与化学体系发生作用从而促进各类化学反应的进行，进而出现了微波化学这一崭新的领域。由于有强电场的作用，在微波中往往会产生用热力学方法得不到的高能态原子、分子和离子，因而可使一些在热力学上本来不可能进行的反应得以发生，从而为有机和无机合成开辟了一条崭新的道路。微波合成在化学领域中的应用，主要涉及有机化学和无机化学两个方面。在有机反应方面，应用几乎包括了烷基化、水解、氧化、烯烃加成、取代、聚合、催化氢化、酰胺化、自由基反应等；在无机化学方面，陶瓷材料的烧结、超细纳米材料和沸石分子筛的合成都获益匪浅，特别是在沸石分子筛方面，应用尤其广泛，如 Y 型沸石分子筛、ZSM-5 的合成，NaA、NaX、NaY 型沸石的合成等。

### 9.7.5　超声波技术

超声波是频率高于 20kHz 的声波，作为一种能量作用体系，从 20 世纪 20 年代开始，人们将其应用于化学领域，产生了一门交叉学科——声化学。近年来，众多的研究发现，将超声波用于催化剂的制备，能够增大催化剂表面积，提高活性组分的分散度，改善活性组分的分布，提高催化剂的性能。

超声波对催化剂制备过程的促进作用来自于其独特的超声空化效应。超声空化是一种聚集声能的形式，指原存在于液体中的气泡核在声场的作用下振荡、生长和崩溃闭合的过程。气泡崩溃时，在极短时间内，气泡内的极小空间里形成局部热点，产生 5000K 以上的高温及 50MPa 的高压；同时还伴随有强烈的冲击波和速度可达 100m/s 的微射流。因此，超声波能够强化传质，增加活性组分的渗透性，使其均匀分散，增加催化剂的比表面积，提高活性组分分散度；超声波的空化作用还能对载体的表面和孔道起到清洗效果，疏通孔道，促进活性组分的负载。很多研究者都将超声波技术用于催化剂的制备，获得了良好的效果。

孟琦等用超声波技术制备出一种 Raney Ni 催化剂，其对苯加氢饱和反应的活性有明显的提高。通过各种表征手段，发现超声波的清洗作用使催化剂表面的氧化铝层及其他杂质减少，使更多的活泼位暴露在催化剂的表面，有利于其与反应物的接触及相互作用，提高催化剂的活性；且超声波的清洗作用有利于除去 Raney Ni 催化剂骨架内部的杂质，使孔径和孔体积增大，有利于反应物在催化剂内表面的吸附，提高催化剂活性。梁新义等使用超声波促进浸渍法制备了负载纳米钙钛矿型催化剂 $LaCoO_3/\gamma\text{-}Al_2O_3$，考察了超声波辐照对催化剂性质的影响。实验结果表明，在浸渍过程施加超声波辐照可以显著缩短浸渍时间、增加活性组分的负载量和孔内含量、提高活性组分的分散度，使催化剂对 NO 分解反应的催化活性增加。

### 9.7.6 超临界技术

当物质的温度和压力分别高于其临界温度和临界压力时就处于超临界状态。超临界状态下的流体称为超临界流体。超临界流体具有特殊的溶解性、易改变的密度、较低的黏度、较低的表面张力和较高的扩散性。利用这些独特的性能处理化学反应、化学工业、医药工业、食品工业、石油炼制及加工、材料科学、催化剂制备和催化反应、生物工程等方面的有关问题，已有先后不同的历史，这些应用可统称为超临界技术。

超临界技术在催化领域的研究和应用主要是气凝胶催化剂的制备和超临界条件下的催化反应和有关问题。超临界技术对于超细粉体的研制也是一种主要的方法。

在溶胶或凝胶干燥过程中，利用超临界流体干燥技术，可以消除表面张力和毛细管作用力，防止凝胶在一般干燥过程中发生的骨架塌陷，凝胶收缩、团聚、开裂，骨架遭到破坏等情况的发生。另外，气凝胶具有高表面积和孔体积，既可作催化剂载体，也是某些反应的良好催化剂。而某些混合金属氧化物气凝胶（或再经一些特殊处理后），则是很好的催化剂。多组分金属氧化物气凝胶催化剂的制备与单组分气凝胶的制备相似，不同的是用盐或醇盐（或酯）的混合物代替单一的盐或醇盐（或酯）为起始原料，也是用溶胶-凝胶法先制成水凝胶，然后经水凝胶-醇凝胶-气凝胶路线而获得最终产物。具有良好催化性能的氧化物气凝胶有 $SiO_2$、$Al_2O_3$、$ZrO_2$、$MgO$、$TiO_2$、$Al_2O_3-MgO$、$TiO_2-MgO$、$ZrO_2-MgO$、$Al_2O_3-NiO$、$Al_2O_3-Cr_2O_3$、$SiO_2-NiO$、$SiO_2-Fe_2O_3$、$ZrO_2-SiO_2$、$Ce_x-BaO_y-Al_2O_3$ 等。

### 9.7.7 原子层沉积技术

原子层沉积（ALD）也称为原子层外延生长（ALE），其原理是利用气相分子与固体表面官能团间的自消除反应在固体表面形成均匀单原子层结构化合物。原子层沉积一般采用易挥发的金属有机物作为沉积前驱体分子，所谓自消除反应是指前驱体分子与载体表面官能团（一般为羟基）发生类似缩合反应的过程。如钛酸四异丙酯 $[Ti(O^iPr)_4]$ 沉积在 $SiO_2$ 表面时，异丙氧与 $SiO_2$ 表面羟基反应脱除异丙醇。

$$|\!\!\!-Si\!-\!OH + Ti(O^iPr)_4 \longrightarrow |\!\!\!-Si\!-\!OTi(O^iPr)_3 + HO^iPr$$

随 Ti 物种在 $SiO_2$ 表面覆盖度增加，$SiO_2$ 表面羟基被消耗，而 $Ti-O^iPr$ 对 $Ti(O^iPr)_4$ 是反应惰性的，因此，原子层沉积的自消除反应特性使得金属（气相中的前驱体分子）在载体表面上的单原子层沉积成为可能。而从广义上讲，原子层沉积方法还包括后续的系列反应过程，初次沉积完成后，向反应体系内通入其他气体（如 $O_2$、$H_2O$、$NH_3$ 等）与沉积物继续反应，这一过程在固体表面重新形成具有反应活性的官能团（如上述 $SiO_2$ 表面沉积的钛物种与 $H_2O$ 反应），利用这些官能团可以进一步通过自消除反应再次进行原子层沉积过程，由此可以实现金属（或不同金属）在载体表面逐层沉积。

$$|\!\!\!-Si\!-\!OTi(O^iPr)_3 + xH_2O \longrightarrow |\!\!\!-Si\!-\!OTi(O^iPr)_{3-x}(OH)_x + xHO^iPr$$

ALD 广泛应用于负载型金属/金属氧化物催化剂制备。采用 ALD 技术制备负载型催化剂能够精确控制活性组分的组成、活性位密度以及粒子大小等，且易于实现活性组分在催化剂表面和孔道内的均匀分布。例如，将 $Al(CH_3)_3$ 和 $Zn(C_2H_5)_2$ 等易挥发的化合物沉积到多孔 $SiO_2$ 气溶胶孔道内，Al 和 Zn 物种可以穿透到几百微米深度的 $SiO_2$ 结构中，形成均匀沉积。

ALD 也常用于载体和催化剂表面的修饰。ALD 是一种投影式包覆技术，能在固体表面形成与基底具有相同拓扑结构的包覆，不会改变载体比表面积、孔道结构等。采用 ALD 在 $SiO_2$ 和 $Al_2O_3$ 等大比表面积的载体表面沉积 $TiO_2$、$ZrO_2$、$CeO_2$ 等，可以使新载体在基本保留基底孔道结构等物理性质的同时兼具沉积物的化学性质，为催化剂设计和性能调控提供了便利。例如，利用 ALD 技术在 $Al_2O_3$ 表面沉积 $TiO_2$ 或 $CeO_2$ 后再沉积 Pt，发现与未沉积 $TiO_2$ 和 $CeO_2$ 的催化剂相比，Pt 粒子的分散度明显提高，Pt 粒子大小由 $(3.4 \pm 2.6)$nm 减小到 $(2.1 \pm 0.5)$nm$(TiO_2)$ 和 $(1.6 \pm 0.4)$nm$(CeO_2)$。最近，采用 ALD 技术对负载金属催化剂进行修饰，通过在金属纳米粒子外包裹一层氧化物，抑制金属在高温处理和催化反应过程中的聚集，有效提高了催化剂稳定性。

## 9.7.8 冷冻干燥技术

冷冻干燥技术是将制品冻结到共晶点温度以下，充分冻结水分后，再在适当的温度和真空度下，利用升华原理去除产品中的水分，获得干燥制品的技术。由于冷冻干燥法可以直接从溶液中提取细小、分散均匀、不团聚的超细粉（包括纳米粉末），因此此技术在冶金、陶瓷材料科学中用来制取极细的粉状金属、合金及氧化物。以后，冷冻干燥法又逐渐应用于催化领域，用于制取高比表面积的催化剂，如 Ni-Co 氧化物催化剂、汽车尾气净化用的稀土复合氧化物催化剂、介孔碳及 $SiO_2$ 气凝胶等。冷冻干燥法制备催化剂具有的特点如下：

① 能制备粒子大小在 $10 \sim 500$nm 的极细粉催化材料；

② 产品组成十分均匀，最终产品与初始溶液的均匀性相同，可达分子程度；

③ 产品质量可由所用试剂纯度精确控制，由于不需要人或机器研磨，可避免产生污染；

④ 产品比表面积大。用常规法制取氧化物催化剂时，需采用高温焙烧工序，这会使催化剂比表面积下降。而冷冻干燥法因冰升华时留下细孔，在焙烧前已是十分均匀的多孔极细微粒，无需高温即可达到要求。由于焙烧温度降低，催化剂比表面积也就增大；

⑤ 冷冻干燥技术具有设备简单、操作简单、技术要求不高等优点。

尽管如此，冷冻干燥技术目前还存在以下不足之处：

① 利用冷冻干燥技术制备催化材料的研究工作在理论及工艺上还存在许多要解决的问题，如关于喷雾冷冻造粒过程中的气液两相流动雾化理论、雾滴喷入液氮时的急冷炸裂理论、冰珠超急速传热时应力的产生及分布理论等都还需进一步扩展；

② 在制备工艺上，由于不同材料性质和要求上的差别，适合于工业化生产的冷冻干燥过程的加热方式、防止粉体飞散的方法等问题还需进一步解决；

③ 目前主要限于实验室小规模试验阶段，存在着成本高、效率低的缺点。

冷冻干燥法制备催化剂的主要步骤包括：a. 原料配制。即按所期望制得的微粉或催化剂配制前驱体的溶液（通常为可溶性无机金属盐溶液）或胶体。b. 冷冻。冷冻的方法有两种，一种方法是利用雾化装置将溶液或溶胶喷吹雾化，雾化后的微小液滴直接进入液氮、干冰等低温物质中，被急冻成固体小颗粒；另一种方法是将溶液或胶体直接置于冷冻室内冷冻成固体。c. 升华。将冷冻得到的固体在减压条件下进行冷冻干燥，使溶剂升华，溶质析出。d. 热分解、焙烧。将升华干燥产物在一定温度下热分解、焙烧即可制得金属氧化物微粉或催化剂。

## 9.7.9 膜技术

目前，不少高新技术的开发、应用都要借助膜的合成，催化反应过程也不例外。在膜催化反应装置中，无论是直接作为催化剂或作为分离介质，或者两者功能兼具的组件，都必须用到膜材料。因此，成膜技术与膜催化剂的制备和膜催化反应有着密切关系。

多相催化反应一般是在较高温度（大于200℃）下进行，能够适应这一条件的膜材料多为金属、合金和无机化合物，所以这里讲的成膜技术主要是指这些膜的制备。按成膜材料是否具有孔性质可分为致密材料和微孔材料两类。致密材料包括金属材料和氧化物电解质材料，它们是无孔的，由之形成的膜属于致密膜。微孔材料包括多孔金属、多孔陶瓷、分子筛等，由它们形成的膜属于多孔膜。致密膜和多孔膜分别用于不同的膜催化反应场合。

下面主要介绍一些有工业应用前景的成膜技术。

**（1）固态粒子烧结法**

此法是将无机粉料微小颗粒或超细粒子与适当的介质混合，分散形成稳定的悬浮物。成型后制成生坯，再经干燥，然后在高温（1000～1600℃）下烧结处理。这种方法不仅可以制备微孔陶瓷膜或陶瓷膜载体，也可用于制备微孔金属膜。

**（2）溶胶-凝胶法**

关于溶胶-凝胶法在前面已有介绍，这里要补充的是成膜方法，主要是浸涂制膜。浸涂就是用适当的方式使多孔基体表面和溶胶相接触。在基体毛细孔产生的附加压力作用下，溶胶有进入孔中的倾向；当其中的介质水被吸入孔道内时，胶粒流动受阻在表面截留、增浓、聚结，而形成一层凝胶膜。

浸涂通常有浸渍提拉和粉浆浇注两种方法。前者是将洁净的载体（多数为片状）浸入溶胶中，然后提起拉出，让溶胶自然流淌成膜。后者是将多孔管子垂直放置倒满溶胶后，保留一段时间再将其放掉。溶剂（在这里是水）被载体吸附于多孔结构上，水的吸附速率是溶胶黏度的函数。如果溶胶的黏度过高（大于 $0.1Pa \cdot s$），则浸涂层的厚度会造成从管子的顶部到底部的不均匀；反之，黏度太低（小于 $0.1Pa \cdot s$），则全部溶胶都被吸附于载体上。

**（3）薄膜沉积法**

薄膜沉积法是用溅射、离子镀、金属镀及气相沉积等方法，将膜料沉积在载体上制造薄膜的技术。薄膜沉积过程大致分两个步骤：一是膜料（源物种）的气化，二是膜料的蒸气依附于其他材料制成的载体上形成薄膜。例如，溅射镀膜是在低气压下，让离子在强电场的作用下轰击膜料，使表面原子相继逸出，沉积在载体上形成薄膜。在溅射过程中膜粒没有相态变化，化合物的成分不会改变，溅射材料粒子的动能大，能形成致密、附着力强的薄膜。

**（4）阳极氧化法**

阳极氧化法是目前制备多孔 $Al_2O_3$ 膜的重要方法之一。该方法的特点是，制得的膜的孔径是同向的，几乎互相平行并垂直于膜，这是其他方法难以达到的。

阳极氧化过程的基本原理是：以高纯度的合金箔为阳极，并使一侧表面与酸性电解质溶液（如草酸、硫酸、磷酸）接触，通过电解作用在此表面上形成微孔 $Al_2O_3$ 膜，然后用适当方法除去未被氧化的铝载体和阻挡层，便得孔径均匀、孔道与膜平面垂直的微孔 $Al_2O_3$ 膜。

**（5）水热法**

水热法主要用于分子筛膜的合成。从广义上讲，分子筛膜分为三类：①分子筛填充有机聚合物膜，例如将事先合成好的硅分子筛、生胶和交联剂充分混合后，在有机玻璃板上浇铸成膜，保持一定温度和时间以保证充分交联，制得硅橡胶分子筛膜；②非担载分子筛膜（自支撑膜）；③担载分子筛膜，其一般由三层结构构成：多孔载体、过渡层和活性分离层。这是研究最为集中的类型。随着分子筛合成技术的发展，除通常的水热合成法外，相继出现了澄清溶液中分子筛合成法、气相合成法、微波合成法等新方法，它们都各有优点。相应地这些新技术也可应用于担载分子筛膜的合成。然而当前较普遍采用的还是原位水热合成法。

## 9.8　催化剂的成型

催化剂成型也是制备催化剂的关键步骤之一，对于固体催化剂，不管其以何种方法制备，最终要以不同形状和尺寸的颗粒在工业催化反应器中应用。催化剂的形状对催化剂的机械强度、活性和寿命等有重要影响。催化剂颗粒大小和形状应根据原料性质和反应床层的需要决定。常用的反应床层为固定床和流化床，其他尚有移动床和悬浮床。工业上，固定床使用柱状、片状及球状等直径大于 4mm 的催化剂，流化床使用直径为 $20\sim150\mu m$ 的球形催化剂，移动床催化剂颗粒直径为 $3\sim4mm$。悬浮床催化剂颗粒最小，直径为 $1\mu m\sim1mm$。除柱状、片状、球状外，催化剂还有粉状、环状、膜状及网状等。

催化剂的成型是各类粉体、颗粒、溶液或熔融原料在一定外力作用下互相聚集，制成具有一定形状、大小和强度的固体颗粒单元操作过程。

### 9.8.1　成型工艺概述

早期的催化剂成型方法，是将块状物质破碎，然后筛分出适当粒度的不规则形状的颗粒。这样制得的催化剂，因其形状不定，在使用时易产生气流分布不均匀的现象。同时大量被筛下的小颗粒甚至粉末状物质不能被利用，也造成浪费。随着成型技术的发展，许多催化剂大都改用其他成型方法，但也有个别催化剂因成型困难目前仍沿用这种方法，如合成氨用熔铁催化剂、加氢用的骨架金属催化剂等。

催化剂的形状必须服从使用性能的要求；而催化剂的形状和成型工艺，又反过来影响着催化剂的性能。加工不同形状的催化剂，有不同的成型设备和成型方法。有时同一形状也可选用不同的成型方法。从不同的角度出发，可以对成型方法进行不同的分类。例如，从成型的形式和机理出发，可以把成型方法分为自给造粒成型（滚动成球等）和强制造粒成型（如压片与压环、挤条、滴液、喷雾等）。

成型方法的选择主要考虑两方面因素：①成型前物料的物理性质；②成型后催化剂的物理、化学性质。无疑，后者是重要的。当两者有矛盾时，大多数情况下，宁可去改变前者，而尽可能照顾后者。

从催化剂使用性能的角度，应考虑到下列因素的影响：催化剂颗粒的外形尺寸影响到气体通过催化剂床层的压力降 $\Delta p$，$\Delta p$ 随颗粒当量直径的减少而增大；颗粒的外形尺寸和形状影响到催化剂的孔径结构（孔隙率、孔径结构、比表面积），从而对催化剂的容积活性和选择性有影响；某些强制造粒成型方法，如压片或挤条，有时能使物料晶体结构或表面结构发生变化，从而影响到催化剂物料的本征活性和本征选择性。这种情况下，成型对催化剂性能的影响，常常是机械力和温度的综合作用，因为成型时摩擦力极大，被成型物料往往瞬间有剧烈的温升。

催化剂需要适当的机械强度，以适应诸如包装、运输、贮存、装填等操作的要求，以及使用过程中的一些特殊要求，如操作中改变反应气体流量时的突然压降变化和气流冲击等。催化剂的机械强度与物料性能有关，也与成型方法有关。当催化剂在使用条件下的机械强度是薄弱环节，而改变物料成型前的物料性质又有损于催化剂的活性或选择性时，压片成型常是较可靠的增强机械强度的方法。必要时，在催化剂（或载体）配力中增加黏结剂，或在催化剂（或载体）的制备工艺中增加烧结工艺，也是提高催化剂强度的常用方法。

## 9.8.2 成型对催化剂性能的影响

成型的作用是提供适宜形状、大小和优良机械强度的催化剂颗粒,能与相应的催化反应和反应器匹配,使催化剂充分发挥其催化性能。工业催化剂的形状见表 9-5 和图 9-13。

表 9-5　各种工业催化剂的形状

| 形状类别 | 反应床 | 代表形状 | 直径/mm | 典型图 | 成型机 | 提供原料 |
|---|---|---|---|---|---|---|
| 片状 | 固定床 | 圆柱 | 3~10 | 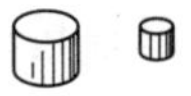 | 压片机 | 粉料 |
| 环状 | 固定床 | 环状 | 10~20 | 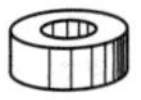 | 打片机 | 粉料 |
| 球状 | 固定床 移动床 | 球状 | 5~25 |  | 造粒机 | 粉料浆料 |
| 挤出品 | 固定床 | 圆柱状 | (0.5~3)×(10~20) |  | 挤出成型机 | 浆料 |
| 特殊形状 挤出品 | 固定床 | 三叶形 四叶形 | (2~4)×(10~20) |  | 挤出成型机 | 浆料 |
| 球粒状 | 固定床 移动床 | 小型球粒 | 0.5~5 |  | 油中球状成型机 | 溶胶 |
| 微球 | 流化床 | 微球状 | (20~200)×10⁻³ |  | 喷雾干燥机 | 溶胶,淤浆 |
| 颗粒 | 固定床 | 不定形 | 2~14 |  | 粉碎机 | 团块 |
| 粉末 | 悬浮床 | 不定形 | (0.1~80)×10⁻³ |  | 粉碎机 | 团块 |

(a) 七筋车轮形　(b) 拉西环形　(c) 四孔形　(d) 七孔形

(e) 五筋车轮形 (f) 外齿轮形 (g) 内齿轮形 (h) 梅花形 (i) 多孔梅花形

(j) 蜂窝形　　(k) 七孔球形　　(l) 无孔外齿轮形　　(m) 四叶蝶形

图 9-13　若干固定床催化剂的形状

形状、尺寸不同，甚至催化剂表面的粗糙程度不同，都会影响到催化剂的活性、选择性、强度、阻力等性能。一般而言，最核心的影响是对活性、床层压力降和传热这三个方面的影响。改变各种催化剂形状的关键问题，是在保证催化剂机械强度以及压降允许的前提下，尽可能地提高催化剂的表面利用率，因为许多工业催化反应是内扩散控制过程，单位体积反应器内所容纳的催化剂外表面积越大，则活性越高。最典型的例子是烃类水蒸气转化催化剂的异形化，即由多年沿用的传统拉西环，改为七孔形、车轮形等"异形转化催化剂"。异形化的结果是，催化剂的化学性质和物理结构不加改动，就可以使得其活性提高，压降减小，而且传热改善。这不失为一条优化催化剂性能的捷径。典型数据见表9-6。

**表 9-6　传统拉西环与车轮状转化催化剂性能的比较**

| 形状 | 尺寸/mm | 相对热传递 | 相对活性 | 相对压力降 |
|---|---|---|---|---|
| 传统拉西环 | $\phi16\times6.4\times16$ | 100 | 100 | 100 |
| 车轮状 | $\phi17\times17$ | 126 | 130 | 83 |

除转化催化剂外，还有甲烷化催化剂及硫酸生产用催化剂的异形化、氨合成催化剂的球形化等，都有许多新进展。比如，我国炼油加氢用的四叶蝶形催化剂，具有粒度小、强度高和压降低等优点，特别适用于扩散控制的催化过程。但目前在固定床催化剂中，圆柱形及其变体、球形催化剂仍使用最广。

目前，工业上常用的反应器有四种类型：固定床、流化床、悬浮床及移动床。催化剂成型颗粒的形状及大小，一般是根据制备催化剂的原料性质及工业反应器的要求确定。

① 固定床用催化剂。要求催化剂的强度、粒度允许范围较大，可以在比较广的界限内操作。因此，固定床反应器常采用片状、球状以及圆柱状等各种形状催化剂。

② 流化床用催化剂。为了保持稳定的流化状态，催化剂必须具有良好的流动性能，所以，常采用直径 $20\sim150\mu m$ 或更大直径的微球颗粒。

③ 悬浮床用催化剂。为了在反应时使催化剂颗粒在液体中易悬浮循环流动，通常采用微米级甚至毫米级的球形颗粒。

④ 移动床用催化剂。由于催化剂需要不断移动，机械强度要求更高，形状通常为无角的小球。常用直径 $3\sim4mm$ 或更大的球形颗粒。

### 9.8.3　成型助剂

成型过程中根据粉体性能，常添加少量的某些物质，以改善成型粉体的黏着性、凝集性，达到满意的成型效果。这些物质称为成型助剂，它分为黏结剂、润滑剂、孔结构改性剂。这些物质起到提高催化剂强度，降低成型时物料内部或物料与模具之间的摩擦力，以及改进孔结构的作用。

**(1) 黏结剂**

黏结剂的主要作用是增加催化剂的强度，一般分为三类：基体黏结剂、薄膜黏结剂及化学黏结剂。见表9-7。

表 9-7　黏结剂的分类与举例

| 基体黏结剂 | 薄膜黏结剂 | 化学黏结剂 | 基体黏结剂 | 薄膜黏结剂 | 化学黏结剂 |
|---|---|---|---|---|---|
| 沥青 | 水 | $Ca(OH)_2 + CO_2$ | 干淀粉 | 树胶 | $HNO_3$ |
| 水泥 | 水玻璃 | $Ca(OH)_2$ + 糖蜜 | 树胶 | 皂土 | 铝溶胶 |
| 棕榈蜡 | 塑料树脂 | $MgO + MgCl_2$ | 聚乙烯醇 | 糊精 | 硅溶胶 |
| 石蜡 | 动物胶 | 水玻璃 + $CaCl_2$ | | 糖蜜 | |
| 黏土 | 淀粉 | 水玻璃 + $CO_2$ | | 乙醇等有机溶剂 | |

① 基体黏结剂。基体黏结剂填充于成型物料空隙中,一般情况下成型物料空隙体积为总体积的 2%～10%,黏结剂用量应能占满这种空隙。在成型时,足以包围粉粒表面不平处,增大可塑性,提高粒子间的结合强度,同时兼有稀释及润滑作用,减少内摩擦作用。

② 薄膜黏结剂。薄膜黏结剂多数为液体,它呈薄膜状覆盖在原料粉体粒子表面上,成型后经干燥而增加成型产品的强度。其用量一般为原料粉体的 0.5%～2%,可使物料表面达到适当的湿度。

③ 化学黏结剂。化学黏结剂的作用是借助它的组分之间发生化学反应或黏结剂与物料之间发生化学反应,从而增加物料粒子间的黏结强度。

无论选用哪种黏结剂,都必须能润湿物料的颗粒表面,具备足够的湿强度,而且不会污染催化剂产品,在干燥或焙烧过程中可挥发或被分解掉。

**(2) 润滑剂**

为了使粉体层承受的压力很好地传递,成型压力均匀及产品容易脱膜,并使壁和壁之间摩擦系数变小,需添加润滑剂。常用成型润滑剂见表 9-8。

表 9-8　常用成型润滑剂

| 液体润滑剂 | 固体润滑剂 | 液体润滑剂 | 固体润滑剂 |
|---|---|---|---|
| 水 | 滑石粉 | 硅树脂 | 二硫化钼 |
| 润滑油 | 石墨 | 聚丙烯酰胺 | 干淀粉 |
| 甘油 | 硬脂酸 | | 田菁粉 |
| 可溶性油和水 | 硬脂酸镁或其他硬脂酸盐 | | 石蜡 |

**(3) 孔结构改性剂**

在成型中加入少量孔结构改性剂可改善孔结构。例如,氢氧化铝干胶粉在成型的混捏过程中常加入少量(通常为 1%左右)表面活性剂,包括阳离子型、阴离子型、非离子型和两性型表面活性剂。适合的阳离子型表面活性剂包括长链伯、仲、叔胺的盐类(如十八铵盐、十七铵盐等);适合的阴离子型表面活性剂包括羟乙基磺酸钠的油酸酯、羟乙基磺酸钠的椰油酸酯等;适合的非离子型表面活性剂包括脂肪族链烷醇酰胺,如二乙醇胺的月桂酸酰胺等;适合的两性型表面活性剂包括 N-3-羧基丙基十八胺钠盐等。

## 9.8.4　几种重要的成型方法

**(1) 压缩成型**

压缩成型是将载体或催化剂的粉体放在一定形状、封闭的模具中,通过外部施加压力,使粉体团聚、压缩成型的方法。适用于由沉淀法得到的粉末中间体的成型、粉末催化剂或粉末催化剂与水泥等黏结剂的混合物的成型。也适于浸渍法用载体的预成型。一般压制圆柱状、拉西环状等常规形状催化剂片剂，也用于齿轮状等异形片剂的成型。

压片成型法制得的产品，具有颗粒形状一致、大小均匀、表面光滑、机械强度高等特点，适用于高压高流速的固定床反应器。其主要缺点是生产能力较低，设备较复杂，直径<3mm的片剂（特别是拉西环）不易制造，成品率低，冲头、冲模磨损大因而成型费用较高等。

常用的成型设备是压片（打片）机或压环机。压片机的主要部件是若干对上下冲头、冲模，以及供料装置、液压传输系统等。待压粉料由供料装置预先送入冲模，经冲压成型后，被上升的下冲头排出。压片机的工作过程如图9-14所示。

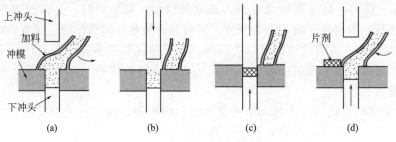

图9-14　压片机的工作过程

### （2）挤出成型

挤出成型是将催化剂粉料和适量水分或黏合剂，经充分混合、捏和后，然后将湿物料送至带有多孔模板的挤出机中，粉料经挤出机构被挤压入模板的孔中，并以圆柱形或其他不规则形状的挤出物挤出，在模板外部离模面一定距离处装有刀片，将挤出物切断成适当长度。该法能获得直径固定、长度范围较广的催化剂成型产品，是十分常用的催化剂成型方法。它主要用于塑性好的胶泥状物料如铝胶、硅胶、盐类和氢氧化物的成型。

与压缩成型法相比较，挤出成型法所得产品的机械强度比压片法差，断面角易粉化。它具有成型能力大、生产费用低的优点，允许成型产品长度不齐，尤其在生产低压、低流速反应所用催化剂时比较适用，并能生产出压片法难以生产的粒径为1～3mm的颗粒。

常用的挤出机有活塞式及螺旋式两种类型。前者是间歇式的，后者不但操作连续，而且挤出的物料结实、密度大。螺旋挤条机（单螺杆）的结构示意图见图9-15。

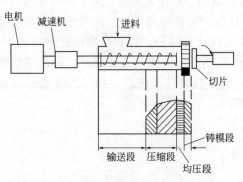

图9-15　单螺杆挤条机结构示意图

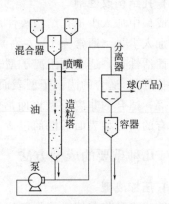

图9-16　油中成型的原理

**（3）油中成型**

油中成型是利用溶胶在适当的 pH 值和浓度下凝胶化的特性，把溶胶以小滴形式滴入矿物油等介质中，由于表面张力的作用而形成球滴，球滴凝胶化形成小球，将此凝胶小球老化、洗涤、干燥、焙烧而制得产品的方法。油中成型法利用凝胶化的特性，它只对具有凝胶性质的铝胶、硅胶及硅铝胶等一些特殊物料适用。

例如，先将一定 pH 值及浓度的硅溶胶或铝溶胶喷滴入加热了的矿物油柱中，由于表面张力的作用，溶胶滴迅速收缩成珠，形成球状凝胶。常用的油类是相对密度小于溶胶的液体烃类矿物油，如煤油、轻油、轴润滑油等。得到的球形凝胶经油冷硬化，再水洗干燥，并在一定的温度下加热处理，以消除干燥引起的应力，最后制得球状硅胶或铝胶。微球的粒度为 $50\sim500\mu m$，小球的粒度为 $2\sim5mm$，表面光滑，有良好的机械强度。油中成型的原理见图 9-16。

**（4）喷雾成型**

喷雾成型是应用喷雾干燥的原理，将悬浮液或膏糊状物料制成微球形催化剂。通常采用雾化器将溶液分散为雾状液滴，在热风中干燥而获得粉状成品。主要用于生产粉状、微球状产品，该类产品适用于流化床反应器。喷雾法的主要优点是：①物料进行干燥的时间短，一般只需要几秒到几十秒。由于雾化成几十微米大小的雾滴，单位质量的表面积很大，因此水分蒸发极快；②改变操作条件，选用适当的雾化器，容易调节或控制产品的质量指标，如颗粒直径、粒度分布等；③根据要求可以将产品制成粉末状产品，干燥后不需要进行粉碎，从而缩短了工艺流程，容易实现自动化和改善操作条件。喷雾成型工艺过程见图 9-17。

**（5）转动成型**

转动成型是将催化剂粉料和适量水（或黏合剂）送至转动的容器中，粉体微粒在液桥和毛细管力作用下团聚在一起，形成微核，在容器转动所产生的摩擦力和滚动冲击作用下，不断地在粉体层回转、长大，最后成为一定大小的球形颗粒而离开容器。可用于生产直径 $2\sim3mm$ 至 $7\sim8mm$ 的球形催化剂。转动成型处理量大，设备投资少，运转率高，但颗粒密度不高，难以制备粒径较小的颗粒，且操作时粉尘较大。转动成型设备的结构基本相同。典型设备有转盘式造粒机，其结构示意图如 9-18 所示。

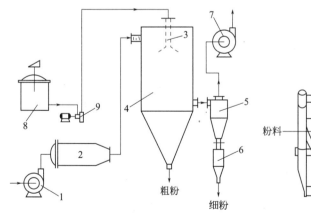

图 9-17　喷雾成型工艺过程
1—送风机；2—热风炉；3—雾化器；4—喷雾成型塔；
5—旋风分离器；6—集料斗；7—抽风机；8—浆液罐；9—送料泵

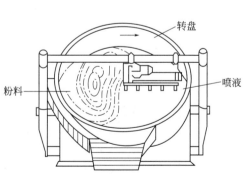

图 9-18　转盘式造粒机结构示意图

1. 简述催化剂的制备特点。

2. 固体催化剂常用的制备方法有哪些？

3. 简述沉淀物形成的过程。

4. 什么是沉淀物的老化？老化的作用是什么？

5. 简述沉淀法制备催化剂的工艺过程，影响沉淀形成的因素。

6. 沉淀法有哪些类型？沉淀剂的选择原则是什么？

7. 沉淀法制备催化剂母体时，为了获得均匀沉淀，可以采取哪些方法控制溶液的pH 值。

8. 简述浸渍法制备催化剂的基本原理及其一般工艺过程。

9. 制备 $Pt/Al_2O_3$ 催化剂时，采用什么方法可以使 Pt 更多地分散在载体的孔内？

10. 简述常用的浸渍工艺及其优缺点。

11. 对负载型催化剂，提高还原速率可以增大晶核的生成速率，有利于获得高分散度的金属微晶。在实际操作中，采用哪些方法可以提高还原速率？

12. 试分别解释混合法、热熔融法和离子交换法。

13. 催化剂制备的新技术有哪些？

14. 什么是催化剂成型？工业催化剂有哪些重要的成型方法？

15. 简述成型助剂的类型和作用。

16. 简述压缩成型、挤出成型、油中成型、喷雾成型和转动成型的工作原理。

# 第 10 章

# 工业催化剂的使用

## 10.1 催化剂的装填

### 10.1.1 催化剂筛分与装填

**（1）催化剂过筛**

新出厂的催化剂已经过严格过筛，粒度大小符合用户要求。但由于运输过程中包装桶受到各种冲击，会产生一些碎粉，所以在装填前，特别是固定床催化剂在运输过程中产生过多细粉时，通常要进行过筛处理。简单的过筛方法是将催化剂通过一个由适当大小网眼制成的倾斜溜槽，或者是在催化剂倒入装料斗时用压缩空气喷嘴将细粉吹掉，也可使用简单的人工过筛。一般不再使用振动筛，因为强烈振动及摩擦会造成催化剂更多的破碎及损失。如果运输距离短、碰撞不多时，装填前可不必再筛分。

**（2）催化剂装填**

催化剂装填工作非常重要，装填好坏对催化剂床层气流的均匀分布与否、床层压降以及能否有效地发挥催化剂效能有重要作用。除前述过筛外，在装填前要认真检查催化剂支撑箅条或金属支网，因为这方面的缺陷在装填后很难矫正。

装填固定床催化剂时，要注意两个问题：一是要避免催化剂从高处（不应小于或等于0.6～1m）落下造成破损，二是装填一定要分布均匀。否则，如果在装填时造成严重破碎或出现不均匀情况，则会造成反应器断面各部分颗粒大小不均，小颗粒或粉尘集中的地方空隙率小、阻力大；大颗粒集中的地方空隙率大、阻力小，气体就更多地从该处通过，致使气流分布不均，影响催化剂利用率。理想的装填常采用装有加料斗的布袋，加料斗架于人孔外面，当布袋装满催化剂时，便缓缓提起使催化剂有控制地流进反应器，并不断移动布袋以防止总是卸在同一地点，移动时应避免布袋纽结，催化剂每装一层布袋就要缩短一段，直到催化剂装满为止。也可使用金属管代替布袋，这样更易于控制方向，更适合装填密度大、磨损较严重的催化剂（如合成氨 Fe 系催化剂）。另一种装填方法叫绳斗法，斗的底部有一活动开口，上部则有双绳装置，一根绳子吊起料斗，另一根绳子控制下部开口，当料斗装满催化剂后，吊绳向下移动使料斗到达反应器底部，再放松另一根绳子松开活动开口，催化剂即能从斗流出。此外，装填这一类反应器也可用人工使用小桶或塑料袋将催化剂逐一递进反应器内，小心倒入并分散均匀。催化剂装填好后，在催化剂床顶要安放固定栅条或一层重的惰性物质，以防止高速气流引起催化剂移动。

对于固定床列管式反应器，有的列管高达 10m。装填催化剂时，催化剂不能直接从高处落下加到管中，这样会造成催化剂大量破碎，易形成"桥接"现象，使床层形成空洞，出现沟流，不利于催化反应，严重时会造成管壁过热。因此，装填要特别小心，管内装填可采用"布袋法"或"多节杆法"。前者是在一个直径比管子直径稍小的细长布袋内装入催化剂，布袋顶端系一绳子，底端折起 30cm 左右，将折叠处朝下放入管内，当布袋落入管底时轻轻抖动绳子，折叠处受管内催化剂冲击自行打开，催化剂便慢慢堆放在管中，如天然气蒸汽转化一段转化炉就用此法装填。反之则是采用多节杆顶住管底的箅条板，然后将其推举到管顶，倒入催化剂抽去短杆，箅条慢慢落下时催化剂就不断加入，直到箅条落到原来管底的位置。为检查每根管的装填量是否相同，催化剂在装填前应称重；为防止"桥接"，在装填过程中应定时振动管子，装填后应仔细测量催化剂的料面，以确保在操作条件下管子的全部加热长度均有催化剂；最后，对每根管子应进行压降测试，控制每根管子压降相对误差<5%，以保证在生产运行中各根管子气量分配均匀。

## 10.1.2　开停车及钝化

### （1）开车

若催化剂为点火开车，应先用纯 $N_2$ 或惰性气体置换整个系统，然后用气体循环加热到一定温度，再通入工艺气体或还原性气体。对于某些催化剂，还必须通入一定量蒸汽进行升温还原。当催化剂不采用工艺气体还原时，应在还原后期逐步加入工艺气体。如合成甲醇催化剂，常用 $H_2$ 和 $N_2$ 混合气还原，然后逐步换入工艺气体。若是停车后再开车，催化剂只是表面钝化，可用工艺气直接升温开车，不再需要长时间的还原操作。

### （2）停车及钝化

临时性短期停车，只需关闭催化反应器的进出口阀门，保持催化剂床层温度，维持系统正压即可。当短时停车检修时，为防止空气漏入引起催化剂剧烈氧化，可采用氮封，氮封时严禁操作人员进入反应器。停车期间若床层温度不低于催化剂起燃温度，可直接开车，否则需开加热炉用工艺气体升温。

当系统停车时间较长，使用的催化剂又是具有活性的金属或低价金属氧化物时，为防止催化剂氧化，放热烧坏催化剂和反应器，就要对催化剂进行钝化处理。用含有少量 $O_2$ 的 $N_2$ 或 $H_2O(g)$ 处理，使催化剂缓慢氧化，$N_2$ 或 $H_2O(g)$ 作为热载体带走热量，逐步降温。钝化操作的关键是通过控制适宜的配氧浓度来控制催化床层温度，开始钝化时 $O_2$ 浓度宜小些，在床层无明显升温时才逐渐提高氧含量。

对于更换催化剂停车，应包括催化剂降温、氧化和卸出几个步骤。先将催化剂床层降到一定温度，用惰性气体或过热蒸汽置换床层，并逐步配入空气进行氧化，氧化温度应低于正常操作温度，空气量要逐步加大。当床层进出口空气中氧含量不变时，氧化即结束，将反应器温度降至<50℃。有些床层采用惰性气体循环降温，催化剂可不氧化。当温度降到<50℃时，加入少量空气，观测温度是否上升，若无则可加大空气量吹一段时间，再打开人孔卸出催化剂。

## 10.2 催化剂的活化

活化是将催化剂经化学处理，使其转化为催化反应所需要的活性物相和结构等。根据催化剂和催化反应的不同，活化方式可分为还原活化、硫化活化和氧化活化。

### 10.2.1 还原活化

催化剂在反应中要求有高活性，但在贮运过程中为稳定和安全起见，要求呈非活性状态，故相当多的催化剂在出厂时是以高价氧化物形态存在，无催化活性。催化剂装入反应器后，在使用前先要用还原性气体还原成为活性的金属或低价氧化物。事实上，还原活性是催化剂制备的最后一个步骤。还原操作正确与否将直接影响催化剂的使用性能。

**(1) 还原活化的影响因素**

① 还原温度　每一种催化剂都有特定的开始还原温度、最快还原温度及最高允许还原温度。从化学平衡的角度来看，如果催化剂的还原是一种吸热反应，提高温度，有利于催化剂还原。如合成氨催化剂，通常是以 $Fe_3O_4$ 的形式供货，使用时必须将 $Fe_3O_4$ 还原为金属 $Fe$，一般是用合成气或 $H_2$ 按下述反应式还原：

$$Fe_3O_4 + 4H_2 \longrightarrow 3Fe + 4H_2O - 142kJ$$

这是一个可逆的吸热反应，升高温度，平衡向右移动，有利于催化剂还原，升高温度还有利于加快反应速率。估算表明，对颗粒为 $200 \sim 300$ 目的合成氨催化剂还原时，在 485℃ 时，只需几十小时就可达到 100% 还原度；在 450℃ 还原则需 100 天才能达到 100% 还原度；如果温度低于 400℃，则需 10 年时间。显而易见，温度升高可以大大缩短还原时间。但温度过高，容易引起催化剂微晶烧结、比表面积下降、活性下降。合成氨催化剂在 550℃ 以上操作时活性就会损失，所以还原时要求维持温度 $<500$℃。

相反地，如果还原是放热反应，升高温度就不利于彻底还原，要注意控制温度。例如，CO 低温变换用的 CuO-ZnO 催化剂还原时，CuO 还原热达到 88kJ/mol。还原时会放出大量热量，而 Cu 又对温度十分敏感，极易烧结，这就要求严格控制还原温度。温度高于 280℃ 会很快发生烧结而引起比表面积和活性损失，通常认为最高操作温度 250℃，催化剂还原温度 $\leqslant 230$℃。用 $N_2$ 等惰性气体稀释还原气体，降低还原气体的氢含量，使催化剂有控制地缓慢加热还原。

② 还原气体组成及空速　催化剂多用 $H_2$ 还原，采用不同种类气体还原所得效果也会不同。例如，用 Cu 箔反复氧化和还原制备的 Cu 催化剂时，分别用 $H_2$ 和 CO 还原 CuO 制得的两种金属 Cu，使用 $H_2$ 还原的催化剂活性要优于使用 CO 还原的催化剂活性。原因是 $H_2$ 的导热率远大于 CO，使用 $H_2$ 作还原剂比较容易散热，减少了催化剂再结晶引起的比表面积下降。

还有一种还原气，因组成含量或分压不同，还原后催化剂的性能也不同。一般还原过程对还原气的组成要求都十分严格而且比较复杂。在用 $H_2$ 还原时，对一些催化剂可以用含有 CO、$H_2O(g)$ 的 $H_2$，如变换催化剂的还原；而用 $H_2$ 还原合成氨催化剂时，则要控制水蒸气、CO 的含量。重整催化剂对于蒸汽要求则更加严格。尤其是双金属重整催化剂还原时要采用"干氢"，也就是在还原时要求严格控制 $H_2$ 中水汽含量，因为 $H_2$ 中水汽高时，会使催化剂上的氯容易流失、酸功能下降、活性组分分散度变坏，造成催化剂活性损失。

还原气的空速及压力也能影响催化剂还原质量。催化剂还原从颗粒的外表面开始，然后向内扩散，如还原 $H_2$ 的空速越大，即流过催化剂的 $H_2$ 量也越大，使气相中水汽浓度降低，从而加快还原时生成的水从颗粒内部向外部的扩散速度，减少水汽效应，提高还原速度，有利于还原反应完全。还原气体的压力能改变还原速度，对分子数减少的还原反应，压力变化还会影响还原反应的平衡移动方向，提高压力可以提高催化剂的还原度。

③ 催化剂组成和颗粒度　催化剂的组成与催化剂的还原行为有关。载体负载的氧化物比纯氧化物料所需的还原温度要高些。如负载于载体的 NiO 比纯粹的 NiO 显示出较低的还原性。金属含量较高的负载型催化剂，在由氧化物还原金属的过程中会使强度降低。当焙烧后催化剂中可以还原的组分体积分数<50％时，其结构是一连续整体；当可还原性组分体积分数>50％时，催化剂的结构是由可还原组分和载体共同构成，它在还原时会出现明显裂痕而使强度下降。

粒状催化剂的粗细也影响还原效果。在还原过程中，无论扩散控制或化学反应控制，颗粒度都会对还原过程发生影响。如对合成氨催化剂还原时，粒度为 0.6~1.2mm 的催化剂还原所得催化剂相对活性为100％，若改用粒度为 6.7~9.4mm 的催化剂，则只有20％左右的相对活性。显然，小粒度催化剂还原后活性高。这是由于在催化剂床层压力降许可的情况下，使用颗粒细的催化剂，可以减轻水分对催化剂的反复氧化、还原作用，从而减轻水分的毒化作用。颗粒越大，上述反复氧化-还原作用越严重，活性下降越严重。

**（2）还原活化方式**

催化剂还原通常在反应器内进行（器内还原）。然而，有的催化剂因还原过程漫长，占用反应器生产时间；或者需要特殊的还原条件才能获得最好的还原质量；或者还原与使用条件差距过大，器内还原无法进行，要求在专业设备内预先还原并稍加钝化（器外预还原）。因此，催化剂生产厂对催化剂进行预还原并稍加钝化，即得到预还原催化剂产品，用户在使用前略经活化就能投料生产。这样既能满足用户对质量、时间等方面的要求，又能保证产品贮运、装填等安全操作。氨合成熔 Fe 催化剂就是采用器外预还原。器外预还原操作的优点有：缩短非生产时间；提高催化剂还原质量；提高催化剂在反应器内的装填量，强化生产。

## 10.2.2　硫化活化

硫化活化主要用于过渡金属加氢催化剂，使其活性中心从氧化态转变成具有较高活性的硫化态；而 Pt 或 Pt-Re 重整催化剂的硫化，则是钝化部分活性位，即抑制催化剂的氢解性能和深度脱氢性能，使活性中心更稳定。下面以加氢催化剂为例来说明硫化活化。

**（1）预硫化原理**

预硫化加氢催化剂，就是使其活性组分在一定温度下与 $H_2S$ 作用，由氧化物转变为硫化物。如 Co-Mo、Ni-Mo 催化剂的预硫化：

$$3NiO + H_2 + 2H_2S \longrightarrow Ni_3S_2 + 3H_2O$$
$$MoO_3 + H_2 + 2H_2S \longrightarrow MoS_2 + 3H_2O$$
$$CoO + H_2S \longrightarrow CoS + H_2O$$

这些反应都是速度快的放热反应。循环气中 $H_2S$ 体积分数>0.5％时，可形成 $Ni_6S_5$ 或 NiS，后者在加氢条件下转化为 $Ni_3S_2$。Co-Mo 体系催化剂的活性组分是 $Co_9S_8$ 和 $MoS_2$ 的结合形式即所谓钼酸钴，表现出 Co 对 Mo 的协同效应。

催化剂预硫化用的硫化剂有 $H_2S$ 或能在硫化条件下分解成 $H_2S$ 的 $CS_2$、二甲二硫醚等，其中 $CS_2$ 最便宜且应用较多。用 $CS_2$ 进行硫化容易控制，但其燃点低（约124℃），有毒和运输困难，使用时必须采取预防措施。用 $CS_2$ 加到反应器内与 $H_2$ 反应生成 $H_2S$ 和 $CH_4$。

**（2）预硫化的影响因素**

催化剂硫化效果取决于硫化条件，即温度、时间、$H_2S$ 分压、硫化剂浓度和种类等，其中温度影响大。预硫化最佳温度是 $280\sim300℃$，在这个温度范围内催化剂吸硫效果最好。要求预硫化温度 $\leqslant320℃$，高于此温度时金属氧化物有被加热氢还原的可能。一旦出现金属态，硫化速度就非常慢；$MoO_3$ 还原成金属 Mo 后，还能引起 Mo 烧结、聚集，使活性表面缩小。若加氢精制仅限于石脑油或轻馏分的加氢脱硫，则活性组分的预硫化可以在操作过程中逐渐进行。具体做法是，在装置吹扫后，$H_2$ 在催化剂床层内循环至温度达到 $280\sim300℃$，注入原料并逐步提高温度到预定的脱硫温度，从而省去预硫化阶段。

**（3）加氢催化剂预硫化方法**

硫化方法分为高温硫化和低温硫化、器内硫化和器外硫化，以及干法硫化与湿法硫化等。用湿法硫化时，首先把 $CS_2$ 溶于石油馏分如轻柴油、航空煤油中，形成硫化油，然后通过反应器内与催化剂接触进行反应；硫化油中 $CS_2$ 浓度为 $1\%\sim2\%$。采用干法硫化时，不需制备硫化油，而将 $CS_2$ 直接注入反应器入口处与 $H_2$ 混合后进入催化剂床层。图 10-1 为加氢精制催化剂预硫化反应的升温曲线。

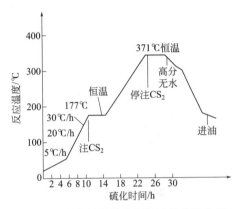

图 10-1　加氢精制催化剂预硫化升温曲线

## 10.2.3　氧化活化

氧化活化常用于氧化催化剂，如萘氧化为苯酐的 V 催化剂，浸渍用 V 溶剂中的 V 为 $V^{4+}$，而活性组分是 $V^{5+}$，故需氧化活化。新鲜催化裂化催化剂的高温蒸汽处理也是活化，实为钝化，使其结构更稳定，便于操作和控制。

# 10.3　催化剂的失活

工业催化剂不可能无限期地使用，如前所述，催化剂在使用过程中活性随时间的变化关系大体上可分成三个阶段，即成熟期、稳定期和失活期。

按照催化作用的定义，催化剂经过一个化学循环再生出来，它本身既不消耗也无变化。实际也确实如此，在经历了一次催化循环后，催化剂本身即使有变化也是微不足道、难以察觉的。然而长期运转后，一些微不足道的变化累积起来，就造成了催化剂的活性或选择性的显著下降。所以催化剂的失活不仅指催化剂活性的全部丧失，更多是指催化剂的活性或选择性在使用过程中逐渐下降的现象。

导致催化剂活性衰退的原因有多种。有的是活性组分的烧结（不可逆）；也有的是化学组成发生了变化（不可逆），生成新的化合物（不可逆）或者暂时生成化合物（可逆）；也有的是吸附（可逆）或者附着了反应物及其他物质（不可逆）；还有是发生破碎或剥落、流失（不可逆）等等。用物理方法容易恢复活性的称为可逆的，不能恢复的则为不可逆的。在实用中很少只发生一种过程，多数场合下是有几种过程同时发生，导致催化剂活性的下降。一般情况下，导致催化剂失活的原因主要有中毒、积炭、烧结等。

## 10.3.1 中毒

催化剂所接触的流体中的少量杂质能吸附在催化剂的活性位上，使催化剂的活性和选择性下降，称为中毒，这种杂质叫做催化剂毒物。

### (1) 可逆中毒与不可逆中毒

催化剂中毒的机理是毒物强烈地化学吸附在催化剂的活性中心上，减少了活性中心的浓度或者毒物与构成活性中心的物质发生化学作用，使后者转变为无活性的物质。按照毒物作用的特性，中毒可分为可逆中毒和不可逆中毒两类。

可逆中毒或暂时中毒是指毒物与活性组分的作用较弱，可用简单方法使催化剂活性恢复。不可逆中毒或永久中毒是指毒物与活性组分的作用较强，很难用一般方法恢复活性。例如，合成氨的 Fe 催化剂，由氧和水蒸气所引起的中毒作用，可用加热、还原方法恢复活性，所以氧和水蒸气对铁的毒化是可逆的；而硫化物对铁的毒化很难用一般方法解除，所以这种硫化物引起的中毒称为不可逆中毒。

如果从反应混合物中除去毒物后，被毒化的催化剂与纯反应物接触一段时间后，就恢复了初始的化学组成和活性，则通常认为中毒是可逆的，如图 10-2(a) 所示，在这种情况下一定的毒物浓度就与一定的活性损失百分数相对应。当发生不可逆中毒时，催化剂的活性不断降低，直到完全失活，从反应介质中除去毒物后活性仍不恢复，如图 10-2(b) 所示。例如，烯烃用 Ni 催化剂加氢时，如果原料中含有炔烃，由于炔烃的强化学吸附而覆盖活性中心，故炔烃对烯烃的加氢催化剂为毒物。如果提高原料气的纯度降低炔烃的含量，则吸附的炔烃在高纯原料气的流洗下将脱附，催化活性得以恢复。这种中毒属于可逆中毒。如果原料气中含有 S 时，S 与 Ni 催化剂的活性中心强烈结合，即使原料气脱硫后已毒化的活性中心仍不能恢复，这种中毒属于不可逆中毒。

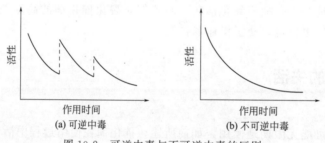

图 10-2　可逆中毒与不可逆中毒的区别

### (2) 影响中毒的因素

温度影响中毒过程。同样的毒物在低温下可能不具备使催化剂中毒的能力，但高温下会导致中毒，同样，温度也可以影响中毒的可逆性。例如，硫化物对金属催化剂的毒害有三个温度范围：温度 $<100℃$ 时，S 的自由电子对与过渡金属催化剂中的 d 电子形成配位键，毒化催化剂，例如有自由电子对的 $H_2S$ 对 Pt 的中毒，而没有自由电子对的 $H_2SO_4$ 在低温下对催化剂没有毒性；当温度 $>100℃$ 时，各种结构的硫化物都能与这些金属发生化学作用，会对催化剂产生毒害；当温度 $>800℃$ 时，S 与活性物质原子间的化学键不再稳定，中毒作用变为可逆。

毒物分子的结构和性质影响中毒过程。毒物分子量越大，对催化剂的毒害作用越强，这可以用空间效应来解释。毒物分子与催化剂的活性中心结合时，这个分子的其余部分同时覆盖了周围的一些活性中心，显然，分子量愈高，覆盖的面积愈大。例如，部分硫化物对 Pt、Ni 催化剂的毒物顺序：半胱氨酸＞噻吩＞$CS_2$＞$H_2S$。毒物分子结构也对催化剂中毒有影响，例如，当硫醇和二硫醇分子中碳链为直链，而且碳原子数相等时，二硫醇分子覆盖的表面积比硫醇分子覆盖的表面积要小得多，毒性大小也该与此成比例。

**(3) 选择中毒**

一个催化剂中毒之后可能失去对某一反应的催化能力，但对别的反应仍有催化活性，这种现象称为催化剂的选择中毒。在连串反应中，如果毒物仅使导致后续反应的活性位中毒，则可使反应停留在中间阶段，获得高产率的中间产物，如果中间产物是目的产物，则这样的选择中毒是有利的，所以有时也称为有利中毒。

例如，被 $CS_2$ 中毒的 Pt 黑，失去了苯乙酮的加氢能力，但对环己烯的加氢反应仍有活性。炔烃不完全加氢为烯烃时，Pt 和 Ni 催化剂的选择性由于下列物质的去活化作用而提高，这些物质是 Ag、Cu、Cd、Hg、Al、Sn、Pb、Th、As、Sb、Bi、S、Se、Te、Fe 及其盐类。能够引起催化剂中毒的毒物含量常存在一个浓度界线。毒物的这种浓度界线，因催化剂、化学反应以及反应条件的不同而不同。有人试验 $CS_2$ 对 Pt 黑的中毒程度发现：对于 0.2gPt 黑，加入 0.1mg $CS_2$ 时对环己烯加氢能力消失；加入 0.4mg $CS_2$ 时对甲基苯甲酮加氢能力消失；加入 0.5mg $CS_2$ 时对肉桂酸侧链加氢能力消失；加入 0.8mg $CS_2$ 时对硝基苯还原能力消失。$Cl^-$ 对乙烯氧化为环氧乙烷的反应中 Ag 催化剂的作用也存在类似情况，当 Ag 中 $Cl^-$ 含量为 0.005% 时，乙烯氧化为环氧乙烷的速率未变，但氧化为 $CO_2$ 和水的速率降低，因而生成环氧乙烷的选择性增加；但当 $Cl^-$ 在 Ag 中的含量增加至 0.1% 时，乙烯氧化为环氧乙烷和 $CO_2$ 的速率都下降。

从以上例子可知，毒物并不是在所有情况下都有害。对于某些有毒物质，把浓度控制在适宜的范围内，还可以提高某一特定反应的选择性。

**(4) 催化剂中毒的预防**

工业催化剂应该具有强而广泛的抗毒性能，但是实际上制得的催化剂，对一些杂质仍很敏感。为了避免催化剂中毒，一种新型催化剂在投入工业生产以前，在给出的催化剂性能表中，通常都会列出毒物，以及这些毒物在原料中允许的最高含量，要求严格的低至 $10^{-6}$，甚至 $10^{-9}$ 数量级。当原料中有害杂质超过规定浓度时，必须对原料进行精制。精制方法很多，根据杂质的性质和浓度，可以用酸碱溶液吸收、固体吸附剂吸附或者化学方法进行精制。如果催化剂在制备时混进毒物，应在制备过程中把毒物除去。此外，还可以使用保护反应器和设计能够减小中毒效应的反应器，来减少杂质产生的中毒效应。

## 10.3.2 积炭

在烃类物质参与的催化反应中，如裂化、重整、选择性氧化、脱氢、脱氢环化、聚合、乙炔气相水合等，积炭也是导致催化剂活性衰退的主要原因。积炭过程是原料中的烃分子经脱氢、缩合形成含氢量很低的焦类物质，所以积炭又常称为结焦。积炭导致催化剂表面上沉积上一层炭质化合物，堵塞催化剂孔道，减少催化剂表面积，引起催化活性下降。例如，丁烷在 Al-Cr 催化剂上脱氢时，结焦相当激烈，已结焦的催化剂黏在反应器壁上，并占有反应器相当部分空间，催化剂使用 1～3 个月后必须停止生产以清洗反应器。

在工业生产中，总是力求避免或推迟结焦造成的催化剂活性衰退，可以根据上述结焦的机理来改善催化剂系统。例如，可用碱来毒化催化剂上那些引起结焦的酸中心；用热处理来消除那些过细的孔隙；在临氢条件下进行作业，抑制造成结焦的脱氢作用；在催化剂中添加某些有加氢功能的组分，在氢气存在下使初始生成的类焦物质随即加氢而气化，谓之自身净化；在含水蒸气的条件下作业，可在催化剂中添加某种助催化剂促进水煤气反应，使生成的焦气化。有些催化剂，如用于催化裂化的分子筛，几秒钟后就会在其表面产生严重的结焦，工业上只能采用双器操作连续烧焦的方法来消除。

### 10.3.3　烧结

烧结是引起催化剂活性下降的另一个重要因素。催化剂使用温度过高时，会发生烧结，导致催化剂的有效表面积下降，使负载型金属催化剂中载体上的金属小晶粒长大，这都导致催化剂活性的降低。烧结的反向过程是通过降低金属颗粒的大小而增加具有催化活性金属的数目，称为"再分散"。再分散也是已烧结的负载型金属催化剂的再生过程。

温度是影响烧结过程的一个最重要参数，烧结过程的性质随温度的变化而变化。例如，负载于 $SiO_2$ 表面上的金属 Pt，在高温下发生团聚。当温度升至 500℃时，发现 Pt 粒子长大，同时 Pt 的表面积和苯加氢反应的转化率相应地降低；当温度升到 600~800℃时，Pt 催化剂实际上完全丧失活性，如表 10-1 所示。此外，催化剂所处的气体类型，如氧化（空气、$O_2$、$Cl_2$）、还原（CO、$H_2$）或惰性的（He、Ar、$N_2$）气体，以及各种其他变量，如金属类型、载体性质、杂质含量等，都对烧结和再分散有影响。负载在 $Al_2O_3$、$SiO_2$ 和 $SiO_2$-$Al_2O_3$ 上的 Pt 金属，在 $O_2$ 或空气中，当温度≥600℃时发生严重的烧结。但负载于 $\gamma$-$Al_2O_3$ 上的 Pt，当温度低于 600℃时，在 $O_2$ 气氛中处理，则会增加分散度。从上面的情况来看，工业上使用的催化剂要注意使用的工艺条件，重要的是要了解其烧结温度，催化剂不允许在出现烧结的温度下操作。

**表 10-1　温度对 $Pt/SiO_2$ 催化剂的金属表面积和催化活性的影响**

| 温度/℃ | 100 | 250 | 300 | 400 | 500 | 600 | 800 |
|---|---|---|---|---|---|---|---|
| 金属的表面积/（$m^2/g$） | 2.06 | 0.74 | 0.47 | 0.30 | 0.03 | 0.03 | 0.06 |
| 苯的转化率/% | 52.0 | 16.6 | 11.3 | 4.7 | 1.9 | 0 | 0 |

### 10.3.4　活性组分流失

催化剂在长期使用过程中，在温度、压力以及各种氧化还原气氛作用下，某些活性组分发生挥发和剥落，造成活性组分的流失，导致催化剂的活性和选择性下降。由浸渍法制备的催化剂在使用中易发生活性组分的流失。例如，乙烯水合反应中，$H_3PO_4$/硅藻土催化剂使用较长时间后，$H_3PO_4$ 流失，使催化活性下降。其他类型催化剂因组分流失失活的情况也很常见。例如，丙烯氨氧化催化剂，在高温下操作时，Bi 和 Mo 的流失，造成催化剂失活；乙烯氧化制环氧乙烷的负载 Ag 催化剂，在使用中则会出现 Ag 剥落的现象；合成氨催化剂中 $K_2O$ 的流失会导致催化剂失活，新鲜的和失活的催化剂中 $K_2O$ 含量分别为 0.45% 和 0.043%；CO 变换用 $Fe_2O_3$-$CrO_3$-$K_2O$ 催化剂也发现有 $K_2O$ 流失，活性明显下降。

## 10.4　催化剂再生与回收利用

失活后的催化剂一般要经过一定方法将其再生后，恢复其部分或全部活性，然后重复使用。当催化剂经过数次再生后，活性不能达到要求，应予以更换，并将更换后的催化剂处理后回收。

## 10.4.1 催化剂再生

催化剂再生是在催化活性下降后，通过适当的处理使其活性得到恢复的操作。因此，再生对于延长催化剂寿命、降低生产成本是一种重要的手段。催化剂能否再生及其再生方法，要根据催化剂失活原因来决定。在工业上对于可逆中毒或催化剂孔道堵塞等情况，可以对催化剂进行再生处理。例如积炭，由于只是一种简单的物理覆盖，并不破坏催化剂的活性表面结构，只要把炭烧掉就可再生。如果催化剂受到毒物的永久中毒或结构毒化，就难以进行再生。

**（1）工业上常用的再生方法**

① 蒸汽处理　如轻油水蒸气转化制合成气的 Ni 基催化剂，处理积炭时，采用加大水蒸气比例或停止加油的方法，以及单独使用水蒸气吹洗催化剂床层，直至积炭全部清除为止。其反应式如下：

$$C+2H_2O \Longrightarrow CO_2+2H_2$$

对于中温 CO 变换催化剂，当气体中含有 $H_2S$ 时，活性相的 $Fe_3O_4$ 与 $H_2S$ 反应生成 FeS，使催化剂受到一定的毒害作用，反应式如下：

$$Fe_3O_4+3H_2S+H_2 \Longrightarrow 3FeS+4H_2O$$

由上式可见，加大蒸汽量有利于反应向着生成 $Fe_3O_4$ 的方向移动。因此，工业上常用加大原料气中水蒸气的比例，使受硫毒害的变换催化剂得到再生。

② 空气处理　当催化剂表面吸附炭或碳氢化合物，阻塞微孔结构时，可通入空气进行燃烧或氧化，使催化剂表面的炭及类焦化合物与氧反应，将炭转化成 $CO_2$ 放出。例如，原油加氢脱硫用的 Co-Mo 催化剂，当吸附上述物质时活性显著下降，常用通入空气的方法，把这些物质烧尽，这样催化剂就可继续使用。

③ 通入 $H_2$ 或不含毒物的还原性气体　如合成氨使用的熔 Fe 催化剂，当原料气中含氧或氧化物浓度过高受到毒害时，可停止通入该气体，而改用 $H_2$、$N_2$ 混合气，催化剂可获得再生。有时用加氢的方法，也是除去催化剂中含焦油状物质的一种有效途径。

④ 用酸或碱溶液处理　如骨架 Ni 催化剂中毒后，常采用酸或碱以除去毒物。

催化剂再生后有些可以恢复到原来活性，但也受到再生次数制约。如烧焦再生，催化剂在高温的反复作用下，活性结构会发生变化。因结构毒化而失活的催化剂，一般不容易恢复到毒化前的结构和活性。如合成氨熔 Fe 催化剂，如被含氧化合物多次毒化和再生，则 $\alpha$-Fe 微晶由于多次氧化还原，晶粒长大，结构受到破坏，即使用纯净的 $H_2$、$N_2$ 混合气，也不能使催化剂恢复到原来的活性。

**（2）再生操作**

催化剂再生操作可以在固定床、移动床或流化床中进行。再生操作方式取决于许多因素，但首要取决于催化剂活性下降的速率。一般说来，催化剂活性下降比较缓慢，可允许数月或一年再生，可采用设备投资少、操作也容易的固定床再生。但对于反应周期短、需进行频繁再生的催化剂，最好采用移动床或流化床连续再生。例如，催化裂化反应装置中，使用的催化剂几秒钟后就会产生严重积炭，只能采用连续烧焦方法清除。即在一个流化床反应器中进行催化反应，随即气固分离，连续地将已积炭的催化剂送入另一个流化床再生器，在再生器中通入空气，用烧焦方法进行连续再生。最佳再生条件，应以催化剂在再生中的烧结最小为标准。显然，这种再生方法设备投资大、操作也复杂。但连续再生方法使催化剂始终保持新鲜表面，提供了催化剂充分发挥催化效能的条件。

## 10.4.2 催化剂回收利用

通常，催化剂可再生三次或更多次，而在某些场合，根本就不能再生。当催化剂再生后活性低于可接受的程度，就要安排对废催化剂加以处理。

Mo、Co、Ni、V这些金属是催化剂的常用活性组分，但它们也大量用于制造合金、颜料及其他化学品，因此需要量每年都在增长。由于经济原因，回收诸如Pt、Pd、Re、Ru等贵金属的废催化剂，已有几十年历史。特别是近年来，回收贵金属废催化剂的要求日益增加，其主要原因是业已获得改进的回收工艺、废催化剂中金属组分或其纯盐的价格日益增长，以及出于对环境污染问题的考虑。由于回收产品有很高的价值，所以装置的回收费用也可以提高。

为了有利于废催化剂的处理和回收，无论是催化剂研究单位、生产厂家或用户都应认识到废催化剂回收的重要性和社会经济效益，并从下述方面认真考虑。

① 催化剂在实验室开发阶段，除选择性能好的催化剂以外，还必须全面考虑到资源和排污控制，使用后怎样回收。

② 使用催化剂的工厂，在排放的催化剂中如夹杂其他不同类型的金属和某些杂质，会给回收工作带来困难。所以，在排放废催化剂时应注意清理环境，仔细预防外界物质混入，废催化剂应存放在专门地点，并加以覆盖。

③ 目前，一些废催化剂的最佳回收技术已可回收催化剂中存在的所有金属。为了使废催化剂回收具有明显的经济效益，应该建立废催化剂的集中回收处理装置，改进废催化剂的分配结构，增加储量，以便于集中回收。

④ 有时由于经济和技术的原因，废催化剂必须贮放在地下。有些催化剂回收方法还有待于技术开发或对现有技术的改进，因此也需要在某些地方建立废催化剂地下储放处。

⑤ 过去回收处理废催化剂都是由一些小企业进行，回收数量较小，类型又较多，回收技术也不多，主要着重贵金属废催化剂的回收。随着石油化工的发展，脱硫、脱砷及烃类氧化等所用催化剂数量已大大增加，随之产生的废催化剂量也大幅度上升，因此有必要建立有一定规模的正规回收工厂，既能提高回收经济效益，又能随时处理或回收废催化剂。

表10-2列举了部分废贵金属催化剂的回收利用方法。

**表 10-2　部分废贵金属催化剂的回收利用方法**

| 废催化剂种类 | 处理方法 | 产品 |
|---|---|---|
| Ag 催化剂 | 硝酸溶解法、混酸溶解法、酸碱法、硫化物法、置换法、还原法、离子交换法、电解法 | Ag |
| Pt 催化剂 | 金属置换法、氯化铵沉淀法、全溶金属置换法、空气氧化浸 Pt 法、溶剂萃取法、全溶离子交换法、分步浸出-离子交换法 | Pt |
| 汽车排气催化剂 | 湿式溶解或抽提法、氧化物沥滤法、还原法、等离子熔融法、电解分解法、氯化法、湿式置换法、氧化浸出法、高温熔融法、盐化焙烧-水浸法 | Pt、Pd、Rh |
| Pd/C | 王水浸出法、配合净化法、甲酸浸出法、湿式还原法、焚烧法 | Pd |
| Pd/Al$_2$O$_3$ | 焙烧浸出法、溶炭法、盐酸浸出法、离子交换法 | |
| Rh 催化剂 | 离子交换法 | Rh |

1. 简述工业催化剂的装填措施。
2. 停车过程中对催化剂进行钝化操作的目的是什么？有哪些操作方法？
3. 简述对催化剂进行活化的目的和活化方式，以及影响还原活化的因素。
4. 工业催化剂失活的原因有哪些？
5. 简述催化剂中毒的分类和中毒的机理以及如何预防催化剂中毒。
6. 什么叫积炭？引起催化剂积炭的因素有哪些？如何预防？
7. 简述工业上常用的催化剂再生方法。
8. 回收工业废催化剂有何意义？

# 第 11 章

# 催化剂性能的评价、测试和表征

催化剂的性能评价、测试和表征是催化研究和开发催化剂不可缺少的部分。催化剂的活性、选择性和稳定性不仅取决于催化剂的化学结构，而且受催化剂宏观结构的影响。关于催化剂性质的评价、表征和测试有较多的相关书籍专门介绍，因此，本章只简述有关工业催化剂评价、测试和表征的主要方法。

## 11.1　催化剂的性能评价

设计和制备催化剂以后，对其性能优劣还要进行催化剂的评价。一般来说，催化剂的活性、选择性和寿命是评价催化剂最重要的指标，关于其定义和表示方法在第二章中已有介绍，本章主要讨论其评价方法和作用。

### 11.1.1　实验室反应器

实验室反应器是大型工业催化反应器的模拟和微型化，是催化剂评价和动力学测定装置的核心。一个适宜的实验室反应器应能使反应床层内颗粒间和催化剂颗粒内的温度和浓度梯度降到最低，这样才能认识在传质、传热不起控制作用的情况下催化剂的真实行为。根据反应器的特性，可以将其分成不同的类别。

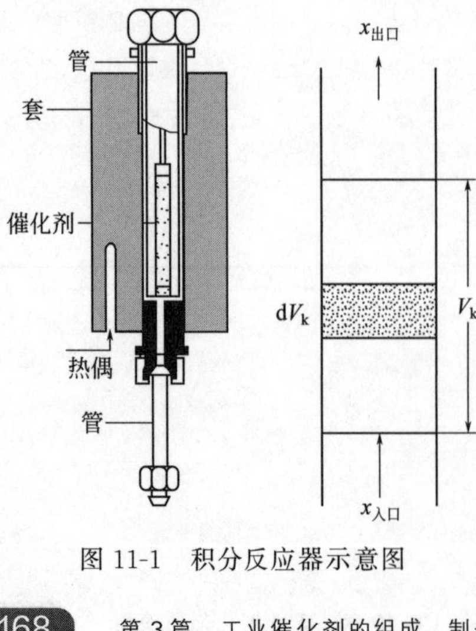

管
套
催化剂
热偶
管
$x_{出口}$
$dV_k$
$V_k$
$x_{入口}$


图 11-1　积分反应器示意图

**(1) 积分反应器**

积分反应器是实验室常见的微型管式固定床反应器。在其中装填足量 $10\sim10^2$ mL 数量级的催化剂，以达到较高的转化率。由于这类反应器进、出口物料在组成上有显著的不同，不可能用一个数学上的平均值代表整个反应器的物料组成，这类反应器催化剂床层首尾两端的反应速率变化较大，沿催化剂床层有较大的温度梯度和浓度梯度。利用这种反应器获取的反应速率数据，只能代表转化率对时空的积分结果，因此命名为积分反应器，如图 11-1 所示。

积分反应器的优点：与工业反应器甚相接近，是后者按比例缩小；对某些反应可以较方便地得到催化剂评价数据的直观结果；床层一般较长，转化率较高，在分析上可以不要求特别高的精度。但积分反应器热效应较大，难以维持反应床层各处温度的均一和恒定，特别是对于强的放热反应更是如此。当所评价催化剂的热导率相差太大时，床层内的温度梯度更难确切设定，反应速率数据的可比性较差。

在动力学研究中，积分反应器分为恒温和绝热两种。恒温积分反应器结构简单，价格低廉，对分析精度要求不高，因此只要有可能，总是优先选择它。为克服其难以保持恒温的缺点，设计了很多方法，以保证动力学数据在整个床层温度均一的条件下取得，如：减小管径，使径向温度尽可能均匀；用各种恒温导热介质；用惰性物质稀释催化剂等。绝热积分反应器为直径均一、催化剂装填均匀、绝热良好的圆管反应器。向其通入预热至一定温度的反应物料，并在轴向测出与反应热量和动力学规律相应的温度分布。但这种反应器数据采集、数学解析比较困难。

**（2）微分反应器**

微分反应器与积分反应器的结构形状相仿，只是催化剂床层更短更细，催化剂装填量更少，转化率则更低。由于转化率很低，催化剂床层进、出口物料的组成差别小，因此可以用其平均值来代表全床层的组成，然而该组成差别又大到足够用某种分析方法确定进、出口的浓度差时，即 $\Delta c/\Delta t$ 近似为 $dc/dt$，并等于反应速率 $r$，则可以从这种反应器求得 $r$ 对分压、温度的微分数据。一般在这种单程流通的管式微分反应器中，转化率应小于 $5\%$，个别允许达 $10\%$，催化剂装填量 $10 \sim 10^2\,mg$ 数量级。

微分反应的优点：转化率低、热效应小，易达到恒温要求，反应器中物料浓度沿催化剂床层变化很小，可视为近似于恒定，故在整个催化剂床层内反应温度可以视为近似恒定，并可以从实验直接测定与确定温度相对应的反应速度；反应器的构造也相当简单。但也存在两个严重的问题：所得数据常是初速，难以配出与该反应在高转化条件下生成物组成相同的物料作为微分反应器的进料；分析精度要求高。

总之，积分反应器与微分反应器的优点是装置比较简单，特别是积分反应器，可以得到较多的反应产物，便于分析，并可直接对比催化剂的活性，适合测定大批工业催化剂试样的活性，尤其特别适用于快速便捷的现场控制分析。然而，二者均不能完全避免在催化剂床层中存在的气流速度、温度和浓度的梯度，致使所测数据的可靠性下降。因此，在测取较准确的活性评价数据，尤其是研究催化反应动力学时，应采用较为先进的无梯度反应器。

**（3）无梯度反应器**

无梯度反应器诞生于 20 世纪 60 年代，迄今已有 50 多年。这期间，出现了许多这类反应器，形式繁多，名称不一。但从本质上看，都是为了达到反应器流动相内的等温和理想混合，以及消除相间的传质阻力。同时，在消除温度、浓度梯度的前提下，无论从循环流动系统或理想混合系统出发，导出的反应速率方程式都应一样。因此，把它们归成一类，冠以同一名称。

无梯度反应器的优点：可以直接准确地求出反应速率数据，这对于催化剂评价或其动力学研究都很有价值。无梯度反应器集中了积分和微分反应器的优点，而又摒弃各自的缺点。此外，由于反应器内流动相接近理想混合，就不必像管式反应器那样严格限制催化剂颗粒和反应器之间的直径比。因此，它可以装填工业用的原粒度催化剂（不必破碎筛分），甚至可以只装一粒工业催化剂，即可测定工业反应条件（即存在内扩散阻力）下的表观活性，研究宏观动力学，进而求出催化剂的表面利用系数。这就为催化剂的开发和工业反应器的数学模拟放大，提供了可靠的依据。这一点，其他任何实验室反应器都望尘莫及。它是一类比较理想的实验室反应器，是微型实验室反应器的发展方向。

无梯度反应器按气体的流动方式，分为外循环式、连续搅拌釜式和内循环式三类。

① 外循环式无梯度反应器　外循环式无梯度反应器亦称塞状反应器或流动循环装置，特点是反应后的气体绝大部分通过反应器体外回路进行循环。推动气流循环的动力采用循环泵（如金属风箱式泵或玻璃电磁泵），或在循环回路上造成温差，靠气流的密度差推动循环。后一种又称热虹吸式无梯度反应器，比较简陋，已近于淘汰。外循环式无梯度反应器系统示意如图 11-2 所示。

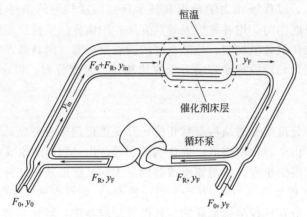

图 11-2　外循环式无梯度反应器系统示意图

在这种外循环反应器系统中，连续引入一小股新鲜物料 $F_0$，同时从反应器出口放出一股流出物，使系统维持恒压。如循环量为 $F_R$，$F_0$ 中反应组分 B 的摩尔分数为 $y_0$，入催化床前（$F_0+F_R$）中 B 的摩尔分数为 $y_{in}$，出口物中为 $y_F$，按物料衡算可得：

$$x = y_F - y_{in} = \frac{y_F - y_0}{1 + (F_R/F_0)} \tag{11-1}$$

当 $F_R \gg F_0$ 时，$y_{in} \longrightarrow y_F$，$y_F - y_{in} \longrightarrow 0$。

设反应器中催化剂的量为 $m$，反应速率为 $r$，进料速度为 $F$，$r$ 在进入催化反应区内反应速率有 $\mathrm{d}x$ 的变化，可推得：

$$r\,\mathrm{d}m = F\,\mathrm{d}x$$

$$r = \frac{\mathrm{d}x}{\mathrm{d}m/(F_0 + F_R)} \approx \frac{y_F - y_0}{(1 + F_R/F_0)m/(F_0 + F_R)} = \frac{y_F - y_0}{m/F_0} \tag{11-2}$$

将 $F_R/F_0$ 定义为循环比。一般循环比约 20～40，远大于 1。这就相当于把 $y_F - y_{in}$ 这一微差值放大成较大的差值 $y_F - y_0$，易于分析准确。

由于通过床层的转化率很低，床层温度变化很小；通过催化床层的循环流体量相当大，线速大，外扩散影响可以消除。这就是外循环反应器可使其中温度和浓度达到无梯度的原因。外循环反应器与单程流通的管式微分反应器比较，由于多次等温反应的循环叠加，解决了在温度不变条件下获得较高转化率的问题，克服分析上的困难，这是一切循环反应器的关键设计思路。但外循环反应器还有一些不足之处。这种装置免除了分析精度方面的麻烦，代之而来的却是循环泵制作方面的麻烦。它对泵的要求很高：不能沾污反应混合物，滞留量要小，循环量要大（一般＞4L/min）。再者，由一个操作条件变换到另一条件，需较长时间方能达到稳态，这可能又会导致副反应进行。

② 连续搅拌釜式无梯度反应器　连续搅拌釜式无梯度反应器的特点是通过搅拌作用，使气流在反应器内达到理想混合。根据搅拌器结构，这类反应器可分为旋转催化剂筐篮、旋

转挡板等多种结构。其中旋转催化剂筐篮（转篮）反应器应用较广。一种转篮反应器的结构如图 11-3 所示。

内循环反应器当其循环比足够高时，实为一种连续进料搅拌釜式反应器。在高速搅拌下，固体催化剂与反应物的充分接触及混合，有力地消除了反应体系内的温度和浓度梯度，同时又不存在外循环反应器的巨大死空间以及时间滞后。

③ 内循环式无梯度反应器　内循环式无梯度反应器是继连续搅拌釜式反应器之后发展起来的最新的一类反应器，目前国内外应用较多。其特点是借助搅拌叶轮的转动，推动气流在反应器内部作高速循环流动，达到反应器内的理想混合，以消除其中的温度梯度和浓度梯度。搅拌器一般都用磁驱动，将动密封变为静密封。在进料大部分循环这一点上，与前述两种无梯度反应器一致。图 11-4 是一种高压内循环式无梯度反应器。

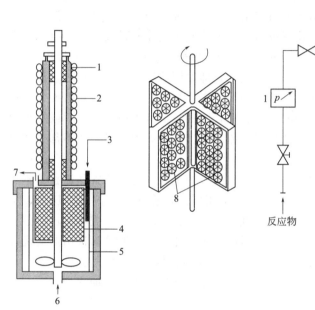

图 11-3　转篮反应器示意图
1—聚四氟乙烯轴承；2—冷却水盘管；
3—玻璃热偶导管；4—不锈钢筐篮；
5—挡板；6—气体进口；
7—气体出口；8—催化剂小球

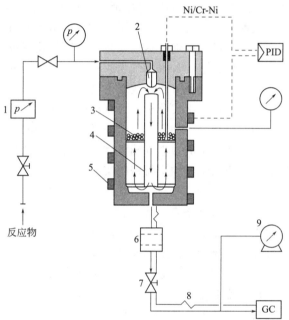

图 11-4　一种高压内循环式无梯度反应器示意图
1—质量流量；2—内部可调的喷嘴；3—金属网上的催化剂粒子；
4—中心管；5—500W 加热带；6—微型过滤器；
7—精密进料阀；8—补充加热器；9—气体流量表

表 11-1 所示是几种主要实验室反应器性能的比较，可供比较选择参考。

表 11-1　几种主要实验室反应器性能的比较

| 反应器 | 温度均一、明确程度 | 接触时间均一、明确程度 | 取样、分析难易 | 数字解析难易 | 制作与成本 |
|---|---|---|---|---|---|
| 内循环反应器 | 优良 | 优良 | 优良 | 优良 | 难，贵 |
| 外循环反应器 | 优良 | 优良 | 优良 | 优良 | 中等 |
| 转篮反应器 | 优良 | 良好 | 优良 | 良好 | 难，贵 |
| 微分管式反应器 | 良好 | 良好 | 不佳 | 良好 | 易，廉 |
| 绝热反应器 | 良好 | 中等 | 优良 | 不佳 | 中等 |
| 积分反应器 | 不佳 | 中等 | 优良 | 不佳 | 易，廉 |

## 11.1.2　性能评价方法

### (1) 流程和步骤

催化剂性能测定是以反应器为中心组织实验流程。一般来说，反应器前部有原料的分析计量、预热或（和）增压装置，构成评价所需的外部条件；反应器后部有分离、计量和分析手段，以测取计算活性选择性所必需的反应混合气的流量和浓度数据。工业催化剂评价使用最普遍的是管式反应器。实验室管式反应器采用硬质玻璃、石英或金属材料制造，装在各式各样的恒温装置中，如水浴、油浴、溶盐浴或电炉等。

原料加入的方式根据原料状态和实验目的而有所不同，当原料为常用的气体，如 $H_2$、$O_2$、$N_2$ 和空气时，可直接用钢瓶。对于不常用的气体，需要增加气体发生器或用工业原料气作气源。在氧化反应中常用空气，可用压缩机将空气压入系统。若反应中有在常温下为液体的原料，可用鼓泡、蒸发或微量泵进料装置进料，鼓泡法使用气体原料或者对反应呈惰性的其他气体鼓泡。若水蒸气为原料之一，可用其他原料通过恒温饱和水蒸发器携带水蒸气。转化反应常用这种方法，改变干气进料量、蒸发器温度，即可调节原料配比和总进料量。

根据产物的组成分析，可算出表征催化剂活性的转化率。在多数情况下，只需要分析反应后的混合物中一种未反应组分或一种产物的浓度。混合物的分析可采用各种化学或物理方法。为了使测定的数据准确可靠，测量工具和仪器如流量计、热电偶和加料装置等都要严格校准；反应系统必须进行密闭实验。

催化剂评价试验与动力学试验的目的虽然不同，但两者的试验设备、装置和流程基本相同，仅操作条件略有差异。催化剂评价，一般是在完全相同的操作条件（温度、压力、空速、原料配比等）下，比较不同催化剂的性能（活性、选择性等）的差异，或者是比较催化剂性能与其质量标准间的差异。动力学实验中，是对确定的催化剂（一般是筛选出的最优催化剂）在不同的操作条件下，测定操作条件变化时对同一催化剂性能影响的定量关系。总之，评价实验是改变催化剂而不改变条件，动力学研究是改变条件而不改变催化剂。

### (2) 评价时应注意的问题

评价催化剂性能或研究催化反应动力学，必须考虑气体在反应器的流动状况和扩散效应，才能正确得到活性和动力学的数据。评价过程中应注意以下两点：

① 确保测定在动力学区内进行，消除内外扩散影响。消除内外扩散的影响在第三章中已有介绍，可采取减小催化剂粒径、提高反应物料流速等方法。具体来说，对于选定的反应器，改变待评价催化剂颗粒大小，测定其反应速率。若不存在内扩散控制，反应速率将保持不变。例如，在固定催化剂用量 3.75g、反应温度 400℃、原料物质的量之比 $n(C_4H_8):n(O_2):n(H_2O)=1:1:8.6$ 的条件下，考察催化剂颗粒平均直径 $d_p$ 由 0.35mm 变到 0.85mm 时，催化剂颗粒大小对 2-丁烯转化率的影响，结果见表 11-2。可以看出，催化剂粒度在 20～60 目范围内，反应速率已不变，证明内扩散的影响已经消除。否则，还需要继续减小颗粒度，直到消除内扩散的影响。

**表 11-2　考察内扩散效应的实验结果**

| 催化剂粒度 | 规格/目 | 24～32 | 32～40 | 32～40 | 40～60 |
|---|---|---|---|---|---|
| | 平均粒径/mm | 0.43 | 0.34 | 0.25 | 0.18 |
| 2-丁烯转化率/% | | 57.6 | 53.9 | 56.9 | 56.6 |

| 催化剂粒度 | 规格/目 | 24~32 | 32~40 | 32~40 | 40~60 |
|---|---|---|---|---|---|
| | 平均粒径/mm | 0.43 | 0.34 | 0.25 | 0.18 |
| 丁二烯收率/% | | 53.7 | 51.8 | 54.2 | 54.1 |
| 选择性/% | | 93.2 | 96.1 | 95.2 | 95.5 |

反应是否存在外扩散影响，也可由简单试验查明。安排两个试验，在两个反应器中装入不等量催化剂，在其他条件相同时，用不同的气流速度进行反应，测定随气流速度变化的转化率。以 $V$ 表示催化剂装量，$F$ 表示气流速度，试验 Ⅱ 中催化剂装量是试验 Ⅰ 的两倍，则可能出现三种情况，如图 11-5 所示。只有出现图 11-5(b)情况时，才说明实验中不存在外扩散影响。

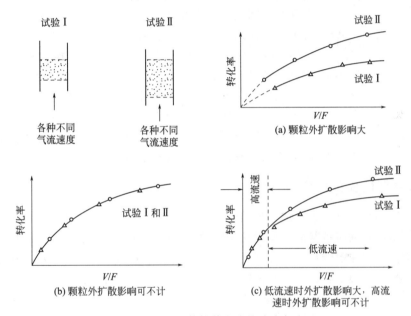

图 11-5　有无外扩散影响的试验方法
△试验 Ⅰ；○试验 Ⅱ

② 消除管壁效应，避免床层过热。具体来说，为了消除气流的管壁效应和床层的过热，反应管直径 $d_r$ 和催化剂颗粒直径 $d_g$ 之比应为 $6 < d_r/d_g < 12$；当 $d_r/d_g > 12$ 时，可以消除管壁效应。但也有人指出，当 $d_r/d_g > 30$ 时，流体靠近管壁的流速已经超过床层轴心方向流速的 $10\% \sim 20\%$，这与反应热效应有关。对热效应不很小的反应，当 $d_r/d_g > 12$ 时，床层散热困难，催化剂床层横截面中心与其径向之间的温度差由式（11-3）决定。

$$\Delta t_0 = \frac{\xi Q d_r^2}{16\lambda^*} \tag{11-3}$$

式中，$\xi$ 为催化剂的反应速率，$mol/(cm^3 \cdot h)$；$Q$ 为反应的热效应，$kJ/mol$；$d_r$ 为反应管的直径，$cm$；$\lambda^*$ 为催化剂床层的有效导热系数，$kJ/(cm \cdot h \cdot ℃)$。

由上式可见，该温度差 $\Delta t_0$ 与 $\xi$、$Q$ 和 $d_r$ 的平方成正比，而与 $\lambda^*$ 成反比。由于 $\lambda^*$ 随催化剂颗粒减小而下降，所以 $\Delta t_0$ 随颗粒直径减小而增加。当为了消除内扩散对反应的影响而降低粒径时，则又增强了 $\Delta t_0$ 升高的因素。另一方面，$\Delta t_0$ 随 $d_r$ 的增加而迅速升高。因此，要权衡这几方面的利弊，以确定最适宜的催化粒径和反应管的直径。一般要求沿反应管横截

第 11 章　催化剂性能的评价、测试和表征　173

面能并排安放 6～12 粒催化剂微粒，催化剂层高度应超过直径 2.5～3.0 倍。例如，若反应管直径为 8mm，催化剂颗粒直径为 1mm，层高为 30mm。

此外，必要时应进行空白试验。采用不装催化剂，用空反应器（惰性填料）进行仿真评价试验，排除反应器材质对试验的干扰。

## 11.2　催化剂的宏观物性测定

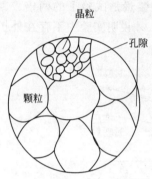

图 11-6　催化剂颗粒结合体

工业催化剂或载体是具有发达孔隙和一定内、外表面的颗粒集合体。若干晶粒聚集为大小不一的微米级颗粒（particle）。实际成型催化剂的颗粒或二次粒子间，堆积形成的孔隙与晶粒内和晶粒间微孔，构成该粒团的孔隙结构（图 11-6）。若干颗粒又可堆积成球、条、锭片、微球粉体等不同几何外形的颗粒集合体，即粒团（pellet）。晶粒和颗粒间连接方式、接触点键合力以及接触配位数等则决定了粒团的抗破碎和磨损性能。

工业催化剂的性质包括化学性质及物理性质。在催化剂化学组成与结构确定的情况下，催化剂的性能与寿命决定于构成催化剂的颗粒-孔隙的"宏观物理性质"，因此对其进行测定与表征，对开发催化剂的意义是不言而喻的。

### 11.2.1　颗粒直径及粒径分布

狭义的催化剂颗粒直径系指成型粒团的尺寸。单颗粒的催化剂粒度用粒径表示，又称颗粒直径。负载型催化剂所负载的金属或化合物粒子是晶粒或两次粒子，它们的尺寸符合颗粒度的正常定义。均匀球形颗粒的粒径就是球直径，非球形不规则颗粒粒径用各种测量技术测得的"等效球直径"表示，成型后粒团的非球不规则粒径用"当量直径"表示。

催化剂颗粒尺寸所涉及的范围通常是 $10^{-9}～10^{-5}$ m，像分子筛、碳粒、Raney 金属这些较大（$>10^{-6}$ m）的颗粒（grains），金属团聚体（aggregate）或金属、氧化物簇（cluster）这些较小（$<2$ nm）的颗粒，单晶晶粒及由一个或多个晶粒构成的颗粒。

催化剂原料粉体、实际的微球状催化剂及其组成的二次粒子、流化床用微粉催化剂等，都是不同粒径的多分散颗粒体系，测量单颗粒粒径没有意义，而用统计的方法得到的粒径和粒径分布是表征这类颗粒体系的必要数据。

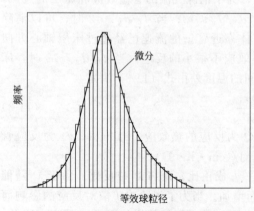

图 11-7　粒径分布直方图与微分图

表示粒径分布的最简单方法是直方图，即测量颗粒体系最小至最大粒径范围，划分为若干逐渐增大的粒径分级（粒级），由它们与对应尺寸颗粒出现的频率作图而得（图 11-7），频率的内容可表示为颗粒数目、质量、面积或体积等。当测量的颗粒数足够多（例如 500 粒或更多）时，应用统计的数学方程表达粒径分布。

为取得颗粒尺寸及粒径分布的数据，现已形成许多相关的分析技术和方法。因为这些数据不仅催化剂行业需要，如测定沸腾床聚乙烯催化剂及其聚合物成品、丙烯氨氧化制丙烯腈催化剂、粉状活性炭负载贵金属催化剂表征等，而且其他许多行业，如水泥、冶金、颜料、涂料、胶片以及纳米（nm）级无机粉体材料等行业，均需要获得这些基本数据。

测量粒径 1nm 以上的粒度分析技术，最简单最原始的方法是用标准筛进行的筛分法。除筛分外，有光学显微镜、重力沉降-扬析法、沉降光透法及光衍射法等。粒径 1nm 以下的颗粒，受测量下限的限制，往往造成误差偏大，故上述各种技术或方法不适用，应当代之以电子显微镜、X 射线线宽法、小角 X 射线散射法、X 射线吸收边法、磁方法等。

## 11.2.2　机械强度测定

机械强度是任何工程材料的最基础性质。由于催化剂形状各异，使用条件不同，难以以一种通用指标表征催化剂普遍适用的力学性能，这是固体催化剂材料与金属或高分子材料等不同之处。

催化剂的机械强度是固体催化剂的一项重要性能指标。一种成功的工业催化剂，除具有足够的活性、选择性和耐热性外，还必须具有足够的与寿命有密切关系的强度，以便抵抗在使用过程中的各种应力而不致破碎。影响催化剂机械强度的因素很多，主要有催化剂的化学、物理性能，催化剂的制备方法、制备条件与工艺流程。催化剂在运输、装填和使用过程中，要经受各种压力、撞击、摩擦，因此催化剂应当具有足够的抗压、抗撞击和抗磨损的强度。

不同催化剂的各种强度的测定，在目前尚无统一的标准。从工业实践经验看，用催化剂成品的机械强度数据来评价强度是远远不够的，因为催化剂受到机械破坏的情况是复杂多样的。首先，催化剂要能经受住搬运时的磨损；第二，要能经受住向反应器里装填时振荡下的冲击，或在沸腾床中催化剂颗粒间的相互撞击；第三，催化剂必须具有足够的内聚力，不致当使用时由于反应介质的作用，发生化学变化而破碎；第四，催化剂还必须承受气流在床层的压力降、催化剂床层的重量，以及因床层和反应器的热胀冷缩所引起的相对位移等的作用等。由此看来，催化剂只有在强度方面也具有上述条件，才能保证整个操作的正常运转。因此，建立和完善催化剂颗粒强度的测定方法是十分必要的。

由于催化剂在固定床和流化床中受到的作用力不完全相同，所以测定强度的方法也不一样。此外，催化剂在介质和高温的作用下，其强度常常降低。

根据实践经验可认为，催化剂的工业应用，至少需要从抗压碎和抗磨损性能这两方面作出相对的评价。

**（1）压碎强度测定**

均匀施加压力到成型催化剂颗粒压裂为止所承受的最大负荷称催化剂压碎强度。大粒径催化剂或载体，如拉西环，直径大于 1cm 的锭片，可以使用单粒测试方法，以平均值表示。小粒径催化剂，最好使用堆积强度仪，测定堆积一定体积的催化剂样品在顶部受压下碎裂的程度。因为对于细颗粒催化剂，若干单粒催化剂的平均抗压碎强度并不重要，因为有时可能百分之几的破碎就会造成催化剂床层压力降猛增而被迫停车。

① 单粒抗压碎强度测定　美国材料与试验协会（ASTM）已经颁布了一个催化剂单粒抗压碎强度测定标准试验方法，规定试验设备由两个工具钢平台及指示施压读数的压力表组成。施压方式可以是机械、液压或气动等系统，并保证在额定压力范围内均匀施压。国外通用试验机，按此原理要求由可垂直移动的平面顶板与液压机组合而成。我国催化剂抗压碎强度设备普遍使用 1983 年原化工部颁布的化肥催化剂抗压碎强度测定方法使用的强度仪，原

则上符合上述 ASTM 抗压碎强度设备的原理要求。

单粒抗压碎强度测定结果，一般要求以正（轴向）、侧（径向）压强度表示，即条状、锭片、拉西环等形状催化剂，应测量其轴向（即正压）抗压碎强度和径向（即侧压）抗压碎强度，分别以 $\rho$（轴）（N/cm²）和 $\rho$（径）（N/cm²）表示；球型催化剂以点抗压碎强度 $\rho$（点）（N/粒）表示。

单粒抗压碎强度测量要求：a. 取样有代表性，测量数不少于 50 粒，一般为 80 粒，条状催化剂应切为长度 3~5mm，以保证平均值重现性≥95%；b. 本标准已考虑到温度对强度的影响，样品须在 400℃下预处理 3h 以上，沸石催化剂则需经 400~500℃处理（特别样品另定），放入干燥器冷却至环境温度后立即测定；c. 匀速施压。

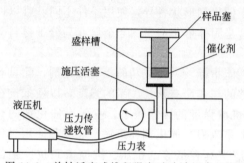

图 11-8　单轴活塞或堆积强度试验计组合示意图

② 堆积抗压碎强度测定　堆积抗压碎强度的评价可提供运转过程中催化剂床层的机械性质变化。测定方法可以通过活塞向堆积催化剂施压，也可以恒压载荷。方法已有多种，下面介绍一例。

美国"ASTM D32 委员会"试验了一种单轴活塞向催化剂床层一端施压的方法（图 11-8），样品经 400℃熔烧 3h 后，以 34.5kPa/s 负荷施压到试验压力下，恒定 60s。数据以固定压强下细粉量或生成一定细粉量需要的压强给出。

**（2）磨损性能试验**

流化床催化剂与固定床催化剂有别，其强度主要应考虑磨损强度（表面强度）。至于沸腾床用催化剂，则应同时考虑这两者。

催化剂磨损性能的测试，要求模拟其由摩擦造成的磨损。相关的方法也已发展多种，如用旋转磨损筒、用空气喷射粉体催化剂使颗粒间及器壁间摩擦产生细粉等方法。

中国在化肥催化剂中，采用转筒式磨耗（磨损率）仪的较多。本法为其他类型的工业催化剂所借鉴。它所针对的原并不是沸腾床催化剂，而是固定床催化剂，不过这些催化剂的表面强度也很重要，例如 ZnO 脱硫剂就是如此。转筒式磨耗仪是将一定量的待测催化剂放入圆筒形转动容器中，然后以筛出的粉末百分含量定为磨耗。这种磨耗仪的容器材质、尺寸、转速是规格化的，转速分几挡，转数自动计量和报停，而转筒的固定部分在其中部。

## 11.2.3　催化剂的抗毒稳定性及其测定

催化剂应用性能最重要的三个指标是活性、选择性和寿命。许多经验证明，工业催化剂寿命终结的最直接原因，除上述的机械强度而外，还有其抗毒性。

由于有害杂质（毒物）对催化剂的毒化作用，使活性、选择性或寿命降低的现象，称为催化剂中毒。一般而言毒物泛指以下几类。

① 硫化物：$H_2S$、$COS$、$CS_2$、$RSH$、$R^1SR^2$、噻吩、$RSO_3H$、$H_2SO_4$ 等；

② 含氧化合物：$O_2$、$CO$、$CO_2$、$H_2O$ 等；

③ 含 P、As、Cl、卤素化合物、重金属化合物、金属有机化合物等。

催化剂中毒现象可粗略地解释为，表面活性中心吸附了毒物，或进一步转化为较稳定的表面化合物，因而活性位被钝化或被永久占据。

评价和比较催化剂抗毒稳定性的方法如下：

① 在反应气中加入一定浓度的有关毒物，使催化剂中毒，而后换用纯净原料进行试验，视其活性和选择性能否恢复。若为可逆性中毒，可观察到一定程度的恢复。

② 在反应气中逐量加入有关毒物至活性和选择性维持在给定的水准上，视能加入毒物的最高浓度，例如镍系烃类水蒸气转化催化剂一般可容许含硫 $0.5 \times 10^{-6} mg/m^3$ 的原料气。

③ 将中毒后的催化剂通过再生处理，视其活性和选择性恢复的程度。永久性（不可逆）中毒无法再生。

催化剂失活，除中毒以外，往往还由于积炭和结焦而引起。这往往是由于某些高分子的含碳杂质覆盖了活性表面或堵塞了孔道所致。积炭可用空气或水蒸气烧炭进行再生。

## 11.2.4　比表面积测定与孔结构表征

固体催化剂的比表面积和孔结构，属于其最基本的宏观物理性质。孔和表面是多相催化反应发生的空间。对于大多数工业催化剂而言，由于其具有一定的颗粒大小和多孔结构，在生产条件下，催化反应常常受到扩散的影响。这时，催化剂的活性、选择性和寿命等几乎所有的性能便与催化剂的这两大宏观性质相关。因此，关于比表面积的测定和孔结构的表征，一直是催化研究中一个久远而持续的大课题。特别是随着催化剂表征深入到纳米级微粒和分子筛通道和孔笼中，其研究工作也进入了更新的发展阶段。但对于普通工业催化剂，其比表面积和孔结构主要的测定方法，至今一直是气体物理吸附和压汞法两大技术，下面将对这两种方法略加说明。

### 11.2.4.1　催化剂比表面积的测定

催化剂比表面积指单位质量多孔物质内、外表面积的总和，单位为 $m^2/g$。对于多孔的催化剂或载体，通常需要测定比表面积的两种数值。一种是总的比表面积，另一种是活性比表面积。

常用的测定总比表面积的方法有 BET 法和化学吸附法等。

**（1）BET 法测单一比表面积**

经典的 BET 法，基于理想吸附（或称 Langmuir 吸附）的物理模型，假定固体表面上各个吸附位置从能量角度而言都是等同的，吸附时放出的吸附热相同；并假定每个吸附位只能吸附一个质点，而已吸附质点之间的作用力则认为可以忽略。

把 Langmuir 吸附等温式的物理模型和推导方法应用于多分子层吸附，并假定自第二层开始至第 $n$ 层（$n \to \infty$）的吸附热都等于吸附质的液化热，则可推导出以下两常数的 BET 公式。BET 公式表示当气体靠近其沸点并在固体上吸附达到平衡时，气体的吸附量 $V$ 与平衡压力 $p$ 间的关系：

$$V = \frac{V_m p C}{(p_s - p)[1 - (p/p_s) + C(p/p_s)]}$$

式中，$V$ 为平衡压力为 $p$ 时吸附气体的总体积；$V_m$ 为催化剂表面覆盖单分子层气体时所需气体的体积；$p$ 为被吸附气体在吸附温度下平衡时的压力；$p_s$ 为被吸附气体在吸附温度下的饱和蒸气压力；$C$ 为与被吸附气体种类有关的常数。为便于实验上的运算，可将上式改写如下：

$$\frac{p}{V(p_s - p)} = \frac{1}{V_m C} + \frac{C-1}{V_m C} \times \frac{p}{p_s}$$

通过实验测得一系列对应的 $p$ 和 $V$ 值，然后将 $p/[V(p_s - p)]$ 对 $p/p_s$ 作图，如图 11-9 所示，可得一条直线，直线在纵轴上的截距是 $1/(V_mC)$，斜率等于 $(C-1)/(V_mC)$，可以求得：

$$V_m = \frac{1}{截距 + 斜率}$$

有了 $V_m$ 值后，换算为被吸附气体的分子数。将此分子数乘以 1 个分子所占的面积，即得被测样品的总表面积 $S$。

$$S = \frac{V_m}{V}NA_m$$

式中，$V$ 为吸附气体的摩尔体积，在标准状况下等于 22400mL；$N$ 为阿伏加德罗常数，$6.023 \times 10^{23}$；$A_m$ 为单位气体分子的截面积，$nm^2$。

现在最常用的气体是 $N_2$，一个 $N_2$ 的横截面积一般采用 $0.162nm^2$。

为了计算方便，令 $K = NA_m/V$，由上式可以写成 $S = KV_m$。式中，$K$ 为常数。对于 $N_2$，$A_m = 0.162nm^2$，$K = 4.35$；对于 Kr，$A_m = 0.185nm^2$，$K = 4.98$。

常见测定气体吸附量的方法有三种，即容量法、重量法和气相色谱法。

① 容量法　容量法测定比表面积是测量已知量的气体在吸附前、后体积之差，由此即可算出被吸附的气体量。在进行吸附操作前，要对催化剂样品进行脱气处理。脱气处理的目的是除去催化剂已吸附的气体。处理通常在 $200 \sim 400℃$ 和真空度不低于 $0.133kPa$ 下进行。在保证催化剂的结构不发生破坏的条件下，脱气温度可以高些，当脱气操作完成后，将系统抽至高真空，通常在真空度高于 $0.133kPa$ 下，保持足够长的时间，然后进行吸附操作。

当用 $N_2$ 为吸附质时（更精确的测定可用 Kr，它可测 $1m^2/g$ 以下比表面积），吸附操作在 $N_2$ 的沸点温度 $-195℃$ 下进行。为此将样品管放在装有液氮的杜瓦瓶(冷阱)内(图 11-10)。气体量管要保持恒温。系统的压力用 U 形管压差计测定。吸附时 $N_2$ 的相对压力 $(p/p_s)$ 通常在 $0.05 \sim 0.35$ 之间。每给定一个 $p/p_s$ 和 $V$ 值，即可按 BET 方程式给出一直线，从而求得氮的单分子层吸附量 $V_m$。为了提高测定的准确度，所有这些玻璃仪器都要保持良好的恒温，为此通常将仪器放在大的玻璃箱中。

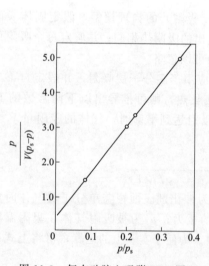

图 11-9　氧在硅胶上吸附 BET 图

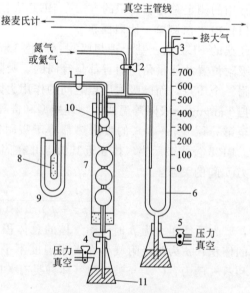

图 11-10　经典容量吸附装置
1～5—真空旋塞；6—U 形管压差计；7—量气筒；
8—样品球；9—冷阱；10—温度计；11—汞封液

容量法具有很高的精确度，可以测定比表面积大于 $0.1m^2$ 的样品。

容量法在操作上又可分为定容法和定压法。定容法是保持体积不变，测量吸附前、后气体的压力变化。定压法则是保持系统的压力不变，测量吸附前、后气体容积的改变。

② 重量法　重量法的原理，是用特别设计的方法，称取被催化剂样品吸附的气体质量。与容量法不同，它不是测量系统的压力和容积，通过 BET 方程式计算吸附量，而是采用灵敏度高的石英弹簧秤，由样品吸附微量气体后的伸长直接测量出气体量。石英弹簧秤要预先校正。除测定吸附量外，其他操作手续与容量法一致。

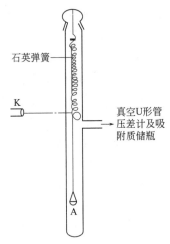

图 11-11　静态重量法装置

重量法能同时测量若干个样品（由样品管的套管数而定），所以具有较高的工作效率。但限于石英弹簧的灵敏度和强度，测量的准确度比容量法低得多，所以通常用于比表面积大于 $50m^2$ 样品的测定（见图 11-11）。

③ 气相色谱法　上述容量法和重量法都需要高真空装置，而且在测量样品的吸附量之前，要进行长时间的脱气处理。而气相色谱法测量催化剂的比表面积，不需要高真空装置，而且测定的速度快，灵敏度也较高，更适用于工厂使用。

气相色谱法测比表面积时，固定相就是被测固体本身（即吸附剂就是被测催化剂），载气可选用 $N_2$、$H_2$ 等，吸附质可选用易挥发并与被测固体间无化学反应的物质，如 $C_6H_6$、$CCl_4$、$CH_3OH$ 等。实验装置如图 11-12 所示。

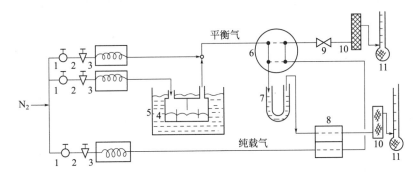

图 11-12　气相色谱法测比表面积流程

1—三通放空阀；2—流量调剂阀；3—预热器；4—苯饱和器；5—恒温水浴；6—四通阀；7—样品管；
8—热导池；9—阻力阀；10—干燥器；11—皂沫流量计

实验时，首先称取一定量处理过的待测样品，装入色谱柱中，然后调节载气以一定流速 $V_1$（预先用皂沫流量计校正过，下述 $V_2$ 也同样校正过）通过苯饱和器，使带有足够量苯蒸气（吸附质）的混合气体以流速为 $V_2$ 的载气稀释，经过四通阀（图中实线）通路，进入吸附柱和热导池鉴定器，在电子电位差计上画出流出曲线，进而根据曲线和 BET 公式求比表面积。

**（2）复杂催化剂不同比表面积的分别测定**

工业催化剂大多数由两种以上的物质组成。每种物质在催化反应中的作用通常是不相同的。人们常常希望知道每种物质在催化剂中分别占有的表面积，以便改善催化剂的性能和工厂操作条件，以及降低催化剂的成本。

用上述基于物理吸附原理测定比表面积的方法，只能测定催化剂的总表面积，而不能测定不同物质的比表面积。因此，常常利用有选择性的化学吸附，来测定不同组分所占的比表面积。气体在催化剂表面上的化学吸附与物理吸附不同，它具有类似或接近于化学反应的性质，因而能对催化剂的某种表面有选择的能力。因此，没有一个适于测定各种不同成分催化剂比表面积的通用方法，而是必须用实验来寻找在相同条件下只对某种组分发生化学吸附而对其他组分呈现惰性的气体，或者同一气体在这些组分上都能发生化学吸附，然而吸附的程度不同，也可以用于求得不同组分的比表面积。

### 11.2.4.2 催化剂孔结构的测定

工业固体催化剂常为多孔性的。由于催化剂的孔结构是其化学组成、晶体组成的综合反映，而实际的孔结构又相当复杂，所以有关的计算十分困难。用以描述催化剂孔结构的特性指标有许多项目，其中最常用的有密度、孔容积、孔隙率、平均孔半径和孔径分布等。下面主要介绍孔径及孔径分布的测定方法。

IUPAC 将催化剂颗粒中的孔按孔径大小分为三部分，孔径小于 2nm，称为微孔；孔径在 2～50nm，称为介孔；孔径大于 50nm，称为大孔。这样的分法，完全是人为的。也有人把孔分为两类，小于 10nm 为细孔，大于 10nm 为粗孔。

测定孔隙分布的方法很多，孔径范围不同，测定方法不同。大孔可用光学显微镜直接观察或用压汞法测定；细孔可用气体吸附法。这里仅介绍气体吸附法和压汞法。

**(1) 气体吸附法**

气体吸附法测定孔隙分布是基于毛细管凝聚现象。根据毛细管凝聚理论，气体可以在小于其饱和蒸气压的压力下于毛细管中凝聚。若以 $p$ 表示气体在半径为 $r$ 的圆柱形孔中发生凝聚的压力，$p_s$ 表示气体在凝聚温度 $T$ 时的饱和蒸气压力，则可推得描述毛细管凝聚现象的开尔文公式：

$$\ln \frac{p}{p_s} = -\frac{2\sigma \bar{V}}{r_k RT} \cos\phi$$

式中，$\sigma$ 为用作吸附质的液体的表面张力；$\bar{V}$ 为温度 $T$ 下吸附质的摩尔体积；$r_k$ 为开尔文半径；$\phi$ 为接触角；$p_s$ 为温度 $T$ 下吸附质的正常的饱和蒸气压力；$p$ 为温度 $T$ 下吸附平衡时的蒸气压力。

由上式可见，孔半径越小，气体发生凝聚所需的压力 $p$ 也越低。当蒸气压力由小增大时，则由于凝聚被液体充填的孔径也由小增大，这样一直到蒸气压力达到在该温度下的饱和蒸气压力时，蒸气可以在孔外，即颗粒外表面上凝聚，这时颗粒中所有的孔已被吸附质充满。

为了得到孔隙分布，只需实验测定在不同相对压力（$p/p_s$）下的吸附量，即吸附等温线，即可算出孔隙分布。

**(2) 压汞法**

汞不能使大多数固体物质浸润，因此必须施加外压才能使汞进入团体的孔中。孔径越小，所需施加的外压也越大。压汞法就是利用这个原理。压汞法是大孔分析的首选经典方法，根据测量外力作用下进入脱气处理后固体孔空间的进汞量，再换算为不同尺寸的孔体积。

以 $\sigma$ 表示汞的表面张力，汞与固体的接触角为 $\varphi$，汞进入半径为 $r$ 的孔需要的压力为 $p$，则孔截面上受到的压力为 $r^2\pi p$，而由表面张力产生的反方向张力为 $2\pi r\sigma\cos\varphi$，当平衡

时，二力相等，则

$$r^2 \pi p = 2\pi r \sigma \cos\varphi$$

$$r = \frac{2\sigma\cos\varphi}{p}$$

上式表示压力为 $p$ 时，汞能进入孔内的最小半径。此式是压汞法原理的基础。

在常温下汞的表面张力 $\sigma$ 为 0.48N/m。接触角 $\varphi$ 随固体有变化，但变化不大，对各种氧化物来说约为 140°。若压力 $p$ 的单位为 MPa，孔半径 $r$ 的单位为 nm，则上式可改写成下式

$$r = 764.5/p$$

由上式可以算得相对于 $p$ 的孔径 $r$ 的数值（表 11-3）。可见，要测量半径 0.75nm 的孔隙，需要的压力为 1019.4MPa。

表 11-3　在各种压力下被汞充满的孔径

| 压力/MPa | 孔半径/nm | 压力/MPa | 孔半径/nm |
|---|---|---|---|
| 0.102 | 7500 | 101.9 | 7.5 |
| 1.02 | 750 | 1019.4 | 0.75 |
| 10.2 | 75 | — | — |

用压汞仪，可实测随压力增加 d$p$ 后而"浸润"进入催化剂的微分体积 dV、由 dV/d$p$ 可得汞压入量曲线，进而用图解积分法标绘出所测催化剂的孔径分布曲线。孔径分布曲线比较直观地反映出该催化剂不同大小的孔径的分配比例。研究工业催化剂在制备及运转过程中孔径分布曲线的规律性，并将这些规律性与催化剂的使用性能关联起来，经验证明是一件十分有价值的工作。

## 11.3　催化剂微观性质的测定和表征

工业催化剂除与孔和表面积有关的宏观物理性质外，其载体的微观性质还有很多，如其表面活性、金属粒子大小及其分布、晶体物相（晶相）、晶胞参数、结构缺陷等的鉴定。此外，还有一些性质涉及催化剂表面的化合价态及电子状态，电学和磁学性质等。这些微观性质，对催化剂使用性能的影响常常比宏观性质更为直接和复杂，也需要更多的仪器和方法进行表征。往往一种性质还要借助多种工具测定表征。现以相关仪器和方法为主线，列举其若干测定和表征催化剂的实例。从这些实例中可以看出，微观物性的测定和表征，对于分析催化现象的实质及辅助催化剂开发设计，都可能有相当重要的参考价值。

### 11.3.1　电子显微镜在催化剂研究中的应用

在研究催化剂的宏观物理结构时，可用光学显微镜和电子显微镜。普通光学显微镜的分辨本领低，一般只能观察 1μm 以上的微粒（1μm＝1000nm），面对组成活泼的金属催化剂，微晶大小通常在 1～10nm 之间，因此它是无能为力的。在电子显微镜里，则用高电压下（通常 70～110kV）由电子枪射出的高速电子作为光源，波长短，分辨本领高达 0.5nm。因此，原则上任何催化剂微晶的大小分布，都可以用电子显微镜观察。所以，电子显微镜广泛应用于催化剂研究中。

电子显微镜有多种，应用最广的是透射电子显微镜（TEM）和扫描电子显微镜（SEM）。TEM 具有极高的分辨率，特别是高分辨透射电镜（HRTEM），样品要足够薄（100nm），可得十分清晰的照片。SEM 可从固体试样表面获得图像，甚至直接以块状的试样测试，但放大倍数较 TEM 小。

### 11.3.1.1　透射电子显微镜(TEM)

#### (1) TEM 的工作原理

由电子枪发射出来的电子束，在真空通道中沿着镜体光轴穿越聚光镜，通过聚光镜将之会聚成一束尖细、明亮而又均匀的光斑，照射在样品室内的样品上；透过样品后的电子束携带有样品内部的结构信息，样品内致密处透过的电子量少，稀疏处透过的电子量多；经过物镜的会聚调焦和初级放大后，电子束进入下级的中间透镜和第 1、第 2 投影镜进行综合放大成像，最终被放大了的电子影像透射在观察室内的荧光屏板上；荧光屏将电子影像转化为可见光影像以供使用者观察。

#### (2) TEM 的应用

TEM 的分辨率极高，常用于观测催化剂粉末的形态、尺寸、粒径大小和分布等。特别是高分辨透射电镜（HRTEM）的分辨能力可达 0.1nm 左右，因此可在原子尺度上观察材料的微结构和结构缺陷，还可以同时进行电子衍射分析，是微观结构分析的有力工具，常见的应用如下。

① 高分辨图像分析　利用晶格条纹像研究超结构、位错、混层，并根据图像边缘区域的分析，观察晶体生长的单元，为分析晶体生成过程提供信息。

② 透射电子图像分析　晶体缺陷，如空位、位错、层错、晶界、晶体包体、析出物等的产生使得缺陷所在区域的衍射条件不同于正常区域的衍射条件，从而在荧光屏上显示出相应明暗程度的差别。

③ 电子衍射分析　测定晶胞参数、晶体取向关系等。

④ 会聚束电子衍射分析　测定晶体点群及空间群，研究晶体缺陷等。

⑤ 能谱分析系统　可进行元素的线分布、面分布及单晶化学成分的能谱定量、半定量分析，还可进行元素赋存状态分析及各种形貌、粒度、空隙度分析等。

⑥ 原位分析　利用相应的样品台，可以在 TEM 中进行原位试验。例如，利用加热台样品观察其相变过程，利用应变台拉伸样品观察其形变和断裂过程等。

### 11.3.1.2　扫描电子显微镜(SEM)

#### (1) SEM 的工作原理

SEM 是将一束经过聚焦的电子束照射（投射）到所要观察的样品上，并逐点进行扫描，然后根据二次电子、背散射电子或吸收电子的信号变换成像。扫描电镜可以观察的样品可以是粉末、颗粒、薄膜、块状物体以及切片的生物样品等多种形式。通常的电子显微镜是以二次电子为主要成像信号源。电子由电子枪发射，加速电压 0.5～30kV，电子能量在 5～35keV 之间可调节；电子经过二级聚光镜和物镜的缩小处理就形成具有一定能量、一定束流强度、一定束流直径的电子束，该电子束在线圈驱动下，可以根据设定的程序在样品表面进行扫描。电子束在扫描过程中和样品发生相互作用，产生二次电子（或背散射电子）或部分电子被吸收，而二次电子的发射量随样品表面的形貌而变化，探测器收集这些电子并转换为电信号，经过视频放大后输入显像管，就得到样品表面的二次电子影像。现在新型的 SEM 多数都直接连接在计算机上，可以通过计算机观察、储存、传输样品的微观形态图像。

**（2）SEM 的功能与特点**

SEM 是一种多功能的仪器，用途广泛，可以用于以下分析：

① 三维形貌的观察和分析，同时进行微区的成分分析，例如，观察纳米材料。

② 能够直接观察较大尺寸固体样品的表面结构、试样各个区域的细节，可观察生物试样。

③ 图像放大范围大，分辨率也比较高，可达几十万倍。

④ SEM 的景深大，还可在样品室中做三维空间的平移和旋转，获得立体感强的图像。

⑤ 场发射扫描电子显微镜（FESEM）具有超高分辨率，能做各种固态样品表面形貌的二次电子像、反射电子像观察及图像处理。具有高性能 X 射线能谱仪，能同时进行样品表层的微区点线面元素的定性、半定量及定量分析，具有形貌、化学组分综合分析功能。

随着科学技术的发展和电子显微镜的普及及电镜技术的提高，SEM 和 TEM 在催化剂研究中应用越来越广泛，研究内容也越来越深入。SEM 可以结合 TEM 来观察催化剂表面的形貌、晶粒的大小、特定活性成分的分布状态等信息。

# 11.3.2　X 射线衍射技术

### 11.3.2.1　基本原理

X 射线是波长介于紫外线和 $\gamma$ 射线之间的一种电磁波，其波长（0.1nm 左右）与原子半径在同一个数量级。当 X 射线射到晶态物质上时，可产生衍射，从而在空间某些方向出现衍射强度极大值，根据衍射线在空间的方向、强度和宽度，便可进行物相组成、晶胞常数和微晶大小的测定。因此，该法被广泛地应用于物质的微观结构研究中。

X 射线发生装置工作原理如图 11-13 所示。当阴极热电子在 $10^4$ V 以上的高压下加速时，它可以得到相当高的动能。高速电子与阳极物质相碰时可以产生 X 射线。这种 X 射线一般是由连续光谱和特征光谱两部分组成。连续光谱是由碰撞时电子减速产生的，而特征光谱则是由阳极材料的原子受激发后它的电子从较高能级跃迁到较低能级而产生。

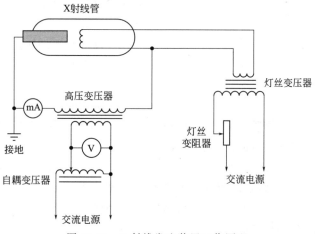

图 11-13　X 射线发生装置工作原理

应用 X 射线衍射方法（XRD）研究催化剂，可以获得许多有用的结构信息。在催化剂研究中主要用于测定晶体物质的物相组成、晶胞常数和微晶大小。也有用于比表面积和平均孔径及粒子大小分布的辅助测定。

### 11.3.2.2  XRD 在催化剂研究中的应用

**(1) 物相组成的测定**

X 射线衍射分析的基础是布拉格-马尔夫公式：

$$n\lambda = 2d\sin\theta$$

式中，$n$ 为任意整数；$\lambda$ 为入射的 X 射线波长；$\theta$ 为衍射角；$d$ 为平行晶面间的距离。

如果用波长一定的 X 射线射到结晶态的催化剂样品上，用照相机或其他记录装置测量衍射角的大小和衍射强度，根据上列公式，就能鉴定出催化剂中的晶相结构。

每种晶态物质都有自己的衍射图案，这和人的指纹都有自己的特征一样。现在已积累了大量的结晶物质的特征数据，并整理为标准结构衍射数据〔ASTM 和 JCPDS（粉末衍射标准联合委员会）卡片〕。因此，只要将被测物质的衍射特征数据与标准卡片比较，如果结构数据一致，则卡片上所载物质的结构，即为被测物质的结构。此外，物质的 X 射线衍射还有一个重要的特征，即一种物质的衍射图案与其他物质的同时存在无关，像人的指纹叠印在一起仍可分别鉴定一样。

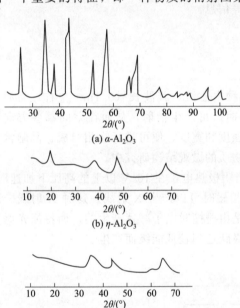

(a) $\alpha$-Al$_2$O$_3$

(b) $\eta$-Al$_2$O$_3$

(c) $\gamma$-Al$_2$O$_3$

图 11-14　几种 Al$_2$O$_3$ 的 XRD 图

物相鉴定在催化剂结构测定方面最典型的例子之一是 Al$_2$O$_3$ 的测定。晶体 Al$_2$O$_3$ 广泛地被用作催化剂、吸附剂和催化剂的载体。它的晶相结构决定了它的催化性质，因而也决定了它的用途。例如活性的 $\gamma$-Al$_2$O$_3$ 和 $\eta$-Al$_2$O$_3$ 常用作催化剂、吸附剂或载体，而无活性的 $\alpha$-Al$_2$O$_3$ 则仅用作载体，其 XRD 图见图 11-14。

物相分析还可帮助了解催化剂选择性变化及失活的原因。稀土 Y 型分子筛催化剂运转中活性逐渐下降，原因之一是其晶体结构的逐渐破坏，故测定工业失活催化剂结晶破坏程度，就能从结晶稳定性的角度，分析该催化剂的运转潜力。

**(2) 晶胞常数的测定**

晶体中对整个晶体具有代表性的最小的平行六面体称为晶胞。一种纯的晶态物质在正常条件下晶胞常数是一定的，即平行六面体的边长都是一定的。但有其他物质存在，并能生成固溶体，同晶取代或缺陷时，晶胞常数可能发生变化。因而可能改变催化剂的活性和选择性。

晶胞常数可用 X 射线衍射仪测得的衍射方向算出。目前测定晶胞常数的精确度可到 0.1%。实验已证明，晶胞常数的改变能显著地影响催化剂的活性和选择性。例如对环己烷脱氢反应来说，晶胞缩小了的 Cr$_2$O$_3$，其活性降低，但晶胞常数缩小的 Ni，则活性升高。

**(3) 线宽法测平均晶粒大小**

大多数固体催化剂是由微小晶粒组成的多孔固体，单位质量的活性物质提供的表面积与微晶大小有关，因此，测定微晶大小具有重要的实际意义。用 XRD 法测定微晶大小是基于 X 射线通过晶态物质后，当晶粒小于 200nm 时，衍射线的宽度与微晶大小成反比，并且晶粒越细，衍射峰越宽。Scherrer 从理论上导出了晶粒大小与衍射峰增宽的关系，得出 Scherrer 方程［式(11-4)］，适合于晶粒微晶大小在 3～200nm 时的测定。

$$D = k\lambda/(B\cos\theta) \quad (11\text{-}4)$$

式中，$D$ 为平均晶粒大小，nm；$k$ 为与微晶形状和晶面有关的常数，当微晶接近于球形时，$k = 0.89$；$\lambda$ 为入射的 X 射线的波长，nm；$B$ 为衍射峰的半高宽，在计算的过程中，需乘以 $(\pi/180)$ 转化为弧度（rad）；$\theta$ 为衍射角。

在用 Scherrer 方程时要注意下列两点：①半高宽 $B$ 要扣除仪器本身造成的加宽度；②测得的平均晶粒大小只代表所选择的法线方向的维度，与晶粒其他方向的维度无关。

**（4）多晶结构测定**

精密的 X 射线衍射仪具有阶梯扫描装置和功率较高的 X 射线管，还可以研究多晶结构，并提供催化剂其他一些信息。应用这种高档的 X 射线衍射仪，记录粉末样品的 X 射线衍射图谱，计算衍射的积分强度，根据设计的结构模型，经过最小二乘法修正，可计算原子的坐标位置和占有率等结构参数，计算键长、键角。

多晶 X 射线衍射结构测定方法应用于催化剂研究，主要用来测定分子筛骨架原子坐标离子位置及占有率，计算分子筛孔道形状及大小。由于反应物分子是在分子筛晶体内部的孔道中发生催化反应的，因而晶体内部的原子排列、孔道形状、活性中心位置等是影响分子筛活性的决定性因素。在过去 30 年里，几乎所有分子筛的结构都被测定和描绘出来，并且根据晶体几何学原理，预言了可能的分子筛结构。

## 11.3.3　热分析法

热分析是研究物质在受热或冷却过程中其性质和状态的变化，并将此变化作为温度或时间的函数，来研究其规律的一种技术。它是一种以动态测量为主的方法，有快速、简便和连续等优点，因而是研究物质性质和状态变化的有力工具，已广泛应用于各个学科领域。

由于可以跟踪催化剂制备过程和催化反应过程的热变化、质量变化及状态变化，所以热分析在催化剂研究中得到愈来愈多的应用，不仅在催化剂原料分析，而且在制备过程分析和使用过程分析上，皆能提供有价值的信息。

热分析有近 20 种不同的技术。目前催化研究中应用最多的，主要有差热分析和热重分析，有时还用差示扫描量热法。

**（1）差热（DTA）分析**

差热分析的基本原理如图 11-15 所示。它是把试样和参比物放置于相同的加热和冷却条件下，记录两者随温度变化所产生的温差（$\Delta T$）。为便于参比，所以要求参比物的热性质为已知，而且要求参比物在加热和冷却过程中较为稳定。差示热电偶的两个工作端，分别插入试样和参比物中。在以一定程序加热或冷却过程中，当试样在一特定温度有热变化时，则它与参比物温度不等，便有温差信号输出，于是二者 $\Delta T \neq 0$。假若为放热反应，则 $\Delta T$ 为正，曲线偏离基线移动直到反应终了，再经历一个试样与参比物的热平衡过程而逐步恢复到 $\Delta T = 0$，从而形成一个放热峰。反之，若为吸热反应，则 $\Delta T$ 为负值，形成一个反向的吸热峰。连续记录温差 $\Delta T$ 随温度变化的曲线即为 DTA 曲线，见图 11-16。

选择催化剂的最佳制备条件，对获得一个性能理想的催化剂十分重要。在制备过程中焙烧、活化等步骤是确定催化剂结构的关键。借助差热分析技术，可以直接由其曲线确定各步处理的具体条件。例如，在制备 $Ir/Al_2O_3$ 催化剂时，载体 $Al_2O_3$ 浸渍 $H_2IrCl_6$，晾干后，在 $N_2$ 中焙烧，以进一步脱水，同时使载体上的 $H_2IrCl_6$ 分解为 $IrCl_3$。根据 $H_2IrCl_6/Al_2O_3$ 于 $N_2$ 中焙烧的 DTA 曲线，由其分解峰的起始和终结温度，可确定该催化剂适宜焙烧温度。

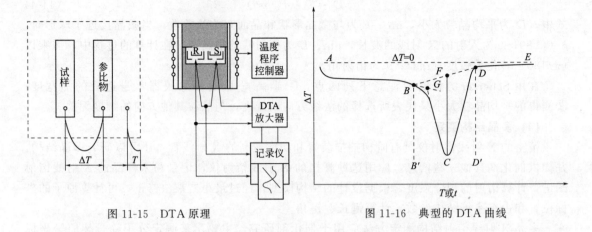

图 11-15　DTA 原理　　　　　　　　　图 11-16　典型的 DTA 曲线

积炭失活后催化剂的再生，已用 DTA 法进行过成功的研究。在有机化学反应中，常常由于催化剂表面上的积炭而使其失活，因此须用烧炭的方法再生。再生温度和持续时间的选择是很重要的。再生温度过低，烧炭不彻底，或所费时间太长；反之，烧炭过快，温升太高，催化剂又有被烧结的危险。图 11-17 是 Cr 催化剂在异丙醇分解前后的差热曲线。由图可知，反应后的催化剂在 260℃开始了放热过程，曲线 2 的放热峰，正是由于炭的燃烧引起的。而新鲜催化剂的差热曲线（曲线 1），却无此放热峰。据此就不难确定催化剂的适宜烧炭条件。

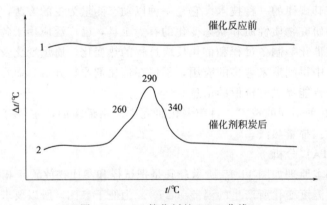

图 11-17　Cr 催化剂的 DTA 曲线

用类似的方法，当研究催化剂上发生的热效应时，记录由于失水、放出 $CO_2$、$NH_3$、氮的氧化物等，以及在 $H_2$、CO 中还原时所发生的热变化，都可以帮助确定这些特殊反应（分解，还原）的适宜条件。

**（2）热重（TG）分析**

热重法即采用热天平进行热分析的方法。热天平与一般天平原理相同，所不同的是在受热情况下连续称重。图 11-18 所示为一种微量热天平的工作原理。

该热天平采用自动平衡法，用光电检测元件，有相当高的灵敏度。试样量程用 1mg 时，其灵敏度为 0.01mg。在程序升温条件下，由试样重量增减引起天平倾斜，而同时光电系统反映出倾斜位移，即有电流信号输出。放大的电流，在磁场作用下产生反向平衡矩，而使天平处于新的平衡位置。由于输出电流与样品重量变化成正比关系，故将该电流的一部分引入记录器即可得到样品重量随温度变化的热重曲线，即 TG 曲线。

图 11-19 是前例差热分析 $IrCl_3/Al_2O_3$ 后进行的该催化剂在 $H_2$ 下还原的 TG 曲线。曲线上的失重段对应于 $IrCl_3$ 的还原。由其失重的始终温度即可确定还原的温度区间。还原条件应从两个方面考虑，一是活性组分应尽可能还原完全，二是避免已还原的金属粒子的烧结。二者皆与还原温度密切相关。为此用 TG 技术考虑了还原温度区间各个温度的还原度。其结果列于表 11-4。可以看出，$IrCl_3/Al_2O_3$ 于 400℃ 还原已达 98.3%，500℃ 还原度虽略有提高，但从 X 射线衍射分析和比表面积数据发现，已还原的 Ir 有部分烧结现象，Ir 的比表面积有所减少。故还原温度应在 400℃ 以下较合适。

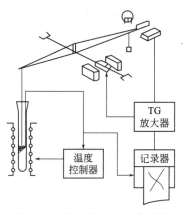

图 11-18 微量热天平工作原理

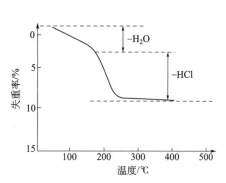

图 11-19 $IrCl_3/Al_2O_3$ 还原的 TG 曲线

表 11-4 $IrCl_3/Al_2O_3$ 还原度与温度的关系

| 温度/℃ | 300 | 400 | 500 | 600 |
|---|---|---|---|---|
| 还原度/% | 66.0 | 98.3 | 100.0 | 100.0 |

热重分析法目前已发展成为催化研究中一种常用的技术手段。有些差热分析仪，也能同步地记录下增量或失量的变化。当把热天平和反应单元联在一起时，就组成所谓"气氛热重技术"，用于跟踪在反应过程中催化剂重量发生的变化。因此，可用来研究那些随着反应的进行催化剂重量也发生变化的过程，如催化剂的氧化、还原、活化、钝化、积炭、烧炭、中毒、再生等过程。其中，尤以研究催化剂的积炭和烧炭过程为最多。近年来，国内已有不少单位应用这一技术，研究催化剂的抗积炭问题，有些单位还一直把它们作为一种评价催化剂抗积炭性能的常规手段。

**（3）差示扫描量热法（DSC）**

在差热分析测量试样的过程中，当试样产生熔化、分解或相变等热效应时，由于试样内的热传导，试样的实际温度已不是程序所控制的温度。试样的吸热或者放热会促使温度升高或降低，因此较难定量测定试样的热量。要获得准确的热效应，可采用差示扫描量热法（DSC）。DSC 是在程序控制温度下，测量输给试样和参比物的功率差与温度关系的一种技术。

DSC 按采用的测量方法可分为功率补偿式和热流式两种，这里主要介绍功率补偿式 DSC。它采用零位平衡原理，要求试样与参比物的温度差不论试样吸热或放热都要处于零位平衡状态，即 $\Delta T \rightarrow 0$。为此，在试样和参比物下面除设有测温元件外，还设有加热器，借助加热器的补偿作用以随时保持试样和参比物之间温差为零。根据 DSC 的定义，DSC 曲线的数字表示为 $dH/dt = f(T\ 或\ t)$，其记录曲线与 DTA 曲线相似，纵坐标是热流率 $dH/dt$，

横坐标是温度 $T$ 或时间 $t$，并且通常吸热为正峰，放热为负峰，这与传统 DTA 曲线的规定正好相反。

DSC 法早在 1974 年即被用于评选汽车尾气净化用催化剂。实验采用 DSC-MS（差示扫描量热-质谱）技术，在 Du Pont 900 型热分析仪上进行。进料气及其体积分数为：$C_3H_6$ 0.025％；CO1.0％；$O_2$1.25％；水蒸气 10％；其余为 $N_2$。以 20℃/min 升温速率对一系列 $CuO/Cr_2O_3$ 催化剂进行测量。其 DSC 曲线上出现一个与 CO 转化为 $CO_2$ 相对应的放热峰。质谱分析表明，放热峰高与产生的 $CO_2$ 量成正比关系。因此不用分析产物，根据 DSC 曲线上 CO 转化为 $CO_2$ 的峰高，就可以实现对这一系列待评催化剂的初步筛选。DSC 技术也可用于催化剂的中毒检测，研究者研究了 $SO_2$ 对碱金属氧化物和贵金属催化剂的中毒作用，发现新鲜催化剂于 CO 气氛下的 DSC 曲线上出现一个 CO 氧化放热峰。当 $SO_2$ 使催化剂中毒后，该放热峰的位置发生位移。

### 11.3.4 程序升温分析法

当固体物质或预吸附某些气体的固体物质在载气中以一定的升温速率加热时，检测流出气体组成和浓度的变化，或固体表面物理、化学性质变化的技术，称为程序升温技术。常见的程序升温分析法主要有以下几种：程序升温脱附（TPD）、程序升温还原（TPR）、程序升温氧化（TPO）和程序升温表面反应（TPSR），下面分别给予介绍。

**（1）程序升温脱附**

将预先吸附了某种气体分子的催化剂在程序升温下，通过稳定流速的气体（通常为惰性气体），使吸附在催化剂表面上的分子在一定温度下脱附出来，随着温度升高而脱附速度增大，经过一个最大值后逐步脱附完毕，气流中脱附出来的吸附气体的浓度可以用各种适当的检测器（如热导池）检测出其浓度随温度变化的关系，即为程序升温脱附（TPD）技术。TPD 实验装置流程如图 11-20 所示。

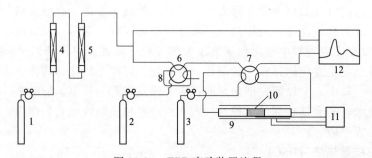

图 11-20　TPD 实验装置流程

1—He；2—吸附气体；3—预处理气体；4—脱氧剂；5—脱水剂（5A 分子筛）；
6,7—六通阀；8—定量管；9—加热炉；10—固体物质；11—程序升温控制系统；12—热导池

在催化剂加热过程中，当吸附在催化剂表面的分子受热至能够克服逸出所需要越过的能垒（即脱附活化能）时，就产生脱附。由于不同吸附质与相同表面，或者相同吸附质与表面上性质不同的吸附中心之间的结合能力不同，脱附时所需的能量也不同。所以 TPD 的结果不但反映了吸附质与催化剂表面之间的结合能力，也反映了脱附发生的温度和表面覆盖度下的动力学行为。

对于均匀表面（全部表面在能量上是均匀的）的 TPD 过程，分子从表面脱附的动力学可用 Wigner-Polauyi 方程来描述：

$$\frac{\mathrm{d}\theta}{\mathrm{d}t} = k_a(1-\theta)^n c_g - k_d \theta^n$$

$$k_d = \upsilon \exp(-\frac{E_d}{RT})$$

式中，$\theta$ 为表面覆盖度；$t$ 为时间；$k_a$ 为吸附速率常数；$k_d$ 为脱附速率常数；$c_g$ 为气体浓度；$n$ 为脱附级数；$E_d$ 为脱附活化能；$\upsilon$ 为指前因子；$R$ 为摩尔气体常数；$T$ 为热力学温度。

通过测定固定温度下的脱附速率，可以得到吸附在固体表面气体的脱附活化能。但对于表面能量分布不均匀的 TPD 过程，脱附活化能的测定比较复杂。

TPD 的研究范围宽，设备简单，操作便利，不受研究对象的限制，可用于研究负载型或非负载型的金属、金属氧化物催化剂、合金催化剂等；因此在催化研究中应用非常广泛。从 TPD 谱图通常可获得固体催化剂表面活性中心的性质、活性组分的分散特性、活性组分与载体的相互作用、脱附反应级数、固体表面均匀性等重要信息。

**（2）程序升温还原**

程序升温还原（TPR）是一种在等速升温条件下的还原过程，和 TPD 类似，在升温过程中，如果试样发生还原，气相中的氢气浓度将随温度的变化而变化，把这种变化过程记录下来就得到氢气浓度随温度变化的 TPR 图。

纯的金属氧化物通常都具有特定的还原温度，所以可用还原温度作为氧化物的定性指标。当两种氧化物混合在一起，并在 TPR 过程中彼此不发生化学作用时，则每一种氧化物保持自身的特征还原温度不变；如果两种氧化物在还原前发生了固相反应，则每种氧化物的特征还原温度将会发生变化。对于负载型的金属催化剂，活性组分和载体通常都有一定的相互作用，因此，TPR 峰将不同于纯氧化物。对于多组分的负载型催化剂，各组分之间可能会有一定的相互作用，TPR 图也不同于单组分负载型催化剂。

常规的 TPR 实验是以 $H_2$ 作为还原气体，但有时也用 CO 或 $CH_4$ 作为还原气体。在多组分催化剂中，当用 $H_2$ 作为还原气体时，有些样品由于活性组分与性质不同，容易还原的氧化物在较低温度时还原生成金属后，如果该金属对 $H_2$ 具有解离活化作用，$H_2$ 在金属表面解离成还原活性更强的原子氢，原子氢再经过金属-氧化物界面溢流到氧化物表面，使氧化物还原。因此，存在氢溢流时，氧化物的还原温度会明显降低，氢溢流会使 TPR 谱图峰比较复杂。消除氢溢流对还原行为影响的方法是采用 CO 或 $CH_4$ 作为还原气体。

TPR 技术在催化领域中的应用主要是提供负载型金属催化剂在还原过程中金属氧化物之间或金属氧化物与载体之间相互作用的信息。例如，$NiO/SiO_2$，$CuO/SiO_2$ 和 $NiO-CuO/SiO_2$ 都是常见的负载型金属催化剂，它们的 TPR 曲线如图 11-21 所示。$NiO/SiO_2$ 催化剂的峰温比纯 NiO 的峰温高，说明 NiO 和载体 $SiO_2$ 之间有化学作用发生；$CuO/SiO_2$ 的峰温比纯 CuO 的峰温低，表明 $SiO_2$ 对 CuO 具有分散作用。$NiO-CuO/SiO_2$ 的 TPR 图和 $NiO/SiO_2$ 及 $CuO/SiO_2$ 的 TPR 没有明显区别，说明焙烧过程中 CuO 和 NiO 没有发生作用。如果将还原后的 $Cu-Ni/SiO_2$ 再在空气中焙烧，其 TPR 图谱只有一个峰出现，表明还原过程中 Cu 和 Ni 形成了合金。

**（3）程序升温氧化**

程序升温氧化（TPO）是在程序升温过程中催化剂或催化剂表面沉积物、吸附物等发生的氧化反应过程，其原理、实验装置和操作等方面与 TPR 相似，所不同的是 TPO 通入气体为氧化性气体，一般是 $O_2$-He 混合气体，检测尾气中 $O_2$ 和 $CO_2$ 的含量。该技术主要研究积炭、积炭的难度和发生的部位。以 TPO 法研究 $Pt/Al_2O_3$ 催化剂积炭机理为例，积炭后

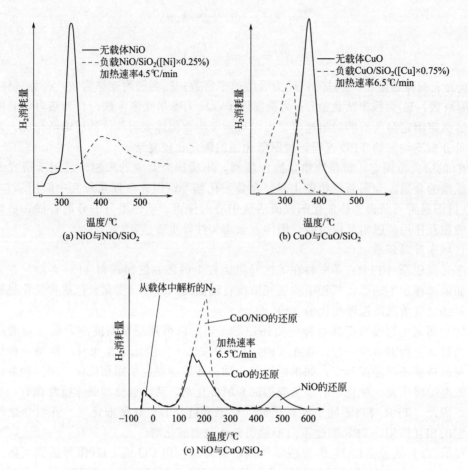

图 11-21 NiO/SiO$_2$，CuO/SiO$_2$ 和 NiO-CuO/SiO$_2$ 的 TPR 曲线
(c) 图中实线为焙烧后第一次 TPR 曲线，虚线为还原后第二次 TPR 曲线

的 Pt/Al$_2$O$_3$ 其 TPO 图呈现为两个峰，即 $T_{O1} \approx 440℃$，$T_{O2} \approx 530℃$。当把积炭催化剂部分氧化（即氧化第一个积炭峰）后，催化剂吸附 H$_2$ 的量可恢复到新鲜催化剂吸附 H$_2$ 量的水平，而且催化剂的活性也基本恢复。证明这部分积炭发生在 Pt 金属表面，由此也可以推断高温氧化峰相应于载体上积炭的氧化。TPO 除了在研究催化剂积炭领域的应用外，还可以对催化剂的氧化性质、催化剂表面吸附有机物的氧化行为以及钝化、再生过程等进行研究。

**（4）程序升温表面反应**

程序升温表面反应（TPSR）是指在程序升温过程中，在催化剂表面同时发生表面反应，如表面分解反应，表面吸附物和另一种物质发生的催化反应和脱附物质发生的反应，如脱氢、氢解、脱氢芳构化等过程。通常有两种做法，一是先将已经预处理过的催化剂在反应条件下进行吸附和反应，然后从室温程序升温至所要求的温度，使在催化剂上吸附的各表面物种边反应边脱附出来；二是用作脱附的载气本身就是反应物，在程序升温过程中，载气（反应物）与催化剂表面上反应形成的一些吸附物种一边反应一边脱附，其中反应物在程序升温过程中可以连续进气，也可以脉冲进气。显然，在 TPSR 过程中，既存在吸附物种的反应，也存在产物的脱附，因此，TPSR 是研究催化剂活性中心的性质和表面反应机理的重要手段。

## 11.3.5　光谱分析法

多相催化反应的基本过程为反应物吸附在催化剂表面，被吸附的分子被活化并与另一个被吸附活化的分子（或气相中的分子）发生表面反应，产生产物并最终脱附，使表面再生而恢复活性再进行下一轮的表面反应。使用光谱技术对吸附分子进行表征，给出表面吸附物种的变化及结构信息，对于了解催化反应的机理是必不可少的。应用最广泛的光谱技术是红外光谱（IR）技术和拉曼光谱技术。

### 11.3.5.1　红外光谱

组成物质的分子存在着各种形式的运动，包括平动、转动、振动和电子的运动。整个分子的平动不会引起偶极矩的变化，所以不能与外加电磁波相互作用，不会产生红外吸收，可不予考虑。电子运动产生的能级跃迁所吸收的电磁波位于可见和紫外光区，通常称为电子光谱。而由于分子振动能级的跃迁（同时伴随着转动能级的跃迁）而吸收的电磁波大都位于红外区，因此称为红外光谱。

**(1) 基本原理**

分子振动能级的跃迁只有在吸收外界红外光的能量之后才能实现，即只有将外界红外的能量转移到分子中去才能实现振动能级的跃迁，而这种能量的转移是通过偶极矩的变化来实现的。当一定频率的红外光照射分子时，如果分子中某个基团的振动频率和红外光的一致，两者就会产生共振，此时光的能量通过分子偶极矩的变化而传递给分子，这个基团就吸收一定频率的红外光，产生振动跃迁；如果红外光的振动频率和分子中各基团的振动频率不符合，该部分的红外光就不会被吸收。因此，若用连续频率的红外光照射某试样，由于该试样对不同频率的红外光的吸收不同，使通过试样后的红外光在一些波长范围内变弱，在另一些范围内则较强。将分子吸收红外光的情况用仪器记录就得到该试样的红外吸收光谱图。

在 IR 图谱中，红外吸收峰的强度与分子振动时偶极矩的变化，以及能级的跃迁概率有关；基团的振动频率则主要取决于基团中原子的质量及化学键的力常数。但基团的振动频率并不是孤立的，而是与分子内部各种结构因素，如诱导效应、共轭效应、氢键、共振耦合、张力效应、空间效应等，以及外部因素，如试样状态、测定条件、溶剂极性等密切相关。因此，通过样品的红外特征吸收峰的变化，就可得到分子结构方面的详细信息。

**(2) IR 的实验技术**

现在应用最多和最普遍的是傅里叶变换红外光谱仪（FT-IR），它主要由光源、干涉仪、样品室、检测器、数据处理系统等构成。在催化剂的研究中，常用透射红外光谱法、漫反射法、发射光谱法、光声光谱法等获得光谱。如果在常温下研究催化剂的结构特征，样品中可加入没有中红外光吸收的 KBr 等稀释剂，测样非常方便。如果进行较高温度条件下的原位研究，样品最好用催化剂本体，不能加入其他物质，以免影响测定结果。同时，还要根据实际情况设计、加工符合要求的红外池（或原位红外反应器），以便能对催化剂进行加热、真空脱气、流动气氛处理、吸附、反应等。

**(3) IR 在催化剂研究中的应用**

一般认为，催化反应过程是通过反应物分子吸附在催化剂表面，然后与另一被吸附分子或反应分子发生催化反应，生成产物，最后产物脱附等步骤进行。因此，对催化剂表面吸附物种结构的测定，对认识和了解催化反应机理具有重要的意义。当前 IR 主要应用于催化剂表面吸附物种和催化剂表征方面，包括催化剂体相和表面结构、探针分子 IR、催化过程以及催化反应机理等方面的研究（图 11-22）。

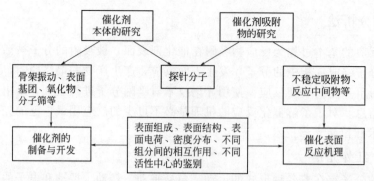

图 11-22　IR 在催化剂研究中的应用

探针分子为 CO、NO、$CO_2$、$H_2O$、$NH_3$、$C_2H_4$、$C_2H_2$、HCHO、$CH_3OH$、苯、喹啉以及同位素取代物

### 11.3.5.2　拉曼光谱

**(1) 基本原理**

当光子和分子相互作用时，会发生弹性碰撞和非弹性碰撞。在弹性碰撞中，光子与分子之间不发生能量变换，光子仅改变运动方向，不改变频率，称为瑞利散射。在非弹性碰撞过程中，光子与分子之间有能量变换，光子不仅改变运动方向，而且在瑞利散射光两侧还有些频率发生了变化的散射光，这种散射被称为拉曼散射，这种效应被称为拉曼散射效应。拉曼散射光与瑞利散射光的频率之差被称为拉曼位移。量子力学计算表明，拉曼位移与样品分子的振动能级和转动能级有关。由于不同分子有不同的振动和转动能级，因此拉曼光谱可用来研究分子的结构。

**(2) 拉曼光谱的实验技术**

拉曼光谱可由拉曼光谱仪获得，拉曼光谱仪一般由光源、外光路系统、样品池、单色器、检测器、数据处理系统组成。激光是拉曼光谱仪的理想光源，可从气体激光器、固体激光器、半导体激光器、染料激光器获得。样品池也可根据实验要求设计成不同形状，从而对固样、气样、液样、原位反应进行测量，以及用于催化剂原位吸附和原位反应研究。

**(3) 拉曼光谱和 IR 的比较**

拉曼光谱与 IR 给出的都是分子的振动和转动光谱，但拉曼光谱和 IR 又有所不同，拉曼光谱的产生是由于单色光照射后产生光的综合散射效应，引起分子中极化率的改变；而 IR 的产生是由于吸收光的能量，引起分子中偶极矩发生变化。因此，两者的侧重点有差异，具有互为补充的性质，不能相互代替，在某些实验条件下，拉曼光谱还具有优于 IR 的特点。拉曼光谱和 IR 分析方法的比较如表 11-5 所示。

表 11-5　拉曼光谱和 IR 分析方法比较

| 项目 | 红外光谱 | 拉曼光谱 |
|---|---|---|
| 光谱范围 | $400 \sim 4000 \ cm^{-1}$ | $40 \sim 4000 \ cm^{-1}$ |
| 水溶液体系 | 水的红外吸收强，不适合含水催化体系 | 水的拉曼峰很弱，适合水溶液体系的催化反应 |
| 负载型催化体系 | 大部分载体如 $Al_2O_3$、$SiO_2$、$TiO_2$ 等红外吸收强，对活性组分干扰大 | 载体的拉曼峰很弱，对活性组分的干扰很少 |
| 固体样品制备 | 固体样品直接测试 | 需要加 KBr 混合研磨，压片 |

**(4) 拉曼光谱在催化剂研究中的应用**

① 金属氧化物催化剂的研究　拉曼光谱已广泛应用于 $MoO_3$、$WO_3$、$Cr_2O_3$、$V_2O_5$、$NiO$ 等金属氧化物的研究。通过拉曼光谱研究，可以得到金属氧化物的晶相结构、金属氧化物的相变过程、金属氧化物活性位的配位结构以及在催化氧化反应中金属氧化物催化剂的变化等方面的信息。对于负载型金属氧化物催化剂，由于催化活性组分相一般都有很强的拉曼信号，而载体的拉曼信号通常都较弱，因此，拉曼光谱是研究负载型金属氧化物催化剂的理想手段。谢有畅等根据晶相金属氧化物拉曼峰出现时的负载量，可以预测载体表面金属氧化物单层分散的容量，发现第 V～Ⅶ 族金属氧化物的单层分散容量一般为 4～5 原子/$nm^2$。载体中的一个例外是 $SiO_2$，由于 $SiO_2$ 与表面金属氧化物的相互作用很弱，因此其单层分散容量仅为 1～3 原子/$nm^2$，几乎无法形成单层结构，而是以体相聚合态为主。

② 分子筛催化剂的研究　分子筛的拉曼光谱最强峰一般出现在 300～600$cm^{-1}$，该峰被归属于 O 原子在面内垂直于 T—O—T 键（T 指 Si 或 Al）的运动，人们通过对不同分子筛的研究，总结出了 vs（T—O—T）的频率与分子筛选的对应关系。但分子筛样品的荧光干扰很强，所以很难得到信噪比很好的拉曼光谱。分子筛样品的荧光主要来自过渡金属离子（例如 $Fe^{3+}$，$Cr^{3+}$ 和 $Mn^{2+}$）、有机物杂质和含铝分子筛的酸性位等。过渡金属杂质所导致的荧光可以通过使用纯度较高的原料来克服；有机物杂质引起的荧光可通过氧化过程或强光照射降低；酸性位引起的荧光干扰可通过焙烧减弱。但是荧光干扰仍然是分子筛拉曼表征的最主要问题。

③ 表面吸附研究　拉曼光谱在催化剂表面吸附研究中的主要用途之一就是以吡啶为吸附探针对催化剂的表面酸性进行研究。这是对吡啶在催化剂表面的化学吸附和识别 Brönsted 和 Lewis 酸的红外研究的补充。可监控的谱峰包括吡啶在 1000$cm^{-1}$ 左右的环振动和在 3000$cm^{-1}$ 左右的 CH 伸缩振动。吸附态吡啶的光谱，包括它们的谱峰宽度、位置和相对强度，是通过与液态吡啶的光谱相比较而归属的。吡啶和氧化物表面的相互作用程度是通过 Lewis 酸配位物中的振动位置来显示的。如液态吡啶的 C—N 伸缩振动在 991$cm^{-1}$，在 $TiO_2$ 上吸附后位移到 1016$cm^{-1}$，在 $Al_2O_3$ 上吸附后位移到 1019$cm^{-1}$，在 $SiO_2$-$Al_2O_3$ 上吸附后位移到 1020$cm^{-1}$。吸附分子拉曼光谱的研究还包括在金属表面 CO 的吸附研究。例如在 Ni 单晶表面得到了 CO 的线式和桥式两种吸附。

尽管拉曼光谱在金属氧化物、分子筛、表面吸附等研究中取得了丰富的成果，但拉曼光谱远不如 IR 应用得那么广泛。其中荧光干扰和灵敏度较低是最大的问题。

## 11.3.6　能谱分析法

当用一定量的电子束、X 射线或紫外光作用于试样，其表面原子不同能级的电子将激发成自由电子。这些电子带有试样表面的信息，并具有特征能量，收集这些电子并研究它们的能量分布，从而得到电子强度（电子数目）按其能量的分布曲线，就是电子能谱分析。根据使用的激发源的不同，电子能谱又分为 X 射线光电子能谱，紫外光电子能谱和俄歇电子能谱。

通常催化反应都是在催化剂表面发生的，因此，要深入认识催化反应的本质，必需要对催化剂表面元素组成、化学价态、表面结构、表面电子态等进行研究，而 X 射线光电子能谱法（XPS）是获得这些信息的一种很好的表面分析技术。

### 11.3.6.1　XPS 的基本原理

当具有足够能量的入射光子（$h\nu$）与样品相互作用时，光子就会把它的全部能量传递给原子、分子或固体的某一束缚电子，使之电离。此时光子的一部分能量用来克服轨道电子结合能（$E_B$），余下的能量成为发射电子（$e^-$）所具有的动能（$E_K$），这就是光电效应。可表示为：

$$A + h\nu \longrightarrow A^{+*} + e^-$$

式中，A 为光电离前的原子、分子或固体；$A^{+*}$ 为光致电离后所形成激发态离子。

由于原子、分子或固体的静止质量远大于电子的静止质量，故在发射电子后，原子、分子或固体的反冲能量（$E_r$）通常可忽略不计，上述过程满足爱因斯坦的能量守恒定律：

$$h\nu = E_B + E_K$$

内层电子被电离后，造成原来体系的平衡势场被破坏，使形成的离子处于激发态，其余轨道电子结构将重新调整，这种电子结构的重新调整，称为电子弛豫。弛豫的结果使离子回到基态，同时释放出弛豫能。此外，电离出一个电子后，轨道电子间的相关作用也有所变化，即体系的相关能有所变化。由于在常用的 XPS 中，光电子能量不大于 1keV，所以，相对论效应可忽略不计。这样，结合能 $E_B$ 可表示为：

$$A_i + h\nu = A_F + E_K$$

则

$$E_B = A_F - A_i = h\nu - E_K$$

式中 $A_i$ 为光电离前被分析体系的初态能量；$A_F$ 为光电离后被分析体系的终态能量。由于不同的原子其结合能不一样，特别是内层电子的能量是高度特征的，因此，通过测定结合能，就能得到结构方面的信息。

### 11.3.6.2　XPS 的应用范围

通常 XPS 所用的是软 X 射线［如 $MgK\alpha$（1253.6eV）或 $AlK\alpha$（1486.6eV）］辐照固体样品，由于光子与固体的相互作用较弱，只能进入固体内的一定深度（$\leqslant 1\mu m$）。在软 X 射线路径途中，要经历一系列弹性和非弹性碰撞，只有表面下一个很短距离（约 10nm）中的光电子才能逃逸固体进入真空，这就决定了 XPS 是一种表面非常灵敏的技术。

#### （1）元素定性分析

各种原子互相结合形成化合键时，内层轨道基本保留原子轨道的特征，因此，可以利用 XPS 内层光电子峰以及俄歇峰这两者的峰位和强度作为"指纹"特征，通过对照实测 XPS 谱图与标准谱图（Perkin-Elmer 公司的 X 射线光电子手册），从而进行元素定性鉴定。

XPS 可分析周期表中除 H 和 He 以外的所有元素，并且为非破坏性测试技术。一般定性分析首先进行全扫描（整个 X 射线光电子能量范围扫描），以鉴定存在的元素，然后再对所选择的谱峰进行窄扫描，以确定化学状态。定性分析一般主要依据元素的主峰（该元素最强最尖锐的峰），当样品中含量少的元素的主峰与含量多的另一元素非主峰相重叠时，利用自旋-轨道分裂形成的双峰结构有助于识别元素。此外，定性分析时必须注意识别伴峰和杂质、污染峰（如样品被 $CO_2$、水分和尘埃等污染，XPS 谱图中出现 C、O、Si 等的特征峰）。

#### （2）化学态分析

元素形成不同化合物时，其化学环境不同，导致元素内层电子的结合能发生变化，在 XPS 谱图中出现光电子的主峰位移和峰形变化，据此可以分析元素形成了何种化合物，即可对元素的化学态进行分析。

元素的化学环境包括两方面含义：①与其结合的元素种类和数量；②原子的化合价。一旦元素的化学态发生变化，必然引起其结合能改变，从而导致峰位位移。例如，纯铝表面经不同处理后的 XPS 图谱如图 11-23 所示：表面干净时，Al 为纯原子，化合价为 $Al^0$ 价，此时 $Al^0\ 2p$ 的结合能为 72.4 eV；当表面被氧化后，Al 由 $Al^0$ 变为 $Al^{3+}$，其化学环境发生了变化，此时 $Al^{3+}2p$ 结合能为 75.3eV，$Al^{3+}2p$ 光电子峰向高结合能端移动了 2.9eV，即产生了化学位移 2.9eV；随着氧化程度的提高，Al 的化合价未变，故其对应的结合能未变，$Al^{3+}2p$ 光电子峰仍为 75.4eV，但峰高在逐渐增高，而 $Al^0 2p$ 的峰高在逐渐变小，这是由于随着氧化的不断进行，氧化层在不断增厚，$Al^{3+}2p$ 光电子增多；而 $Al^0 2p$ 的光电子的量因氧化层的增厚，逸出难度增大，数量逐渐减少所致。

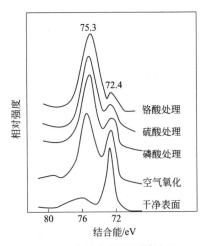

图 11-23 纯铝表面经不同处理后的 XPS 图谱

**（3）半定量分析**

XPS 定量分析的关键是要把测得的信号强度转变成元素的含量，即将谱峰的峰面积（谱峰的强度）转变成元素的浓度。XPS 的定量分析主要包括标样法、元素灵敏度因子法和基本理论模型法。标样法需要制备一系列的标准样品并测定其 XPS 的峰面积以作为参考标准。由于标样的组成难以长期稳定和重复使用，故其应用受到限制。而模型法涉及较多的因素，比如：样品表面组分分布的均匀性、样品表面被污染、记录光电子动能差别过大、化学结合态不同对光电截面的影响等，这些因素都影响定量分析的准确性。此处仅对元素相对灵敏度因子法进行简单介绍。

元素（或原子）相对灵敏度因子法通常是以某一元素的谱峰作为标准，其他的谱峰均以此峰作为参照，是一种半经验的相对定量法，是目前 XPS 定量分析中使用最广的方法。设固体试样中的两种元素为 A 和 B，它们的相对灵敏度因子分别为 $S_A$ 和 $S_B$，使用同一台谱仪，测得其 XPS 谱峰的强度为 $I_A$ 和 $I_B$，则它们的原子比可通过式（11-5）计算：

$$\frac{n_A}{n_B} = \frac{I_A/S_A}{I_B/S_B} \tag{11-5}$$

式中，$S_A$ 和 $S_B$ 通常是以氟元素的 1s 轨道峰强度等于 1 作为参考标准计算出的相对灵敏度因子。对于由 $i$ 种元素组成的样品，可由式(11-6)计算元素 A 的相对原子的浓度 $X_A$：

$$X_A = \frac{I_A/S_A}{\sum I_i/S_i} \tag{11-6}$$

相对灵敏度因子可以计算，也可以通过实验确定。Wagner 等对 62 种元素的 135 种化合物进行了 XPS 的测试，并进行了统计处理，提出了相对原子灵敏度因子（S）的数据建议表，是目前定量分析中最通用的数据表。

XPS 仅是一种半定量分析方法，即相对含量而不是绝对含量。并且 XPS 仅提供表面厚度为 3~5nm 的表面信息，其组成不能反映体相成分。

**（4）深度分布测定**

在 XPS 测试中，通过离子刻蚀，可以逐层剥离表面，同时逐一对表面进行分析，即可得到元素的深度分布情况。另外，通过转动样品（即改变了 X 射线的出射角 $\theta$），也可得到不同深度的信息。如 X 射线出射角与样品垂直时（出射角为 90°），来自深层的光电子信号显著强于表面层的信号，在小角度时，表面层的信号相对体相会大大增强。

## 11.3.7　核磁共振技术

### 11.3.7.1　核磁共振原理

核磁共振（NMR）是原子核的磁矩在恒定磁场和高频磁场同时作用，且满足一定条件时所发生的共振吸收现象，是一种利用原子核在磁场中的能量变化来获得关于核信息的技术。对于自旋量子数不为零的原子核，由于自旋且带有电荷，因此会产生磁矩，并在外加磁场的激励下，相对于磁场取向发生能级分裂，裂分为2个或2个以上的能级，各能级之间还有能量差。低能态的核会吸收能量（称为共振吸收）而跃迁到高能态，这就是核磁共振现象。

同一核由于化学环境不同，在核磁共振波谱上共振吸收峰位置发生位移的现象叫做化学位移，一般用 $\delta$ 表示。通过研究化学位移，可以了解原子周围的化学环境，从而获得分子的精细结构信息。

NMR波谱按照测定对象分类可分为：$^1H$ 谱（测定对象为氢原子核）、$^{13}C$ 谱及氟谱、磷谱、氮谱等。根据谱图确定出化合物中不同元素的特征结构。有机化合物、高分子材料都主要由 C、H 组成，所以在材料结构与性能研究中，以 $^1H$ 谱和 $^{13}C$ 谱应用最为广泛。NMR谱图用吸收光能量随化学位移的变化来表示，所提供的信息包括：峰的化学位移、强度、裂分数和耦合常数、核的数目、所处化学环境和几何构型的信息。

对于固体样品，由于分子内磁偶极之间的强相互作用，存在着相当强的局部磁场，使得固体NMR谱线大大加宽。引起固体NMR谱线变宽的因素主要有核的偶极-偶极相互作用、化学位移各向异性和四极相互作用等。为了使固体谱线窄化，除了采用高功率 $^1H$ 去偶技术外，最主要的是魔角旋转技术，简称 MAS NMR。MAS NMR 能很大程度地消除化学位移各向异性作用和偶极-偶极相互作用，从而得到固体高分辨 NMR 谱。

### 11.3.7.2　在催化研究中的应用

#### (1) 催化剂酸性的研究

固体核磁共振能够全面认识固体酸催化剂的酸性，$^1H$ MAS NMR 能研究固体酸催化剂表面的各种酸性羟基质子，NMR结合多种探针分子技术［如 $(CH_3)_3\,^{39}P$、$^{15}N$-Py、$^{13}CO$ 等］能够分析固体酸催化剂的酸类型、酸强度、酸量、酸位分布和酸位结构。表11-6列出了常见固体酸催化剂中各种质子物种的 $^1H$ NMR 化学位移分布范围。

表11-6　常见固体酸催化剂中各种质子物种的 $^1H$ NMR 化学位移分布范围

| 固体酸 | 质子种类 | $\delta_H/10^{-6}$ |
|---|---|---|
| 沸石 | 自由 SiOHAl | 3.8～4.5 |
| | 受沸石骨架其他静电影响的 SiOHAl | 4.8～7.0 |
| | 非骨架铝的 Al(OH)$_3$ | 2.5～3.6 |
| | 处于骨架缺陷位及晶粒表面 Si(OH)$_4$ | 1.8～2.3 |
| 无定形 | SiOHAl | 约4.0 |
| Silica-alumina | Si(OH)$_4$ | 1.8～2.3 |
| 杂多酸 | Keggin 单元中的 $H^+$ | 9.0～11.0 |
| $SO_4^{2-}/ZnO_2$ | 酸性 $OH^-$ | 5.8～6.2 |

在没有氢键存在的情况下，通过化学位移值便可判断各种类型的羟基相对强度的大小，即化学位移越大，酸性越强。

**（2）分子筛结构的研究**

高分辨率的固体 MAS NMR 可以探测分子筛催化剂骨架上的所有元素组分和晶体结构，对局部结构和几何特性也很敏感。$^{29}$Si MAS NMR 谱中 $^{29}$Si 化学位移取决于分子筛的基本结构，即硅铝比和 Si—O—Si 键角，另外结晶性、水解程度和磁场强度都影响线宽。除了 $^{29}$Si 核外，$^{27}$Al 是分子筛骨架中另一个很重要的核。$^{27}$Al MAS NMR 化学位移对不同配位的 Al 物种十分敏感，因此，可以用该谱区分六配位非骨架铝和四配位骨架铝。此外，在研究分子筛骨架时，$^{17}$O MAS NMR 谱可用于研究低 Si/Al 分子筛骨架中的硅铝比；$^{31}$P MAS NMR 谱可用来研究磷酸铝分子筛的结构变化；$^{47}$Ti、$^{49}$Ti MAS NMR 谱能给出钛硅分子筛的结构信息。

**（3）分子筛积炭**

深入研究催化剂积炭的类型和性质，对了解催化剂失活机理是非常必要的。目前有多种化学和物理技术可以研究催化剂积炭的化学性质、组成、积炭类型、活性位数量的变化等。其中 NMR 方法是最重要的一种，因为多核固体高分辨率 NMR 的发展，使得 $^1$H、$^{13}$C、$^{27}$Al、$^{29}$Si、$^{129}$Xe MAS NMR 等技术均可用来研究积炭造成的催化剂活性降低或失活的现象。其中 $^{13}$C MAS NMR 提供的信息基本是积炭的化学性质，取决于分子筛的孔结构、反应物性质和反应温度等。$^{27}$Al 和 $^{29}$Si MAS NMR 技术可以提供积炭对分子筛骨架的影响，当分子筛积炭时，会影响 $^{27}$Al 和 $^{29}$Si 核的周围环境，从而使 MAS NMR 谱发生变化。通过对 $^{27}$Al 和 $^{29}$Si 的 MAS NMR 谱的研究，可以分析积炭后分子筛的脱水量、积炭的体积、积炭对酸位中毒等，进而得到催化剂失活的信息。$^1$H MAS NMR 可以提供积炭后分子筛内仍有活性的 B 酸位，估算 B 酸活性位的数量，结合 $^{27}$Al MAS NMR 谱等确定积炭引起分子筛催化剂失活的类型。当已知积炭量时，可通过 $^1$H MAS NMR 谱测量积炭前后的氢碳比，进而确定分子筛晶体孔道内和外表面上积炭化合物的性质。

**（4）原位催化反应的研究**

研究多相催化反应主要是通过分析吸附态中的反应物、反应中间物和产物的结构，进而弄清反应机理。原位 MAS NMR 技术可在不同反应温度、压力、接触时间等实验条件下研究反应物、中间物和产物结构的变化及相互作用，原位追踪催化反应的动态过程、原位检测反应中间物种。因此，原位 MAS NMR 是研究催化反应机理的有效方法。例如，采用原位 MAS NMR 研究烯烃或甲醇在一些分子筛催化剂上的异构化和分裂，烯烃的醛化等。另外，固体核磁共振和其他技术的联用，例如与紫外-可见光谱和气相色谱的联用，将帮助人们从更广泛的角度和更深的层次认识多相催化反应机理。

催化剂的测试和表征对催化科学的研究和工业催化剂的应用具有重要的指导意义。迄今为止，不论催化剂的测定技术是经典方法的改进，还是新的物理技术的应用，其目的都在于更快、更精确地测定催化剂的结构特性，进而将这些结构特性与催化剂性质关联起来，以求了解催化作用的本质。现在各种方法都取得了一些成就，但无论在理论基础还是在实验技术上都有待提高，特别是在反应条件下如何应用这些方法使之能发挥更大的效力，仍是一个关键问题。随着科学技术的进一步发展，先进的分析手段在催化研究中应用日趋深入，合理地匹配各种分析手段进行综合测试，并与催化动力学的研究及表面化学吸附的研究有机地结合起来，对催化剂的认识将会更加全面。

1. 催化剂性能测试和宏观物性表征的目的是什么？
2. 实验室进行催化剂活性测试的反应器类型有哪些？并简述其优缺点。
3. 如何评价催化剂的抗毒稳定性？
4. 简述固体催化剂比表面积的含义及其测定方法。
5. 简述 X 射线衍射分析法在催化剂表征中的应用。
6. 简述热分析技术在催化剂表征中的作用。
7. 简述常见的程序升温分析方法。
8. 催化剂表征中常用的光谱法有哪些？并对其进行比较。
9. 简述介绍催化剂表征中常用的显微分析方法及其特点。
10. 试说明催化剂表征中常用的能谱分析的原理及其应用。
11. 试说明核磁共振的原理及其在催化中的应用。

# 第4篇

# 工业催化剂各论

# 第 12 章

# 石油炼制催化剂

石油炼制工业是把原油通过石油炼制过程加工成各种石油产品的工业，是国民经济的重要支柱产业之一，是提供能源，尤其是交通运输燃料和有机化工原料的最重要的工业。据统计，全世界有 40% 左右的能源需求依赖于石油产品，有机化工原料也主要来源于石油产品。石油液体燃料是各种现代交通运输工具目前尚不可替代的燃料。各行各业所使用的机械、仪表，都离不开从石油中制取的润滑油和润滑脂。石蜡、沥青、溶剂等石油产品是许多工业部门不可缺少的材料。石油产品也是生产各种石油化工产品的基本原料，如合成树脂、合成橡胶、合成纤维等。可以说国民经济、国防建设和人民生活的各个方面，都离不开石油产品。

由于石油组成复杂，是多种有机物的混合物，因此不能直接使用。原油炼制技术，主要分为热加工和催化加工两大类。其中，催化加工包括催化裂化（FCC）、催化加氢（包括加氢精制、加氢裂化等）、催化重整和轻烃的烷基化、异构化和醚化等，以化学反应为主，也伴有物理过程。催化加工装置是现代炼油厂的主体，而催化剂则是催化加工技术的核心。本章介绍催化加工中所使用的各种催化剂，包括它们的反应机理、组成、制备和失活及再生。

## 12.1 催化裂化催化剂

催化裂化（FCC）是重要的原油二次加工过程之一，它是在催化剂的作用下，对重质馏分油或残渣油直接进行裂化、异构化、环化和芳构化等反应，使重质油轻质化，并提高汽油辛烷值的核心技术。FCC 的原料可以是直馏减压馏分油、焦化重馏分油、蜡油、蜡下油、加氢预处理油以及渣油等。其产品主要是催化裂化汽油、柴油和液化石油气等。因此，催化裂化是炼油工业中重要的技术。

我国车用汽油组分 60% 以上来自 FCC 汽油；美国销售的汽油中 1/3 来自 FCC 汽油组分，还有 1/3 的汽油则是由 FCC 副产的 $C_4$（异丁烷、丁烯）为原料生产的，即美国 2/3 的汽油组分来自 FCC 或与 FCC 有关。可见 FCC 在炼油工业中的重要地位。

### 12.1.1 催化裂化的主要反应和反应机理

#### (1) 催化裂化的主要反应

催化裂化工艺过程中，原料油中的烷烃、烯烃和芳烃发生裂化反应。

烷烃裂化：$$C_nH_{2n+2} \longrightarrow C_mH_{2m} + C_pH_{2p+2}$$

烯烃裂化：$$C_nH_{2n} \longrightarrow C_mH_{2m} + C_pH_{2p}$$

芳烃裂化：$$ArC_nH_{2n+1} \longrightarrow ArH + C_nH_{2n} \quad (其中\ n=m+p)$$

各类烃的分解速率为：烯烃＞环烷烃、异构烷烃＞正构烷烃＞芳烃。在催化裂化条件下，原料中的各种烃类进行着错综复杂的反应，不仅有大分子裂化成小分子的分解反应，也有小分子生成大分子的缩合反应（甚至缩合成焦炭）。与此同时，过程中还进行异构化、氢转移、芳构化、烷基化、叠合等副反应。

**（2）催化裂化反应机理**

碳正离子的基本来源是由一个反应物分子获得一个 $H^+$（质子）而生成。$H^+$ 来源于催化剂的酸性中心。催化剂表面提供 $H^+$，使烃类分子生成碳正离子，使得烃类分子得到活化，使反应的活化能降低，提高了反应速率。

## 12.1.2 催化裂化催化剂的组成及分类

工业上使用的催化裂化催化剂主要分为三类：天然矿物黏土裂化催化剂、无定形合成硅铝裂化催化剂和分子筛催化剂，现在广泛使用的是分子筛催化剂。目前工业上用作催化裂化催化剂的主要是以下四种 Y 型分子筛。

**（1）REY 型分子筛**

以稀土金属离子（如 Ce、La、Pr 等）置换得到的稀土-Y 型分子筛；该催化剂催化裂化活性高、水热稳定性好、汽油收率高，但其焦炭和干气的产率也高，汽油的辛烷值低。主要原因是酸中心多，氢转移反应能力强。一般适宜用于直馏瓦斯油原料，采用的反应条件比较温和。

**（2）HY 型分子筛**

先以 $NH_4^+$ 置换 $Na^+$，然后加热除去 $NH_3$，剩下 $H^+$。

**（3）REHY 型分子筛**

兼用 $H^+$ 和稀土金属离子置换得到。在 REY 型分子筛催化剂的基础上降低了分子筛中稀土金属离子的交换量，而以 $H^+$ 代替，使之兼顾了 REY 和 HY 型分子筛催化剂的优点。REHY 型分子筛催化剂在保持 REY 型催化剂的较高活性和稳定性的同时，也改善了催化剂的选择性。

**（4）超稳 Y 型分子筛（USY）**

为一种经脱铝改性的 Y 型分子筛，由 $NH_4Y$ 型经超稳化处理制得。这种分子筛骨架有较高的硅铝比、较小的晶胞常数，其结构稳定性提高、耐热和化学稳定性增强。此外，由于脱除了部分骨架中的 Al，酸中心的数目减少，降低了氢转移反应活性，产物中的烯烃含量增加、汽油的辛烷值提高、焦炭产率减少。

目前，催化裂化使用的分子筛催化剂组分除了活性的分子筛外，还有载体和助剂。

助剂是为了配合催化裂化催化剂的使用，开发的多种催化裂化助剂，如助燃剂、钝化剂、辛烷值助剂和降低烯烃助剂等。见表 12-1。

表 12-1　一些催化裂化助剂

| 助剂名称 | 组分特点 | 作用 |
|---|---|---|
| CO 助燃剂 | $Pt、Pd/Al_2O_3$ 等 | 将再生烟气中 CO 转化为 $CO_2$，减少空气污染，降低再生剂碳含量，利用反应热 |

| 助剂名称 | 组分特点 | 作用 |
|---|---|---|
| 金属钝化剂 | 含 Ti 或 Bi 化合物以及其他非 Ti 化合物 | 钝化渣油裂化催化剂上污染的金属 |
| 辛烷值助剂 | 含 H-ZSM-5 | 择形裂化汽油中低辛烷值的直链烷烃 |
| 渣油裂化助剂 | 含少量脱铝 Y 沸石,根据原料性质,含有不同量的活性载体 | 协助渣油催化剂裂化大分子 |
| 流动改进剂 | 细粉多的裂化催化剂 | 改善流动状态 |
| $SO_x$ 转移剂 | 含 MgO 类型的化合物 | 在再生器中反应生成硫酸盐,然后在反应器、汽提段中还原析出 $H_2S$,回收硫黄,降低 $SO_2$ 的排放量 |

催化剂是催化裂化炼油工艺中必不可少的物质,基于石油加工需求的不同,所用催化剂类型也各不一样。比较常见的有多产柴油催化剂、汽油脱硫催化剂、多产丙烯催化剂等。

### 12.1.3 催化裂化催化剂的制备

**(1) 全合成稀土 Y 型沸石裂化催化剂的制备**

① 全合成低铝稀土 Y 型沸石裂化催化剂 全合成低铝稀土 Y 型沸石裂化催化剂是一种中等活性的裂化催化剂,主要用于床层式反应装置上,是采用全合成的无定形硅铝为载体,在适当位置加入一定量的稀土 Y 型沸石而制成。制备流程包括:水玻璃和稀土 Y 型沸石浆液混合,加入稀 $H_2SO_4$ 得沉淀硅胶,再加入硫酸铝溶液与偏铝酸钠溶液得沉淀(硅)铝胶,然后依次经真空过滤、喷雾干燥成型和气流干燥等步骤即得成品。

② 全合成高铝稀土 Y 型沸石裂化催化剂 沸石催化剂随着载体硅酸铝中氧化铝含量的提高,其稳定性显著提高。当催化剂中含有相同的沸石时,含氧化铝 25%～30% 的催化剂比含氧化铝 13%～15% 的催化剂的反应活性高,老化后比表面积和孔容积的保留值也高。制备流程为:水玻璃溶液和硫酸铝溶液混合后第一次共沉淀,加入硫酸铝溶液第二次共沉淀,加氨和稀土 Y 型沸石浆液,然后依次经真空过滤、喷雾干燥成型和气流干燥等步骤即得成品。这种催化剂主要用于短接触时间的提升管催化裂化装置。由于载体合成方法及稀土含量不同,我国高铝稀土 Y 型沸石裂化催化剂也有不同的牌号。

**(2) 半合成稀土 Y 型沸石裂化催化剂的制备**

半合成稀土 Y 型沸石裂化催化剂是我国 20 世纪 80 年代发展的一种催化剂,在国内广泛应用。它与凝胶法制备催化剂的工艺有很大差别,是采用铝或硅溶胶作胶黏剂,将沸石和高岭土等组分黏合而成。制成的催化剂具有高密度、高耐磨、低比表面积、小孔容、大孔径等特点,降低了使用中催化剂的损耗,减少了粉尘的污染;催化剂的低比表面积、小孔容、大孔径,有利于反应分子的扩散,减少二次裂化,改善了汽提性能和再生性能,提高了裂化选择性和汽油收率。这种催化剂与全合成裂化催化剂的制备工艺相比,简化了制备流程,能耗低,废水等污染物排放少。半合成沸石裂化催化剂的制备流程为:化学水加高岭土打浆,加 HCl 与拟薄水铝石成胶、老化,最后加稀土 Y 型沸石浆液混合、喷雾干燥成型。

**(3) 全白土稀土 Y 型沸石裂化催化剂的制备**

20 世纪 80 年代初我国还发展了 LB-1 全白土型沸石裂化催化剂。它是以高岭土为原料,经喷雾成微球,焙烧后在一定水热条件下使高岭土微粒进行晶化,部分转化成 Y 型沸石,剩余部分作为基质。再经离子交换，即得沸石催化剂。这类催化剂的制备特点是原料单一，将活性组分和基质的制备合为一个流程，简化生产步骤。催化剂具有磨损指数低、堆积密度大、孔径大、活性指数高、水热稳定性好、结构稳定性好和抗重金属污染能力强等特点。

**(4) 超稳 Y 型沸石渣油裂化催化剂的制备**

① 超稳 Y 型沸石的制备　NaY 沸石经水热处理，分子骨架发生脱铝等过程，生成热稳定性更好的 USY 沸石。USY 沸石的制备方法很多，有的只经过一次交换、一次焙烧即可；有的则需经过几次交换、几次焙烧；有的还使用其他处理方法。

② 超稳 Y 型沸石（USY）渣油裂化催化剂的制备　USY 型沸石裂化催化剂的制备流程与 REY 型沸石裂化催化剂的制备流程类似，由于很多 USY 催化剂不是单一沸石的催化剂，载体也会有改性处理等，因此，实际生产流程可能还会更复杂一些。

## 12.1.4　催化裂化催化剂的失活与再生

### 12.1.4.1　催化裂化催化剂的失活

在反应-再生过程中，裂化催化剂的活性和选择性不断下降。造成催化裂化催化剂失活主要有三个原因：高温或高温与水蒸气的作用；裂化反应生焦；毒物的毒害。

**(1) 水热失活**

在高温，特别是有水蒸气存在条件下，裂化催化剂的表面结构发生变化，比表面积减小、孔容减小、分子筛的晶体结构破坏，导致催化剂的活性和选择性下降。

无定形硅酸铝催化剂的热稳定性较差，当温度高于 650℃时失活很快。分子筛催化剂的热稳定性比无定形硅酸铝要高得多。REY 型分子筛的晶体崩塌温度为 870～880℃，USY 型分子筛的崩塌温度约 950～980℃。实际上，在高于 800℃时，许多分子筛就已开始有明显的晶体破坏现象发生。在工业生产中，分子筛催化剂一般在温度低于 650℃时失活很慢，在温度低于 720℃时失活并不严重，但当温度高于 730℃时失活问题就比较突出了。

**(2) 焦炭沉积**

催化裂化在反应过程中会产生焦炭沉积并覆盖活性中心因而使催化剂活性和选择性下降。

工业催化裂化所产生的焦炭可概括为四种类型：

① 催化焦：烃类在催化剂活性中心上反应时生成的焦炭，碳氢比较高，催化焦随反应转化率的增大而增加；

② 附加焦：原料中的焦炭前驱物（主要是稠环芳烃）在催化剂表面吸附，经缩合反应生成的焦炭，其与原料的残炭值、转化率及操作方式有关；

③ 可气提焦：也称剂油比焦，在气提段气提不完全而残留在催化剂上的重质烃类，其碳氢比较高，数量与气提段的气提效率、催化剂的孔结构等因素有关；

④ 污染焦：重金属沉积在催化剂表面上促进脱氢缩合反应而产生的焦，其量与催化剂上的金属沉积量、沉积金属的类型及催化剂的抗污染能力等因素有关。

**(3) 中毒失活**

原料油中的氮化物尤其是碱性氮化物会吸附在裂化催化剂的部分酸性中心上，使其活性被暂时毒化。原料中的 $Na^+$ 会影响分子筛裂化催化剂的活性和热稳定性。

原料油中的重金属如 Ni、V、Fe、Cu 等沉积在裂化催化剂表面上，使其活性下降，选择性变差。重金属对催化剂的影响是积累性的，烧焦再生对其无效。其中毒效应主要表现为：转化率和液体产品收率下降，产品不饱和度、干气中 $H_2$ 比例与焦炭产率增加。各种重金属元素中，Ni、V 影响最大。Ni 增强了催化剂的脱氮活性；V 在低含量时，影响比 Ni 稍小，但含量高时对催化剂活性的影响为 Ni 的 3～4 倍，它在再生的分子筛表面形成低熔点的 $V_2O_5$，使分子筛结晶受到破坏。重金属污染问题在渣油催化裂化中尤为突出。

分子筛催化剂比硅铝催化剂的抗重金属污染的性能要好，重金属污染水平相同时，前者活性下降得少一些。在馏分油催化裂化时，平衡催化剂的 Ni、V 总含量在 $100～1000\mu g/g$，但渣油催化裂化时其值则可达到 $1000～10000\mu g/g$。解决重金属污染问题主要有三种途径：降低原料油中重金属的含量，选用对重金属容纳能力较强的催化剂，在原料中加入少量能减轻重金属对催化剂中毒效应的药剂即金属钝化剂。

### 12.1.4.2　催化裂化催化剂的再生

催化裂化催化剂在反应器与再生器之间不断循环，通常在离开反应器时催化剂上含焦炭约 1%。为了使催化剂能继续使用，工业上采用烧去焦炭的方法使其再生。通过烧炭再生的方法可以恢复由于结焦而丧失的活性，但不能恢复由于结构变化以及金属污染而引起的失活。分子筛催化剂一般要求碳含量降至 0.2% 以下，USY 型分子筛催化剂要求碳含量降至 0.05% 以下。

催化剂再生是催化裂化的重要过程，其再生能力对于装置的处理能力至关重要。通常氢燃烧的速率比碳快得多，所以碳的燃烧速率是确定再生能力的决定因素。再生反应是放热反应，而且热效应相当大，足以提供装置热平衡需要的能量。

再生操作的主要影响因素有：

① 再生温度　温度越高燃烧速度越快，但受催化剂的稳定性和设备材质的限制。提高再生温度不仅能降低再生剂含碳量，且能减少再生器内催化剂的藏量，可缩短催化剂在高温下的停留时间，为减少催化剂失活创造有利条件。

② 氧分压　操作压力与再生气体中氧分子浓度的乘积。提高再生器压力或烟气中氧的浓度都有利于提高烧炭速率。

③ 再生剂含碳量　再生剂含碳量越高则烧炭速率越高。但是，再生的目的是把碳烧掉，所以此因素不是调节操作的手段。

④ 再生器的结构形式　保证流化质量良好，空气分布均匀并与催化剂充分接触，尽量减少返混。

⑤ 再生时间　催化剂在再生器内的停留时间，即催化剂的藏量与催化剂循环量之比。催化剂在再生器内的停留时间越长所能烧去的碳越多，再生剂含碳量就越低。但延长再生时间，需要加大再生器体积，同时催化剂在高温下停留时间增长会使减活过程加快。目前是设法提高烧炭强度。

$$烧炭强度 = \frac{G(C_0 - C_R)}{W}$$

式中，$G$ 为催化剂的循环量，t/min；$W$ 为再生器催化剂藏量，t；$C_0$，$C_R$ 为待再生剂及再生剂含碳量，%。采用提高再生温度、氧分压和改善气固接触等手段来降低再生器催化剂藏量，以提高烧炭强度。目前，再生时间一般 3～5min，甚至更短。

## 12.2　催化加氢催化剂

催化加氢是指石油馏分在氢气存在下催化加工过程的统称，包括加氢精制和加氢裂化两种。加氢精制主要用于油品的精制，除去油品中的 S、O、N 杂原子及金属杂质（主要是 Ni 和 V），并通过加氢反应减少烯烃含量和部分芳烃含量，改善油品质量，提高轻质油收率，改善油品的使用性能。

加氢裂化是在较高压力下，烃分子与 $H_2$ 在催化剂表面进行裂化和加氢反应生成较小分子的转化过程，是炼厂中提高轻质油收率、提高产品质量的重要手段。在市场对中间馏分的需求日益增长的情况下，加氢裂化工艺更显得重要。

加氢处理是通过部分加氢裂化和加氢精制反应使原料油质量符合下一个工序的要求。炼油厂中的许多油品都必须进行加氢处理。加氢处理催化剂的年销售总额约占世界催化剂市场总份额的 $10\%$，仅次于废气转化催化剂及 FCC 催化剂。

## 12.2.1　催化加氢的主要反应和反应机理

### 12.2.1.1　加氢精制过程

**(1) 加氢脱硫反应**

在石油中的硫化合物有硫醇、硫醚、二硫化物、硫化物、噻吩、苯并噻吩及二苯并噻吩（硫茚）等几类。硫醇常在石油的低馏分中出现，二苯并噻吩则常在高馏分中出现。在加氢催化剂的存在下，石油馏分中的硫化物与氢反应，目的反应是 C—S 键断裂的氢解反应。

$$R—SH + H_2 \longrightarrow RH + H_2S$$
$$R—SS—R' + 3H_2 \longrightarrow RH + R'H + 2H_2S$$
$$R—S—R' + 2H_2 \longrightarrow RH + R'H + H_2S$$

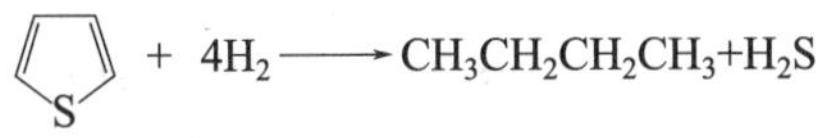

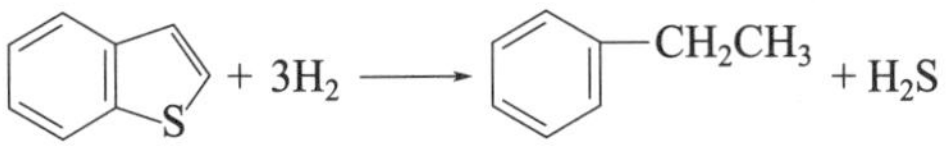

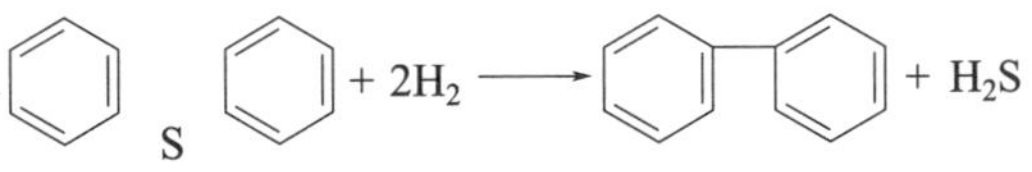

**(2) 加氢脱氮反应**

加氢脱氮反应是重油和渣油深度加工的重要工艺，是馏分油中的含氮化合物在催化剂和氢气的作用下，进行氢解反应，转化为不含氮的相应烃类和 $NH_3$。

石油馏分中有机含氮化合物主要分为非杂环和杂环化合物两类。非杂环化合物包括脂肪胺、苯胺和腈类化合物；杂环化合物又分为碱性和非碱性杂环化合物。碱性杂环化合物包括吡啶、喹啉、异喹啉、吖啶、菲啶、苯并喹啉等六元杂环；非碱性杂环化合物包括吡咯、吲哚、咔唑等五元杂环。在加氢脱氮反应条件下，脱氮过程如下：

烷基胺：
$$R—CH_2NH_2 + H_2 \longrightarrow RCH_3 + NH_3$$

吡咯：

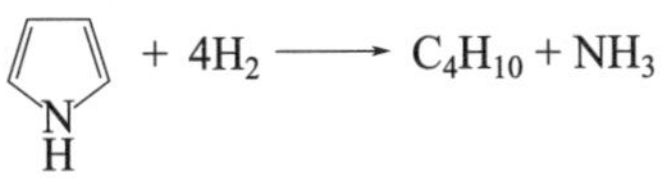

吲哚：　 $+ 6H_2 \longrightarrow$ $C_2H_5 + NH_3$

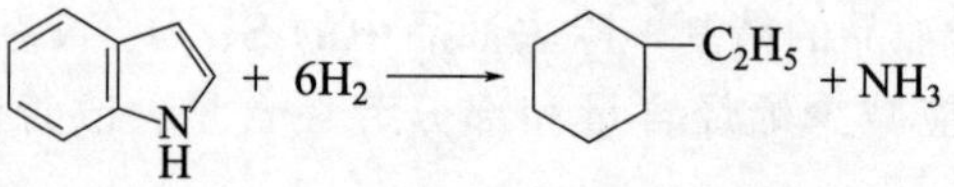

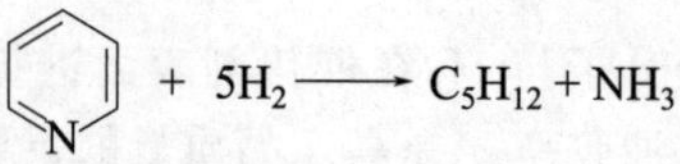

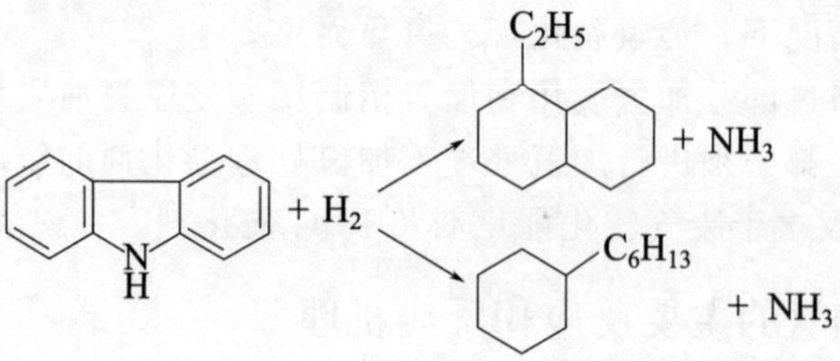

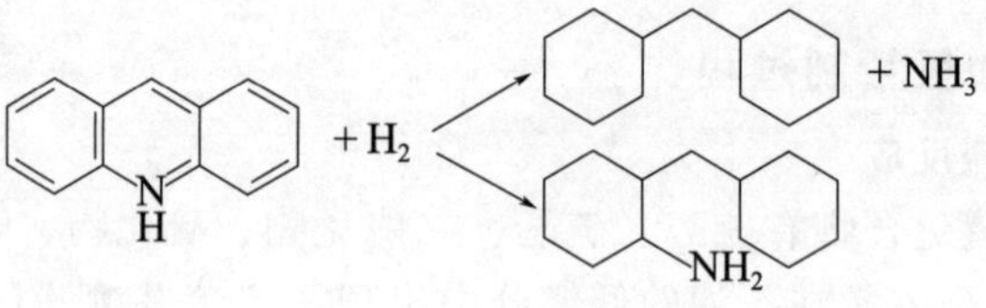

吡啶：　 $+ 5H_2 \longrightarrow C_5H_{12} + NH_3$

咔唑：　 $+ H_2$ $+ NH_3$

吖啶：　 $+ H_2$ $+ NH_3$

喹啉：　 $+ 4H_2 \longrightarrow$ $C_3H_7 + NH_3$

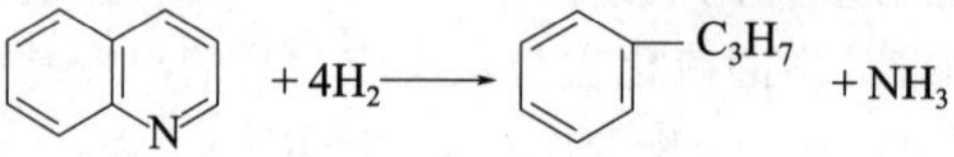

### （3）加氢脱氧反应

石油的氧质量分数在 $0.1\% \sim 1.0\%$。石油中的含氧化合物分为酸性氧化物和中性氧化物两类。中性氧化物在石油中的含量极少，石油中的氧化物以酸性氧化物为主。酸性氧化物又称为石油酸，包括羧酸（如环烷酸、脂肪酸和芳香酸）和酚类。

含氧化合物的加氢反应包括环的加氢饱和及 C—O 键的氢解。加氢反应历程如下：

环烷酸：　 $\xrightarrow{3H_2}$ $CH_3 + 2H_2O$

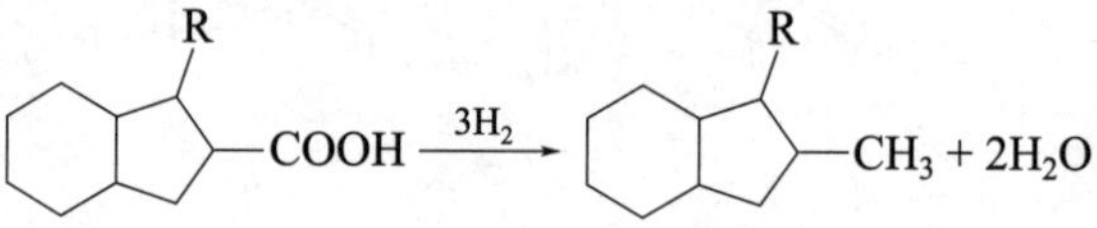

酚类：　 $\xrightarrow{+6H}$ $\xrightarrow{+H}$ $+ H_2O$

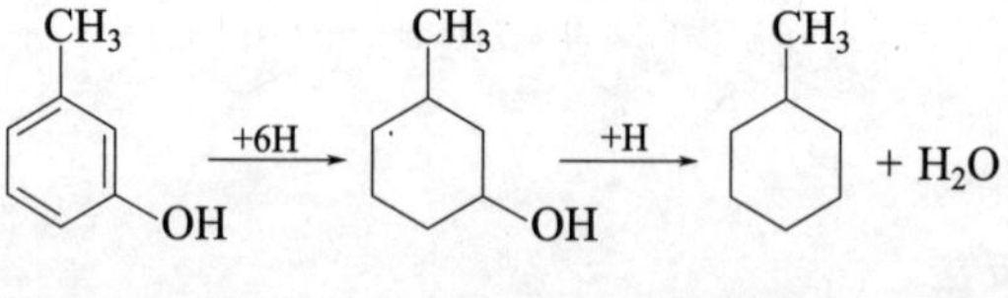

### （4）加氢脱金属反应

原油重质化和劣质化程度加深，在渣油加氢方面，加氢脱金属问题日益突出。渣油中的金属分别以卟啉化合物和非卟啉化合物两种形式存在（如 Fe、Ca、Ni 等的环烷酸盐）。其中，油溶性的金属环烷酸盐反应活性很高，易以硫化物形式沉积于催化剂孔口，堵塞孔道。而渣油中主要的杂质 Ni 和 V 以宽范围分子量分布的卟啉形式存在。

在加氢条件下，渣油中的脱 V 和脱 Ni 反应历程如下。

脱 V：　 $+ 2H_2S \longrightarrow VS_2 +$ $+ H_2O$

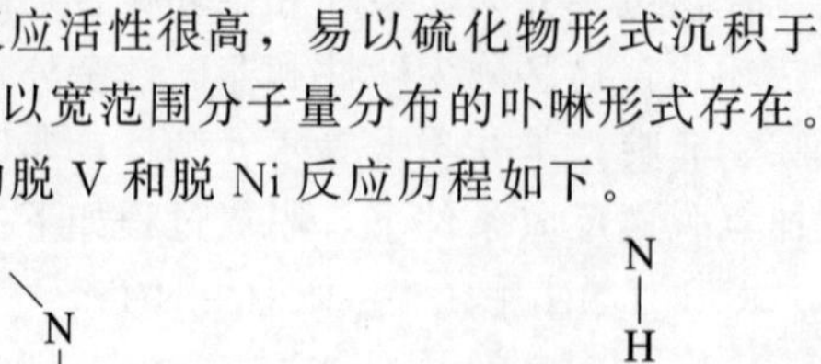

脱 Ni：

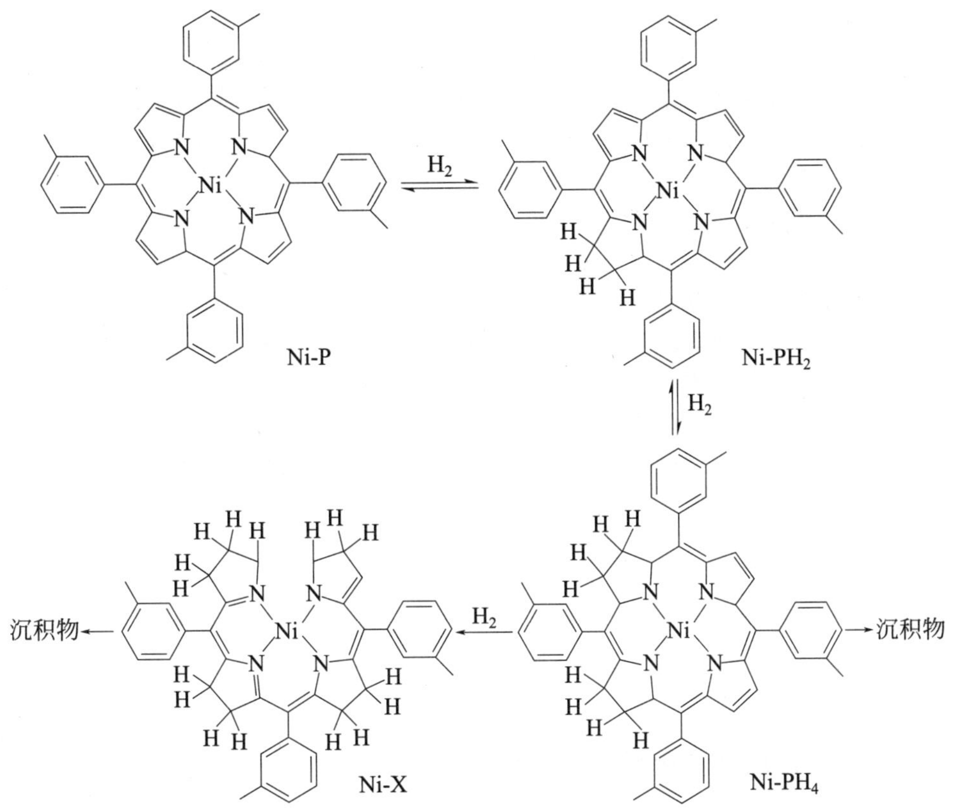

## 12.2.1.2 加氢裂化过程

加氢裂化反应是氢气存在下的催化裂化反应，或者说是催化裂化反应和加氢反应的综合。在催化剂作用下，非烃化合物进行加氢转化，烷烃、烯烃进行裂化、异构化和少量环化反应，多环化合物最终转化成单环化合物。

**（1）烷烃和烯烃的反应**

① 裂化反应　按碳正离子机理，烷烃分子先在加氢活性中心生成烯烃，烯烃在酸性中心上生成碳正离子，然后发生 $\beta$ 断裂，产生一个烯烃和一个小分子的仲（叔）碳离子。一次裂化所得到的碳正离子，可进一步裂化成二次裂化产品。如果烯烃和较小的碳正离子都被饱和，则反应终止。

② 异构化反应　异构化反应也是碳正离子反应的结构，碳正离子的稳定性顺序是：叔碳离子＞仲碳离子＞伯碳离子。因此加氢裂化反应时生成的碳正离子趋于异构成叔碳离子，而使产品中的异构烷烃/正构烷烃（$i/n$）比值较高，往往超过热力学平衡值。异构化反应包括原料异构化和产品异构化两部分。当催化剂加氢活性低而酸性强时，主要发生的是产品分子异构化；若相反则是原料分子发生明显异构化，产品异构化减少。

③ 环化反应　在加氢裂化反应中烷烃和烯烃分子在加氢活性中心上脱氢而发生少量环化反应。例如：

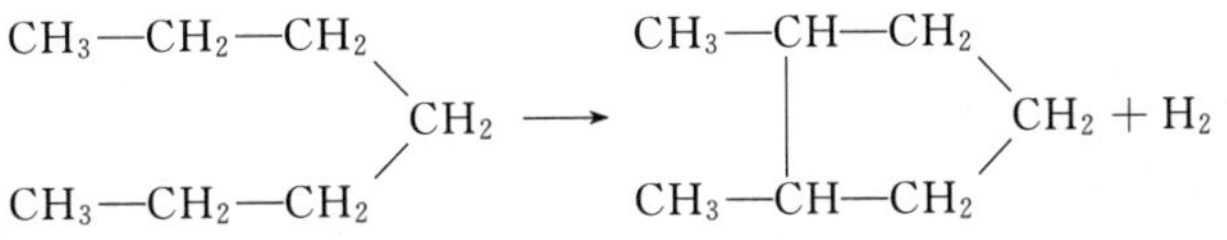

**（2）环烷烃和芳香烃的反应**

在加氢裂化反应条件下芳香烃可以加氢饱和生成环烷烃，而环烷烃主要发生断侧链、开环和异构化反应。

①单环化合物　单环化合物很稳定，不易开环，带侧链的主要是断侧链反应。但是，烷基苯与烷基环烷烃的反应有较大的区别：前者是先开环后异构化，而后者首先是断链异构，然后裂化，这样其产物也不同。当烷基苯的侧链较长时还可生成双环化合物，而烷基环烷烃则不能环化。

②多环化合物　双环化合物加氢裂化的产物随催化剂加氢功能与酸性功能匹配而变化。首先，饱和其中一环，然后当加氢功能较强、温度较低时，主要通过生成十氢萘的烃加氢裂化。当酸性功能强，温度较高时，主要按照加氢异构化生成甲基茚满途径进行反应。

稠环芳香烃的加氢裂化反应是逐个环加氢、开环（异构）的平行、串联反应。稠环芳香烃很快就被部分氧化成稠环烷芳香烃，其中的环烷较易开环，随之发生异构化、断侧链反应。若分子中有两个以上的芳环加氢饱和，则其开环断侧链较容易进行。若只有一个芳环加氢饱和，则此芳环加氢很慢，但环烷的开环和断侧链反应仍然很快，这样芳香烃和稠环化合物加氢裂化的主要产物是单环芳香烃。

从加氢裂化反应的基本原理可以归纳以下特点：产品中 S、N 及烯烃含量极低；异构烷烃含量高，裂解气体以 $C_4$ 为主，干气少；稠环芳香烃深度转化进入裂解产物；改变催化剂及操作条件，可改变产品分布；反应过程需要较高压力和较高氢耗。

加氢裂化过程优点是原料适应性强，产品质量高并可根据需要调整产品分布，这些都是催化裂化或热裂化无法达到的，但加氢裂化投资和操作费用较高。

## 12.2.2　催化加氢催化剂的分类及组成

### 12.2.2.1　加氢精制催化剂

加氢精制过程的作用是加氢脱除 S、O、N、重金属以及多环芳烃加氢饱和。该过程原料的分子结构变化不大，根据各种反应需要，伴随有加氢裂化反应，但转化深度不深，转化率一般在 10% 左右。表明加氢精制催化需要加氢和氢解双功能，而氢解对所需的酸度要求不高。

**（1）加氢精制催化剂的活性组分**

金属组分是加氢精制催化剂加氢活性的主要来源，通常是ⅥB 和Ⅷ族金属，其中非贵金属有 Mo、W、Fe、Ni、Co 等，贵金属有 Pt 和 Pd 等。由于贵金属催化剂容易被有机 S、N 组分和 $H_2S$ 中毒而失去活性，所以只能用于低 S 或不含 S 的原料中，且价格昂贵，使用受限。

在工业催化剂中，常常配合使用不同的活性组分来达到加氢活性效果最优化的目的。常用的加氢精制催化剂金属组分为 Co-Mo、Ni-Mo、Co-W、Ni-W 等，此外还有三元、四元活性组分组合型催化剂，如 Ni-Mo-W、Co-Ni-Mo、Ni-Co-Mo-W 等，这些催化剂兼具有加氢脱硫（HDS）、加氢脱氮（HDN）、加氢脱芳烃（HAD）等优异的加氢性能。选用哪种金属组分搭配，取决于原料性质及要求达到的主要目的。在一定范围内，活性金属含量越高，加氢活性越高。综合生产成本和催化剂活性增加幅度，以金属氧化物质量分数计，目前加氢精制催化剂活性组分质量分数一般为 15%～35%。

**（2）加氢精制催化剂的助催化剂**

为了改善加氢精制催化剂活性、选择性、稳定性、机械强度等方面的性能，在催化剂中添加金属或非金属助剂，作为结构型助剂或者电子型助剂。

常用的助剂有：P、B、F、Si、Ti、Zr、K、Li 等。其中，P、B、F、Si 等助剂有利于

提高载体表面的表面性质、表面酸性、活性组分的分散，减少活性金属与载体之间的相互作用。Ti、Zr 有利于调节载体的电表面性质和减少活性金属与载体之间的相互作用。K、Li 等有利于降低载体的表面酸性，提高活性组分的分散度。

**(3) 加氢精制催化剂的载体**

加氢精制催化剂的载体有中性载体和酸性载体两大类。中性载体有活性 $Al_2O_3$、活性炭、硅藻土等。酸性载体有硅酸铝、硅酸镁、分子筛等。

目前，最广泛使用的载体是 $\gamma\text{-}Al_2O_3$。因为其原料来源广泛，价格便宜且具有较高的抗破碎强度和热稳定性，催化剂氧化再生时稳定、黏结性好，易于制成粒度较小的异形条，有利于扩散，提高堆密度，增加活性，降低压降；此外，其表面积适中，孔径与孔径分布可调节，添加某些助剂可调节酸度，控制孔结构。

### 12.2.2.2　加氢裂化催化剂

加氢裂化催化剂是由金属加氢组分和酸性载体组成的双功能催化剂。这种催化剂不但具有加氢活性，而且具有裂解活性及异构化活性。根据产品的需要，改变催化剂加氢组分和酸性载体的配比关系，可以得到不同加氢/脱氢活性和裂化活性的催化剂。一般要根据原料的性质、生产目的等实际情况来选择催化剂。

**(1) 加氢裂化催化剂的加氢活性组分**

加氢裂化催化剂的加氢活性组分、加氢原理和要求与加氢精制催化剂相同。加氢活性组分主要是ⅥB和Ⅷ族金属元素的氧化物、硫化物或者金属。其中，非贵金属有 W、Mo、Cr、Fe、Co、Ni 等，贵金属有 Pt、Pd、Rh、Ru 等。一般认为活性物种为 $WS_2$、$MoS_2$、Pt、Pd 等。金属或金属硫化物在活性上有区别，各种金属间匹配也有不同活性，大致顺序为贵金属＞过渡金属硫化物＞贵金属硫化物。

由于贵金属催化剂容易被有机硫和硫化氢中毒而失活，只适用于不含硫的原料中，也有将部分贵金属加到非贵金属中，如 $Ni\text{-}Ru/Al_2O_3$、$Ru\text{-}Co\text{-}Mo/Al_2O_3$ 等催化剂。研究表明，双金属组分催化剂的活性比单金属组分活性好，目前石油馏分加氢催化剂常用ⅥB和Ⅷ族金属元素搭配。各种组分组合后加氢活性顺序为：Ni-W＞Ni-Mo＞Co-Mo＞Co-W。

**(2) 加氢裂化催化剂的助催化剂**

加氢裂化催化剂曾使用过少量助催化剂，如 P、F、Sn、Ti、Zr、La 等作为结构型助剂或电子型助剂。目的是调变载体的性质，减弱活性组分与载体之间、活性组分与助催化剂之间强的相互作用，改善负载型催化剂的表面结构，提高金属的还原能力，促使还原为低价态，以提高金属的加氢性能。另一目的是将助剂引入载体分子筛，促使活性组分与助催化剂金属结合，生成活性相（Ni-Mo-S、Ni-W-S）的基质或前驱物（如 Ni-W-O、Ni-Mo-O），另外助剂交换到分子筛阳离子位置，由于电荷密度不同，改变了原有 $H^+$ 的电荷密度，影响酸强度变化，改善了分子筛的裂化性能和耐氮性能。

**(3) 加氢裂化催化剂的载体**

加氢裂化催化剂的载体除了具有一般载体的功能外，还担负催化剂裂解活性中心的作用，这是加氢裂化催化剂载体最重要的作用。加氢裂化反应中的裂化和异构化性能，主要靠酸性载体提供的固体酸中心。加氢裂化催化剂的载体有酸性和弱酸性两种。酸性载体为硅酸铝、硅酸镁、分子筛等；弱酸性载体为 $Al_2O_3$、活性炭等。常用的载体是无定形硅酸铝、硅酸镁以及各种分子筛，近年来主要是用各种分子筛。

### 12.2.3　催化加氢催化剂的制备

#### 12.2.3.1　加氢精制催化剂的制备

工业用石油馏分加氢精制催化剂一般是负载型催化剂，即将活性组分 Ni、Co、Mo 和 W 的氧化物负载于多孔载体上，制备方法有混合法和浸渍法两种。

**(1) 混合法**

混合法是较早使用的加氢处理催化剂的制备方法，可分为干混法或者湿混法。目前仅有少部分加氢精制催化剂采用混合法。

**(2) 浸渍法**

包括"分步浸渍法"和"共浸渍法"两种。两种方法均需要先制备载体（$\gamma$-$Al_2O_3$ 或 $SiO_2$-$Al_2O_3$），然后用含活性组分溶液浸渍该载体，经干燥、焙烧等步骤，最后制成催化剂。由于活性金属组分是通过与载体之间的相互作用而分散在载体表面上，因此制备表面性质优良的载体是浸渍法的关键和前提。其优点是活性组分分布均匀，缺点是制备工艺比较复杂。

① 分步浸渍法　以含 Mo（或 W）溶液浸渍载体（例如 $\gamma$-$Al_2O_3$），干燥、焙烧，制成 Mo(W)/$Al_2O_3$；再用含 Ni（或 Co）溶液浸渍该 Mo(W)/$Al_2O_3$，干燥、焙烧，制成 Mo(W)Ni(Co)/$Al_2O_3$ 加氢处理催化剂。

② 共浸渍法　首先将氧化钼(或钼酸铵)和硝酸镍(或碱式碳酸镍)或硝酸钴(或碱式碳酸钴)一起配制成含双活性组分(或含多活性组分)溶液；然后用该溶液浸渍 $\gamma$-$Al_2O_3$，经干燥、焙烧等步骤，制成 MoNi(Co)/$Al_2O_3$ 加氢处理催化剂。配制高浓度而且稳定的浸渍溶液是共浸渍法的另一关键问题。含 Mo-Ni(Co)溶液可以在碱性（含高浓度氨）介质中配制，但是该溶液的稳定性较差。此外，在工业生产过程中，高浓度的氨水会严重污染环境。现在，更多的是采用加入 P，以制成含有三种组分的 Mo-Ni(Co)-P 溶液的方法。含 P 化合物可以采用($NH_4$)$_3$$PO_4$ 或 $H_3PO_4$，引入 P 的目的是通过生成磷钼酸盐络合物以加速钼的溶解并使溶液稳定。研究表明，当溶液(含 Mo、P)含有一定量的 Ni 时，溶液可以更加稳定。

#### 12.2.3.2　加氢裂化催化剂的制备

加氢裂化催化剂也是负载型催化剂，其制备方法与加氢精制催化剂相似。但需注意：加氢裂化催化剂在制备过程中必须加入较多的酸性载体组分（20%～60%），如分子筛等裂化活性组分。所采用的分子筛必须经过改性，如与 $H^+$、$NH_4^+$ 或者稀土离子等阳离子交换获得较强的酸性，还要经过稀酸或者高温水蒸气进行扩孔处理，可以产生更多的二次孔，这样有利于大分子的扩散和裂化反应，提高分子筛的活性和稳定性。

### 12.2.4　催化加氢催化剂的失活与再生

**(1) 加氢处理催化剂的失活**

加氢催化剂失活的主要原因是积炭和重金属沉积。

在加氢催化过程中，由于部分原料的裂解和缩合反应，催化剂因表面逐渐被积炭覆盖而失活。通常组成和操作条件有关，原料分子量越大、氢分压越低和反应温度越高，失活速度越快。与此同时，溶存于油品中的 Pb、As、Si 等金属毒物的沉积会使催化剂活性减弱而永久中毒，而加氢脱硫原料中的 Ni、V 则是造成催化剂孔隙堵塞进而床层堵塞的原因之一。此外，反应器顶部的各种机械沉积物，也会导致反应物在床层内分布不良，引起床层压降

过大。

上述引起催化剂失活的各种原因带来的后果各异，因结焦而失活的催化剂可用烧焦办法再生，被金属中毒的催化剂不能再生，顶部有沉积物的催化剂可卸出过筛。

**（2）加氢催化剂的再生**

催化剂再生采用烧炭作业，分为器内再生和器外再生。两种方式都采用惰性气体中加入适量空气进行逐步烧焦，用水蒸气或 $N_2$ 作惰性气体并充当热载体。采用水蒸气再生时过程简单，容易进行；但是水蒸气处理时间过长会使 $Al_2O_3$ 载体的结晶状态发生变化，造成表面损失、催化剂活性下降及机械性能受损，在正常操作条件下催化剂可以经受住 7～10 次这种类型再生。用 $N_2$ 作稀释剂的再生过程，在经济上比水蒸气法要贵，但对催化剂的保护效果较好且污染较少。目前许多工厂趋向于采用 $N_2$ 再生，有的催化剂规定只能用 $N_2$ 再生。

催化剂再生时燃烧速度与混合气中 $O_2$ 浓度成正比，必须严格控制进入反应器中 $O_2$ 浓度，以此来控制催化床层中所有点的温度即再生温度，否则烧炭时会放出大量焦炭燃烧热和硫化物的氧化反应热，导致床层温度剧烈上升而过热，最后损坏催化剂。实践表明，在反应器入口气体中 $O_2$ 含量为 1% 时，可以产生 110℃ 的温升；若反应器入口温度为 316℃，气体中 $O_2$ 含量依次为 0.5%、1%，则床层内燃烧段的最高温度可分别达到 371℃ 和 427℃。对于大多数催化剂，燃烧段最高温度应不高于 550℃；否则 $MoO_3$ 会蒸发，$\gamma$-$Al_2O_3$ 也会烧结和再结晶；催化剂在高于 470℃ 下暴露在水蒸气中，会发生一定的活性损失。

如果催化剂失活是由于金属沉积，则不能用烧焦方法再生，操作周期将随金属沉积物前沿的移动而缩短，在这个前沿还没到达催化剂床层底部之前，就需要更换催化剂。若装置因炭沉积和硫化铁锈在床层顶部的沉积而引起床层压降增大而停工，则必须全部或部分取出催化剂过筛；然而，为防止活性硫化物和沉积在反应器顶部的硫化物与空气接触后自燃，可在催化剂卸出之前将其烧焦再生或在 $N_2$ 保护下将催化剂卸出反应器。

# 12.3 催化重整催化剂

重整是指烃类分子重新排列成新的分子结构。在有催化剂作用的条件下，将低辛烷值（40～60）的直馏石脑油转化为高产率、高辛烷值的汽油馏分进行的重整叫催化重整。采用 Pt 催化剂称为"铂重整"；采用 Pt-Re 催化剂或多金属催化剂的重整称为"Pt-Re 重整"或"多金属重整"。催化重整通过异构化、加氢、脱氢环化和脱氢等反应，使直馏汽油的分子，其中包括由裂解获得的较大分子烃，转化为芳烃和异构烃以改善燃料的质量。因而催化重整不只与高级汽油的生产有关，亦关系到石油化工基础原料如苯、甲苯、二甲苯等芳烃的生产。无论是生产高辛烷值汽油或芳烃，在催化重整过程中，还副产大量 $H_2$，可用来作为重整原料，进行加氢裂化及生产合成氨。重整所生产的丙烷，可作为液化气，异丁烷可用来供给烷基化装置。

## 12.3.1 催化重整的主要反应和反应机理

催化重整的原料油是汽油馏分，其中含有烷烃、环烷烃及少量芳香烃，碳原子数一般都在 4～9 个。有一些原料烷烃含量特别高，称为烷基原料油；另一些原料环烷烃含量比较高，称为环烷基原料油。显然，重整原料是一种复杂的混合物，故重整过程的化学反应是由几种反应类型组成的复杂反应，主要的反应如下：

**（1）六元环烷烃脱氢反应**

这是速度较快的吸热反应，称为芳构化反应，反应后环烷烃转化成芳烃。大多数环烷烃脱氢反应是在重整装置的第一反应器中完成的，反应被贵金属所催化。例如：

$$\bigcirc \rightleftharpoons \bigcirc + 3H_2 \qquad \bigcirc\!-\!CH_3 \rightleftharpoons \bigcirc\!-\!CH_3 + 3H_2$$

**（2）五元环烷烃异构化脱氢反应**

这类反应的进行主要是靠催化剂的酸性（卤素）部分的作用，少部分是靠催化剂的贵金属部分的作用。五碳环的芳构化首先是部分脱氢，然后是扩环，由五碳环变为六碳的环烷，最后是脱氢芳构化，变成芳烃。例如：

$$\bigcirc\!-\!CH_3 \rightleftharpoons \bigcirc + 3H_2$$

**（3）烷烃脱氢环化反应**

这类反应是由催化剂中的贵金属及酸性部分所催化，反应进行得相对较慢，它将石蜡烃转化成芳烃，是一种提高辛烷值的重要反应。这一吸热反应经常发生在重整装置的中部至后部的反应器中。例如：

$$C\!-\!C\!-\!C\!-\!C\!-\!C\!-\!C\!-\!C \rightleftharpoons \bigcirc\!-\!CH_3 + 4H_2$$

**（4）正构烷烃的异构化反应**

这类反应主要靠催化剂酸性功能的作用，反应进行得相对较快。它在氢气产量不发生变化的情况下，产生分子结构重排，生成辛烷值较高的异构烷烃。例如：

$$C\!-\!C\!-\!C\!-\!C\!-\!C\!-\!C\!-\!C \rightleftharpoons \underset{\displaystyle C\!-\!C\!-\!C\!-\!C\!-\!C}{\overset{\displaystyle C\quad C}{\phantom{C}}}$$

**（5）烃类加氢裂解反应**

这类反应主要靠催化剂酸性功能的作用。这种相对较慢的反应通常不希望发生，因为它产生过多量的 $C_4$ 及更轻的轻质烃类，并不产生焦油且消耗氢气。加氢裂解是放热反应，一般发生在最末反应器内。例如：

$$C\!-\!C\!-\!C\!-\!C\!-\!C\!-\!C\!-\!C + H_2 \longrightarrow C\!-\!C\!-\!C + C\!-\!\underset{\displaystyle C}{\overset{\displaystyle C}{C}}\!-\!C$$

其他还有生焦和烯烃的饱和反应。

## 12.3.2 催化重整催化剂的组成及分类

重整催化剂是双功能催化剂，金属组分提供脱氢活性，卤素及载体提供酸性中心，能催化异构化反应涉及分子中碳骨架变化的化学反应。工业重整催化剂分为非贵金属催化剂和贵金属催化剂两大类。前者有 $Cr_2O_3/Al_2O_3$、$MoO_3/Al_2O_3$ 等，其主要活性组分多属ⅥB族元素的氧化物，它们的活性较差，目前基本上已被淘汰；后者的主要活性组分多为Ⅷ族金属元素，如 Pt、Pd、Ir、Rh 等，工业上广泛应用的是 Pt。

**（1）金属组分**

重整催化剂中以 Pt 催化剂的脱氢活性最高。在 Pt 催化剂中，Pt 处于高度分散状态，其含量为 $0.20\%\sim0.75\%$，以晶体状态存在，Pt 晶粒平均直径 $0.8\sim10mm$。晶粒越小，Pt 与载体的接触面越大，催化剂的活性和选择性越高。为制备高度分散的 Pt 催化剂，$Al_2O_3$ 常以 $H_2PtCl_6$ 溶液的形式浸渍到 $Al_2O_3$ 中或用 $[Pt(NH_3)_4]^{2+}$ 的形式交换到 $Al_2O_3$ 中。制备

工艺亦影响晶粒大小,如焙烧温度过高则晶粒变大。晶粒大小可用金属分散度间接反映,Pt分散度定义为:

$$分散度 = \frac{吸附的\ H\ 原子的物质的量}{总的\ Pt\ 原子的物质的量}$$

优良的重整催化剂中 Pt 的分散度可达到 0.95。单 Pt 催化剂中 Pt 分散度随催化剂使用时间增加而逐步减小,加入 Re、Ir、Pd、Sn、Ti、Al 等元素有利于 Pt 保持原来的分散状态。

**(2) 载体**

重整催化剂常用 $Al_2O_3$ 作载体。早期的重整催化剂采用 $\eta\text{-}Al_2O_3$、$\gamma\text{-}Al_2O_3$ 作载体,因前者热稳定性和抗水性较差,现代重整催化剂的载体一般采用后者。为保证催化剂有较好的动力学特性和容焦能力,$\gamma\text{-}Al_2O_3$ 载体应有足够的孔容和合适的比表面积,以提高 Pt 的有效利用率并保证反应物、产物在催化剂颗粒内的良好扩散。孔径在 $3\sim10nm$ 范围的孔有明显优势。

**(3) 卤素**

卤素即 Cl 和 F,可在催化剂制备时加入或生产过程中补入,催化剂中卤素含量以 0.4%～1.5%为宜。卤素强化载体酸性,加速五元环烷烃异构脱氢。

**(4) 分类**

① Pt-Re 系列重整催化剂　Pt-Re 系列重整催化剂的优点是稳定性好,抗积炭能力强,最适合用于半再生重整装置。在 Pt-Re 催化剂中,Pt 的含量可降低到 0.2%左右,$n(Re)/n(Pt)>2$。Re 含量高的目的是增加催化剂的容炭能力。Re 是一种活性剂,Pt-Re 合金调变 Pt 的电子性质,使 Pt 的成键能力增加,新鲜催化剂进料时,加氢裂化能力强,需要小心掌握开工技术。

② Pt-Ir 系列重整催化剂　在 Pt 催化剂中引入 Ir 可以大幅度提高催化剂的脱氢环化能力,Ir 在这里应看成是活性组分。它的脱氢环化能力强,但氢解能力也强,所以在 Pt-Ir 催化剂中,常常加入第三组分为抑制剂,以改善其选择性。

③ Pt-Sn 系列重整催化剂　在 Pt-Sn 系列重整催化剂中,Sn 是一种抑制剂,在 Pt 含量相同时,Pt-Sn 催化剂的活性低于 Pt-Re 催化剂。Sn 的引入,使催化剂的裂解活性下降,异构化反应选择性提高,尤其是在高温和低压条件下,Pt-Sn 催化剂表现出较好的烷烃芳构化性能,所以 Pt-Sn 催化剂主要使用于低压连续再生式重整装置。在 Pt-Sn 催化剂中,Pt 含量$>0.3\%$,$n(Pt)/n(Sn)$接近于 1。

### 12.3.3　催化重整催化剂的制备

重整催化剂常用 $Al_2O_3$ 为载体,Pt 的含量为 0.25%～0.6%,卤素常用 Cl 元素,含量为 0.4%～1.0%。工业重整催化剂由活性组分、助催化剂和酸性载体组成。载体 $Al_2O_3$ 过去用 $\eta\text{-}Al_2O_3$,现在采用 $\eta\text{-}Al_2O_3$。这是因为 $\eta\text{-}Al_2O_3$ 比表面积大、酸性强、孔径细、热稳定性差。选用这种载体虽然初活性较高,但在高苛刻条件下操作,催化剂失活较快。

载体选定后,要使金属组分按需要状态高度分散在载体上。贵金属组分的引入常采用浸渍法。例如在 $Pt/Al_2O_3$ 制备中,用 $Al_2O_3$ 载体直接放在 $H_2PtCl_6$ 溶液中进行浸渍,$H_2PtCl_6$ 吸附速率极快,主要吸附在载体孔道入口处。为了使活性组分均匀吸附在载体上,可在浸渍液中加入 $CH_3COOH$ 或 HCl 等作为竞争吸附剂,促使 $H_2PtCl_6$ 进入孔内吸附,有利于吸附均匀。

通过浸渍干燥后的催化剂还要进一步活化还原。在活化焙烧过程中可以进行卤素的调节。水氯处理实际上是设法调节催化剂上卤素含量，并在此过程中能有更多 Pt 转化成 Pt-Cl-Al-O 复合物相，来达到 Pt 金属的高度分散。为防止 Pt 晶粒因凝聚作用而长大，导致活性下降，通常加入 Re、Sn、Ir 等第二组分作催化剂。

由石油化工科学研究院和长岭炼油厂于 1990 年共同研制开发的 CB-7 催化剂是一种性能优异的高铂铼比重整催化剂，生产过程包括载体 $\gamma$-$Al_2O_3$ 和催化剂制备两个步骤。

载体 $\gamma$-$Al_2O_3$ 的制备：将 $Al(OH)_3$ 干胶粉和净水按一定配比投料，先将 $Al(OH)_3$ 粉用净水混合投入酸化罐，打浆搅拌，加入配好的无机酸进行酸化。调整浆液黏度到工艺要求值，然后将浆液压至高位罐，浆液经过滴球盘滴入油氨柱中成球，湿球经干燥带干燥后过筛，干球移至箱式电炉中焙烧成 $\gamma$-$Al_2O_3$。

催化剂生产：将干基投入 $Al_2O_3$ 浸渍罐中，抽空，再将按工艺要求计算配制的浸渍液分上、中、下三路放入浸渍罐中。在浸渍过程中多次进行浸渍液循环。浸渍到规定时间后，放出浸余液（循环使用），然后放入干燥罐中进行干燥。在干燥过程中，要严格控制操作温度，防止超温。干燥后的催化剂放入立式活化炉中，在一定温度下进行活化。活化后催化剂成品在干燥空气流下冷却，装桶包装。

## 12.3.4　催化重整催化剂的失活与再生

### 12.3.4.1　重整催化剂的失活

#### （1）积炭引起的失活

对于 Pt 催化剂，当积炭含量为 3%～10% 时，活性大半丧失；对于 Pt-Re 催化剂，当积炭含量约为 20% 时活性才大半丧失。催化剂的积炭速度与原料性质、操作条件有关。当原料终馏点高、不饱和烃含量高时积炭速度快，因此需选择原料终馏点并限制其溴价≤1gBr/100g 油。反应条件苛刻，如高温、低压、低空速和低氢油比等也会加速积炭。在重整过程中，烯烃、芳烃类物质首先在金属中心上缓慢生成积炭，并通过气相扩散和表面转移传递到酸中心上，生成更稳定的积炭。金属中心上的积炭在氢作用下可以解聚清除，但酸中心上的积炭在氢作用下则较难除去。

催化剂因积炭引起的活性降低，可采用提高反应温度来补偿，但提高温度有限。重整装置一般限制反应温度≤520℃，有的装置最高可达 540℃ 左右。当反应温度已升至最高而催化剂活性仍得不到恢复时，可采用烧炭作业恢复催化剂活性。再生性能好的催化剂经再生后其活性基本上可以恢复到原有水平。

#### （2）中毒失活

重整催化剂常见的金属毒物为 As、Pb、Cu、Fe、Ni、Hg 和 Na 等，这些毒物能和金属 Pt 结合形成稳定的化合物，是 Pt 催化剂的永久性毒物，因此需要采取必要的措施防止催化剂同金属毒物接触。S、N 和 O 等属非永久性毒物。

① As：原料中微量的有机 As 化合物与 Pt 催化剂接触，As 强烈地吸附在金属 Pt 上并生成 $PtAs_2$，使金属失去加氢脱氢功能，造成催化剂永久失活。我国大庆原油的 As 含量特别高，轻石脑油中的 As 含量 $0.1\mu g/g$，作为重整原料油应该脱 As。规定重整原料油中 As 含量小于 $0.001\mu g/g$，脱 As 可以用吸附法和预加氢精制等方法。

② Pb：原油中含 Pb 量极少，重整原料油可能通过装载加 Pb 汽油的油罐而受到 Pb 污染。对双金属重整催化剂，原料中允许的 Pb 含量小于 $0.01\mu g/g$。

③ Cu、Fe、Co 等毒物：主要来源于检修不慎进入管线系统。

④ Na：是 Pt 催化剂的毒物，故禁用 NaOH 处理过程原料。

⑤ S：对重整催化剂中的金属元素有一定的毒化作用，特别对双金属催化剂的影响尤为严重，因此要求精制原料油中 S 含量小于 $0.5\mu g/g$。

⑥ N：在重整条件下生成 $NH_3$，影响催化剂酸中心，原料油中 N 含量应小于 $0.5\mu g/g$。

⑦ CO 和 $CO_2$：$CO_2$ 能还原成 CO，CO 和 Pt 形成络合物，造成 Pt 催化剂永久性中毒。重整反应器中 CO 和 $CO_2$ 源于 Pt 催化剂再生产生和开工时引入系统中的工业 $H_2$、$N_2$，一般限制使用的气体中 CO 体积分数小于 $0.1\%$，$CO_2$ 体积分数小于 $0.2\%$。

**(3) 烧结失活**

烧结是由于高温导致催化剂活性面积损失的一种物理过程，根据重整催化剂催化活性位的类型，烧结可分为金属烧结和载体烧结。

在金属位上，催化活性的损失主要由金属颗粒的长大和聚结造成；在载体上，高温操作导致比表面积降低（伴随着载体孔结构发生变化），导致酸性位活性降低。金属烧结是可逆的，可通过适当的措施使金属获得再分散；载体烧结则不可逆，无法使其恢复活性。

重整催化剂在使用时，反应温度在 $470\sim530℃$ 范围内，处在临氢的条件下，反应是吸热的，金属和载体发生烧结的可能性非常小。另一方面，催化剂在氧气气氛下烧焦时，烧焦反应是放热的，并且在烧焦过程中产生水。由于在催化剂颗粒内会产生高温，并有水的存在，载体会发生烧结；金属处在高温和氧化气氛下比在氢气气氛下更易发生烧结。因此，重整催化剂烧焦是最容易发生烧结的一个过程。

### 12.3.4.2 重整催化剂的再生和更新

在工业运转过程中，重整催化剂如果因为金属中毒或高温烧结而严重失活，则必须更换催化剂，通过再生的方法不能使失活的催化剂恢复活性。如果因积炭失去活性，可以通过烧焦、氯化更新、还原及硫化等过程，恢复催化剂的活性。

**(1) 烧焦**

烧焦是催化剂再生过程中耗时最长的一个过程，它与烧焦温度、烧焦压力以及催化剂积炭的性质和含量等因素有关。再生之前，反应器应降温、停止进料，并用 $N_2$ 循环置换系统中的 $H_2$ 直到爆炸试验合格。再生在 $5\sim7kPa$，循环气量（标准状态）$500\sim1000m^3/(m^3$ cat·h) 的条件下进行，循环气是 $N_2$，其中氧体积分数 $0.2\%\sim0.5\%$，通常按温度分成几个阶段来烧焦。

催化剂的积炭是 H/C（原子比）约为 $0.5\sim1.0$ 的缩合产物，烧焦产生的水会使循环中含水量增加。为保护催化剂（尤其是 Pt-Re 催化剂），应在再生系统中设置硅胶或分子筛干燥器。当再生时产生的 $CO_2$ 在循环气中体积分数 $>10\%$ 时，应用 $N_2$ 置换。此外，控制再生温度也极为重要。再生温度过高和床层局部过热均会使催化剂结构破坏，引起永久失活。控制循环气量及其中的含氧量对控制床层温度有重要作用。实践表明，在较缓和条件下再生时，催化剂的活性恢复得比较好，国内各重整装置一般都规定床层的最高再生温度 $\leqslant500℃$。

**(2) 氯化更新**

在烧焦过程中，由于产生较多的水，在高温下，会导致催化剂上氯的流失以及活性金属晶粒聚集，既影响了催化剂的酸性功能，又影响了金属功能。因此，催化剂烧焦后，需进行氯化更新。氯化更新是再生过程中很重要的一个步骤。

氯化更新就是在烧焦之后，催化剂在含氧气氛围下注入一定量的有机氯化物，如二氯乙烷、三氯乙烷或四氯化碳等，补充烧焦过程中损失的氯组分。同时，在氯化更新的过程中，在含氧和氯化剂的气氛下，在载体上形成 $PtCl_2O_2$ 复合物，它可以还原为单分散的活性 Pt

簇团，从而使大的铂晶粒再分散，以提高催化剂的性能。

氯化更新的好坏与循环气中 $O_2$、氯和水的含量及氯化温度、时间有关。一般循环气中氧含量（摩尔分数）大于 8％，水氯摩尔比为 20，温度为 490～510℃，时间为 6～8h。氯化时需注意床层温度的变化，因在高温时，如注氯过快，或催化剂上残余的炭太多会引起燃烧，将损害催化剂。氯化更新时要防止烃类和硫的污染。

**(3) 催化剂还原**

氯化更新后的催化剂，用 $H_2$ 将氧化态金属还原成金属态，催化剂才有良好的活性。

以 Pt-Re 重整催化剂为例，还原过程中发生如下反应：

$$PtO_2 + 2H_2 \longrightarrow Pt + 2H_2O$$
$$Re_2O_7 + 7H_2 \longrightarrow 2Re + 7H_2O$$

催化剂还原时控制反应温度在 450～500℃，还原好的催化剂，Pt 晶粒小，金属表面积大，而且分散均匀。还原时必须严格控制还原气中的水和烃。因为水会使 Pt 晶粒长大和载体表面积减少，从而降低催化剂的活性和稳定性，所以必须严格控制还原气中水以及尽量吹扫干净系统中残余的氯。

**(4) 催化剂预硫化**

还原态的铂 Pt-Re 或 Pt-Ir 系列重整催化剂，具有很高的氢解活性，直接投入使用，会在进油初期发生强烈的氢解反应，放出大量的反应热，使催化剂床层温度迅速升高，出现超温现象。一旦出现这种现象，会造成催化剂大量积炭，损害催化剂的活性和稳定性，重则烧坏催化剂和反应器。对催化剂进行硫化，目的在于抑制新鲜或再生后催化剂过度的氢解活性，以保护催化剂的活性和稳定性，改善催化剂初期选择性。

催化剂硫化时可使用二甲基二硫醚或二甲基硫醚（要求分析纯，纯度≥99％）等硫化剂。硫化量可根据催化剂上 Re 或 Ir 的含量、重整装置（新装置需多注一些）以及催化剂上已有的 S 含量的高低等因素决定。

催化剂还原结束后，硫化条件符合要求后，切除在线水分仪和在线氢纯度仪，切除分子筛罐。调节并控制好注 S 速度，按照计算好的硫化量把硫化剂在 1h 内均匀地注入各重整反应器，同时密切注意检测各反应出口气中 $H_2S$，观察 S 穿透时间及反应器温升等情况。注 S 结束后，重整继续循环 1h，使催化剂硫化均匀。

# 12.4 其他炼油催化剂

## 12.4.1 $C_5$～$C_6$ 异构化催化剂

烷烃异构化是生产高辛烷值汽油调和组分的一个重要手段，它是将轻质石脑油原料中的低辛烷值组分 $C_5$、$C_6$ 正构烷烃在催化剂上发生异构化反应转化为相应的高辛烷值支链异构烷烃，从而提高汽油的辛烷值。烷烃异构化催化剂种类很多，一般可分为弗瑞迪-克拉夫茨型催化剂和双功能型催化剂两大类。后者又分为高温双功能型催化剂和低温双功能型催化剂。

**(1) 弗瑞迪-克拉夫茨型催化剂**

弗瑞迪-克拉夫茨型催化剂主要由 $AlCl_3$、$AlBr_3$ 等卤化铝和助催化剂卤化氢等组成，还需要微量的烯烃、$O_2$ 等作为反应的引发剂。这类催化剂的活性非常高，但是选择性差，特别是当原料分子量比较大时，会发生严重的副反应。

**（2）双功能型催化剂**

由于催化重整的发展，炼油厂有了低成本的 $H_2$ 源，所以近年来广泛采用在 $H_2$ 压力下进行烷烃异构化的临氢异构化方法。临氢异构化所用的催化剂和重整催化剂相似，是将 Ni、Pt、Pd 等有加氢活性的金属担载在 $Al_2O_3$、$SiO_2$-$Al_2O_3$、$Al_2O_3$-$B_2O_3$ 或泡沸石等有固体酸性的载体上，组成双功能型催化剂。一般地说，载体的酸性提高后，催化剂的异构化活性增大，反应温度降低。Pt-$Al_2O_3$ 催化剂虽对戊烷和己烷具有异构化活性，但要充分地进行反应则必须 510℃的反应温度。使用 $SiO_2$-$Al_2O_3$、$Al_2O_3$-$B_2O_3$ 等载体可以得到在 320~450℃反应温度范围内有活性的催化剂。在使用泡沸石作载体时，由于泡沸石具有强的固体酸性，使催化剂在较低温度下具有非常高的活性，例如载有 Pt 或 Pd 的 Y 型泡沸石催化剂在 316~330℃或 Pt 载在丝光沸石上组成的催化剂在 288℃以下的反应温度都表现出非常高的活性。与弗瑞迪-克拉夫茨型催化剂相比，这类双功能型催化剂在戊烷、己烷异构化过程中副反应少、选择性好。但因为在较高的反应温度下才有活性，平衡对异构烷的生成不利，单程反应时异构烷收率低。这种双功能型催化剂因为在较高的反应温度下使用，因而称为高温双功能型催化剂。这类催化剂在工业上是在固定床内，在 2.0~3.0MPa 压力下操作。

所谓"低温双功能型催化剂"是指在较低的反应温度（即低于 200℃）下具有非常高活性的双功能型催化剂。这类催化剂是用无水 $AlCl_3$ 或有机氯化物（如 $CCl_4$、$CHCl_3$ 等）处理 Pt-$Al_2O_3$ 催化剂而制成，兼有高温双功能型催化剂的选择性好和弗瑞迪-克拉夫茨型催化剂的活性高的两方面特性。在工业上也是在固定床内、在氢压和 90~200℃下操作。

烷烃异构化的反应可以用碳正离子机理来解释。高温双功能型催化剂的烷烃异构化反应由所载的金属组分的加氢脱氢活性和载体的固体酸性协同作用，进行以下反应：

$$正构烷 \underset{金属}{\rightleftharpoons} 正构烯 \underset{酸性中心}{\rightleftharpoons} 异构烯 \underset{金属}{\rightleftharpoons} 异构烷$$

正构烷靠近具有加氢脱氢活性的金属组分脱氢变为正构烯，正构烯移向载体的固体酸性中心，按照碳正离子机理异构化为异构烯，异构烯返回金属中心加氢变为异构烷。

低温双功能催化剂具有非常强的路易斯酸性中心，可以夺取正构烷的负氢离子而生成碳正离子，使异构化反应得以进行。而具有加氢活性的金属组分则将副反应过程中的中间体加氢除去，抑制生成聚合物的副反应，延长催化剂的寿命。

近年来，正在开发低温高活性催化剂和新的固体超强酸催化剂，如将 $ZrO_2$ 用 $SO_4^{2-}$ 处理，只浸渍少量 Pt 便可显示出很高的异构化活性，在 140℃条件下可长时间运转。像 $C_7$ 那样相对分子质量较高的正构烷烃的异构化催化剂，也正在研究之中。

## 12.4.2　$C_8$芳烃临氢异构化催化剂

$C_8$ 芳烃临氢异构化催化剂用来生产对二甲苯或邻二甲苯，或同时生产对、邻二甲苯产品。$C_8$ 芳烃异构化催化剂为贵金属/沸石型双功能催化剂，其中沸石的酸性功能和金属功能是影响催化剂性能的主要因素。催化剂组成、配比、沸石的骨架硅铝比和交换度等影响酸性功能，载 Pt 量、浸 Pt 过程中竞争吸附剂的选择、催化剂的活化还原条件等则影响金属功能。

$C_8$ 芳烃异构化催化剂的制备，以 SKI-400 为例加以说明。根据催化剂的组成配比，加入沸石、$Al_2O_3$ 和助剂田菁粉，再加 $HNO_3$ 水溶液混捏均匀，然后挤条、干燥、切粒成型、焙烧、冷却后，与 $NH_4Cl$ 水溶液进行离子交换，洗涤至无 $Cl^-$，再加氯铂酸和竞争吸附剂混合溶液进行浸渍，除去母液，干燥、活化，即得成品催化剂。

### 12.4.3  烷基化催化剂

一个烯烃分子与一个烷基分子或一个芳烃分子结合的过程叫做烷基化。石油炼制工业中的烷基化，一般是指 $C_3$、$C_4$、$C_5$ 烯烃和异丁烷在酸性催化剂作用下反应生成高辛烷值烷基化油的过程。烷基化油的主要成分是异辛烷，它不仅辛烷值高，而且具有理想的挥发性和清洁的燃烧性，是航空汽油和车用汽油的理想调和组分。近年来，随着清洁汽油燃料的需求量不断增加，烷基化工艺得到了较快的发展。烷基化过程所使用的催化剂有无水 $AlCl_3$、$H_2SO_4$、HF、$H_3PO_4$、$BF_3$ 以及硅酸铝等，其中应用最广泛的是 $H_2SO_4$ 和 HF 两种液体催化剂。

工业上用作烷基化的 $H_2SO_4$ 质量分数为 66%~89%。当循环酸质量分数<85%时需要换新酸。为了保证烷烃在酸中的溶解量，需要使用高浓度的 $H_2SO_4$，而浓酸的强氧化作用促使烯烃氧化。同时，烯烃的溶解度比烷烃高很多，因此为了抑制烯烃氧化、叠合等副反应发生又不宜使 $H_2SO_4$ 浓度过高。为了增加 $H_2SO_4$ 与原料的接触面，在反应器内需使催化剂与反应物处于良好的乳化状态。并适当提高酸与烃的比例，以利于提高烷基化物的收率和质量。反应系统中催化剂体积分数为 40%~60%。

HF 沸点低，对异丁烷的溶解度及溶解速度均比硫酸大，副反应少，因而目的产物的收率较高，HF 质量分数一般保持在 90%左右，水分质量分数在 2%以下。在连续运转中，由于生成有机氟化物和水，因而会降低 HF 的浓度和催化活性，并使烷基化油质量下降。为此，可进行再蒸馏以除去 HF 中的杂质。

由于酸腐、安全和环保问题严重，使得液体酸烷基化的应用受限。近年来，一直在寻找既不污染环境、反应效果又好的烷基化催化剂，如正在开发的有杂多酸体系、离子交换树脂类、沸石体系，以及无机氧化物负载各种酸或卤化物所形成的固体酸或固体强酸体系催化剂。

此外，还有大力研发的烷基化脱硫催化剂。烷基化脱硫技术是英国 BP 公司所专有的一项工业化技术。该技术利用酸性催化剂使 FCC 汽油中的噻吩类硫化物与烯烃进行烷基化反应 OATS（Olefinic Alkylation of Thionphenic Sulfur），生成沸点更高的烷基噻吩化合物，然后利用沸点差进行分离，这样既可脱除汽油中的硫化物又可降低烯烃含量。FCC 汽油烷基化脱硫可使用的催化剂有离子交换树脂、分子筛、负载型杂多酸、离子液体等催化剂。离子液体在烷基化反应中既可作溶剂又可作催化剂，选择性好，转化率高，催化剂和产品容易分离，而且离子液体几乎没有蒸气压，也不会随产品一同带出。分离后的离子液体可以重新使用，更重要的是，它避免了使用中会造成污染的溶剂体系，实现了真正的绿色化。

### 12.4.4  烯烃叠合催化剂

在石油炼制工业中，叠合一般是指 2~3 个分子的烯烃结合生成沸点范围为汽油燃料的过程。叠合过程分为非选择性叠合和选择性叠合两类。前者以丙烯、丁烯等混合物作为原料，目的产品是高辛烷值汽油的调和组分；后者以丙烯、丁烯或异丁烯为原料，生产高辛烷值汽油调和组分或有特定用途的石化产品。烯烃叠合是放热反应，例如异丁烯双聚反应，生成 1kg 双异丁烯放出 1423kJ 热量。为了控制反应器内温度，必须设法移走反应放出的热量。

UOP 公司开发的非选择性叠合工艺是目前世界上应用最广的叠合工艺。迄今为止，仍采用传统的固体磷酸催化剂（简称 SPA 催化剂）。它是将磷酸和硅藻土的混合物挤压成白色或灰色的圆柱状颗粒。磷酸有 3 种化学状态，即正磷酸（$H_3PO_4$）、焦磷酸（$H_4P_2O_7$）及偏磷酸（HPO₃）。其组成的差别主要是磷酸酐（$P_2O_5$）与水的比例不同。3 种化学状态的磷酸在一定条件下可相互转化。

烯烃叠合的反应速率与磷酸浓度有关。正磷酸和焦磷酸具有催化活性，而偏磷酸不具有催化活性，并易挥发损失。为了保证催化剂的活性，在反应过程中应使催化剂表面的浓度保持在 108%～110%，即处于正磷酸和焦磷酸的状态。

除采用上述固体磷酸催化剂外，法国石油研究院（IFP）开发的选择性叠合采用硅酸铝催化剂。我国石家庄炼油厂已引进该技术。此外 Mobil 公司开发的 MOGD（Mobil Olefins-to-Gasoline and Distillate）过程这种非选择性工艺则采用 ZSM-5 分子筛为催化剂。

## 12.4.5 柴油氧化脱硫催化剂

柴油脱硫技术分为加氢脱硫和非加氢脱硫两大类。非加氢脱硫技术在常温、常压和无需氢源条件下操作已受到国内外广泛的重视，得到很大的发展。

目前，国内外开发研究的氧化脱硫技术主要有日本的 PEC 技术、Petro Star 公司的 CED 技术、超声波氧化脱硫技术和液液抽提-光化学氧化脱硫技术。但这些方法均使用 $H_2O_2$ 氧化剂，采用有机酸或光照等强氧化条件，存在氧化剂价格昂贵、不能再生和排放含硫废水等问题。西南石油大学开发的柴油催化氧化脱硫技术，采用空气氧化剂，很好地解决了这一问题，先后研究了无机酸/有机酸复合催化剂体系、气-液-固三相催化氧化体系。在国内外首次采用廉价原料，经复分解反应制备、筛选出能在一定温度下溶于柴油，温度降低时又能与柴油分离的柴油催化氧化脱硫均相催化剂苯甲酸锌；通过高温焙烧制得催化剂 $B_2O_3$ 以及复合催化剂 FTS-1。对各催化剂性能进行评选，使用复合催化剂 FTS-1，提高了柴油氧化脱硫的选择性，降低了氧化柴油酸值，改善了脱硫柴油质量，为柴油选择催化氧化脱硫提供了新方法。

---

### 思考题

1. 催化裂化反应过程中有哪些主要的反应？这些反应可使用什么活性组分的催化剂？
2. 分子筛作为催化裂化反应的催化剂有什么特点？
3. 请说明催化裂化催化剂中的助燃剂、辛烷值助剂以及 $SO_x$ 转移助剂的特点和作用。
4. 试说明催化裂化催化剂的失活原因及再生方法。
5. 试说明加氢精制催化剂的组成及该催化剂的制备方法。
6. 试说明加氢裂化催化剂的失活原因及再生方法。
7. 什么是催化重整？催化剂由哪些成分组成？
8. 工业上使用的重整催化剂有哪些种类？分别有什么特点？
9. 试说明催化重整催化剂的失活原因。
10. 试说明催化重整催化剂的再生方法。
11. FCC 汽油烷基化脱硫可使用哪些催化剂？

# 第 13 章

# 基本有机化工催化剂

基本有机化工（石油化工）是工业经济的基础性支柱产业，在国民经济中占有举足轻重的地位。以石油天然气为原料的石化产业，对石油资源有很强的依赖性。据中国石油集团经济技术研究院发布《2017 年国内外油气行业发展报告》称，2017 年中国石油消费增速回升，国内原油产量连续两年下降，估计全年产量 1.92 亿吨，同比下降 3.1%，较上年的降幅收窄 4.3%；全年原油表观消费量为 6.10 亿吨，同比增长 6.0%，增速较上年扩大 0.5%。中国海关总署公布的数据显示，2017 年全年中国原油进口量为 4.2 亿吨，同比增长 10.1%，创出历史记录新高。同期，原油进口均价上涨 29.6%。进口依存度接近 68.8%。能源需求的快速增长及对化石资源消耗迅速增加，使供需矛盾日益突出，成为制约国民经济可持续发展的关键瓶颈，如何合理利用有限的石油资源成为重要的战略性问题。

在当今的定义中，石油化工生产是以石油和天然气为原料的大宗石化产品的生产，其品种包括乙烯、丙烯、丁二烯、苯、甲苯、二甲苯和甲醇七个品种（即"三烯三苯加甲醇"）。习惯上，石化产品也包括上述七个品种的初级衍生物，构成数十种产品，因此，通常所说的石化产品包括了乙烯的衍生物聚乙烯、环氧乙烷/乙二醇、氯乙烯、醋酸、醋酸乙烯、苯乙烯、α-烯烃等；丙烯的衍生物聚丙烯、环氧丙烷、丁醛（丁醛/辛醇）、丙烯酸及酯、甲基丙烯酸及酯、异丙苯（苯酚/丙酮）等；二甲苯的衍生物苯酐和对苯二甲酸等。由于上述产品中除聚合物以外的醇（酚）、醛、酸（酐）、酯均是生产其他化学品的原料或聚合物的中间体，因此通常将这七种产品及其初级非聚合物衍生产品称为基本有机原料。

"三烯三苯加甲醇"的进一步加工过程中，均要采用至少一种催化剂。在当今生产工艺日趋成熟的情况下，石油化工催化技术的进展强烈地影响生产效益。纵览石油化工历经的多次技术变革，每次技术更新往往伴随着新催化剂及新工艺的出现，催化剂的革新成为石油化工技术进步与发展的推动力。本章主要介绍三烯三苯加甲醇及其初级衍生物生产用催化剂。

## 13.1 乙烯及其初级衍生物生产用催化剂

### 13.1.1 碳二馏分选择性加氢除炔

选择性加氢是提纯裂解烯烃的最重要的方法之一。在多数情况下，选择性加氢替代了其他工艺，主要原因有：加氢精制相对较简单，投资较少，操作费用较低；效果好，在大多数情况下甚至可提高主产品的收率；易于操作；加氢速率很易控制；催化剂再生也很容易，催化剂的使用寿命可达数年。

### 13.1.1.1 催化反应及其反应机理

**(1) 催化反应**

碳二馏分的选择性加氢反应包括：

主反应 $\qquad C_2H_2 + H_2 \longrightarrow C_2H_4 + 174.3\,kJ/mol$

副反应 $\qquad C_2H_2 + 2H_2 \longrightarrow C_2H_6 + 311.0\,kJ/mol$

$\qquad\qquad\qquad C_2H_4 + H_2 \longrightarrow C_2H_6 + 136.7\,kJ/mol$

$\qquad mC_2H_2 + nC_2H_2 \longrightarrow$ 低聚物（绿油）

**(2) 催化反应机理**

炔烃和二烯烃的催化加氢反应遵循下述历程：

$$炔烃、二烯烃 \xrightarrow{H_2} 单烯烃 \xrightarrow{H_2} 烷烃$$

由于炔烃和二烯烃在催化剂上比单烯烃更容易吸附，因而炔烃加氢生成单烯烃在热力学上是有利的。

以 $Pd/Al_2O_3$ 催化乙炔选择性加氢为例，有两种机理。一种机理认为，在 $Pd/Al_2O_3$ 催化剂上存在两种吸附态的氢 $\alpha$-PdH 和 $\beta$-PdH。$\alpha$-PdH 和乙炔加氢生成乙烯，而 $\beta$-PdH 和乙炔加氢无选择性，直接加氢生成乙烷。另一种机理如图 13-1 所示，即在 $Pd/Al_2O_3$ 催化剂上存在三种活性吸附态。Ⅰ型乙炔加氢生成乙烯，Ⅱ型乙炔加氢直接生成乙烷，Ⅲ型乙烯加氢生成乙烷。

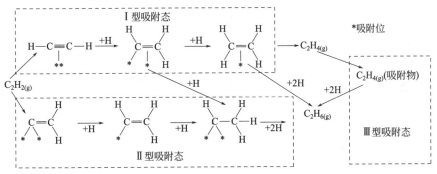

图 13-1　炔烃催化加氢反应机理示意图

### 13.1.1.2 催化剂的生产

**(1) 载体和活性组分的选择**

采用铝酸钠制得并经 1100℃ 焙烧的 $\alpha$-$Al_2O_3$ 较适宜作为该催化剂的载体，这种载体具有表面小、孔径大、强度好、耐热性好的特点。球形载体具有无棱角，耐磨性好的特点，在反应器中充填均匀，制备工艺也简单。

早期乙炔加氢采用 Ni-Cr 系和 Cu-Mo 系，但钯具有良好的催化活性和选择性，所以目前工业应用的各种选择除炔催化剂的主要活性组分均为钯。在钯催化剂中加入其他金属对催化剂进行修饰，降低催化剂活性位对单烯烃的吸附能力，从而提高生成单烯烃的催化剂的加氢选择性。例如钯铜合金加入银后，氢的扩散渗透能力大大提高。

不同制备条件形成的钯粒度和分散度不同，催化性能差别很大。浸渍液浓度、酸度和浸渍时间影响催化剂中钯层厚度和钯粒度，催化剂中钯待定分布和钯粒度不同，催化剂性能不同。钯粒度次序为：均匀型＜蛋壳型＜蛋白型＜蛋黄型。对 $C_2$ 馏分加氢的合适钯含量一般为 $0.01\%\sim0.1\%$，最适宜的含量是 $0.01\%\sim0.005\%$。

**（2）催化剂的制备**

以 $HNO_3$ 与 $NaAlO_2$ 中和制成的 $Al(OH)_3$ 为原料，制得铝酸镍尖晶石同样结构的球形载体，其球径为 $\phi2.0\sim4.5mm$。然后该载体用 $Pd(NO_3)_2$ 或 $PdCl_2$ 为原料制成的催化剂加氢活性比 $Pd(NO_3)_2$ 为原料的催化剂高。但是，这种用酸法制 $Al(OH)_3$ 成本高，且对环境有污染，因此，新改进的催化剂，其载体采用碳化法制得的 $Al(OH)_3$。

### 13.1.1.3 催化剂的失活和再生

由于 $H_2S$、$CO$、$CO_2$ 等物质介入会导致催化剂中毒，启用再生反应器用 $N_2$ 置换反应气体，同时进行预热，然后用空气-蒸汽使催化剂再生。

## 13.1.2 乙烯部分氧化制环氧乙烷

在环氧乙烷（EO）技术发展过程中，开发高性能催化剂是其核心问题。各国围绕高性能催化剂的研制开展了大量的工作，使催化剂的选择性从 20 世纪 60 年代的 68% 提高到目前的 80% 以上。目前，环氧乙烷的工业生产主要采用以银为催化剂的乙烯直接氧化法工艺。

### 13.1.2.1 催化反应及反应机理

**（1）催化反应**

乙烯、氧气在银催化剂表面同时发生两个反应：乙烯的部分氧化（或选择氧化）反应生成 EO 以及完全氧化反应生成 $CO_2$ 和 $H_2O$。反应过程中也生成少量甲醛和乙醛。

$$CH_2CH_2 + 1/2O_2 \Longrightarrow \underset{O}{CH_2CH_2} + 105.5kJ/mol$$

乙烯在 $200\sim300℃$，$1\sim3MPa$，$AgO_2$ 催化剂存在下，以气相与氧气反应生成 EO、$CO_2$ 和 $H_2O$，还有极少量的质量分数远小于 $1\%$ 的甲醛和更少量的乙醛。由 EO 转化成 $CO_2$ 和 $H_2O$ 的过程，大部分经由 EO 分子重排成乙醛，后者再氧化成 $CO_2$ 和 $H_2O$。

**（2）反应机理探讨**

目前，用来解释乙烯在银催化剂上反应机理的理论主要集中于银表面上参与生成 EO 和生成 $CO_2$、$H_2O$ 的氧种理论。许多表面特性研究结果指出，银表面上存在着三种吸附氧种：原子氧、分子氧、次表面氧。原子氧来自银表面上一种溶解的或解离的吸附氧；分子氧来自银表面上一种不溶解的或非解离的吸附氧，价键较弱；次表面氧则来自当温度高于 420K 时一种从表面扩展到次表面的原子吸附氧。

第一种机理解释认为乙烯（气相，而不是被吸附乙烯）同时与分子氧和原子氧作用，前者生成 EO，后者生成 $CO_2$ 和 $H_2O$。来自抑制剂中的氧化物离子抑制了原子氧在银表面上的吸附，在较理想的状态下，受抑制的银表面只吸附分子氧，然后与乙烯作用生成 EO，留下一个被吸附的原子氧。

$$O_2 + Ag \longrightarrow Ag \cdot O_{2ads}$$
$$Ag \cdot O_{2ads} + CH_2=CH_2 \longrightarrow \underset{O}{CH_2CH_2} + Ag \cdot O_{ads}$$

留下的被吸附原子氧与乙烯发生燃烧反应生成 $CO_2$ 和 $H_2O$。

$$6Ag \cdot O_{ads} + CH_2=CH_2 \longrightarrow 6Ag + 2CO_2 + 2H_2O$$

第二种机理解释认为在银表面上吸附的原子氧可能与吸附在次表面上的原子氧结合在一起，完成部分和完全氧化两个反应，而分子氧则起到间接作用。控制部分或完全氧化反应的因素是电荷场，强电荷场作用下原子氧呈碱性，导致乙烯失去氢，发生完全反应。当呈碱性的原子氧与次表面原子氧结合后，它与吸附的原子氧竞争 $Ag^+$，减弱了吸附氧的负电压，增加了对富电子双键乙烯的亲和力，由于乙烯的骨架结构，使乙烯发生氧化反应主要生成 EO。而 $Cl^-$、助催化剂金属离子均起到减弱原子氧负电荷的作用。

第三种机理解释认为吸附氧以原子态形式留在银的表面，然后与反应混合物中的乙烯反应。乙烯与吸附在银表面上的原子氧之间的距离大小，决定了反应生成物。当原子氧距离较远时生成 EO，反之氧化生成 $CO_2$ 和 $H_2O$。

### 13.1.2.2 催化剂的生产

#### (1) 载体和活性组分的选择

至今还没找到一种比银更好的金属活性组分，银是唯一被用于乙烯氧化制 EO 反应并获得满意结果的活性金属。银被牢固地沉积在以 $Al_2O_3$ 为主体的多孔载体上，并且要求载体具有适宜的物化性能（比表面积、孔体积、孔径等），必要的强度（压碎强度、磨损强度）以及适宜的形状。

#### (2) 催化剂的制备

制备 $\alpha\text{-}Al_2O_3$ 载体的原料，可用刚玉粉（$\alpha\text{-}Al_2O_3$ 细粉）通过加入黏结剂，成型后煅烧制备而成；也可用活性 $Al_2O_3$ 和一种形成结晶型的水合 $Al_2O_3$（$\alpha\text{-}Al_2O_3 \cdot 3H_2O$）；还可用勃姆石（$\alpha\text{-}Al_2O_3$）作原料。

通过控制载体原料的粒度配比以及黏结剂和造孔剂的配比，来控制载体的孔大小、空隙率及孔分布。根据对所用载体的强度、堆密度、孔结构的要求，调节煅烧温度或控制煅烧时间达到载体的物化指标。黏结剂采用黏土类物质及水合纤维素等。造孔剂有石墨、淀粉、木屑等。

催化剂载体除以 $\alpha\text{-}Al_2O_3$ 为主体外，还可向载体中添加少量变价金属；在含水 $Al_2O_3$ 载体中添加氧化物、锡化物、碱金属氢氧化物或盐（如氟化物、氯化物、硫酸盐等）、碱土金属、硅和铝等能改进催化剂的性能。工业上采用在 $\alpha\text{-}Al_2O_3$ 上浸渍乳酸银和草酸银等羧酸银和氨或者胺类混合物，同时添加碱金属、碱土金属或其他金属，然后采用热分解还原方法制备负载银催化剂。

① 载体的制备　中国石化北京化工研究院王辉等开发出一种用于银催化剂的 $\alpha\text{-}Al_2O_3$ 载体。其制备方法是将 $Al_2O_3 \cdot 3H_2O$、拟薄水铝石、含镓化合物、含硅化合物、含氟化合物和碱土金属化合物混合均匀得到固体粉状物，再加入黏结剂和水得到混合物，将该混合物进行捏合、成型、干燥、焙烧，最终得到 $\alpha\text{-}Al_2O_3$ 载体。

② 浸渍液配制　乳酸银或草酸银等羧酸银与氨或胺类化合物形成络合银胺溶液，其后加入碱金属、碱土金属或其他金属助催化剂，按一定配比配制载体与含助催化剂金属的络合液，在真空条件下，将载体倒入银胺络合液，得到 AgO 催化剂。然后在热分解条件下还原得到银催化剂。电镜测试结果显示，在载体表面上精细分布的银粒直径为 $0.1\sim1\mu m$；银含量为 7%～20%；堆积密度 $800kg/m^3$ 左右；寿命 2～5 年，但取决于 EO 产率和反应气纯度。

### 13.1.2.3 催化剂的失活和再生

工业上使用的银催化剂随时间的增加会出现失活现象，为维持相同转化率，EO 选择性约每年下降 2%。主要是由于运转过程中催化剂发生破碎、杂质的累积、银粒径增大或者碱土金属挥发流失等原因。碱土金属挥发流失可补充催化剂流失的碱金属。

### 13.1.3 乙烯和苯合成乙苯

乙苯作为苯乙烯单体的原料，90%由苯和乙烯烷基化制得，其余少量是从石油炼制产品和煤焦油中分离而得。若以生产工艺中的催化剂分类，有 $AlCl_3$ 法、$BF_3\text{-}Al_2O_3$ 法和固体酸三种；若以反应状态分类，可分为液相法和气相法两种。早期工业上广泛采用 $AlCl_3$ 法生产乙苯，该法存在严重的环境污染及设备腐蚀问题，已逐渐被新工艺所取代。

液相法主要工艺是 Y 分子筛工艺，气相法典型工艺技术可分为 $BF_3/Al_2O_3$ 为催化剂的 AlKar 法和以 ZAM-5 分子筛为催化剂的 Mobil/Badger 法，气相法生产乙苯多用后一种工艺。

#### 13.1.3.1 催化反应及反应机理

**(1) 催化反应**

在酸性催化剂作用下，苯和乙烯进行烷基化反应生产乙苯，其反应如下：

$$\text{（苯）} + C_2H_4 \rightleftharpoons \text{（乙苯）} C_2H_5 \quad +113kJ/mol$$

该过程为可逆放热反应。然而在实际生产的化学平衡中，乙烯基本上全部参加了反应，一些乙烯反应生成多烷基组分，如二乙基苯、三乙基苯。

虽然 ZSM-5 等烷基化催化剂是对乙苯选择性很高的催化剂，但仍有一些丙烯和丁烯。乙苯、丙苯和丁苯都能不同程度地产生少量的甲苯，同样也可产生二甲苯。丙苯和丁苯在催化剂空隙中结焦，催化剂慢慢失活。最后活性显著降低，以致必须对催化剂进行再生。

**(2) 催化反应机理**

苯和乙烯的烃化反应是经典的酸催化反应。乙烯首先吸附在催化剂的酸性位上，再与苯反应生成中间过渡产物，随后酸性位从中间产物上离去，得到产物乙苯。反应过程如下：

$$C_2H_4 + \text{（苯）} \rightleftharpoons \text{（乙苯）} C_2H_5$$

烷基化转移反应：

$$2\,\text{（乙苯）} C_2H_5 \rightleftharpoons \text{（二乙苯）} \begin{matrix} C_2H_5 \\ C_2H_5 \end{matrix} + \text{（苯）}$$

#### 13.1.3.2 催化剂的生产

**(1) 载体和活性组分的选择**

工业上常用 $AlCl_3$ 等质子酸作为催化剂，现多用分子筛（例如 ZSM-5）作烷基化催化剂。

**(2) 催化剂的结构组成、物化性质及其制备**

苯和乙烯的烷基化反应，用得较多的是 ZSM-5 分子筛。ZSM-5 分子筛是一种含有有机铵离子的高硅铝比的硅铝酸盐粉末状晶体，其结构属于四方晶系，$a = 2.62nm$，$c = 1.99nm$，晶粒中的孔道"窗口"呈椭圆形，主轴约 $0.6\sim0.9nm$，短轴约 $0.5nm$。化学组成为：

$$(0.9\pm0.2)\ M_{2/n}O \cdot Al_2O_3\ (15\sim100)\ \cdot SiO_2\ (0\sim40)\ H_2O$$

式中，M 是阳离子，$n$ 是阴离子价数，通常合成的 ZSM-5 分子筛的 M 一部分是 $Na^+$，另一部分是有机铵离子。

ZSM-5 分子筛制备。将原料水玻璃、$Al_2(SO_4)_3$、$H_2SO_4$ 以及有机胺（乙胺、正丙胺、异丙胺或正丁胺）配制成一定浓度的甲、乙两种水溶液。甲溶液：水玻璃＋胺＋$H_2O$；乙溶液：$Al_2(SO_4)_3$＋$H_2SO_4$＋$H_2O$。在强烈搅拌下，把乙溶液缓慢加入甲溶液中，有时再加入晶种，继续搅拌直至形成均匀的混合物。密闭合成釜，放入 175℃ 烘箱中静止晶化或搅拌晶化。晶化完成后，过滤、洗涤至滤液 pH＝9 左右。滤饼在 110℃ 烘干，即得粉末状 ZSM-5 分子筛。

对于合成产物，首先测定其 X 射线衍射谱，以鉴定其主要相及杂晶状况。有些样品还要进行化学分析，测定吸附量以及催化活性。

#### 13.1.3.3 催化剂的失活和再生

随着反应时间的延长，ZSM-5 分子筛催化剂的表面会由于表面积炭而失活，可通过烧炭的方法来再生，催化剂的使用寿命可达 3~4 年。

## 13.2 丙烯及其初级衍生物生产用催化剂

### 13.2.1 碳三馏分选择性加氢除炔

石油烃类裂解分离得到碳三馏分，一般含有 1.0%~3.5% 的丙炔和丙二醇。为了获得聚合级丙烯，乙烯厂多采用类似于碳二馏分加氢除炔烃和二烯烃的方法，使其达到指标要求。

#### 13.2.1.1 催化反应及反应机理

**(1) 催化反应**

碳三馏分的选择性加氢反应包括：

主反应：

$$CH_3—C≡CH +H_2 \longrightarrow C_3H_6+1.65×10^5 kJ/mol$$

副反应：

$$C_3H_6+H_2 \longrightarrow C_3H_8+1.24×10^5 kJ/mol$$

**(2) 催化反应机理**

丙炔、丙二烯加氢是强放热反应，若产生较大温升，会导致低聚物的生成。低聚物是被吸附在催化剂上的半氢化状态自由基（$\underset{M}{H_3C—C^*}\underset{M}{—CH_2}$）与相邻的被吸附的丙炔（或丙二烯）反应的结果。为避免低聚物的产生，加氢反应应控制在较低温度下进行。

#### 13.2.1.2 催化剂的生产

**(1) 载体和活性组分的选择**

碳三馏分加氢除炔烃和二烯烃的载体与活性组分与碳二馏分加氢除炔催化剂类同。

**(2) 催化剂的制备**

碳三馏分液相加氢催化剂的制备过程是将 $HNO_3$ 中和 $NaAlO_2$ 得到的氢氧化铝 $Al(OH)_3$ 干胶粉碎过筛，用含适量 $HNO_3$ 的铝溶胶为胶黏剂，在转盘滚球机上（或转鼓）制成 $\phi 2\sim$

4mm 小球，经干燥、分解 $HNO_3$，高温焙烧后即得 $Al_2O_3$ 载体。配好的钯盐溶液喷洒在 $Al_2O_3$ 小球上，烘干、350～500℃分解钯盐，即得催化剂。

### 13.2.1.3 催化剂的失活和再生

与碳二馏分加氢除炔类同。

## 13.2.2 异丙醇脱氢制丙酮

从异丙醇出发制丙酮有三条路线：脱氢法、氧化法及两步反应法。三种方法主要在于副产品的差异。脱氢法有气相法和液相法之分，前者在 20 世纪 50 年代得到了大规模发展；后者是 1955 年法国石油科学院开发成功的技术，其反应温度仅略高于丙酮的沸点，但表观转化率较气相法低，工业上很少采用。

### 13.2.2.1 催化反应及反应机理

**(1) 催化反应**

异丙醇脱氢制丙酮的化学反应方程式及热效应如下：

$$CH_3-\underset{\underset{OH}{|}}{CH}-CH_3 \longrightarrow CH_3-\underset{\underset{O}{\|}}{C}-CH_3 + H_2 \quad -66.53kJ/mol$$

副反应主要有：异丙醇脱水生成丙烯；丙酮二聚、三聚生成 4-甲基戊醇-2；以及甲基异丁基酮、二异丁基酮等。

**(2) 催化反应机理**

异丙醇脱氢有两种机理：一种称为羰基机理；另一种称为烯醇机理。前者氢来自于 OH 基团和 $\alpha$-位上的氢，即：

$$-\underset{\underset{H}{|}}{C_\alpha}-\underset{\underset{H}{|}}{O} \longrightarrow \underset{|}{C}=O + H_2$$

从 OH 上分解出氢和 $\alpha$-位碳上分解出氢可以同时进行，也可以分步进行。后者的氢包括来自 $\beta$-位碳上的氢，即：

$$-\underset{\underset{H}{|}}{C_\beta}-\underset{\underset{H}{|}}{C_\alpha}-\underset{\underset{H}{|}}{O} \xrightarrow{-H_2} C_\beta-\underset{\underset{H}{|}}{C_\alpha}-O \longrightarrow \underset{\underset{H}{|}}{C}=C-O$$

对氧化物催化剂而言，已有足够证据表明是分两步的羰基机理。同位素氘的研究表明，反应速率的决定步骤是 $\alpha$-位碳上氢的分解。异丙醇脱氢历程可写为：

$$CH_3-\underset{\underset{OH}{|}}{CH}-CH_3 \longrightarrow CH_3-\underset{\underset{O}{|}-\underset{}{H}}{C}-CH_3 \longrightarrow CH_2=\overset{CH_3+H_2}{C-O}$$

### 13.2.2.2 催化剂的生产

**(1) 载体和活性组分的选择**

活性较高的催化剂有贵金属 Pt 和 Ru，或者是在 Na-活性 $Al_2O_3$ 上负载 Pt 催化剂。工业上应用较多的是 Cu 和 ZnO 催化剂。惰性载体有浮石。

**(2) 催化剂的制备**

铜系催化剂制备通常采用共沉淀法，以还原态铜计，铜含量（质量分数）为 25％～50％，其他组分主要起稳定作用，以提高其分散度。

#### 13.2.2.3 催化剂的失活和再生

铜系催化剂的缺点就是分散得很细的金属很容易融结，以致逐步失活。

### 13.2.3 丙烯氧化制丙烯酸

丙烯酸的工业生产方法先后经历了氯乙醇法、高压 Reppe 法、Dorr-Badishe 法（改良 Reppe 法）、烯酮法、丙烯腈水解法、丙烯一步氧化法和丙烯两步氧化法。目前世界范围内普遍采用丙烯两步氧化法。

#### 13.2.3.1 催化反应及反应机理

**(1) 催化反应**

丙烯两步氧化法的化学反应方程式为：

$$CH_2{=\!=}CHCH_3 + O_2 \longrightarrow CH_2{=\!=}CHCHO + H_2O \quad \Delta H = -340.8kJ/mol$$

$$CH_2{=\!=}CHCHO + 0.5O_2 \longrightarrow CH_2{=\!=}CHOOH \quad \Delta H = -254.1kJ/mol$$

**(2) 催化反应机理**

一般认为，丙烯氧化过程中，丙烯先脱掉一个氢形成丙烯基，然后丙烯基继续脱掉一个氢并与催化剂晶格氧作用产生丙烯醛，即

$$CH_2{=\!=}CHCH_3 \xrightarrow{-H} CH_2{=\!=}CHCH_2 \underset{\phantom{x}}{\overset{-H}{\rightleftharpoons}} CH_2{=\!=}CHCH \xrightarrow{[O]} CH_2CHCHO$$

但如果条件改变，也可能经由异丙基游离基历程。

#### 13.2.3.2 催化剂的生产

**(1) 载体和活性组分的选择**

丙烯氧化制丙烯酸催化剂大部分都是复合金属氧化物（CMO）催化剂。丙烯氧化制丙烯醛催化剂主要是含有 Mo、Bi 等元素的复合金属氧化物；丙烯醛氧化制丙烯酸催化剂主要是含有 Mo、V 等元素的复合金属氧化物。

**(2) 催化剂的制备**

丙烯氧化制丙烯酸的复合金属氧化物催化剂采用水热法制备，即将含有各金属元素的氧化物或者其盐类溶解，经混合、干燥、成型、焙烧等制备工艺制得。

为提高催化剂的活性，改进催化剂机械强度，还可在制备过程中添加一些助剂，如强度改进剂、黏结剂、造孔剂等。还有将活性组分组合物涂敷于惰性载体上，制备涂敷型催化剂。

#### 13.2.3.3 催化剂的失活和再生

催化剂失活有三种原因：积炭、活性组分 Mo 的流失以及"飞温"引起的永久性失活。

积炭可采用烧炭再生。$MoO_3$ 在高温下与水汽结合，以 $MoO_3 \cdot nH_2O$ 的形式升华而造成催化剂活性下降，可通过 $380 \sim 540\,^{\circ}\mathrm{C}$ 高温，在还原氛围中加热一定的时间，通过热扩散，将催化剂体内的 Mo 迁移到催化剂的表面而再生。

### 13.2.4 丙烯氨氧化制丙烯腈

#### 13.2.4.1 催化反应及反应机理

**(1) 催化反应**

丙烯氨氧化反应生成丙烯腈，同时还有副反应发生，生成一定量的氢腈酸、乙腈、碳的氧化物和少量羰基化合物，该反应是强放热反应。

$$C_3H_6 + NH_3 + \frac{3}{2}O_2 \longrightarrow CH_2\!=\!CHCN + 3H_2O \quad \Delta H = -512.54\text{kJ/mol}$$

**（2）催化反应机理**

丙烯氨氧化反应是典型的选择性氧化反应，反应机理的核心是催化剂的晶格氧作为氧化剂参加反应（晶格氧被还原），然后气相氧再不断补充被消耗的晶格氧（再氧化），完成一个循环。

### 13.2.4.2 催化剂的生产

**（1）载体和活性组分的选择**

目前，先进的催化剂丙烯转化率一般都在 98% 以上，丙烯腈选择性在 82% 左右。从各公司研究的催化剂来看，组成虽然各异，但是有共同的规律，其中 Mo-Bi 催化剂组成可用以下通式表示：Mo-Bi-Fe-A-B-C-D。其中，A 代表酸性元素，包括 P、As、B、Sb 等；B 代表碱金属，包括 Li、K、Rb、Cs、Ti 等；C 代表二价金属元素，包括 Ni、Co、Mn、Mg 等；D 代表三价元素，包括 Ce、Cr 等。此外，Mo 也可被 W 部分取代。研究结果证实，催化剂的主要物相是钼酸盐，如 Bi、Co、Ni、Fe 等的钼酸盐。几乎一律采用 $SiO_2$ 作为载体，也有采用复合载体的报道。

**（2）催化剂的制备**

钼铋系统丙烯腈催化剂的制备过程主要为浆料配制、喷雾干燥成型、焙烧活化三个工序。不同的催化剂，配方有变化，但工序基本接近。

### 13.2.4.3 催化剂的失活和再生

丙烯转化率下降或丙烯腈的单程收率逐渐降低，表明催化剂发生积炭失活。可通过减少氨和丙烯的进料量，或提高空气的进料量，或在一定的温度下通氨处理的方法来再生。

## 13.2.5 丙烯羰基合成制丁醇及 2-乙基己醇

### 13.2.5.1 丙烯和 CO 制丁醛

**（1）催化反应及反应机理**

① 催化反应　氢甲酰化反应主要的工业应用为以丙烯为原料生产丁醛，进而加氢或缩合加氢生产丁醇和辛醇。反应式为：

$$CH_3CH\!=\!CH_2 + CO + H_2 \xrightarrow{\text{催化剂}} \underset{\text{正丁醛}}{CH_3CH_2CH_2CHO} + \underset{\text{异丁醛}}{(CH_3)_2CHCHO}$$

氢甲酰化反应中，存在的副反应主要有丙烯加氢生成丙烷、丁醛缩合为聚丁醛等。

② 催化反应机理　采用的催化剂不同，反应机理各异。但共同点是金属羰基氢络合物 $[HM(CO)_xL_y]$ 被认为是活性组分。

**（2）催化剂的生产**

① 载体和活性组分的选择　元素周期表中第Ⅷ族元素 Co、Rh、Ru、Ir、Pt、Fe、Os 等金属的羰基配合络合物对丙烯的羰基合成反应有催化作用。其相对活性为：$Rh(10^3 \sim 10^4) \gg Co(1) \gg Ir$，$Ru(10^{-3}) > Os > Pt > Pd > Fe > Ni$。

工业上应用的氢甲酰化催化剂主要是 Rh 系和 Co 系两种催化剂。后者因为操作压力高、活性低，所以发展受到限制。

为了提高羰基铑催化剂的稳定性和选择性（包括醛醇比、正构醛与异构醛比），必须引入其他配位体。试验表明，用三苯基膦（TPP）作为配体时，活性高，正异构比高，催化剂用量少。后来开发的双亚膦配位体又比三苯基膦在活性和选择性上有大幅度提高，此配体有较高的空间阻碍作用，正异构比可达 96/4。

② 催化剂的制备 低压丁辛醇装置大都备有催化剂制备工段，其中包括含铑催化剂和/或三苯基膦溶液的配制。其顺序是将分批制备的三苯基膦溶液和铑催化剂溶液（两者均以无铁丁醛作溶剂）混合后泵入反应器或送入小贮槽。输送过程必须在无氧无水情况下进行。

**(3) 催化剂的失活和再生**

Rh 催化剂失活的主要原因是中毒，另外随着操作时间的延长，反应温度的提高，Rh 原子之间可能发生"搭桥"生成螯合物而失活。失活的 Rh 催化剂可通过浓缩，用空气进行再生，或者经过浓缩、焚烧回收金属 Rh，然后再加工成新的催化剂循环使用。

### 13.2.5.2 丁醛和辛烯醛分别加氢制丁醇和 2-乙基己醇

**(1) 催化反应及反应机理**

① 催化反应 混合丁醛加氢生成正丁醇与异丁醇的反应方程式为：

$$CH_3CH_2CH_2CHO + H_2 \longrightarrow CH_3CH_2CH_2CH_2OH$$
$$(CH_3)_2CHCHO + H_2 \longrightarrow (CH_3)_2CHCH_2OH$$

副产物有辛醇、2-乙基-4-甲基戊醇、丁酸丁酯、正戊醇等。当催化剂活性正常时，生成的气相加氢产品中副产物含量低于 2%。

② 催化反应机理 以辛烯醛加氢为例，虽然反应机理不十分清楚，但该反应可能涉及两种中间物（即 2-乙基己烯醇及 2-乙基己醛）的形成和消失：

$$\begin{array}{c} CH_3CH_2CH_2CH=\!\!\!\!=\!\!CCHO \rightleftharpoons CH_3CH_2CH_2CH=\!\!\!\!=\!\!CCH_2OH \rightleftharpoons \\ \qquad\qquad | \qquad\qquad\qquad\qquad\qquad | \\ \qquad\quad CH_2CH_3 \qquad\qquad\qquad\qquad CH_2CH_3 \\[6pt] CH_3CH_2CH_2CH_2CHCHO \rightleftharpoons CH_3CH_2CH_2CH_2CHCH_2OH \\ \qquad\qquad | \qquad\qquad\qquad\qquad\qquad | \\ \qquad\quad CH_2CH_3 \qquad\qquad\qquad\qquad CH_2CH_3 \end{array}$$

**(2) 催化剂的生产**

① 载体和活性组分的选择 醛加氢催化剂 G66B 也是合成氨生产中的低温变换催化剂，主要成分是 CuO 和 ZnO。

② 催化剂的制备 液相加氢用 Ni 系催化剂的制备方法有混合法、混浆法、浸渍法、共沉淀法、共胶法等。混浆法是一种较好的制备方法，它是将一定量的 Ni、Cu 和 Mn 等的硝酸盐溶液与硅胶混合球磨 10h，在 110℃干燥后，以硅溶胶为胶黏剂再经挤压成型、干燥即可制得催化剂。焙烧温度以 450℃为宜，温度过高，尤其是当温度高至 900℃时氧化镍和硅胶就开始形成硅胶镍新物相，而使加氢反应活性明显下降。

## 13.2.6 丙烯和苯烷基化制异丙苯

### 13.2.6.1 催化反应及反应机理

**(1) 催化反应**

$$C_6H_6 + C_3H_6 \longrightarrow C_9H_{12} \tag{1}$$
$$C_9H_{12} + C_3H_6 \longrightarrow C_{12}H_{18} \tag{2}$$
$$C_{12}H_{18} + C_6H_6 \longrightarrow 2C_9H_{12} \tag{3}$$

烷基化反应（1）强放热。二异丙苯三种异构体在烷基化反应（2）中均可生成。烷基转移反应（3）受化学平衡控制。由热力学可知，高温有利于生成正丙苯。在异丙苯产品中，丙烯低聚物会造成溴指数高，应予以降低。后继副反应如进一步烷基化、裂解，会生成如己基苯、丁苯和乙苯等副产物。

**（2）催化反应机理**

苯与丙烯烃化反应是苯环上亲电取代反应。酸性沸石的催化反应属于碳正离子型机理。

### 13.2.6.2  催化剂的生产

**（1）载体和活性组分的选择**

合成异丙苯的沸石催化剂的基本组成为 $Al_2O_3$、$SiO_2$、$Na_2O$ 及其他金属元素。通常组成含量为 $Na_2O < 0.1\%$、$SiO_2$ 10%～30%、$Al_2O_3$ 70%～90%。催化剂黏结剂通常为 $Al_2O_3$、高岭土以及硅胶等。

**（2）催化剂的制备**

合成制备分子筛的原料主要是 Si 源、Al 源，往往需要相应的模板剂，也有采用导向剂法。催化剂的制备由分子筛离子交换、改性而成。

## 13.3  碳四馏分主要初级衍生物生产用催化剂

### 13.3.1  异丁烷脱氢制异丁烯

目前，工业上异丁烷脱氢制异丁烯的主要生产工艺有：UOP 的 Oleflex 工艺、Phillips 的 STAR 工艺、ABB Lummus Crest 的 Catofin 工艺、Snamprogetti-Yarsintez 的 FBD-4 工艺以及 Linde 工艺。

#### 13.3.1.1  催化反应及反应机理

**（1）催化反应**

异丁烷脱氢的反应网络图如图 13-2 所示。

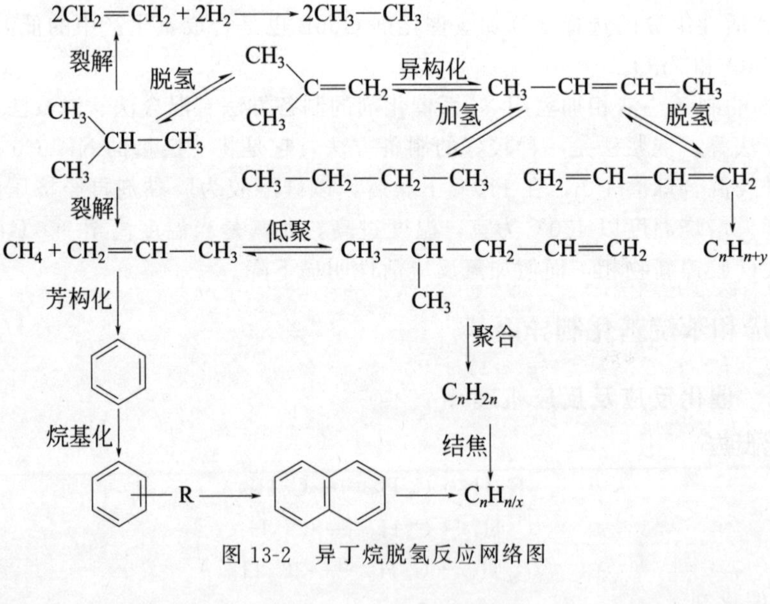

图 13-2  异丁烷脱氢反应网络图

异丁烷脱氢反应过程中既有脱氢反应，又有裂解、异构化、芳构化、烷基、聚合、结焦等各种副反应。产品也众多，除了异丁烷外，还包括各种烷烃、丁烯类、重芳烃以及焦炭等。

**（2）催化反应机理**

一般认为，烷烃脱氢有自由基机理和离子基机理二类。前者以均裂方式脱氢，后者反应物分子被催化剂上的金属离子 $M^{n+}$ 作用而脱去 $H^+$，随后再脱去 $H^+$ 而成不饱和键。但无论用何种机理解释，反应物分子上脱去第一个 $H^+$ 是较难的一步，也就是整个脱氢反应的控制步骤；当脱去第一个 $H^+$ 后，必须迅速有效地脱去第二个 $H^+$，方能形成烯烃，否则会发生各种副反应。

#### 13.3.1.2 催化剂的生产

**（1）载体和活性组分的选择**

异丁烷脱氢催化剂主要有贵金属催化剂 Pt 和氧化物催化剂 $Cr_2O_3$ 两大类。助催化剂有 $K_2O$、$K_2CO_3$ 和 MgO，其目的是降低结焦和增加催化剂稳定性和活性。常用的载体为 $Al_2O_3$。

**（2）催化剂的制备**

贵金属催化剂采用浸渍法进行制备，氧化物催化剂可采用浸渍法制备，也可采用铬化合物溶液喷涂法来制备，催化剂的活性和选择性均得到提高。

### 13.3.2 正丁烷或苯氧化制顺丁烯二酸酐

顺丁烯二酸酐（简称顺酐）广泛用于石油化工、农药、染料、纺织、食品、造纸及精细化工等行业，其衍生物主要有 $\gamma$-丁内酯、四氢呋喃、1,4-丁二醇和 N-甲基吡咯烷酮等。

#### 13.3.2.1 正丁烷氧化制顺酐

**（1）催化反应及反应机理**

① 催化反应　正丁烷和空气（或氧气）在催化剂上气相氧化反应生成顺酐。反应式如下：

主反应：$\quad C_4H_{10}+3.5O_2 \longrightarrow C_4H_2O_3+4H_2O \qquad \Delta H=-1216kJ/mol$

副反应：$\quad C_4H_{10}+5.5O_2 \longrightarrow 2CO+2CO_2+5H_2O \quad \Delta H=-2091kJ/mol$

此外，还生成醛、酮、酸等副反应产物。

② 催化反应机理　一般认为，正丁烷氧化为顺酐的反应历程如图 13-3 所示。

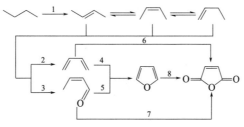

图 13-3　正丁烷氧化为顺酐反应历程

**（2）催化剂的生产**

① 载体和活性组分的选择　正丁烷固定床氧化制顺酐催化剂一般不用载体。

$(VO)_2P_2O_7$ 是正丁烷选择氧化制顺酐的活性相，其存在 $\alpha$、$\beta$、$\gamma$ 三种异构体。活性顺序为 $\beta>\gamma>\alpha$，选择性顺序为 $\alpha>\gamma>\beta$。当在氧化活性高、顺酐选择性低的 $\beta$ 相内加入过量的磷元素后，催化剂活性下降、选择性提高。

② 催化剂的制备　正丁烷氧化制顺酐催化剂制备工艺流程为：研磨 $V_2O_5$，加入磷酸和异丁醇还原后过滤、烘干和改性处理，再加助催化剂和黏结剂调浆，最后喷雾成型、干燥

即可。

### 13.3.2.2　苯氧化制顺酐

**(1) 催化反应及反应机理**

① 催化反应　苯和空气（或 $O_2$）在催化剂上气相氧化反应生成顺酐。反应式如下：

主反应：
$$C_6H_6 + \frac{9}{2}O_2 \longrightarrow C_4H_2O_3 + 2CO_2 + 2H_2O \quad \Delta H = -1850\text{kJ/mol}$$

副反应：
$$C_6H_6 + \frac{15}{2}O_2 \longrightarrow 6CO_2 + 3H_2O \quad \Delta H = -3274\text{kJ/mol}$$

$$C_6H_6 + \frac{3}{2}O_2 \longrightarrow C_6H_4O_2 + H_2O \quad \Delta H = -532\text{kJ/mol}$$

副反应除生成 $CO_2$ 和 $H_2O$ 外，还有酚类、羰基化合物和羧酸。

② 催化反应机理　苯在 $V_2O_5$-$MoO_3$ 催化剂上的氧化制顺酐的反应历程如图 13-4 所示。

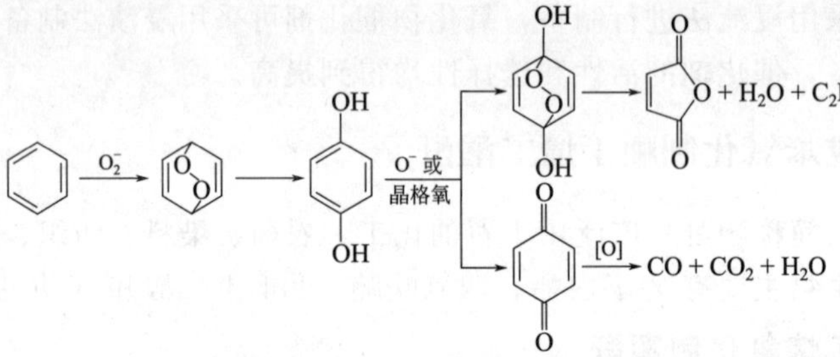

图 13-4　苯氧化制顺酐反应历程

**(2) 催化剂的生产**

① 载体和活性组分的选择　苯法固定床制顺酐采用 V-Mo 系或 V-P 系负载型催化剂。主要活性组分为 $V_2O_5$ 和 $MoO_3$，适量的 $P_2O_5$ 加入会使顺酐选择性提高。适量的 $Na_2O$ 对活性和选择性都有良好作用。在配方中加入 Ni、Ag、Co、Mn、B、Bi、K、Ce、Sn、Cs、Ba、Pr、Pb、Sr 等元素更有利于活性和选择性的提高。

低比表面积、粗孔径和高粗孔隙率有利于防止产物的深度氧化，并避免反应热过于集中。载体合适的比表面积为 $0.01 \sim 0.1\text{m}^2/\text{g}$，$95\%$ 以上孔径范围为 $50 \sim 1500\mu\text{m}$，表观孔隙率在 $0.5\%$ 以上。

② 催化剂的制备　早期的 $V_2O_5$-$MoO_3$ 催化剂采用浸渍法制备，现大部分采用喷涂法，因为该方法制得的催化剂，其活性组分集中在外表面，可减少深度氧化，从而可以提高顺酐选择性。

## 13.3.3　异丁烯(叔丁醇)氧化制甲基丙烯酸

甲基丙烯酸（MAA）是合成有机玻璃单体聚甲基丙烯酸甲酯（PMMA）的重要单体。传统生产 MAA 采用丙酮氰醇法（ACH）。由于 ACH 法存在大量废水处理和副产物硫铵出路问题，因而以异丁烯（叔丁烯）为原料生产 MAA 在环境保护和经济上极具吸引力。

### 13.3.3.1　催化反应及反应机理

**(1) 催化反应**

以异丁烯（叔丁烯）两步法制甲基丙烯酸反应式如下。

第一段反应：

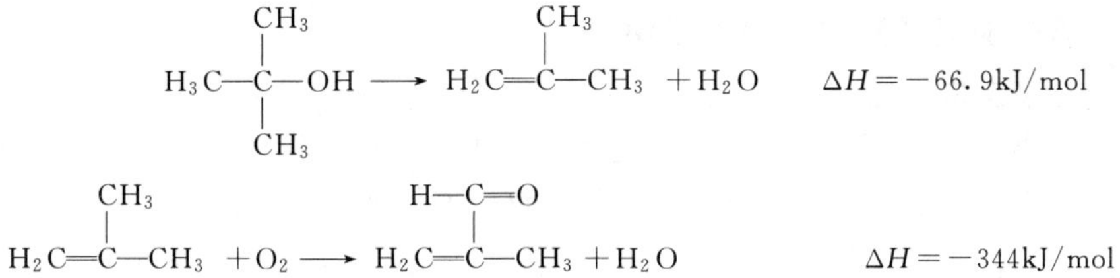

$$\underset{\substack{\text{CH}_3\\ \text{H}_3\text{C}-\overset{|}{\underset{|}{\text{C}}}-\text{OH}}}{} \longrightarrow \underset{\substack{\text{CH}_3\\ \text{H}_2\text{C}=\overset{|}{\text{C}}-\text{CH}_3}}{} + \text{H}_2\text{O} \qquad \Delta H = -66.9\text{kJ/mol}$$

$$\underset{\substack{\text{CH}_3\\ \text{H}_2\text{C}=\overset{|}{\text{C}}-\text{CH}_3}}{} + \text{O}_2 \longrightarrow \underset{\substack{\text{H}-\text{C}=\text{O}\\ \text{H}_2\text{C}=\overset{|}{\text{C}}-\text{CH}_3}}{} + \text{H}_2\text{O} \qquad \Delta H = -344\text{kJ/mol}$$

第二段反应：

$$\underset{\substack{\text{H}-\text{C}=\text{O}\\ \text{H}_2\text{C}=\overset{|}{\text{C}}-\text{CH}_3}}{} + 1/2\text{O}_2 \longrightarrow \underset{\substack{\text{COOH}\\ \text{H}_2\text{C}=\overset{|}{\text{C}}-\text{CH}_3}}{} \qquad \Delta H = -250.4\text{kJ/mol}$$

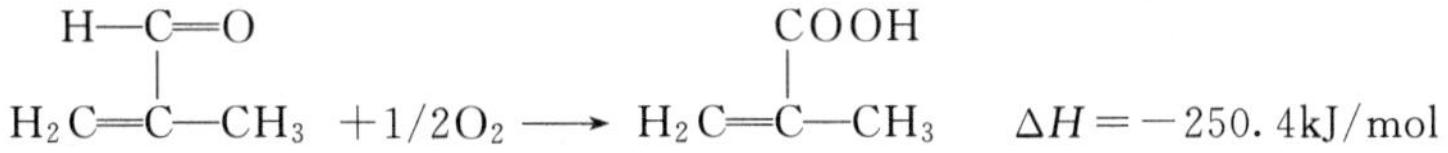

在第一段反应中，若以叔丁醇为原料，需先脱水为异丁烯，异丁烯氧化为甲基丙烯醛 (MAL)。在第二段反应中，甲基丙烯醛进一步氧化为甲基丙烯酸。过程副产主要有 $CO_2$、$H_2O$，以及甲酸、乙酸、丙酸、丙烯酸等。

**(2) 催化反应机理**

异丁烯在 Mo-Bi 多元催化剂上的氧化反应机理如图 13-5 所示。

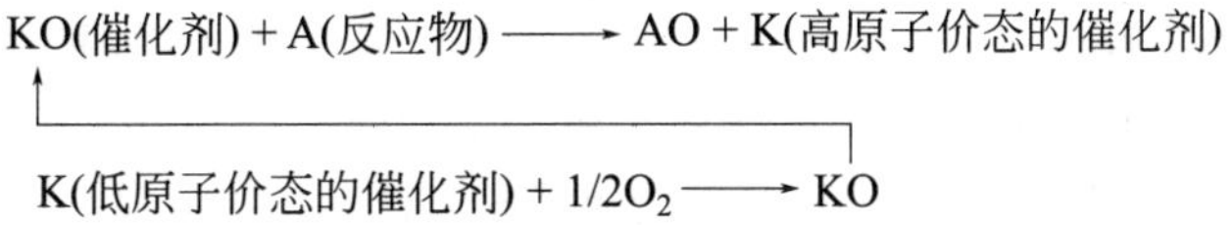

图 13-5　异丁烯在 Mo-Bi 多元催化剂上的氧化反应机理

过程第一步是异丁烯分子与催化剂晶格氧作用，由于氧原子拉下甲基烯丙基位置的一个氢原子，在催化剂表面形成一个共轭稳定的甲基烯丙基和一个 OH 吸附基。甲基烯丙基中间体与另一个氧原子结合而生成甲基丙烯醛之前脱掉第二个氢原子。第二步是气相氧将还原了的催化剂再氧化，分子氧解离吸附为晶格氧。

#### 13.3.3.2　催化剂的生产

**(1) 载体和活性组分的选择**

工业用异丁烯氧化制甲基丙烯醛催化剂中含 Mo、Bi、Te、Ni、Sb、Pb、W、Cs 等元素。甲基丙烯醛氧化为甲基丙烯酸采用磷钼钒杂多酸催化剂。这类催化剂具有稳定的 Keggin 结构。催化剂物相组成为 $H_{4-2y-z}PO_4(MoO_3)_{12-x}(VO_3)_x Cu_y Cs_z$。催化剂中加入 $Cu^{2+}$、$Cs^+$ 后调节了催化剂的酸性，使活性明显提高。

**(2) 催化剂的制备**

催化剂以活性组分的铵盐、硝酸盐或氧化物为原料采用共沉淀法制备，经干燥和焙烧后成型为 30～50 目颗粒。

## 13.3.4　顺酐酯化加氢或甲醛乙炔化制 1,4-丁二醇

1,4-丁二醇（BDO）合成方法有多种，包括 1982 年日本三菱化成以丁二烯、醋酸为原料的丁二烯氧乙酰化法、日本三菱油化和三菱化成共同开发的顺酐加氢法、日本可乐丽公司开发后为美国 Arco 公司工业化的烯丙醇氢甲酰化法，以及英国 Davy-McKee 公司开发的顺酐酯化加氢法等。然而，目前工业上用得较多的仍是 20 年代 W. Reppe 等发明的由乙炔和甲醛合成丁炔二醇即 Reppe 法工艺，之后进一步加氢为 BDO。

### 13.3.4.1 顺酐加氢及酯化加氢制 BDO

**(1) 催化反应及反应机理**

① 催化反应　顺酐加氢反应是一个复杂过程，其加氢反应产物有丁二酸酐（SA）、$\gamma$-丁内酯、BDO、四氢呋喃、正丁醇等。顺酐气相加氢反应网络如图 13-6 所示。

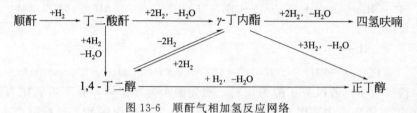

图 13-6　顺酐气相加氢反应网络

顺酐浅度加氢生成丁二酸酐，深度加氢生成四氢呋喃和正丁醇，1，4-丁二醇和 $\gamma$-丁内酯是顺酐适度加氢产物，而且 1，4-丁二醇和 $\gamma$-丁内酯之间为可逆反应。

② 催化反应机理　顺酐酯化加氢制 1，4-丁二醇分酯化和加氢两个步骤。其中顺酐酯化为顺丁烯二酸单乙酯不需要催化剂，合成顺丁烯二酸二乙酯则采用离子交换树脂催化剂，加氢则采用铜铬催化剂。在铜系催化剂存在下，顺丁烯二酸二乙酯分子中的双键很容易加氢生成丁二酸二乙酯（SE），所以影响过程控制的是 SE 的进一步加氢反应。

**(2) 催化剂的生产**

① 载体和活性组分的选择　KPT 工艺中的加氢催化剂是一种精细颗粒状的铜铬催化剂，铜铬比例以 2.1∶1 为宜。Du Pont 公司采用 Pd-Re/C 催化剂，BP 公司采用 Pd-Ag-Re-Fe/C 催化剂，中国石油化工科学研究院采用 CuZnCr 系催化剂。

② 催化剂的制备　催化剂采用浸渍法进行制备。

### 13.3.4.2 甲醛和乙炔制 BDO

**(1) 催化反应及反应机理**

① 催化反应　Reppe 法合成 BDO 包括乙炔和甲醛的炔化反应和丁炔二醇的加氢反应。反应方程式如下：

$$HC \equiv CH + 2CH_2O \longrightarrow HOCH_2-C \equiv C-CH_2OH \qquad \Delta H = -100.5 kJ/mol$$

通常产物中含有丁炔二醇 33%～55%，丙炔醇 1%～2%，未反应甲醛 0.4%～1%。另有 1%～2%的副产物，其中主要是甲酸钠和高沸物。

丁炔二醇加氢过程的反应方程式为：

$$HOCH_2C \equiv CCH_2OH + H_2 \longrightarrow HOCH_2CH = CHCH_2OH \qquad \Delta H = -154.8 kJ/mol$$

$$HOCH_2CH = CHCH_2OH + H_2 \longrightarrow HOCH_2CH_2CH_2CH_2OH \qquad \Delta H = -96.3 kJ/mol$$

副反应有：丁炔二醇与 2-丁烯-1，4-二醇生成半加氢缩合物，2-丁烯-1，4-二醇异构化为 4-羟基丁醛、加氢脱水生成丁醇，环化生成 $\gamma$-丁内酯、四氢呋喃。

② 催化反应机理　一般认为，乙炔和甲醛反应中起催化作用的是乙炔酮的络合物，分子式为 $Cu_2C_2 \cdot H_2O \cdot (C_2H_2)_3$。配位场中 $C_2H_2$ 配位基旁侧有 $H_2O$ 配基，可与甲醛的羰基加成生成水合羰基-孪生二醇，在甲醛过量情况下生成甲二醇，结构式为：

$$\begin{matrix} & H & \\ & | & \\ HO & -C- & OH \\ & \vdots & \end{matrix}$$

它可与旁侧乙炔配基中炔型氢脱水反应。若一个乙炔分子的两个炔型氢与两侧两个甲二醇脱水反应则生成丁炔二醇，若仅与一个甲二醇脱水反应则生成丙炔醇。

在实际反应中，当甲醛过量时，有利于生成丁炔二醇。当甲醛低量时，丙炔醇则是主要产品。然而，即使在最佳反应条件下，在制备丁炔二醇时也必然生成少量丙炔醇。

丁炔二醇加氢过程中氢原子是逐个加上去的，丁炔二醇首先加氢生成丁烯二醇，然后丁烯二醇再加氢生成丁二醇。

**（2）催化剂的生产**

① 载体和活性组分的选择　工业用乙炔铜催化剂有负载型和无载型两种。常用的载体有 $SiO_2$、$SiO_2$-$MgO$、活性炭、$Al_2O_3$、浮石等。元素周期表中 IB、IIB 族元素的炔化物，如乙炔汞、乙炔铜等可用作合成丁炔二醇的催化剂，但以乙炔铜为主要活性组分的催化剂催化效果较为理想。此外，$Bi$、$Ni$、$Cd$、$Cr$、$Fe$、$Mn$ 等金属及其氧化物可以改进氧化铜催化剂的性能，可作为助催化剂。

② 催化剂的制备　负载型催化剂采用浸渍法进行制备。无载体催化剂可采用沉淀法、熔融法进行制备。

# 13.4 轻质芳烃及其初级衍生物生产用催化剂

## 13.4.1 乙苯脱氢催化剂

### 13.4.1.1 催化反应及反应机理

**（1）催化反应**

乙苯在过热蒸汽存在下，在以氧化铁为催化剂的固定床上，脱氢生成苯乙烯，反应式为：

$$\text{（结构式：苯环-}C_2H_5 \rightleftharpoons \text{苯环-}CH=CH_2 + H_2 \quad -125kJ/mol\text{）}$$

这是一个可逆吸热反应，反应方向取决于反应条件，通过控制苯乙烯和未反应乙苯之间的平衡，控制该反应的最大深度。与乙苯脱氢反应有关的主要副反应是生成甲苯和苯，反应式如下：

$$\text{（结构式：苯环-}C_2H_5 + H_2 \rightarrow \text{苯环-}CH_3 + CH_4\text{）}$$

$$\text{（结构式：苯环-}C_2H_5 \rightleftharpoons \text{苯环} + C_2H_4\text{）}$$

同时生成少量的甲烷、烷烃、焦油等。

**（2）催化反应机理**

苯环与催化剂中的 $Fe^{3+}$ 或 $Fe^{2+}$ 或 $Fe^{2+} \sim Fe^{3+}$ 离子进行亲核络合，形成烯丙自由基或烯丙正基中间过渡物，进而在高温下烯丙基异构化，生成苯乙烯。

### 13.4.1.2 催化剂的生产

**（1）载体和活性组分的选择**

乙苯脱氢反应可使用多种不同体系的催化剂，例如 $Fe$ 系、$Zn$ 系催化剂。$Zn$ 系催化剂机械强度差，选择性差。所以工业上普遍使用的是 $Fe_2O_3$ 系催化剂。该类催化剂以 $Fe_2O_3$ 为主要活性组分，同时还含有少量的 $Mg$、$Cr$、$Mo$、$Ce$ 及 $Ca$ 的氧化物作为结构稳定剂。此外，还含有少量的碱金属或碱土金属氧化物为助催化剂，通常使用 $K_2O$。

**（2）催化剂的制备**

乙苯脱氢铁系催化剂是由 $Fe_2O_3$、助催化剂、造孔剂和增强剂等组成。主要采用混合法进行制备，再经成型和热处理制得成品催化剂。

### 13.4.2 甲苯歧化与烷基转移制二甲苯和苯

甲苯歧化与烷基转移工艺目的是把甲苯和碳九芳烃（$C_9A$）转化为苯和二甲苯，1968年首次实现工业化。工业应用的主要技术路线有：①Xylene-Plus（二甲苯增产法）；②Tatoray 法；③MTDP（Mobil 法）；④T2BX 法；⑤MSTDP（Mobil 甲苯选择歧化法）；⑥TransPlus（烷基转移法）。各种工艺路线均以分子筛为催化剂。

#### 13.4.2.1 催化反应及反应机理

**（1）催化反应**

甲苯歧化反应：

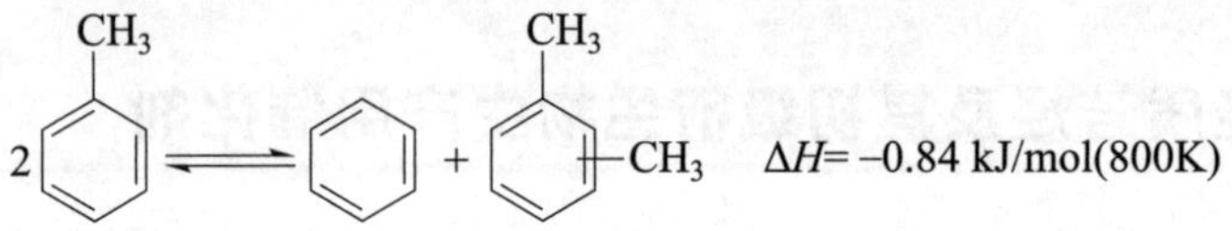

$$\Delta H = -0.84 \text{ kJ/mol}(800K)$$

烷基转移反应：

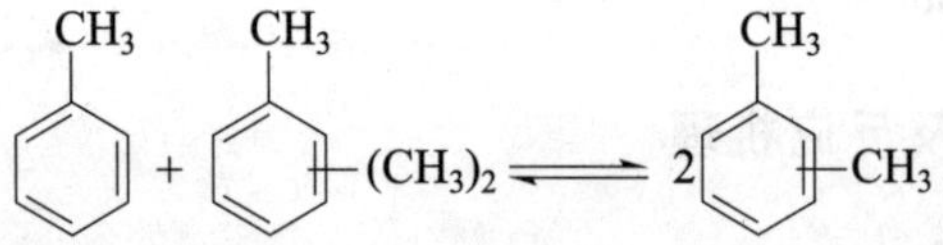

副反应：甲苯加氢脱烷基反应生成苯和甲烷，甲苯、乙苯加氢脱烷基反应生成甲苯和乙烷或乙苯和甲烷，丙苯加氢脱烷基反应生成苯和丙烷，三甲苯歧化反应生成二甲苯和四甲苯。此外，还发生芳烃裂解生成烷烃和环烷烃，茚满或芳烃缩合生成稠环芳烃（焦）等副反应。

**（2）催化反应机理**

甲苯歧化与烷基转移反应是在固体酸催化剂存在下进行的，属于碳正离子反应机理。

各种酸性催化剂能够提供 $H^+$ 质子，芳烃是对质子具有一定亲和力的弱碱，容易与 $H^+$ 质子亲和而形成碳正离子。

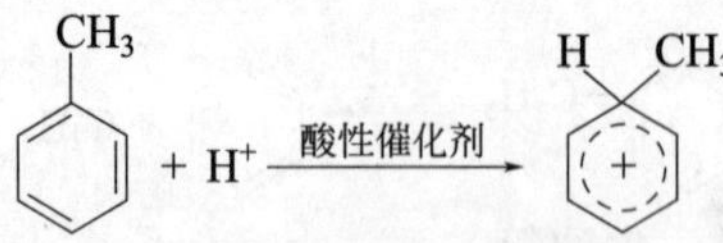

烷基芳烃碳正离子上的烷基转移到另一个烷基芳烃分子上去，变成烷基数比原来少一个的芳烃，而后者脱去质子生成烷基数比原来多一个的芳烃。

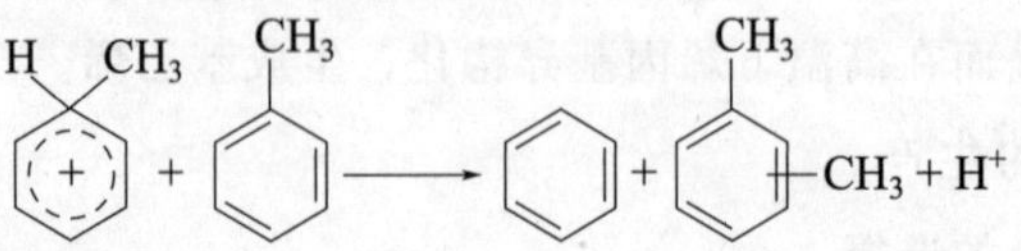

#### 13.4.2.2 催化剂的生产

**（1）载体和活性组分的选择**

用作甲苯歧化反应与烷基转移反应的催化剂有：①强酸型催化剂，如 $AlBr_3$-HBr、

AlCl$_3$-HCl、BF$_3$-HF 等，反应约在 100℃下进行，液相反应，转化率低，副反应多，设备腐蚀严重，未工业化；②无定形固体酸催化剂，主要有 SiO$_2$-Al$_2$O$_3$、B$_2$O$_3$-Al$_2$O$_3$ 以及氟化物改性的 SiO$_2$-Al$_2$O$_3$、Al$_2$O$_3$ 等，气固相反应，活性较高，选择性差、寿命短，无法工业化；③沸石分子筛固体酸催化剂，主要有 X 型、Y 型、丝光沸石、ZSM 系列沸石和 β 系列沸石等，气固相反应，已工业化的有 Y 型、丝光沸石、ZSM-5 和 βS 沸石。

沸石分子筛黏结性能差，为了成型并达到足够的强度，需加入黏结剂。常用的黏结剂是 Al$_2$O$_3$ 或 SiO$_2$。Al$_2$O$_3$ 可以是各种含水氧化铝或氧化铝凝胶，SiO$_2$ 可以是硅溶胶或者硅凝胶。

**（2）催化剂的制备**

沸石分子筛的主要生产工序包括沸石分子筛合成、离子交换、催化剂成型、焙烧与活化。

### 13.4.3 二甲苯临氢异构化

#### 13.4.3.1 催化反应及反应机理

**（1）催化反应**

C$_8$ 芳烃异构化时，可能进行的异构化反应为：

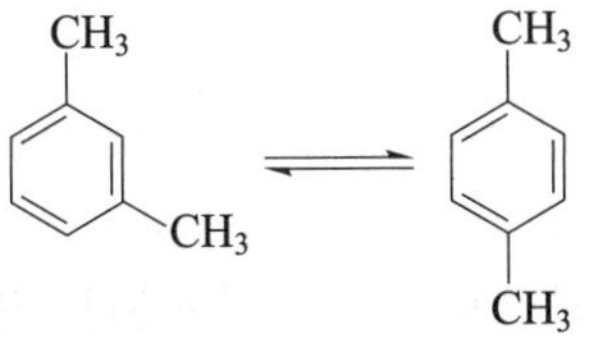

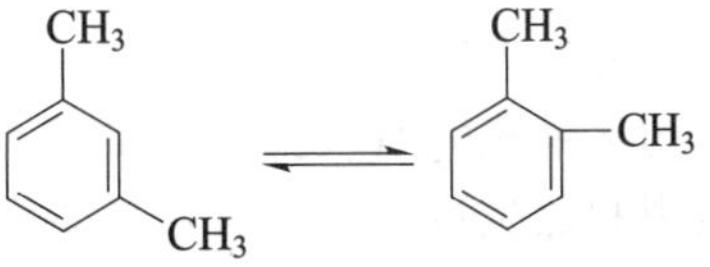

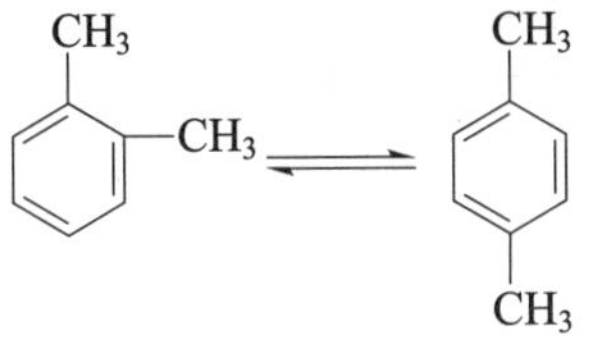

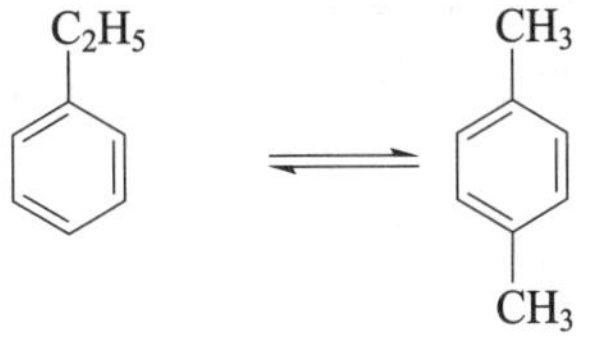

独立反应只有三个，其中两个是二甲苯的异构化反应，一个是乙苯与二甲苯之间的异构化反应。

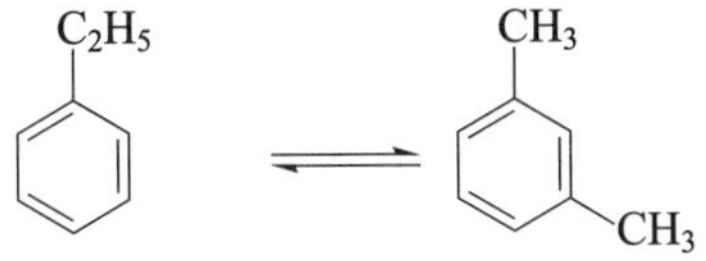

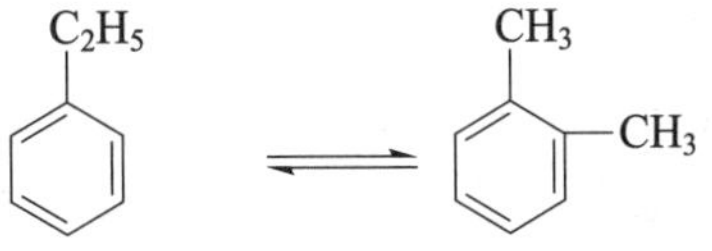

**（2）催化反应机理**

在贵金属型双功能催化剂上均相二甲苯异构化，其基本反应可用如图 13-7 所示反应网络来描述。

这类催化剂既能提供酸式功能，又具有加氢脱氢功能，故此法除二甲苯异构体能相互转化外，尚能将乙苯转化为二甲苯，乙苯经加氢生成乙基环己烷，再异构化为二甲基环己烷，脱氢即得到二甲苯。C$_8$ 环烷烃是乙苯转化为二甲苯的中间物，为保持一定的乙苯转化率，则需要一定浓度的 C$_8$ 环烷烃。C$_8$ 环烷烃量与操作条件有关，高压有利于加氢生产 C$_8$ 环烷烃，高温有利于 C$_8$ 环烷烃脱氢生产二甲苯。反应过程还发生歧化、脱烷基和开环裂解等副反应。

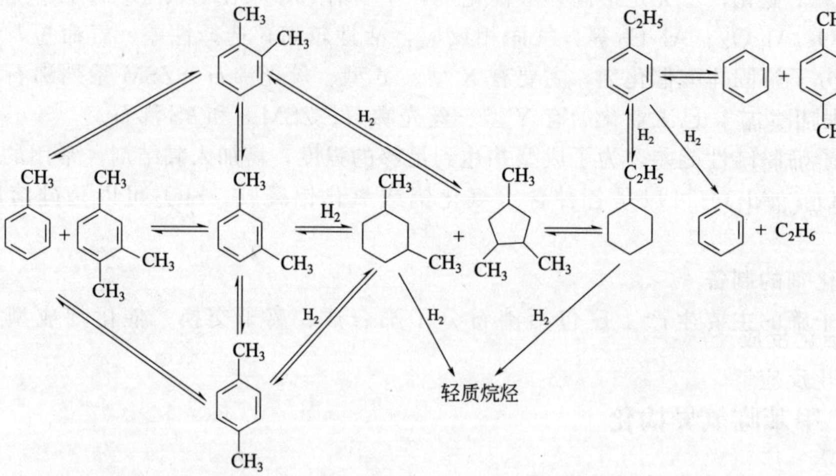

图 13-7　均相二甲苯异构化反应网络

### 13.4.3.2　催化剂的生产

**(1) 载体和活性组分的选择**

常用的二甲苯异构化催化剂有贵金属和非贵金属两大类，它们都具有较高的活性和选择性，对歧化、芳烃破裂和焦生成的倾向都小。贵金属和非贵金属催化剂的差别在于前者能使乙苯异构化而后者不能。Pt 系催化剂为多功能催化剂，它既有加氢功能，又有异构化功能。贵金属虽然价格贵，但是乙苯也参与异构化，不仅 $C_8$ 芳烃总收率高，并可最大限度生成对二甲苯，而且节省了乙苯的分离费用，仍是目前工业上采用最多的技术路线。

**(2) 催化剂的制备**

贵金属催化剂采用浸渍法进行制备。

## 13.4.4　苯制己内酰胺

工业上己内酰胺生产的原料路线有苯（环己烷）、苯酚（异丙苯）、甲苯和丁二烯。其中以苯法为主，苯酚法也占一定比重，甲苯法甚少。

### 13.4.4.1　苯加氢制环己烷

**(1) 催化反应及反应机理**

① 催化反应

$$C_6H_6 + 3H_2 \rightleftharpoons C_6H_{12} \quad +216.51kJ/mol$$

同时伴有副反应：

$$C_6H_6 + 3H_2 \rightleftharpoons C_5H_9—CH_3 \quad （甲基环戊烷）$$

由热力学可知，高温有利于生成正丙苯。在异丙苯产品中，丙烯低聚物会造成溴指数高，应予以降低。后继副反应如进一步烷基化、裂解，会生成己基苯、丁苯和乙苯等副产物。

② 催化反应机理　在国产 $Ni/Al_2O_3$ 催化剂上进行了气相苯加氢研究，在该催化剂上存在两种活性中心：一类能吸附苯和各种中间化合物，但对产物环己烷吸附极少，可以认为不吸附；另一类能吸附氢。这两类活性中心彼此相邻分布，苯的吸附呈分子状态，氢则为解离吸附。反应过程的控制步骤是吸附苯和吸附氢进行的表面化学反应，即第一个氢原子加到苯

环上的第一步。

**（2）催化剂的生产**

① 载体和活性组分的选择 苯加氢反应催化剂有均相催化剂和固体催化剂。催化剂主体为 Pt、Pd、Ni、Ru 和 Co 等几种过渡金属。这些金属都能有效地吸附氢，并与之形成共价键。对苯加氢而言，这些金属催化剂的加氢活性有如下规律，从周期表的位置上看，第Ⅷ族过渡金属的活性顺序是 4d＞5d＞3d。Ni 或 Pd 在室温下就有相当高的烯烃加氢活性，然而要使苯加氢，Ni 催化剂至少要在 50℃以上的温度下反应，Pd 催化剂则需在 100℃以上反应。

② 催化剂的制备 固体催化剂采用浸渍法将活性组分负载到载体上。

### 13.4.4.2 苯部分加氢制环己烯

**（1）催化反应及反应机理**

① 催化反应 苯在 Ru 催化剂作用下发生催化加氢反应生成环己烯。反应式为：

$$C_6H_6 + H_2 \Longleftrightarrow C_6H_{12} + C_6H_{10}$$

② 催化反应机理 苯加氢反应机理可用图 13-8 表示。

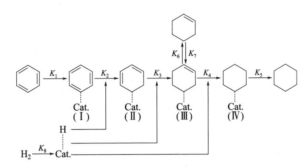

图 13-8 苯加氢反应机理

由图 13-8 可见，苯加氢反应可分为吸附、化学转化和解吸三个阶段。原料苯和氢气先被催化剂吸附到表面，然后连续进行加氢反应。$K_1$、$K_7$、$K_8$ 分别代表苯、环己烯和氢气的吸附速率；$K_2$、$K_3$、$K_4$ 表示分步氧化速率；$K_5$ 和 $K_6$ 分别表示环己烷和环己烯从催化剂表面的解吸速率。在各步反应中，对环己烯产率有直接影响的是 $K_4$、$K_6$ 和 $K_7$。为提高环己烯的产率，必须抑制环己烯加氢生成环己烷的反应速率 $K_4$ 和环己烯再吸附反应速率 $K_7$，加快环己烯脱附（解吸）反应速率 $K_6$。合适的助催化剂、载体、配制方法和残留氯有助于降低催化剂和环己烯的亲和性，结果抑制了 $K_4$ 和 $K_7$，促进了 $K_6$。溶剂水的竞争吸附具有从催化剂上赶走环己烯的作用，有利于提高环己烯的选择性。

**（2）催化剂的生产**

① 载体和活性组分的选择 苯部分加氢催化剂的活性组分为金属 Ru，但制备催化剂时，如果使用金属 Ru 粉末，得到的催化剂对环己烯的选择性很差。若使用 $RuCl_3$ 作为原料，经煅烧并在氢气流中活化，可得到较高的活性和环己烯选择性的产品。

催化剂载体宜选择亲水性物质。在负载型 Ru 催化剂中，K、Fe、Co、Cu 等元素作为助催化剂，可明显提高催化剂的活性和选择性。同时加入两种元素作为助催化剂，比单独使用一种元素具有更明显的效果。

② 催化剂的制备 Ru 催化剂常规制备方法有浸渍法、离子交换法和沉淀法。

### 13.4.4.3 环己烷氧化制环己醇和环己酮

**(1) 催化反应及反应机理**

① 催化反应

环己基过氧化氢    $+H_2O$    $\Delta H = -290\ kJ/mol$

② 催化反应机理

a. $O_2$ 和金属络合物的反应    反应按单电子步骤进行：

$$O_2 + e^- \Longrightarrow O_2^- \longrightarrow O_2^{2-}$$

$$Co^{3+} + e^- \Longrightarrow Co^{2+}$$

Co、Mn 和铬盐络合物均可作为环己烷氧化催化剂。

b. $O_2$ 与烷烃的反应    多数烷烃与 $O_2$ 反应的速度特别慢，除非存在自由基引发剂。烷烃氧化的主要产物是 ROOH，它可能是通过氧分裂产生自由基的一个来源。金属离子 Co(Ⅱ) 可以用来催化分解 ROOH 并加速正常的自动氧化过程。金属离子在实际应用中攻击脂肪烃碳加速键使其产生自由基。烷基自由基一旦形成，便与氧结合产生烷基过氧自由基：

$$R\cdot + \cdot O—O\cdot \longrightarrow R—O—O\cdot$$

环己烷氧化过程中，当环己烷上的一个氢原子被夺走而生成环己基自由基，其与 $O_2$ 结合生成环己基过氧自由基。当环己基过氧自由基遇到环己烷时，夺取环己烷上的一个氢原子，生成环己基氢过氧化物，并再生一个环己基自由基，引发另一轮反应循环。

**(2) 催化剂的生产**

① 活性组分的选择    活性组分选择醋酸钴，化学式为 $Co(CH_3COO)_2 \cdot 4H_2O$。

② 催化剂的制备    以金属 Co 或 CoO 为原料，与 $HNO_3$（或 $H_2SO_4$）反应制取 $Co(NO_3)_2$（或 $CoSO_4$），与 $Na_2CO_3$（或 $NH_4HCO_3$）反应生成碱式碳酸钴，再与醋酸反应，即得醋酸钴。再经过滤、浓缩、冷却、结晶、离心干燥，即可得醋酸钴成品。

### 13.4.4.4 环己醇脱氢制环己酮

**(1) 催化反应及反应机理**

① 催化反应    环己醇在催化剂的存在下于 230~300℃ 温度下脱氢生成环己酮。主反应为：

$$C_6H_{11}OH \Longrightarrow C_6H_{10}O + H_2 \quad -60.7kJ/mol$$

副反应有脱水反应生成环己烯、深度脱氢反应生成环己烯酮以及环己酮的缩合反应等。

② 催化反应机理    环己醇脱氢机理可随催化剂不同而不同。在金属氧化物上，环己醇按离子机理进行脱氢。

**(2) 催化剂的生产**

① 载体和活性组分的选择    醇脱氢催化剂有 ZnO、ZnO-CaCO₃、Zn-Cr、Zn-Fe、Zn-Fe-K等 Zn 系催化剂和 Cu-Mg、Cu-Zn 等 Cu 系催化剂。Zn 系催化剂使用温度为 350~420℃，由于反应温度高，所以副产物增多，选择性下降。Cu-Zn 催化剂反应温度低（220~280℃），转化率高，选择性好，所以国内外大部分脱氢装置均使用该系催化剂。

② 催化剂的制备    该催化剂制备方法有两种，即共沉淀法与氨络合法。

#### 13.4.4.5 环己酮氨氧化肟化制环己酮肟

**(1) 催化反应及反应机理**

① 催化反应　环己酮、$NH_3$ 和 $H_2O_2$ 在钛硅分子筛催化作用下发生反应直接生成环己酮肟。反应为：

该反应通常在溶剂（如叔丁醇）中进行。

② 催化反应机理　TS-1 催化环己酮氨氧化反应可能有两种机理：一种是环己酮先和氨反应生成亚胺，亚胺再进一步被钛和过氧化氢的活性中间体氧化成环己酮肟；第二种是氨先被催化氧化成羟胺，羟胺再通过非催化过程直接与环己酮反应生成环己酮肟。

**(2) 催化剂的生产**

① 载体和活性组分的选择　钛硅分子筛 TS-1 以正硅酸四乙酯、钛酸四丁酯（TBOT）及四丙基氢氧化铵（TPAOH）为原料合成时，典型的分子筛胶体组成为：$n(SiO_2)$：$n(TiO_2)$：$n(TPAOH)$：$n(H_2O_2)$＝10：0.25：2：500。

② 催化剂的制备　TS 分子筛合成方法是将正钛酸四乙酯和正硅酸乙酯按一定比例所得的反应物在 448K 和自身压力下用水热法合成，晶化时间约 10d。最常用的 TS-1 合成方法采用正硅酸（TEOS）、TBOT、TPAOH 和二次蒸馏水为原料，合成时间大大缩短，为防止TBOT 与硅物种在结合之前过早地水解，合成中采用 TBOT 溶解在无水异丙醇中，然后再滴加到反应物中，此法合成的 TS-1 沸石晶粒均一，可达到 0.2μm。但合成过程中的硅源（如 TEOS）、钛源（TBOT）及模板剂（TPAOH）均价格昂贵。

#### 13.4.4.6 己内酰胺加氢精制

**(1) 催化反应及反应机理**

① 催化反应　$\beta$-羟基环己酮是粗己内酰胺（由环己酮肟重排制得）的主要杂质，其加氢过程的主要反应式为：

β-羟基环己酮　　　　　1,2-环己二醇

② 催化反应机理　加氢过程可由碳正离子机理进行解释。

**(2) 催化剂的生产**

① 载体和活性组分的选择　己内酰胺加氢精制可用雷尼 Ni 催化剂与非晶态合金催化剂，两种催化剂的活性组分为 Ni，加入 Cr 起强化骨架作用，Fe 起助催化剂作用，Al 起骨架载体作用。

己内酰胺加氢精制催化剂通常为粉末状，其颜色为灰黑色，干燥状态下在空气中极易燃烧，因此，只能保存在惰性有机溶剂或水中，运输时须用密闭容器。

② 催化剂的制备　该催化剂采用熔融法与氢氧化钠活化相结合的生产工艺。

### 13.4.5 邻二甲苯氧化制邻苯二甲酸酐(苯酐)

苯酐生产采用的工艺路线有萘流化床氧化和萘或邻二甲苯固定床氧化；其中邻二甲苯固定床氧化技术约占世界总生产能力的 90% 以上，有 BASF、Wacker-Chemie、Elf Atochem（Rhone-Poulence）/日触、Alusuisse 等几种典型的生产工艺。

### 13.4.5.1 催化反应及反应机理

**(1) 催化反应**

$$\text{邻二甲苯} \xrightarrow[360\sim390℃]{3O_2} \text{苯酐} + 3H_2O \qquad +1180.7\ \text{kJ/mol}$$

$$\text{邻二甲苯} \xrightarrow[360\sim390℃]{10\frac{1}{2}O_2} 8CO_2 + 5H_2O \qquad +4379.4\text{kJ/mol}$$

反应产物主要是苯酐,副产物为顺酐、苯酞、$CO_2$ 和 $H_2O$ 等,选择性一般在 $75\%\sim80\%$。

**(2) 催化反应机理**

① 氧化态的催化剂(Cat-O)与烃类(R)之间发生反应,氧化态的催化剂被还原:

$$\text{Cat-O} + \text{R} \longrightarrow \text{Cat}$$

② 还原态的催化剂(Cat)与气相中的氧反应,还原态的催化剂被氧化:

$$2\text{Cat} + O_2 \longrightarrow 2\text{Cat-O}$$

在稳态状态下,这两步反应的速率是一样的。

### 13.4.5.2 催化剂的生产

**(1) 载体和活性组分的选择**

最初催化剂是以 $V_2O_5$ 为基础,随后又开发了以 $V_2O_5/TiO_2$ 为基础的球形载体催化剂。$V_2O_5/TiO_2$ 系统中的两组分比例是此类催化剂的关键所在,研究显示钒以高分散、无定形的形式存在时有高的活性和选择性。

此外,在 $V_2O_5/TiO_2$ 催化剂中加入 1% 左右的 Nb、Sb、P、K、Na、Cs、Rb、Mo 等一系列氧化物或盐类,以提高催化剂的产率,降低副产物的生成量,同时增加锐钛矿型 $TiO_2$ 的稳定性,防止其由于向金红石型 $TiO_2$ 的转化而使催化剂发生不可恢复的失活。

**(2) 催化剂的制备**

该催化剂可采用沉淀法进行制备。

## 13.4.6 对二甲苯氧化制对苯二甲酸

### 13.4.6.1 对二甲苯氧化制对苯二甲酸粗产品

**(1) 催化反应及反应机理**

① 催化反应

$$H_3C-\text{苯环}-CH_3 + 3O_2 \longrightarrow HOOC-\text{苯环}-COOH + 2H_2O \qquad +1365\text{kJ/mol}$$

② 催化反应机理　对二甲苯氧化是一种自由基氧化反应,包括链的引发、链的增长及链的终止。反应机理的研究表明,高价钴离子起催化作用。溴化物的加入是利用溴游离基的吸氢作用产生过氧化物,并将 $Co^{2+}$ 氧化为 $Co^{3+}$。$Co^{3+}$ 使反应脱氢而活化,活化后的官能团氧发生氧化反应。反应链的延续发展是在高价钴离子 $Co^{3+}$ 氧化基体和 $Co^{2+}$ 还原游离基以及过氧化氢之间依次进行。钴离子起着链载体的作用。

**(2) 催化剂的生产**

① 载体和活性组分的选择　Co-Br 或 Mn-Br 可以催化对二甲苯，使其氧化为对苯二甲酸，Co-Br 活性高于 Mn-Br，但其活性远不如 Co-Mn-Br 三元催化体系。在三元体系中，Co-Mn 的协同作用，主要是 $Mn^{2+}$ 使 $Co^{3+}$ 还原成 $Co^{2+}$，$Co^{3+}$ 比 $Mn^{3+}$ 具有更高的活性。采用高钴和低钴两种配比，前者活性高，4-CBA（对羟基苯甲酸）含量低；后者则更适合用于氧化-精制两段法的 PTA 工艺。

② 催化剂的制备　在配制槽中加入一定量的去离子水，然后经由催化剂加料斗向其中加入一定量的醋酸钴、醋酸锰，其中钴、锰催化剂的质量比为 1∶2。搅拌 2h 后，分析取样，待合格后用氮气将配制好的催化剂溶剂压入另一储槽。使用时，再压送至氧化进料混合槽。

### 13.4.6.2　对苯二甲酸加氢精制

**(1) 催化反应及反应机理**

① 催化反应

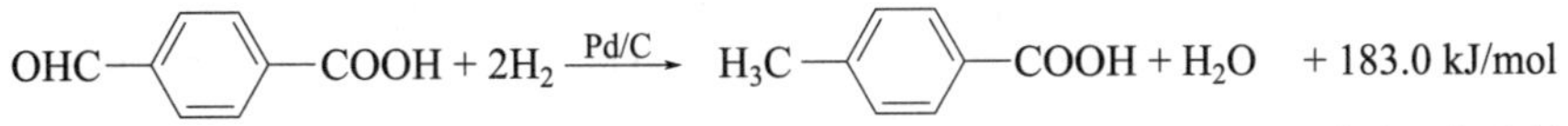
OHC
COOH + 2H2
Pd/C
H3C
COOH + H2O
+ 183.0 kJ/mol

② 催化反应机理　反应物分子被催化剂活性中心吸附活化，被活化的醛基被扩散到催化剂表面的氢还原为甲基，还原产物甲基苯甲酸脱离表面溶解于水，即：

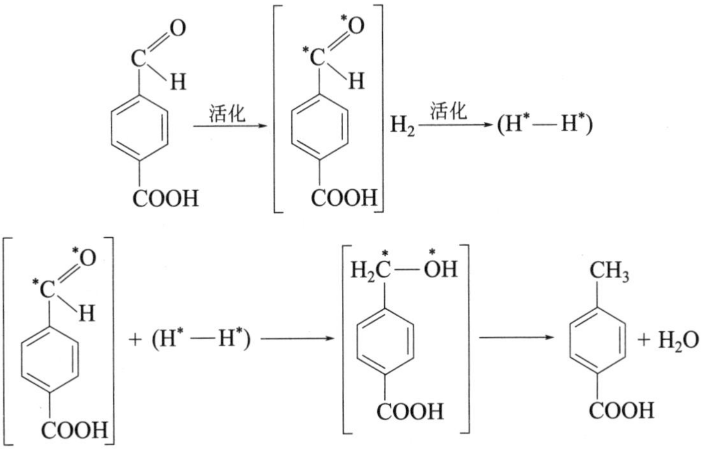
活化
H2
活化
(H*—H*)
COOH
+ (H* —H*)
H2C—OH
CH3
+ H2O

**(2) 催化剂的生产**

① 载体和活性组分的选择　工业上粗对苯二甲酸加氢精制都采用钯/炭催化剂。通常的钯盐有硝酸盐、钯的氯化物以及钯醋酸盐。活性炭载体应为活化状态，能在与钯盐反应时，将钯盐还原为钯金属晶粒。钯/炭催化剂的助催化剂一般可用少量的其他金属、金属氯化物、氢氧化物等，已知的助剂有二氧化锰、氧化铬以及 Fe、Co、Ni、Li、Mg、Ag、V、W、Se 等，加入量约为钯含量的 0.5%～3%。

② 催化剂的制备　钯/炭催化剂采用浸渍法进行制备。通常将氯化钯溶解于 0.1mol/L 盐酸溶液中，并使钯充分浸渍到载体活性炭上。再经干燥、活化、还原等过程制得催化剂。

## 13.5 甲醇及其初级衍生物生成用催化剂

### 13.5.1　CO 和 $H_2$ 合成甲醇

直到 1995 年，甲醇生产大部分采用 BASF 公司于 1923 年开发的高压法工艺，并以 Zn-

Cr 为催化剂，其牌号有美国 CCI 公司的 $C_{70-2}$，丹麦 Topsøe 公司的 SMKQ 等。1966 年英国 ICI 公司开发了以天然气为原料的低压法工艺。1971 年德国 Luigi 公司开发了以天然气或渣油为原料的低压法工艺。由于低压法在能耗、装置投资、单系列生产能力等方面较高压法具有明显优越性，所以，从 20 世纪 70 年代起国外新建甲醇装置几乎全部采用低压法工艺。

我国甲醇工业始于 1957 年，到 1997 年生产能力已达到 $2 \times 10^6 \, t/a$。近年来发展迅速，国内自行设计、制造的 $2 \times 10^5 \, t/a$ 甲醇装置的成功投产标志着我国甲醇生产能力趋向大型化，缩短了与国外先进水平的差距。同时包括引进装置在内的催化剂国产化，同样表明我国甲醇合成催化剂水平达到或接近国外先进水平。

### 13.5.1.1 催化反应及反应机理

**(1) 主反应和副反应**

CO 和 $H_2$ 生成甲醇的反应是体积缩小的强放热反应，其反应方程式及热效应如下。

主反应：

$$CO + 2H_2 \Longrightarrow CH_3OH \qquad +102.5 \, kJ/mol$$

副反应：

生成醚类 $\qquad 2CO + 4H_2 \Longrightarrow CH_3OCH_3 + H_2O \qquad +200 \, kJ/mol$

生成甲烷 $\qquad CO + 3H_2 \Longrightarrow CH_4 + H_2O \qquad +115.6 \, kJ/mol$

生成醇类 $\qquad 4CO + 8H_2 \Longrightarrow C_4H_9OH + 3H_2O \qquad +49.62 \, kJ/mol$

生成 CO $\qquad CO_2 + H_2 \Longrightarrow CO + H_2O \qquad -42.9 \, kJ/mol$

生成烃类 $\qquad nCO + 2nH_2 \Longrightarrow (CH_2)_n + nH_2O \qquad +Q$

**(2) 催化反应机理**

有关甲醇合成的催化反应机理有三种方案，详见图 13-9。

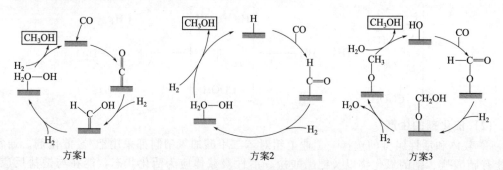

图 13-9　甲醇合成催化反应机理示意图

方案 1 表示的是一种广泛被接受的机理，它是化学吸附的 CO 连续的加 $H_2$ 作用。当 CO 没有解离作用发生时生成甲醇。方案 2 认为 CO 插入金属-负离子键中生成甲酰中间物，中间物进一步被还原导致生成与方案 1 类似的中间物羟亚甲基化物。方案 3，第一步是 CO 插入表面羟基中生成表面甲酸盐，随后加氢/脱氢，经过甲醇盐生成甲醇。

### 13.5.1.2 催化剂的生产

**(1) 载体和活性组分的选择**

目前，甲醇合成催化剂主要为 ZnO 基催化剂及 CuO 基催化剂。前者适用于高压法甲醇合成，后者则用于低压法或中压法。在 ZnO 基催化剂中，作为助催化剂的金属氧化物的有 $Cr_2O_3$、$Al_2O_3$、$V_2O_5$、MgO、$ThO_2$、$TaO_2$ 或 CdO 等。这些氧化物能与 ZnO 生成固溶体。CuO 基催化剂中 CuO-ZnO-$Cr_2O_3$ 及 CuO-ZnO-$Al_2O_3$ 混合催化剂是最常用的三元催化剂。

**（2）催化剂的制备**

ZnO 基催化剂制造工艺有干湿法、浸渍法、共沉淀法。在干湿法中，将 ZnO 和 Cr₂O₃ 混合并加入少量水，用机械混合法进行混合，然后造粒、干燥、成型，再用水浸泡、干燥。

浸渍法将活性 ZnO 浸渍铬酸，使其在表面上生成铬酸锌，然后干燥、焙烧、粉碎、混合、成型、过筛包装。共沉淀法将金属 Zn 与 HNO₃ 作用，制取 Zn(NO₃)₂，并同时将高价 Cr 溶解于水中，利用 Zn 和酸作用放出的新生态氧，还原高价 Cr，再用氨水将 Zn(NO₃)₂ 及 Cr(NO₃)₃ 进行沉淀、热煮、过滤、干燥、焙烧、粉碎、混合、成型。在这三种方法中，共沉淀法的高价 Cr 在溶液制备过程中还原成低价 Cr，避免了高价 Cr 对人体的毒害作用。而且用该法制得的催化剂活性、热稳定性及选择性都较好。

## 13.5.2　甲醇羰基合成或乙醛氧化制醋酸

世界醋酸工业生产方法主要有甲醇羰基化法、乙醛氧化法、丁烷（或轻油）液相氧化法等。其中以甲醇羰基化法占主要地位。

### 13.5.2.1　甲醇羰基合成制醋酸

**（1）催化反应及反应机理**

① 催化反应　该法生成醋酸的选择性可达 99%，虽然也有副产物生成，但其量甚微。

$$CH_3OH + CO \longrightarrow CH_3COOH \quad +117.2kJ/mol$$

② 催化反应机理　铑碘催化的甲醇低压羰化反应机理如图 13-10 所示。

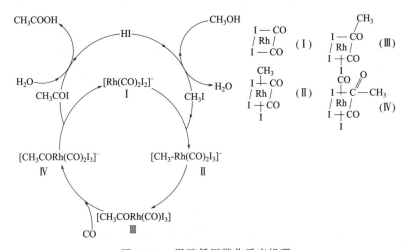

图 13-10　甲醇低压羰化反应机理

Monsanto 法中，由于铑基催化剂比钴基催化剂更易与 CH₃I 反应，且生成的 [CH₃—Rh(CO)₂I₃]⁻ 比 CH₃Co(CO)₄ 更不稳定，即 CO 顺式插入 CH₃—Rh 键更加容易，最后由于乙酰碘可直接从 [CH₃—Rh(CO)₂I₃]⁻ 中消去而使铑基催化剂比钴基更加有利。

在 Monsanto 法中，碘甲烷与 I-Rh 催化剂络合物先发生氧化加成反应，然后与 CO 发生配位络合，CO 的顺式插入形成酰基络合物，然后酰基络合物水解生成醋酸和 Rh-I 络合物，从而完成整个催化循环过程。

**（2）催化剂的生产**

① 活性组分的选择　催化剂一般选择三卤化铑或三苯磷羰基氯化铑为催化剂，因为三

苯磷羰基氯化铑有剧毒，实际一般采用三卤化铑催化剂。

由于金属铑含量稀少，价格昂贵，国外化工厂商纷纷开发新的可取代铑的催化剂。目前最新开发出的是 BP 公司的以铱为原料的催化剂 Cativa。催化剂活性组分是 $H_2IrCl_6$，该催化剂与锂和钌等助催化剂结合使用，反应效率最高。

为了减少工业生产中铑的损耗，国外又开发了以活性炭等为载体的均相催化剂固相化技术，该技术同时也可以免去催化剂的分离循环操作，目前尚处于研究之中。

② 催化剂的制备  铑催化剂的母体铑的卤化物以 $RhI_3$ 为好，商品 $RhI_3$ 也可直接使用，助催化剂是碘甲烷。Monsanto 法用催化剂的配制是将一定数量 $RhI_3$ 加入含碘甲烷的醋酸水溶液中，搅拌下升温至 $80\sim150℃$，在 $0.2\sim1.0MPa$ 通入一氧化碳直至全部溶解为止，生成二碘二羰基铑络合物，以 $[Rh(CO)_2I_2]^-$ 阴离子形式存在于溶液中。该均相催化剂在生产过程中在反应器和闪蒸器之间旋回而不至于失活，一般在一年之内无需再生，铑的消耗量 $\leqslant170mg/t$ 醋酸。

碘甲烷助催化剂的制备分两步进行。先将碘溶解于含氢碘酸的水溶液中，在铑催化剂存在下，升温加压，一氧化碳作还原剂，碘和水反应生成氢碘酸，再降温降压，注入甲醇，甲醇与氢碘酸反应生成碘甲烷。

#### 13.5.2.2  乙醛氧化制醋酸

**(1) 催化反应及反应机理**

① 催化反应  乙醛催化自氧化生产醋酸的化学方程式和热效应为：

$$CH_3CHO(l) + 0.5O_2(g) = CH_3COOH(l) \quad \Delta H = -294kJ/mol$$

主要副产物是甲烷、二氧化碳、甲酸和醋酸甲酯。

② 反应机理探讨  乙醛氧化反应的初期存在诱导期或存在自由基的引发过程。在反应的诱导期中，氧气激发乙醛产生自由基，催化剂二价锰盐首先被氧化成三价锰盐，然后引发产生更多的自由基。在足够的三价锰盐产生以后，由于反应溶液中有足够的自由基，发生自由基的成长和转移，迅速产生大量的中间体过氧醋酸（PAA），PAA 再与醛作用生成两个类似醋酸分子结合的乙醛单过氧乙酸酯中间化合物 AMP，AMP 再单分子分解得到两分子醋酸。

乙醛氧化反应可以概括为以下三个反应：

$$CH_3CHO + O_2 \longrightarrow CH_3COOOH(PAA)$$
$$PAA + CH_3CHO \Longleftrightarrow AMP$$
$$APM \longrightarrow 2CH_3COOH$$

在反应过程中，中间体 PAA 和 AMP 的生成和分解是影响醋酸生成速度的关键。在催化剂醋酸锰的作用下，自由基的乙醛分子首先被氧化成 PAA，然后 PAA 与一个分子的醛作用生成醋酸的中间体 AMP，反应活化能为 $29.3kJ/mol$。醋酸锰在这三步中，能够促进中间体 PAA 的生成，又可以加速 AMP 的分解。

**(2) 催化剂的生产**

① 活性组分的选择  多种金属如 Mn、Co、Cu 等都能够诱发氧化连锁反应，对该反应有促进作用。在没有催化剂存在时，存在着 AMP 积累达到爆炸浓度的危险，金属催化剂可以促进 AMP 的分解而使生产安全。通常选择醋酸锰或 Mn-Ni、Mn-Co、Mn-Cu、Co-Cu 等混合醋酸盐为催化剂，醋酸钴或磷钼酸盐也能用作催化剂，在这些催化剂组分中醋酸锰是现在工业上广泛应用的催化剂。钴盐的催化作用不如醋酸锰，而铜盐则会导致醋酐的生成。

实验证实，在可变价金属的醋酸盐（Mn、Co、Ni、Cu、Fe 等）中，钴盐催化剂活性较高，它对过氧醋酸的生成有很快的加速作用。但是在实际氧化过程中不仅要求生成 PAA 的过程进行得快，还要求 PAA 继续分解成醋酸的过程也进行得快。因此工业生产中宁可使用活性较差的锰盐催化剂，以防止 PAA 的过分积累。

② 催化剂的制备　乙醛氧化法的醋酸锰催化剂的制备过程如下：将固体醋酸锰称量后置入溶解槽内，加入醋酸锰质量 2.5～3 倍的纯水并加热使晶体溶解，由催化剂泵输送入催化剂配制槽，配制适量醋酸，加热到 85～90℃，并和醋酸锰水溶液混合后充分搅拌，得到醋酸锰催化剂含量为 1.6%～1.85% 的醋酸溶液，由输送泵送入催化剂储罐供生产使用。

催化剂在配制罐加热过程中会有部分醋酸挥发，可经冷凝器冷凝后流回配制槽中。

## 思考题

1. 试说明乙烯部分氧化制环氧乙烷过程中主要的反应及所使用的催化剂。

2. 乙烯和苯合成乙苯可采用什么催化剂？催化剂采用什么方法进行制备？

3. 丙烯和氨氧化制丙烯腈如何选择催化剂活性组分？可选择什么作为助催化剂？助催化剂有什么作用？

4. 试说明丙烯和苯烷基化制异丙苯的反应机理，根据反应机理，可选择哪些作为活性组分？

5. 正丁烷氧化制顺酐的催化剂的尺寸和形状对催化剂的性能有何影响？该如何确定催化剂的形状和颗粒尺寸？

6. 试说明异丁烯氧化制甲基丙烯酸的反应机理及催化剂的活性组分。

7. 试说明乙苯脱氢催化剂的组成及催化剂失活原因和再生方法。

8. 试说明二甲苯临氢异构化的主要反应及所使用的催化剂的组成。

9. 试说明甲醇羰基合成制醋酸催化剂的组成及催化剂的制备方法。

# 第14章

# 化肥工业催化剂

我国化肥工业催化剂技术发展的起点，要溯源于 1934 年在南京动工兴建的中国第一个化学肥料基地。这个基地采用的催化过程有水煤气变换制氢、氨合成、硫酸制造中的二氧化硫氧化、硝酸制造中的氨氧化等，我国科技人员在工厂实践中熟悉并掌握了当时化肥催化剂的使用技术。我国自行设计、自行建设的第一套年产 30 万吨合成氨装置于 20 世纪 80 年代初在上海投产，首次全部采用了我国自己研制和生产的 8 种催化剂。目前，我国已开发的化肥工业催化剂包括合成氨工业、硝酸工业、硫酸工业等应用的共 9 类 21 种近百种型号催化剂。

## 14.1 脱硫催化剂

合成氨原料气中，通常含有不同数量的无机硫化物和有机硫化物，这些硫化物的存在，会使催化剂中毒并腐蚀金属。此外，在空气汽提过程中 $H_2S$ 被氧化成硫黄，而硫黄会堵塞设备和填料。在合成氨生成过程中，由于工艺流程和所使用的催化剂不同，对原料气脱硫的要求亦不同。例如，硫对甲烷化催化剂、氨合成催化剂的毒害是积累性的，为了使催化剂维持长寿命，提高设备操作周期，对原料气中硫含量要求愈来愈高。如甲烷化催化剂要求脱碳后净化气中总硫含量不大于 17 $\mu g/m^3$（标准状态）。

脱除气体中 $H_2S$ 的方法很多，分为湿法和干法两大类。湿法脱硫可分为氧化法、化学吸收法、物理吸收法、物理化学吸收法等。干法脱硫中最早使用的是氢氧化铁法和活性炭法。近代合成氨工业使用的催化剂对原料脱硫的要求愈来愈高，只有干法脱硫才能达到精细脱硫的要求。且由于湿法脱硫基本不涉及催化剂的使用，本节主要介绍干法脱硫。

干法脱硫剂按性质可分为三种类型：加氢转化催化剂（Co-Pt、Ni-Mo、Fe-Mo 等），吸收型或转化吸收型（ZnO、$Fe_2O_3$、$MnO_2$ 等）和吸附型（活性炭、分子筛等）。按其净化后 $H_2S$ 含量不同又可分为粗净化 [1000mg/m³（标准状态）]、中等净化 [20mg/m³（标准状态）] 和精细净化 [1mg/m³（标准状态）]。含有机硫时，首先有机硫化物加氢分解，转化成 $H_2S$，然后除去。

### 14.1.1 烃类加氢脱硫催化剂

在合成氨原料气中，含有硫醇、硫醚、二硫化碳、羰基硫和噻吩等。常采用加氢转化催化剂使这些有机硫化物氢解成 $H_2S$，然后再串联脱硫剂脱除。目前，国内外用于合成氨生产的加氢转化催化剂主要有钼酸钴、钼酸镍和钼酸铁等，表 14-1 列出各种加氢转化催化剂的适用范围，其中以钼酸钴催化剂的性能最佳。

表 14-1 各种加氢转化催化剂适用范围

| 催化剂 | 适用范围 | 脱硫效率/% | | | | |
|---|---|---|---|---|---|---|
| | | 总有机硫 | $CS_2$ | CoS | RSH | $C_4H_4S$ |
| $Ni_3S_2$ | 煤气 | | 80 | | | |
| $Co_9S_8 \cdot MoS_2/Al_2O_3$ | 轻油、炼厂气、油田气 | >99 | | | | >90 |
| $NiS \cdot MoS_2/Al_2O_3$ | 含 N 化合物的轻油 | >99 | | | | |
| $FeS \cdot MoS_2/Al_2O_3$ | 焦炉气 | 98 | | | | 45~65 |
| $CuS \cdot MoS_2/Al_2O_3$ | 煤气 | >1 | | 56 | | 20 |
| $Fe_2O_3 \cdot MnO$ | 天然气 | | | | >95 | |

催化剂的组成是 $\gamma$-$Al_2O_3$ 负载 NiO、FeO、MoO 等。催化剂通常以氧化态装填。在这种状态下，对氢解反应就显示出活性，在催化剂变成硫化态前其不可能达到最佳活性，但经硫化后可具更佳的活性，其硫化形态是 $Co_9S_8$、$MoS_2$、NiS、FeS 等。通常认为：在脱硫条件下，真正的"活性"催化剂是被不可还原的钴促进的 $MoS_2$。

实际上工业使用催化剂钴-钼组成范围极为宽广，钼含量为 5%～13%，钴含量为 1%～6%，钴钼比 0.2～1.0。产生这些差别的原因，是因为催化剂活性并不仅仅取决于原始配方中钴钼总量的比，而在于有多少钴钼组分变成活性组分，即催化剂中活性钴的含量。

钼酸镍催化剂在合成氨厂较少采用，多用于石油加工。钼酸镍比钼酸钴有更强的分解氮化物和抗重金属沉积的能力，它通常被用来处理沸点较高的原料油，如原油和重油。钼酸镍催化剂还有较强脱砷能力，在压力 12～20 MPa，温度 320～380℃，液空速 4～8h$^{-1}$，氢油比 90，原料油含砷 $1\times10^{-7}$，脱硫后精制油砷含量低于 $2\times10^{-8}$，设计砷容可达 4.5%（质量分数）。钼酸镍催化剂型号甚多，但是大部分仍用来处理轻馏分，这是因为处理重馏分或重油时，催化剂寿命较短。

钼酸铁催化剂与钼酸钴一样，具有对有机硫加氢转化的效能，我国的金属钴资源极为缺乏。以铁取代钴，不仅使催化剂生产成本降低，而且铁资源丰富易得，符合我国国情。研究结果表明：钼酸铁催化剂适用于 CO 含量高达 8% 的焦炉气和轻馏分的有机硫加氢转化，能满足小型化肥厂的生产工艺要求，脱硫率在 93%～96%。

为降低床层阻力，丹麦 Topsøe 公司推出了 TK250、TK251 催化剂，它们是外径为 5～5.5mm，内径为 2.2～2.6mm 的空心环结构，也有的公司采用挤压成轮辐状的催化剂。1994 年中国浙江省德清县化工厂技术开发有限公司研制出以 $TiO_2$ 为载体的有机硫转化催化剂 T205，可以减少贵重金属助催化剂的加入量，工厂使用结果表明比同类产品具更好的催化活性，在 220～280℃能正常运行，升温速度快，7h 便可投入生产。

催化剂可用 $H_2S$、$CS_2$ 或其他有机硫进行硫化，不过用 $H_2S$、$CS_2$ 硫化效果较好，经硫化后的催化剂，还能抑制结炭速度。以 CoMo 系催化剂为例：

$H_2S$ 硫化反应： $MoO_3 + 2H_2S + H_2 = MoS_2 + 3H_2O$

$9CoO + 8H_2S + H_2 = Co_9S_8 + 9H_2O$

$CS_2$ 硫化反应： $MoO_3 + CS_2 + 5H_2 = MoS_2 + CH_4 + 3H_2O$

$$9CoO + 4CS_2 + 17H_2 \Longrightarrow Co_9S_8 + 4CH_4 + 9H_2O$$

可能发生的副反应有    $MoO_3 + CS_2 + 3H_2 \Longrightarrow MoS_2 + C + 3H_2O$

$$CoO + 2CS_2 + H_2 \Longrightarrow CoS_4 + 2C + H_2O$$

$$CS_2 + 2H_2 \Longrightarrow CH_4 + 2S$$

由上述反应可见，硫化反应产物中含有一定量的甲烷和水蒸气。如产生副反应，则会结炭或析出游离硫，在316℃左右氢会使大部分金属氧化物还原。为了避免在高温时催化剂可能发生预还原，要求硫化初期维持较低的温度，之后随硫化的进行再逐渐升高温度。

常用的有机硫加氢转化催化剂如表14-2所示。

表 14-2    常用的有机硫加氢转化催化剂

| 催化剂 | 厂商 | 组分含量/% | 物性 | 用途 |
|---|---|---|---|---|
| T203 | 辽河化肥厂催化剂分厂 | $Co > 1.1, Mo_3 \geqslant 6.6$; $Al_2O_3$ 余量; 杂质限度; $Na \leqslant 1 \times 10^{-3}$, $Cl \leqslant 3 \times 10^{-5}$ | 蓝色条状物 $\phi 3mm \times (3 \sim 8)mm$, 堆密度 $0.7 \sim 0.8g/mL$; 比表面积 $170 \sim 200m^2/g$ | 天然气、石脑油和石油醚 |
| NCT 201 | 南京化学工业(集团)公司催化剂厂 | $CoO_2 \pm 0.5$, $MoO_3$ $12 \pm 1$, $Al_2O_3$ 余量 | 淡黄色圆柱形条状; $\phi 3mm \times (4.0 \sim 10.0)mm$; 堆密度 $0.75 \sim 0.85g/mL$; 比表面积 $150 \sim 50 m^2/g$; 孔容 $0.3 \sim 0.5mL/g$ | 各种烃类, 如天然气、油田气、煤厂气及轻油 |
| NCT 201-2 | 南京化学工业公司催化剂厂 | $CoO1.5 \sim 2.5$, $MoO_3$ $11 \sim 13$, 载体 $TiO_2-Al_2O_3$ | 铁蓝色圆柱形条状; $\phi 3mm \times (4 \sim 10)mm$; 堆密度 $0.75 \sim 0.85g/mL$; 比表面积 $\sim 200 m^2/g$; 孔容 $0.3 \sim 0.5mL/g$; 轴向抗压碎强度 $\geqslant 100N/cm$ | 各种烃类中有机硫的加氢转化 |
| RN-1 | 中石化石油化工科学研究院, 长岭炼油催化剂分厂 | $WO_3 21.0$、$NiO2.0$、$Al_2O_3$ 余量 | 三叶形; $3 \sim 8mm$; 颗粒直径 $1.2mm$; 最可几孔径 88; 孔容 $0.30mL/g$; 比表面积 $135m^2/g$; 强度 $24.3kg/m^2$ | 低压加氢精制脱硫 |
| 481-3 | 抚顺石化研究院, 沈阳催化剂厂 | $MoO_3 16.4$、$NiO4.8$、$CoO0.1/Al_2O_3$ | $1.5 \sim 2.2mm$ 球; 孔容 $\geqslant 0.4mL/g$; 比表面积 $\geqslant 200m^2/g$; 堆密度 $0.831g/mL$; 强度 $\geqslant 39.2N/粒$ | 煤油加氢精制脱硫 |
| S-7 | 美国环球油品公司 | $MoO_3 16.5$、$NiO5.6$、$CoO0.1/Al_2O_3$ | $1.5mm$ 球; 孔容 $0.74mL/g$; 比表面积 $210m^2/g$; 堆密度 $0.643g/mL$ | 煤油加氢精制 |
| ICI 41-4 | I.C.I. | $CoO3$、$MoO_3 10/Al_2O_3$ | $\phi 3mm$ 条; 堆密度 $0.9g/mL$; 比表面积 $260m^2/g$; 孔容 $0.46 mL/g$ | 天然气、石脑油加氢脱硫 |
| TK230 | Haldor Tops$\phi$e A/S | $CoO1.5 \sim 2.5$、$MoO_3$ $9 \sim 12/Al_2O_3$ | $\phi 3mm$ 条; 堆密度 $0.8 \sim 0.85g/mL$ | |

## 14.1.2    硫黄回收催化剂

酸性气体（简称酸气）生产硫黄，是天然气净化工艺的重要组成部分。目前，从酸气中回收硫黄普遍采用催化氧化制硫法，即 Claus 法。依据酸气组成不同，Claus 法又可分为单流法和分流法两种，$H_2S$ 含量较高的酸气采用单流法，反之采用分流法。表 14-3 列出了

Claus 反应和主要副反应。

表 14-3　Claus 反应和主要副反应

| Claus 反应 | 副反应 |
|---|---|
| $H_2S + \dfrac{3}{2}O_2 \rightleftharpoons H_2O + SO_2$ | |
| $2H_2S + SO_2 \rightleftharpoons 2H_2O + \dfrac{3}{n}S_n$ | $CO_2 + H_2S \rightleftharpoons COS + H_2O$ |
| $H_2S + \dfrac{1}{2}O_2 \longrightarrow H_2O + S$ | $CH_4 + S_2 + O_2 \rightleftharpoons CS_2 + 2H_2O$ |

### 14.1.2.1　硫黄回收催化剂的组成和类型

**(1) 硫黄回收催化剂的组成**

硫黄回收催化剂由活性组分（活性 $Al_2O_3$）和助剂（如 $TiO_2$、$Fe_2O_3$、$SiO_2$ 等）组成。前者依靠分布在表面上的大量活性中心吸附反应物（$H_2S$ 和 $SO_2$），然后反应生成元素硫；后者的作用是提高催化剂的抗硫酸盐化能力和有机硫的转化能力，以及延长催化剂的寿命。通常，Claus 催化剂表面积越大，活性中心越多，催化活性越高。

活性 $Al_2O_3$ 是 $Al_2O_3$ 水合物热脱水生成的，热脱水过程通常称为活化过程。$Al_2O_3$ 和其水合物都有各种不同构型的晶型，可根据生成温度划分为低温 $Al_2O_3$ 和高温 $Al_2O_3$。前者即活性 $Al_2O_3$，是在不超过 600℃的各种温度下脱水而成；后者系在 900~1000℃的各种温度下脱水而成；在 1200℃高温下，则生成最稳定的 $\alpha$-$Al_2O_3$ 即刚玉。水合物还可以根据含水量划分为三水水合物和一水水合物。

**(2) 硫黄回收催化剂的类型**

① 铝土矿型　铝土矿是一种 $Al_2O_3$ 水合物的矿物，其组成除 $Al_2O_3$ 水合物外，还有 $Fe_2O_3$、$SiO_2$、$TiO_2$ 等，其中 $Al_2O_3$ 水合物主要是 $\alpha$、$\beta_1$ 和 $\beta_2$-铝石，一水软铝石和一水硬铝石。作为硫黄回收催化剂常选用含 $\alpha$-三水铝石的铝土矿，使用前需在 400~500℃下热脱水活化。国外铝土矿型硫黄回收催化剂含有块状和条状两种，前者选用天然铝土矿筛选成一定粒度，后者将铝土矿改制成均匀的条状，以降低床层阻力，均经热脱水活化而成。常用的品种及组成见表 14-4。

表 14-4　国外铝土矿硫黄回收催化剂

| 项目 | 型号 | | |
|---|---|---|---|
| | 2-4D 型 | 低铁级 4/8 目 | LPD |
| 块（条）径/mm | 5~10 | 2~5 | 8（条状） |
| $Al_2O_3$ 质量分数/% | 86~90 | 80~85 | 89 |
| $Fe_2O_3$ 质量分数/% | 1~2 | 3~5 | |
| $SiO_2$ 质量分数/% | 6~6.5 | 6~9 | |
| $TiO_2$ 质量分数/% | 2~3 | 3~4 | |
| 挥发物质量分数/% | 2~6 | 2 | |
| 堆密度/($g/m^3$) | 0.835~0.88 | 0.864~0.896 | 0.864 |
| 真密度/($g/m^3$) | 2.9~3.3 | — | 3.2 |
| 比表面积/($m^2/g$) | 220~230 | 180~210 | 190 |

我国开采的铝土矿多为含 $Al_2O_3$ 一水水合物，只有福建漳浦产的铝土矿是三水水合物，但 $Fe_2O_3$ 含量较高。曾采用中型分流法在硫黄回收装置中考察福建漳浦、山东淄博、贵州贵阳铝土矿催化活性，所用铝土矿为大小 $15\sim25mm$ 的块状，热脱水活化最高温度 $450\sim550℃$，其化学组成见表 14-5。试验表明，采用淄博或贵阳铝土矿作催化剂，二级转化的总硫收率 $80\%\sim85\%$；采用漳浦铝土矿时二级转化的总硫收率可达 $90\%\sim92\%$；漳浦铝土矿转化活性较好，但质轻多孔，强度较差；淄博及贵阳铝土矿质坚，强度较好，在较高温度下有足够的活性，可考虑作为一级转化器的催化剂。

表 14-5　我国几种铝土矿的化学组成

| 产地 | 化学组成（质量分数）/% | | | | | 外观 | 堆密度/(g/m³) | 真密度/(g/m³) | 比表面积[①]/(m²/g) |
|---|---|---|---|---|---|---|---|---|---|
| | $Al_2O_3$ | $Fe_2O_3$ | $SiO_2$ | $TiO_2$ | 烧失重 | | | | |
| 福建漳浦 | 51.5 | 15.2 | 4.8 | — | 25.3 | 棕白色 | 0.90 | 1.35 | 200~220 |
| 山东淄博 | 73.8 | 2.1 | 5.6 | — | 14.0 | 灰白色 | 1.40 | 2.87 | 50~70 |
| 贵州贵阳 | 76.5 | 1.2 | 4.6 | — | 12.4 | 灰白色 | 1.38 | 2.82 | — |

① 比表面积是指热脱水活化以后的比表面积。

② 活性 $Al_2O_3$ 型　国外某些活性 $Al_2O_3$ 型硫黄回收催化剂的牌号、组成及性质见表 14-6。其中 CRS-32 是为了提高催化剂对 COS 和 $CS_2$ 水解能力而研制的，能在较低温度下促使 COS、$CS_2$ 水解，以提高硫回收率，但价格比一般催化剂贵。

表 14-6　国外活性 $Al_2O_3$ 型硫黄回收催化剂

| 项目 | 法国 Rhone-Poulenc 公司 | | | | 日本触媒化成工业株式会社 | | 美国凯撒铝公司 | | 德国 BASF |
|---|---|---|---|---|---|---|---|---|---|
| 牌号 | CR | DR | CRS-21 | CRS-32 | CRS-1 | CRS-2 | S-201 | S-501 | R-10 |
| 形状 | 球 | 球 | 球 | 球 | 球 | 球 | 球 | 球 | 条 |
| 尺寸/mm | 4~6 | 2~5 5~10 | 4~6 | 4~6 | 5~10 | 5~10 | | | 5 |
| $Al_2O_3$ 质量分数/% | >95 | >95 | 90 | 90 | 93.0 | 99 | 93.6 | | 93~96 |
| $Fe_2O_3$ 质量分数/% | 0.05 | | | | 0.03 | 0.03 | 0.02 | | 0.2 |
| $SiO_2$ 质量分数/% | 0.04 | | | | 0.03 | 0.03 | 0.02 | | 0.2 |
| TiO 质量分数/% | | | | | | | 0.002 | | 0.2 |
| $NaO_2$ 质量分数/% | <0.1 | | | | 0.40 | 0.40 | 0.30 | | 0.2 |
| 烧失重率/% | 4 | 4 | 3 | 3 | | | | | |
| 堆密度/(g/m³) | 0.67 | 0.75 | 0.72 | 0.73 | 0.88 | 0.80 | | | |
| 比表面积/(m²/g) | 260 | 350 | 240 | 240 | 250 | 230 | >300 | | 250~300 |
| 孔容/(cm³/g) | | | | | 0.26 | 0.34 | >0.55 | | |
| 压碎强度/kg | 12 | 10/15 | 14 | 14 | 12 | 15 | | | |

③ 铝土矿型和活性 $Al_2O_3$ 型催化剂的比较　铝土矿型催化剂可以满足硫黄回收装置的要求，因其价格便宜，至今仍被广泛使用，但在下述三方面不及活性 $Al_2O_3$ 型。

强度和压力降：硫黄回收催化剂应有较高的强度，因为在操作过程中其粉化会造成系统堵塞、床层阻力增大、甚至装置停产。活性 $Al_2O_3$ 型催化剂因强度高、外形规整和床层阻力降小而优于铝土矿型催化剂。

催化活性：活性 $Al_2O_3$ 型和铝土矿型催化剂对 $H_2S$ 转化反应的活性差别不大，但前者制备条件可控和性能易掌握，因此对 COS、$CS_2$ 的水解反应活性较后者高。

稳定性：在正常操作情况下，铝土矿型催化剂亦有相当好的稳定性，可以用 2~3 年，但比活性 $Al_2O_3$ 型催化剂要差，后者通常可以用 4~5 年。

### 14.1.2.2 硫黄回收催化剂的失活与再生

铝土矿型和活性 $Al_2O_3$ 型硫黄回收催化剂，在使用过程中会逐渐失活，原因是空隙堵塞或活性中心损失，因此过程气通过转化器时，硫收率降低，床层温升下降，这个过程叫催化剂失活。引起催化剂失活的因素有两类，一是其内部结构变化，使催化剂活性缓慢降低且不可再生；二是外部因素，它作用迅速，但有时可以防止，其活性可以部分或全部再生。

**(1) 催化剂结构变化引起的失活**

催化剂在使用过程中因内部结构变化而引起表面积缩小的过程称为老化，该过程引起的催化剂失活属永久失活。老化包括热老化和水热老化两种类型，高温和有液态水存在是引起老化的原因，此过程在 500℃ 以下时进行得很缓慢。活性 $Al_2O_3$ 型催化剂在比表面积降到 $123m^2/g$ 以前仍可保持操作活性，若床层温度超过 550℃，其组分发生相变化，逐渐生成高温 $Al_2O_3$，比表面积急剧下降，进而发生永久失活。

**(2) 外部原因引起的催化剂暂时失活**

① 硫沉积和除硫　冷凝作用：当转化器操作温度低于过程气硫露点时，硫蒸气冷凝沉积在催化剂上，会堵塞催化剂颗粒内或粒间孔隙，从而降低催化剂活性和增大催化床层阻力。一般是采用提高转化器温度来消除冷凝作用的危害，即将一级转化器温度提高到 400℃，二级转化器温度提高到 300℃，并用惰性气体稀释过程气，维持 24~36h，从而可使冷凝硫重新蒸发。

吸附作用：当转化器操作温度高于过程气硫露点（$\Delta t \geqslant 10℃$）时发生，其源于催化剂的高比表面积和微孔结构，硫蒸气因吸附或毛细管凝聚作用而被吸附在表面活性中心，导致催化剂失活。为使催化剂恢复活性，可提高床层温度，使吸附硫解吸、挥发。具体做法包括在装置运转过程中除硫和停工除硫两种。

② 炭沉积和除炭　酸气中含有的烃类物质因不完全燃烧而生成焦炭和焦油状含碳物质，它们易被催化剂吸附并沉积在一级转化器床层顶部。

焦炭：源于烃类不完全燃烧，呈分散状粉末，表面积大。焦炭对催化剂活性影响甚微，但大量沉积会增加床层阻力和影响硫黄颜色。焦炭在催化剂上吸附不牢，可筛除。

焦油：烯烃-硫聚合物，由过程气中的重烃或有机溶剂等在高温下和元素硫反应生成。焦油堵塞催化剂孔隙，降低催化剂活性，催化剂表面沉积 1%~2%（质量分数）的焦油时即完全丧失活性。当催化剂中沉积少量焦油时，可更换床层顶部催化剂；若焦油沉积延伸到整个床层，则应更换全部催化剂或采用烧炭作业。烧炭作业应在除硫之后进行。

③ 硫酸盐化及其还原　在操作过程中催化剂与过程气中的 $SO_2$、$SO_3$ 和 $O_2$ 作用，使催化剂中 $Al_2O_3$、$Fe_2O_3$ 转化成硫酸盐，占据其活性中心而失活。导致催化剂表面硫酸盐化的原因有两种。

$SO_2$ 化学吸附：在装置正常操作时，$SO_2$ 化学吸附在 $Al_2O_3$ 表面上的氧或氢氧基上，生成硫酸盐，但数量不多，活性 $Al_2O_3$ 型催化剂按此方式生成的硫酸盐约为 2%（质量分数）。

$SO_3$、$O_2$：当来自燃烧炉或再热炉的过程气流中有 $SO_3$ 和 $O_2$ 存在，即使 ppm（$10^{-6}$）

级亦会加速催化剂的硫酸盐化，其反应如下：

$$Al_2O_3 + 3SO_2 + \frac{3}{2}O_2 \Longleftrightarrow Al_2(SO_4)_3$$

但是，催化剂表面生成的硫酸盐量并不是无限增加，因为硫酸盐可与过程气中 $H_2S$ 反应，重新生成 $Al_2O_3$：

$$Al_2(SO_4)_3 + H_2S \longrightarrow Al_2O_3 + 4SO_2 + H_2O$$

因此，硫酸盐的生成速度与反应速率相等时，其量即不再增加，达到一种动态平衡状态。床层温度低，$SO_2$、$SO_3$ 和 $O_2$ 含量高则有利于催化剂硫酸盐化；反之，提高床层温度和过程气中 $H_2S$ 浓度则有利于硫酸盐还原。通常硫酸盐质量分数（%）与比表面积（$m^2/g$）的比值高于 $0.03g/m^2$，则必须进行还原操作，使它低于 $0.03g/m^2$。COS 和 $CS_2$ 的水解反应对催化剂硫酸盐化更敏感。图 14-1 表示过程气中 $O_2$ 含量与催化剂硫酸盐含量及 $H_2S$ 转化率的关系，图 14-2 表示硫酸盐对 $H_2S$ 转化为元素硫和 COS 水解反应的影响。

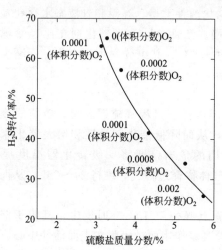

图 14-1　过程气中 $O_2$ 含量与催化剂中硫酸盐
含量及 $H_2S$ 转化率的关系

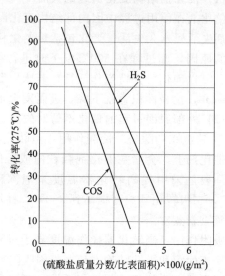

图 14-2　硫酸盐对 $H_2S$ 转化为元素硫
和 COS 水解反应的影响

④ 硫黄回收催化剂的贮运和使用　硫黄回收催化剂的活性和强度，影响装置的运转周期。因此，催化剂在贮运过程中应妥善保管，防止吸潮引起强度下降和粉碎。在装填前应筛除小块及粉末，装填时应防止粉碎，使用时应尽量排除杂质。在开停工过程中应平稳升降温度，防止因温度剧烈变化引起催化剂粉碎，因为开工后若系统阻力太大，只有停工清理。某些 Claus 装置中，二级转化器要求有较高活性的催化剂，故在更换催化剂时，只要其有足够强度，便可将二级转化器用过的催化剂换入一级转化器使用，而二级转化器装填新催化剂。

**(3) 用 NaOH 活化处理中毒 Claus $Al_2O_3$ 催化剂**

$Al_2O_3$ 催化剂活性下降的主要原因是由于硫酸盐、碳和元素硫在催化剂上的沉积；高温和高水分压导致催化剂烧结，使催化剂活性和比表面积大幅度下降。目前，中毒 Claus 催化剂的再生工艺有原位就地再生和器外再生两种，但它们都存在种种不足。前者的不足是再生时间长，再生效果不好；后者在于氧化焙烧阶段存在水，需要对沥滤后的催化剂进行干燥，操作费用昂贵。采用 NaOH 活化处理中毒 Claus 催化剂则可消除上述不足。

中毒 Claus 催化剂采用 NaOH 活化，其再生步骤是：将中毒的催化剂氧化焙烧去除元素硫和积炭，接着将催化剂与碱接触以提高催化剂活性和降低硫酸盐含量，最后在 100℃ 时进行干燥。经过上述步骤再生的 Claus 催化剂活性接近于新鲜催化剂，并可以增加比表面积，大幅度降低碳和元素硫的含量。

### 14.1.3 脱硫剂

原料中硫化物吸收脱除方法较多，其中氢氧化铁法和活性炭法可以处理 $H_2S$ 含量较高的原料气并可再生重复使用和回收硫黄，活性炭还可脱除有机硫，分子筛可以对 $H_2S$ 和一些有机硫进行精脱，并可多次再生重复使用，高温下使用的氧化铁脱硫剂可脱除 $H_2S$ 和多种有机硫，并可再生重复使用。

使用氢氧化铁法脱硫时，原料气中蒸汽含量对脱硫平衡影响很大，以至 $H_2S$ 平衡分压很容易超过脱硫指标要求。此外，氧化铁生成的硫化物较易被氢还原，而使 $H_2S$ 平衡浓度超过脱硫指标。加上氧化铁脱硫剂硫容量较低，再生时尾气处理困难。分子筛属于一种精细脱硫手段，可用于天然气脱硫，但由于价格较昂贵，硫容量低，再生频繁，需用 300℃ 过热蒸汽再生，故运转费用较高。另外也有采用活性炭脱硫和锰矿脱硫法。

作为精脱硫法，以上几种方法都存在一些缺点，不能满足需要。20 世纪 60 年代初开发了 ZnO 脱硫技术，其脱硫净化度非常高。体积硫容高，性能稳定，使用方便，很快成为一种精细脱硫的常用方法。

**(1) ZnO 脱硫剂**

ZnO 脱硫剂是一种转化-吸收型固体脱硫剂。主要化学成分为 ZnO，有时添加 CuO、$MnO_2$、MgO 或 $Al_2O_3$ 为促进剂，以改进低温脱硫活性和增加抗破碎强度，并以钒土水泥或纤维素为黏结剂，有时还加入某种造孔剂以改变脱硫剂的孔结构。由于 ZnO 能与 $H_2S$ 反应生成难以解离的 ZnS，净化气总硫含量可降至 $0.3\mu g/g$ 以下，重量硫容高达 25% 以上，但不能再生，一般用于精脱硫过程。它也能吸收一般的有机硫化合物，如 $H_2S$、COS、$C_2H_5SH$、$CS_2$ 等。

国内研究表明：脱硫过程不同于催化过程，$H_2S$ 或 $CS_2$ 不仅进入 ZnO 固体颗粒毛孔后在内表面吸附，而且渗透到 ZnO 晶粒内部进行反应。减小粒度虽能降低孔扩散阻力，但 ZnO 脱硫时由外向内生成一致密 $\beta$-ZnS 层包裹在 ZnO 上，ZnS 的硫离子可渗透到 ZnO 微晶内部与氧离子交换，直至整个六方晶系 ZnO 完全转化为立方晶系 ZnS 为止。

ZnO 脱硫剂制备方法分沉淀法与干混法两大类。沉淀法以金属锌为原料，用硫酸溶解后再用纯碱沉淀为 $ZnCO_3$，洗涤过滤除去 $SO_4^{2-}$，干燥并部分焙烧成 ZnO，然后与添加剂掺混后成球，再经干燥和焙烧、过筛后即为脱硫剂成品。干混法是将 ZnO 和相应的各种添加剂按一定比例配料后混碾，然后加水湿碾，挤条成型后经干燥与焙烧，再经过筛除去不合格粒度即为产品。

**(2) $Fe_2O_3$ 脱硫剂**

$Fe_2O_3$ 是一种古老干式脱硫剂，早先用于城市煤气净化，改进的干箱铁碱法只用于城市煤气及中、小型尿素装置中 $CO_2$ 脱 $H_2S$。

常温（20～40℃）和低温（120～140℃）使用水合铁（FeOOH）脱硫技术，国内发展很快；中温（250～350℃）为 $Fe_2O_3$ 形态，使用前还原成 $Fe_3O_4$，吸收硫后成为 FeS 和 $FeS_2$；还有一种用于 150～180℃ 的 $Na_2CO_3 \cdot Fe_2O_3$，有机硫被水解后再被氧化，最终被 $Na_2CO_3$ 吸收成不可再生的 $Na_2SO_4$；高温（>500℃）则用负载金属 Fe 或铁酸盐。其基本反应为：

低温脱硫 　　　　$2FeOOH + 3H_2S \Longrightarrow Fe_2S_3 \cdot H_2O + 3H_2O$ 　　$\Delta H = -63kJ/mol$

再生 　　　　　　$Fe_2S_3 + H_2O + 1.5O_2 \Longrightarrow 2FeOOH + 3S$ 　　$\Delta H = -609\ kJ/mol$

中温脱硫 　　　　$Fe_3O_4 + H_2 + 3H_2S \Longrightarrow 3FeS + 4H_2O$

　　　　　　　　　$FeS + H_2S \Longrightarrow FeS_2 + H_2$

再生 　　　　　　$3FeS + 4H_2O \Longrightarrow Fe_3O_4 + 3H_2S + H_2$

　　　　　　　　　$2FeS + 3.5O_2 \Longrightarrow Fe_2O_3 + 2SO_2$

　　　　　　　　　$2Fe_3O_4 + 0.5O_2 \Longrightarrow 3Fe_2O_3$

高温脱硫 　　　　$Fe + H_2S \Longrightarrow FeS + H_2$

常温 $Fe_2O_3$ 脱硫剂用沉淀法制备，一般制成条状，为保持脱硫剂成 $\gamma$-FeOOH 状态，只经干燥而无需焙烧。中温型 $Fe_2O_3$ 脱硫剂加少量添加剂，采用共沉淀法制备，经焙烧后再成型。

**(3) 铁锰脱硫剂**

天然锰矿脱硫也是一种古老的方法，由于用量大，各地所产锰矿品位不同，除几家以焦炉气为原料的中型厂外均不采用。MnO 的脱硫活性优于 $Fe_2O_3$，因而国内开发出价廉并有一定转化活性的铁锰脱硫剂。

铁锰脱硫剂是以 $Fe_2O_3$ 和 MnO 为主要组分，并含有 ZnO 等促进剂的转化吸收型双功能脱硫剂。使用前用 $H_2$ 还原，$Fe_2S_3$ 和 $MnO_2$ 分别被还原成具有脱硫活性的 $Fe_3O_4$ 和 MnO。

在铁锰脱硫剂上 RSH、RSR、COS 和 $CS_2$ 等有机硫首先氢解为 $H_2S$，然后被脱硫剂主要组分吸收。主要反应如下：

$$3H_2S + Fe_3O_4 + H_2 \Longrightarrow 3FeS + 4H_2O$$

$$H_2S + MnO \Longrightarrow MnS + H_2O$$

$$H_2S + ZnO \Longrightarrow ZnS + H_2O$$

RSH 和 RSR 亦被 $Fe_3O_4$ 和 MnO 吸收成 FeS 和 MnS 而被脱除。

铁锰脱硫剂以天然铁矿和锰矿为原料，经破碎、烘干及球磨后，加入 MgO、ZnO 等助剂并与水混合，然后压片或挤条成型，烘干后即为铁锰脱硫剂产品。

**(4) 活性炭脱硫剂**

活性炭脱硫可以吸附脱附 $H_2S$，但对有机硫则可通过三种途径脱除，即：吸附、氧化和催化转化。吸附对噻吩最有效，$CS_2$ 次之，COS 最难，一般用于天然气或焦炉气脱有机硫。氧化法要添加相当于有机硫含量 $2 \sim 3$ 倍的氨、化学计量 $150\% \sim 200\%$ 的氧，可使 COS 转化为元素 S 和 $(NH_4)_2SO_4$。其反应如下：

$$COS + 0.5O_2 \Longrightarrow CO_2 + S$$

$$COS + 2O_2 + 2NH_3 + H_2O \Longrightarrow (NH_4)_2SO_4 + CO_2$$

催化转化法则是用浸渍金属盐使有机硫催化转化成 $H_2S$ 后再被吸附脱除硫的方法。活性炭脱硫还可以进一步分为仅用活性炭吸附方式脱除大量 $H_2S$ 的粗脱硫和用改性活性炭经浸渍活性金属后提高脱硫精度的精脱硫两种类型。

粗脱硫用活性炭是以煤为原料，以焦油为黏结剂挤条成型后经炭化处理，用水蒸气活化，再经筛分后即成。精脱硫用活性炭则将成型活性炭用活性金属浸渍，再经干燥、焙烧和过筛后可得到产品。

### 14.1.4 COS 水解催化剂

在天然气和煤气中常含有 COS，常温下用 ZnO 脱除非常困难。因此可先用 COS 水解催化剂，使其水解成 $H_2S$ 后再脱除，其水解反应式如下：

$$COS + H_2O \Longrightarrow CO_2 + H_2S$$

G. Seifert 进行了热力学研究，表明降低温度对 COS 水解有利。目前，市场上用的 COS 水解催化剂见表 14-7。

表 14-7　COS 水解催化剂

| 项目 | 型号 | | | | |
| --- | --- | --- | --- | --- | --- |
| | T503 | T504 | C53-4-01 | R10-15 | CKA |
| 组　分 | $Al_2O_3$ | $Al_2O_3$＋添加剂 | $Al_2O_3$ | $Al_2O_3 > 93\%$ | $Al_2O_3$ |
| 外型尺寸/mm | 白色小球 $\phi3\sim6$ | 球 $\phi2\sim4$、$\phi3\sim6$ | 条 $\phi3.2$ | 条 $\phi4$ | 条 $\phi3$、$\phi6$ |
| 堆密度/(kg/L) | 0.8～0.9 | 0.7～1.0 | 0.53～0.69 | 0.68 | 0.7 |
| 径向破碎强度/(N/cm) | 30/颗 | ≥25/颗 | 120 | >70 | |
| 磨损/% | <3 | — | — | 1.1 | 5 |
| 使用温度/℃ | 10～30 | 30 | 110～120 | | 200～250 |
| 生产厂 | 中国 | 中国 | 美国 UCI | 德国 BASF | 丹麦 Topsфe |

# 14.2　烃类转化催化剂

早在 1913 年 BASF 公司就提出用烃类和水蒸气在催化剂存在下反应，制取含氢气体，后来，ICI、Standard Oil of New Jersey 和 I. G. Farben 公司进行了大量的工作，第一个 ICI 转化工厂于 1936 年运转，以甲烷～丁烷的饱和烃为原料在常压下操作。

针对不同的烃类原料，转化催化剂可分为：以甲烷为主的天然气与油田伴生气用的天然气一段转化催化剂；含少量烯烃转化用的炼厂气一段转化催化剂；以石脑油为对象的轻油转化催化剂。蒸汽转化反应是在其中悬挂有许多装填催化剂管子的转化炉内进行的。由于转化反应是强吸热反应，关键在于要使催化剂管壁的传热速度在管材料允许温度下达到最大，并且传热均匀。石脑油在我国又称为轻油，它的 C/H 比值要比天然气高，关键是在不消耗更多的蒸汽前提下，避免在催化剂上发生析炭。天然气转化催化剂和轻油转化催化剂组成很相似，都约含有 14%Ni，并以 NiO 形式存在，使用前要用体积比(3∶1)～(5∶1)的蒸汽-氢混合物在 700～850℃下进行还原。轻油转化催化剂不同之处在于添加了钾碱促进剂，它能防止炭的沉积，钾碱可以中和载体上的酸性位以抑制烃类的裂解。由于离开天然气或轻油一段转化炉的气体中还含有近 10% 的残留甲烷，需在二段转化炉中加入工艺空气，使其得以完全转化，加入的空气量应满足氨合成时 $H_2/N_2$ 体积比为 3∶1 的要求。二段转化炉的温度为 1035～1370℃。二段转化催化剂也含有 Ni14%，并以 $CaAl_2O_4$ 为载体。即使以轻油为原料，进入二段转化炉的残留未转化气体也都是甲烷，故二段转化催化剂无需加钾碱来防止析炭。二段转化炉是一竖井式圆筒炉。

我国从 1965 年开始研究焦炉气部分氧化催化剂，至今已研制成功用天然气、炼厂气以及轻油为原料转化制取氢气、合成气、城市煤气和还原气的各种类型的转化催化剂，可以满足各种转化方法及各种氨厂对催化剂的需要。这批催化剂已在合成氨及石油化工、电子、冶金、机械制造工业中得以应用。

研究表明，Ⅷ族元素对烃转化反应均有催化活性，对甲烷和乙烷水蒸气转化的活性大小顺序为：Rh、Ru＞Ni＞Ir＞Pd、Pt＞Co、Fe。虽然铑、钌贵金属的活性比镍高，但其价格昂贵即单位活性成本过高，故至今工业装置使用的催化剂均以镍为活性组分，有时再少量配以一些其他活性组分。其中镍含量一般为2%～30%（质量分数）。部分氧化和间歇转化过程所用催化剂通常含镍为2%～10%；蒸汽转化催化剂的镍含量则为10%～25%。

由于制备方法不同，催化剂上单位镍含量的催化活性是不相同的，如有些浸渍型催化剂含NiO10%～14%时已相当于沉淀型催化剂含NiO30%～35%时的活性。研究表明，具有较小的颗粒及较大的镍表面的转化催化剂活性较高。

由于转化催化剂使用温度较高，易产生镍晶粒长大、熔结过程，使催化剂活性衰退，因此常添加难还原、难挥发的重金属氧化物如：$Cr_2O_3$、$Al_2O_3$、$MgO$、$TiO_2$等作助催化剂，$MgO$、$TiO_2$及镧、铈的氧化物等对维持转化催化剂的活性稳定性方面有明显作用。

钙的化合物、钡及钛的氧化物能提高转化催化剂的机械强度及耐热性能。

为提高转化催化剂的抗积炭性能，常添加能改变催化剂表面酸性的碱金属或碱土金属，最常用的有$K_2O$、$CaO$、$TiO$、稀土元素氧化物、钠和铈的氧化物等。

与转化反应的高温环境相适应，转化催化剂载体通常都是高熔点氧化物，如$Al_2O_3$、$MgO$、$CaO$、$ZrO_2$、$TiO_2$或其他化合物。常用的有三类：

① 硅铝酸钙载体　以波特兰水泥形式加入，在催化剂中同时起黏结剂及载体的作用。硅铝酸钙在高温下易产生脱水及相变，使催化剂强度下降，另外硅铝酸钙中有害杂质含量较高，因而目前基本不用这类载体。

② 铝酸钙载体　这类载体是由含各种铝酸钙的水泥组成，其在转化过程中易脱水、相变，受高温高浓度碳的氧化物作用，使机械强度明显下降。工业上通常添加$Al_2O_3$、$TiO_2$、$ZrO$等耐火氧化物或采用特殊的养护方法改善性能。

③ 低表面积耐火材料载体　这类载体经高温煅烧而成，其比表面积小，结构稳定，耐热性好，已得到愈来愈广泛的应用。常用的有$\alpha$-$Al_2O_3$、$MgO$-$Al_2O_3$、$ZrO_2$-$Al_2O_3$等。

# 14.3　CO变换催化剂

变换催化剂用于使烃类水蒸气转化法以及重油或煤部分氧化法所制得的原料气中CO经与水蒸气进行变换反应而生成$CO_2$和氢。$CO_2$经分离后可作制取尿素或碳酸氢铵的原料，氢则作为制氨用合成气的主要组分。变换反应过程如下式所示：

$$CO+H_2O \Longrightarrow CO_2+H_2 \quad +41.2kJ$$

此反应为放热反应，较低的温度有利于化学平衡，但反应温度过低则会影响反应速率，因此制氢或制氨工艺的变换过程可分为高温变换与低温变换两步进行，从而保证较高的反应速率，又有较低的残留CO含量。高温变换（中国的中、小型氨厂称为中温变换）是在350～500℃下进行的，而低温变换则在180～250℃下进行。

高温变换自1912年以来一直沿用铁铬系催化剂，而低温变换则使用铜锌系催化剂，其早期用Cu-Zn-Cr系，近年全部采用Cu-Zn-Al系催化剂。由于重油或煤均含有一定的硫分，20世纪60年代末，德国BASF公司开发出钴钼系耐硫变换催化剂，它可在200～450℃较宽温域内进行，它是将活性组分钴和钼载于$\gamma$-$Al_2O_3$或$Mg$-$Al_2O_4$尖晶石载体上，适用于重油或煤造气后的变换作用。因而变换反应的催化剂目前可分为高（中）温变换催化剂、低温变换催化剂和耐硫宽温变换催化剂三类。

## 14.3.1　铁铬系高温变换催化剂

早期普遍采用的催化剂基本上是 $Fe_2O_3$ 和 $Cr_2O_3$ 的混合物，如 1936 年首次生产的 ICI15-2 催化剂即属此类型。不少国家都先后对变换催化剂进行了大量的试制和研究工作，1995 年以前是研究铁铬系催化剂的高潮期。研究表明：$Fe_2O_3$ 对 CO 变换反应具有一定的催化活性，但单独使用易产生析炭等副反应，且温域窄，加入 $Cr_2O_3$ 后则活性稳定，并能抑制副反应的发生；也有的加入其他金属氧化物，常见的有 $Al_2O_3$、$MgO$、$K_2O$ 等，如 $MgO$ 的加入，可提高催化剂的抗硫性能；而少量 $K_2O$ 的加入，对催化剂的活性、耐热性及机械强度都有明显提高。研究表明，在铁铬系中添加 $Al_2O_3$，随 $Al_2O_3$ 添加量的增加，催化剂堆密度下降，机械强度增大，添加量以 $Al(OH)_3/Fe_2O_3 = 1:100$ 为佳。1974 年以后，只有个别关于铁铬催化剂作用的 CO 变换的反应机理及动力学方面的研究报道。而与此相反，其他系列变换催化剂的研究报道，却发表了不少文章，大有方兴未艾之势。由此可见，铁铬系催化剂已基本成熟定型。

此类催化剂以 $Fe_2O_3$ 和 $Cr_2O_3$ 为主要组分。$Fe_2O_3$ 是最主要成分，但不同制备方法所得到的铁晶相亦不相同。据研究：$\gamma\text{-}Fe_2O_3$ 的活性明显高于 $\alpha\text{-}Fe_2O_3$。虽然使用前还需将 $Fe_2O_3$ 还原成活化态的 $Fe_3O_4$，但由于起始物不同，还原后 $Fe_3O_4$ 的活性结构也不相同。从最终催化剂的活性和抗破碎强度考虑，都希望尽可能在制备时得到 $\gamma\text{-}Fe_2O_3$ 晶型。

在 $Fe_2O_3$ 还原成 $Fe_3O_4$ 后，最大孔径分布将从 20nm 增大到 $70\sim80$nm，造成结构不稳定，活性会很快下降，为此，需要添加 $Cr_2O_3$ 等结构助剂来改善结晶结构的稳定性。$Cr_2O_3$ 在 $Fe_2O_3$ 还原成 $Fe_3O_4$ 时可阻止铁氧化物晶粒长大，提高活性相 $Fe_3O_4$ 的分散度，增大比表面积和催化活性，但 $Cr_2O_3$ 本身并不形成新的活性中心。虽然 $Cr_2O_3$ 含量增加到 14% 时催化活性出现一最大值，但比活性基本保持不变。$Cr_2O_3$ 含量 >14% 后总活性和比活性均呈下降趋势。一般工业用铁铬系高温变换催化剂 $Cr_2O_3$ 含量在 5%～15% 之间，通常不大于 8%。近年中国推出的低铬催化剂含 $Cr_2O_3$ 约 3%，目前又推出了无铬催化剂，并开始用于小型氨厂。

铁铬系列催化剂的优点：①在 350～450℃ 时具有很高的活性；②机械强度较高，不易粉碎；③对 $H_2S$ 的毒害不如铜锌系催化剂那样敏感，即使中毒，也很易再生；④耐热性能较好；⑤对 CO 分解和生成甲烷的副反应具阻抑作用；⑥使用寿命 3～4 年。但铬对人体有害。

高温变换催化剂的制备方法有机械混合法、共沉淀法和混沉淀法三类。

机械混合法是用碳铵母液 $[(NH_4)_2CO_3 + NH_4HCO_3]$ 从 $FeSO_4$ 溶液中沉淀出无定形的 $Fe(OH)_2$、$Fe(OH)_3$ 和 $FeCO_3$，沉淀干燥后与其他助催化剂进行机械混合，经打片成型和焙烧后即得。此法工艺简单，操作容易，处理量大，产品催化剂活性与强度俱佳，但粉尘大，$Cr_2O_3$ 有剧毒。中国早期生产的 B104 和 B106 均采用此方法。

共沉淀法是将铁盐和铬盐的水溶液用氨水使其成 $Fe(OH)_3$ 和 $Cr(OH)_3$ 同时沉淀出来，六价铬在化铁槽中被二价铁还原成三价铬，经过滤、干燥、焙烧及打片成型后即得，也可先成型再焙烧。此法优点是产品催化剂活性高，活性温度低，使用温域宽（330～550℃），耐热性好，抗破碎强度高。但它洗涤与过滤困难，本体含硫高，成型困难。中国的 B107 及美国的 C121-05 均采用这种方法。

混沉淀法是将催化剂中的主要组分铁沉淀以后，再将其他组分加到所得到的悬浮体或沉淀中，进行混合或再沉淀，然后经过过滤、干燥成型和焙烧而得。此法优点在于工艺流程较简单，生长周期较短，无需用酸，对设备也无特殊要求，并利用低廉铁离子将铬酐还原成低价，避免 $CrO_3$ 粉尘对人员健康的损害。用该法生产的催化剂组分均匀，质量稳定，活性好，稳定性高。缺点是颗粒抗破碎强度较低，易于粉化。中国的 B109 和 B110 系列，丹麦的 SK-12 均采用此工艺，苏联的 CTK-1 亦用混沉淀法。

## 14.3.2 铜锌系低温变换催化剂

由于金属铜的高活性，使之成为特别适用于低温的催化物质，而在低温下，CO 转化率受到来自平衡的限制最小。但早期的研究表明：由于铜不仅对毒物敏感，而且由于单独使用的铜微晶表面能量高，特别在温度高的情况下，会迅速烧结使表面积迅速丧失，从而使铜的活性衰减迅速。铜的这一特点限制了其应用，直到研究发现 ZnO、$Al_2O_3$、$Cr_2O_3$ 等对铜的稳定作用，利用铜作为 CO 变换催化剂引起了人们的广泛兴趣。

1963 年始，铜基催化剂开始用于合成氨工业。其工业产品主要有两种：铜锌铝系和铜锌铬系。我国于 1965 年研制成功 B201 型铜锌铬系催化剂。之后又研制成功铜锌铝系催化剂。

ZnO、$Al_2O_3$ 和 $Cr_2O_3$ 等载体最适宜做铜微晶在细分散状态的间隔稳定剂。这三种物质都可形成高分散度的微晶，其表面积大，熔点显著高于铜的熔点。

$Zn^{2+}$ 和 $Cu^{2+}$ 都是二价，原子半径和离子半径电荷相近，很容易制得比较稳定的 Cu-Zn 化合物的复晶或固熔体，还原后 ZnO 就均匀散布在许多微晶之间，对微晶发挥"间隔体"的作用。在制备过程中，Al、Zn 或 Cr 可形成 Al(Cr)尖晶石结构，可稳定 Cu 和 Zn，也有利于在成型中提高催化剂的物理强度。$\gamma$-$Al_2O_3$ 微晶粒度小于 $5\times10^{-9}$ m，在 500℃ 还原气体中连续试验 6 个月，其结晶多不超过 $7\times10^{-9}$ m。在 ZnO、$Al_2O_3$ 联合作用下，某些 Cu-Zn-Al 系三元催化剂正常使用 6 个月后 Cu 微晶仍可维持在 $8\times10^{-9}$ m 左右。$Cr_2O_3$ 也有类似的作用。

良好的低变催化剂，除增加主要活性组分铜的含量，更重要的是选择 CuO 和载体的最佳比例，以提供最佳的微晶粒度，从而得到最佳的活性和稳定性。一般来说，最适宜的铜含量在 30%～40%，同时尽量提高游离 ZnO 的比例，并使 ZnO 具有最小的微晶粒度，这也是提高低变催化剂抗毒能力的有力措施。

低变催化剂中主要活性组分铜，除促进变换反应外，还能促进 $H_2$ 和 CO 生成甲醇。在低变工段中，生成副产物的倾向随催化剂活性的增加而升高，催化剂载体酸性中心随水碳比的降低，停留时间的延长，反应温度和压力的升高而加强。解决副反应增加的途径是改变催化剂的制备方法。如对于同样组分的低变催化剂，仅仅把几种氧化物采用物理混合方式制备和采用共沉淀制备两者性能差别很大。另外，氧化物制备中要求制备出微细的铜晶粒，这些精细的铜晶粒能被 ZnO 和 $Al_2O_3$ 晶粒彼此隔开，这就大大提高了铜的自由比表面积，降低载体的比表面积，以提高其酸性中心数目，降低反应温度，也能抑制副反应的生成，从而提高催化剂的选择性。

世界上一些著名的催化剂公司都研制出了低碳水比的低变催化剂，副反应较小。如英国 ICI 公司推出丸状 ICI83-2，其铜含量较高。该公司在生产催化剂时改进了一些关键步骤。在典型的工艺条件下，ICI83-2 催化剂有很高的变换活性，比采用传统的催化剂大约可使氨的产量提高 1%。丹麦托普索公司推出的新的 LK-821 催化剂，已有 80 多家工厂使用，寿命比采用 LK-801 可延长 1～2 年，与传统的催化剂相比，LK-821 变换活性提高可增产 1500～

2000t/a；德国的南方化学公司推出的 C18-7，活性比 C18-HC 高 25%，抗毒能力提高，1992 年用于工业生产；德国 BASF 公司推出的 K3-110、K3-11 新型低变催化剂，用来代替 K3-10 催化剂。中国也开发出低碳水比的低变催化剂，如南化公司的 B206，辽河集团公司的 B205-1。B206 在中原化肥厂低碳水比布朗流程中使用 5～7 个月，效果良好。

与铁铬系催化剂相比，铜基催化剂具有良好的活性和选择性，在较低温度（180～260℃）的范围即可达到较高的变换率，而极少生成炭、甲烷、高分子碳氢化合物等副产物。由于其活性温度低，因而国内又称其为低温变换催化剂。铜锌系催化剂除具有低温活性的主要特点外，其操作压力较低，合成醇类的副反应也少，但铜的低熔点使催化剂对热敏感。尽管 ZnO、$Cr_2O_3$ 和 $Al_2O_3$ 的加入改善了铜微晶的热稳定性，但金属铜易于"半熔"的性质仍然存在。操作中不适当地提温或超温，都会因加速催化剂半熔而使其活性衰退加快。

低变催化剂中的铜和 ZnO 易受硫化物和氯化物的毒害。而活性铜对 $NH_3$ 等毒物也非常敏感，所以在工艺中对硫、氯、氨等毒物的净化要求很高。

低温变换催化剂采用混沉法制备，先用硝酸分别溶解电解铜与锌锭，将溶液混合后用纯碱液共沉淀，洗涤后在料浆中加入 $Al(OH)_3$，或无定形 $Al_2O_3$，经过滤、干燥、碾压、造粒、焙烧分解后打片成型即得。

由于铜的加入方式不同，又可分为硝酸法和络合法两类。中国只有 B203 型属 Cu-Zn-Cr 系，现已被淘汰。俄罗斯的 HTK-4 型为 Cu-Zn-Cr-Al 型低温变换催化剂，含 CuO54%±3%，ZnO11%±1.5%，$Cr_2O_3$14%±1.5% 和 $Al_2O_3$19.6%±2%。其制备方法是将含水的羰基碳酸铜、$Al(OH)_3$ 和铬酸在捏合机中充分混合，再将物料于带式干燥器上 100～200℃ 下干燥 8～10h，用烟道气在焙烧窑中于 450℃ 下煅烧 6～8h，煅烧后物料在螺旋混合器中加入带有 ZnO 的重铬酸铜黏合剂混合，再于 100～110℃ 下在带式干燥器上干燥 8～10h，与石墨混合后打片成型。

### 14.3.3 CO 宽温(耐硫)变换催化剂

当用劣质的褐煤或用含硫量较高的重油作为造气的原料时，原料气的硫含量很高。铜锌系催化剂的耐硫能力有限，因此从 20 世纪 60 年代开始寻求具耐硫性能的变换催化剂。

有研究表明周期表中Ⅵ、Ⅶ、Ⅷ族过渡元素的硫化物及硫化钴和（或）硫化镍的混合物，单独使用或附于载体上，可作为耐硫变换催化剂。但目前的工业产品均为钴钼氧化物负载在 $Al_2O_3$ 或 MgO 等载体上的催化剂。助剂对钴钼催化剂的影响很大。如有人研究了锂、钠、钾和铯等碱金属的促进作用。发现含钾的钴钼催化剂有最好的活性。加入以氧化物计的催化剂质量的 0.1%～0.6% 为佳。由于钾比铯等便宜得多，故钾是最常用的促进剂。

载体对催化剂性能的影响也很大。从国外几个型号的催化剂可看出，同是 Co-Mo 系催化剂，德国 BASF 公司的 K8-11 耐焦油，能再生，且温度低（60～80℃），属中变催化剂；而丹麦托普索公司的 SSK 及 UCI 公司的 C25-2-02，操作温度在 200～475℃，既可当宽温催化剂也可作低变催化剂用。尤其是 SSK 催化剂，由于载体处理得当，性能特别好。

催化剂的失活过程与 $Al_2O_3$ 的晶格相变直接有关，温度和水蒸气对 $Al_2O_3$ 的结构影响很大。改进载体性能和操作温度及汽气比的控制，都对钴钼催化剂的使用寿命有较大影响。

一般来说钴钼催化剂主要具有如下特点：①耐 $H_2S$ 浓度高，特别适用于重油部分氧化法和以煤为原料的流程。②活性温度较铁铬催化剂低，而且机械强度较高。为获得相同变换率，所需钴钼催化剂的体积只是常用铁铬催化剂的一半，有时钴钼催化剂还可作为低变催化剂使用。③不产生甲烷化反应，能在 0.75～3.5MPa、温度 200～400℃ 的范围内操作。④在使用过程中，如在催化剂上有高分子等化合物沉积时，可以用空气与惰性气，或空气与水蒸气混合进行燃烧再生，重新硫化使用。

对于以重油或煤油为原料的合成氨厂，可选用耐硫变换催化剂。对于以天然气或轻油为原料的合成氨厂，在蒸汽转化后，一般是将铁铬系催化剂和铜锌系催化剂串联使用。对于煤气中 CO 含量特别高（如 CO 体积分数 60％以上的纯 $O_2$ 顶吹转炉气）的情况，要注意催化剂的耐热性能，并在工艺上采取适当的措施。

钴钼耐硫宽温变换催化剂的制备方法可分为混碾法和浸渍法两大类。混碾法是将载体原料与活性组分原料充分混合，然后焙烧与成型。该法组分易于控制，工艺简单，但活性组分不易分布均匀。浸渍法可利用现成载体直接浸渍活性组分，此法特点是活性组分均匀分布在内表面上，利用率高，制造过程简单。它又可分为分浸、共浸、干浸及喷涂法。

## 14.4　甲烷化催化剂

碳的氧化物是合成氨催化剂的致命毒物，在氨合成前，合成气中少量的 CO、$CO_2$ 必须从系统中脱除。合成气中少量的碳氧化合物（一般是 CO＋$CO_2$＜0.7％），在甲烷化催化剂存在下通过加氢转化成惰性的甲烷和易于除去的水。

Fisher 等在 1925～1930 年比较了过渡金属的甲烷化催化性能，平均活性的排列顺序为：

$$Ru＞Ir＞Rh＞Ni＞Co＞Os＞Pt＞Fe＞Pd$$

早期的研制工作着重于铁，因为铁比较便宜。但后来发现，在铁上可能由于 CO 的歧化反应而积炭，使催化剂的内孔堵塞而失去活性，并且铁还有生成高级烃的倾向。在氨厂要使少量的 CO＋$CO_2$ 全部变成甲烷比较困难，达不到合成气净化的要求。

贵金属，其中特别是钌，具有很高的甲烷化活性。在 $Al_2O_3$ 上负载 0.55％的钌更有使用价值。这种催化剂可以在更低的温度下操作。但在通常的条件下并不比普通镍催化剂活泼，而从经济上算其价格毕竟太昂贵了。

镍催化剂的选择性较好，并且消除了积炭和烃类生成的问题。现在大多数工业甲烷化催化剂都以微晶镍为主要活性物质，这些微晶负载在氧化铝、氧化硅、高岭土或铝酸钙水泥等惰性物质上。而 $Al_2O_3$ 是一种良好的载体，用在甲烷化催化剂上的是大孔 $\gamma$-$Al_2O_3$，$Al_2O_3$ 可起到稳定细晶和阻碍镍晶相生长的作用。MgO 也是一种良好的结构助剂，能抑止镍还原后生成的细晶粒长大，因此，能使镍催化剂具有良好的活性和稳定性。但是 $Al_2O_3$ 和 MgO 加入后，都会增加镍还原的困难性，所以加入量和制备方法要合适。

工业上多用含各种助催化剂的 NiO-$Al_2O_3$，在氨厂条件下碳氧化物能全部转化为甲烷，可以满足氨厂对气体净化的要求，但镍对硫、砷十分敏感，气体中即使存在痕量的硫、砷也会使催化剂发生积累中毒而逐渐失活。

20 世纪 70 年代开始陆续出现一些使用稀土或稀土与其他碱金属作为耐高温、抗结炭的甲烷化催化剂，稀土作为助催化剂和 MgO 一样，都是使催化剂在制备时增加镍晶粒的分散度和抑止在热作用下镍晶粒长大，稀土和 MgO 在一起还有交互作用，可以加快 CO 脱附过程，从而提高了活性。1994 年中国浙江省德清县化工技术开发有限公司研制出以 $TiO_2$ 为载体的 J107 甲烷化催化剂，具有还原容易、催化剂低温活性好、机械强度高、活性高等优良性能，大幅度降低了镍和稀土的含量，因此也降低了催化剂成本。

甲烷化催化剂有混碾法、共沉淀法和浸渍法三种，早期用混碾法，但近年多用共沉淀法与浸渍法。

# 14.5 合成氨催化剂

## 14.5.1 合成氨催化剂研究进展

1904 年，F. Haber 用分散很细的铁粉作催化剂，实验室中，在常压、温度 1020℃ 条件下，以 $N_2$、$H_2$ 合成氨。1913 年，德国首先研究开发了高温下氮和氢合成氨的 Haber-Bosch 过程，首次在 BASF 公司用于工业化生产，其开发的 $Al_2O_3$、$K_2O$ 促进的铁系合成氨催化剂，一直沿用至今。

合成氨催化剂主要活性组分是铁，通过熔融方式加入其他助剂成分，由这种生产工艺得到的催化剂称为熔铁催化剂，催化剂在还原前是一种具有一定粒度的无定形熔块，其主要组分为 $Fe_3O_4$，含量约 90%，催化剂经还原后，$Fe_3O_4$ 还原成 $\alpha\text{-}Fe$，它的功能是化学吸附分子氮，并且使 $N\equiv N$ 分子键削弱，以利于加氢而生成氨，即 $3H—H+N\equiv N\longrightarrow 2NH_3$。在反应过程中，要断裂 3 个 H—H 键和一个 $N\equiv N$ 键，就要吸收能量，且要使 $N\equiv N$ 键断裂所需的能量远大于断裂 3 个 H—H 键的能量，因此，$NH_3$ 合成反应的控制步骤为 $N_2$ 分子的活化，而助剂组分的添加，不仅能有效地降低反应的活化能，而且能提高催化剂稳定性和抗毒性。

20 世纪 50 年代以来，随着氨厂规模的变化，要求氨合成工艺在更温和的条件下进行，人们一直不断地进行催化剂各类助剂的调整，制造工艺的改进，氨合成机理及动力学、表面结构与催化性能关系等研究，成功地研制出各种型号的铁系氨合成催化剂，使新型工业氨合成催化剂向低温、低压、高活性、预还原及外型规则化的方向发展。

当前铁系合成氨催化剂的促进剂主要是 $Al_2O_3$、$K_2O$、CaO 三种，MgO 也可能加入或从炉衬熔入，而 $SiO_2$ 主要是磁铁矿精粉中的杂质。按促进剂的作用原理可分为两类，一类是结构型助剂（或称骨架助剂），如 $Al_2O_3$、$Cr_2O_3$、$ZrO_2$、$TiO_2$、MgO、CaO、$SiO_2$ 等难熔氧化物，它们与磁铁矿熔融形成固溶体，还原过程或工业使用过程中，这些氧化物不被还原，起了隔离 $\alpha\text{-}Fe$（Ⅲ）晶面的作用，使晶粒变小，有利于 $\alpha\text{-}Fe$（Ⅲ）活性晶面的暴露，从而增多和稳定 $\alpha\text{-}Fe$（Ⅲ）面，提高催化剂的活性、耐热性和抗毒性。另一类是电子型助剂，如 $K_2O$ 对催化活性尤其是高压下的催化活性影响显著。据报道，在高压下加入 0.7% $K_2O$ 时的活性比加入 0.2% $K_2O$ 时的活性提高 50% 左右。$K_2O$ 的作用主要是在熔融过程中与磁铁矿或其他类型的助剂生成钾盐，还原后均匀分布在 $\alpha\text{-}Fe$ 表面上，降低了铁表面的电子逸出功，促进了氮和氧的吸附和氨的解吸。也有人认为在 $K^+$ 附近铁表面的电子密度增大引起 $N_2$ 与金属键（$M—N_2$）的加强，有利于 $N\equiv N$ 键的削弱、$N_2$ 的解离而生成氨。但是过量的 $K_2O$ 可能堵塞内孔，或使 $\alpha\text{-}Fe$ 微晶熔结、长大、失去大量内表面而影响活性。因此对每种类型催化剂都有各自最佳添加量，一般各类催化剂均在 0.6%～1.0% 范围。

CaO、MgO 具有结构助剂的作用，可提高催化剂的耐热性和抗毒性，同时它们在熔融过程中与酸性氧化物作用生成盐类，使大多数的 $K_2O$ 与磁铁矿作用活化铁表面。

稀土氧化物替代结构助剂 $Al_2O_3$，增加比表面积，提高热稳定性，而且使碱金属 $K_2O$、$Rb_2O$、$Cs_2O$ 用量可减少到原来的 1/8～1/10。

各种助剂的含量都有一个适宜值，如过量的 CaO 或 $Al_2O_3$，不仅会使还原困难，还使还原后的合成氨催化剂低温活性降低，活化能增高。同样，少量的杂质如 $SiO_2$、$Al_2O_3$、$TiO_2$ 能起到结构助剂的作用，但含量过高也会使还原后催化剂的低温活性下降。

美国专利介绍将熔融并经还原的 $Fe_2O_3$，用铈盐（最好硝酸铈）真空浸渍，再干燥，其操作温度可低到 340～480℃，操作压力可降到 15MPa。瑞士卡萨里制氨公司 20 世纪 70 年代末开发了铈促进的球形合成氨催化剂，在低温 350～400℃下有较好的活性，且具有规则的外形，使压降显著降低。工业应用表明，添加铈后大大提高了催化剂的低温活性。波兰普瓦维化肥所也曾经在熔铁催化剂中添加铈合金来提高其活性。稀土金属键化合物具有特殊的磁性结构，并能大量地解离吸附氢原子，对氨合成反应有利。

华南理工大学开发了 HG-1 型 $Fe-CeO_2-Al-K-Ca$ 系合成氨催化剂。工业使用表明，HG-1 型催化剂低温活性好，易还原，一段使用温度 350～520℃，可使氨净值和氨产量提高 10％以上，且抗毒性和热稳定性能均较好。黄仲涛等认为，添加 $CeO_2$ 的 HG-1 型催化剂随着使用过程的进行，铈和钾从界面逐渐向基体迁移，钾的迁移速度大大高于铈，因而铈比钾在界面上能保持更长的时间，继续发挥其促进作用。故含铈的 HG-1 型催化剂活性和寿命均比常用的催化剂高。另外由于铈与氯或硫的反应比铁与氯或硫的反应更活泼，因此尾气中的 $H_2S$ 与催化剂接触首先生成稀土硫化物而不会生成 FeS，而稀土硫化物在氨存在下迅速同氢或氮反应生成有催化活性的稀土氢化物或氮化物，从而使 HG-1 有很好的耐毒性。

1971 年 Ozaki 等研究了以活性炭和钾促进的钌催化剂。在常压、250℃下，钌催化剂用于氨合成的催化活性比双促进熔铁催化剂在相同条件下的活性使产量提高 10 倍，前者活化能为 69.1kJ/mol，这标志着合成氨技术又一重大突破。继此，国外许多学者，把钌羰基化合物负载于碱金属或碱金属氧化物促进的石墨、活性炭或镀炭的氧化铝上，研究以含钌合成氨催化剂取代传统的氨合成催化剂。1979 年，BP 公司与 KLG 公司在实验室规模共同开发了把钌的羰基化合物负载于石墨化的碳上的新型催化剂 KE-1520，紧接着他们又联合开发商业化的催化剂和合成氨工艺，10 年后完成了所有试验并对其进一步确认；1990 年 10 月 KLG 宣布了第一个采用非铁合成氨催化剂的商业化合成氨工艺（KAAP）开发成功，该工艺是依据比传统铁催化剂活性高 10～20 倍的新型钌催化剂设计的。

钌基合成氨催化剂，是以低价态羰基金属（第ⅧB 族）存在于表面，具有易活化特点。用 $Ru_3(CO)_{12}$ 为钌的母体化合物，将其升华到ⅠA、ⅡA 金属的硝酸盐（一般为 $RbNO_3$）水溶液浸渍过的含石墨的碳载体上，制备出在 10％铷促进的石墨碳载体上负载 5％钌的新型催化剂。

钌基合成氨催化剂 KE-1520 对水很敏感，使用前应对反应器彻底干燥，可用新鲜合成气还原约 30h。工厂使用结果表明，钌基氨合成催化剂不仅在高氢浓度下具有高活性，而且稳定性也达到了期望值，是低温、低压合成氨的理想催化剂。但是钌基催化剂强烈吸附氢这一特点，也会抑制氨的合成。在高压条件下钌基催化剂未必比铁基氨合成催化剂优越。

合成氨用铁催化剂是世界上研究得最成功、最透彻的催化剂之一。但是，关于合成氨过程真相的探讨仍未结束，关于合成氨催化剂的结构以及氨分子生成的机理仍有大量问题未能给出回答。现代化的大型合成氨装置，单位质量氨的能耗已降到 28～30 GJ/t，很接近于 22GJ/t 的理论值。显然，对合成氨催化剂效率进行任何基本的改进均将有助于缩小这一差距。尽管随着石油化工、高分子、环境催化等领域的崛起，合成氨催化剂的相对地位逐渐下降，目前已不是催化研究的主要方面，但合成氨工业及其催化剂技术的进步不会停止。20 世纪的前 80 多年间，各国学者几乎一致认为铁系催化剂具最高活性，使得合成氨催化剂的技术进步十分缓慢。钌催化剂的发明突破了近一个世纪的铁催化剂时代。虽然由于钌的稀有和昂贵，在可以预见的时期内，钌催化剂不可能完全取代铁催化剂，但随着生物工程技术的发展，当人类能够克隆固氮酶的固氮基因，实现常温常压下高效合成氨的时候，才将是固氮技术的最终突破。可以预见，21 世纪的合成氨工业将有可能是钌催化剂或其他更新一代催化剂（例如酶催化剂）的时代。

### 14.5.2　合成氨铁催化剂的制备

合成氨铁催化剂是以天然或人工合成磁铁矿为原料，采用熔融法制备。其基本工艺流程为：原料磁铁矿经破碎与球磨至 150 目后，经湿式磁选精制以降低有害杂质含量，磁选机有三个转鼓，在磁场作用下可使 90％以上的 $SiO_2$ 被除去，并使 $FeTiO_3$ 含量降低。熔炼是在电弧炉中进行的，其优点是炉温高，可使助催化剂分布均匀，并降低硫和磷等有害杂质含量，电弧炉生产能力大，熔炼时间也比电阻炉短得多。电阻炉也常用于合成氨催化剂的熔炼，其物料均匀，但炉温低（约 1600℃）、熔炼时间长（4~6h）、能力低；由于长期暴露在空气中，$Fe^{2+}$ 被氧化，随时间延长，$Fe^{2+}/Fe^{3+}$ 比值降低，需加入纯铁调节。熔浆采用倾入具水夹套的方槽中快速冷却的方法，这样可获得较高的活性。冷却后熔块经破碎并磨角后分筛分级。双辊破碎机破碎熔块时收率高，"球化"程度也较好。

### 14.5.3　预还原催化剂

合成氨催化剂的活性在很大程度上取决于还原进行的好坏。为了使还原过程能在最佳条件下进行，得到理想的催化剂活性，许多厂家采用预还原方法生产预还原催化剂。

预还原催化剂的生产分为三个阶段：

① 氧化态催化剂制造并进行规则化磨角处理。

② 预还原处理。在预还原炉中用氢氮气作还原介质。由于预还原操作专业化，可在比合成塔内更优越的还原条件下进行，床层温度分布均匀，采用大空速、低压力、低水汽浓度的工况条件，并追求高还原度，按预定升温还原指示曲线进行程序控制。

③ 稳定化处理。为便于储存、运输及装填，确保催化剂不自燃，对预还原催化剂进行稳定化处理，即在已还原为海绵状活性铁催化剂的表面上生成一层保护膜。经稳定化处理的催化剂在 100℃以下与空气接触不会发生自燃。

## 14.6　制硝酸和制硫酸催化剂

### 14.6.1　氨氧化制 $HNO_3$ 催化剂

$HNO_3$ 是基本化学工业的主要产品之一，用于制造化肥、炸药及合成纤维等，早期采用浓 $H_2SO_4$ 分解硝石或电弧自空气中固定氮的方法来制造，但前者受原料的限制，后者能耗太高。自 1928 年起就改用氨氧化法生产 $HNO_3$。它是先将氨氧化成 NO，并进一步氧化成氮的高级氧化物，经水吸收后生成 $HNO_3$。氨氧化催化剂能促进氨氧化为 NO 的反应。

氨氧化催化剂分为铂系催化剂和氧化物催化剂两类。1908 年建立的第一套氨氧化装置采用纯铂为催化剂。由于纯铂资源稀少，价格昂贵，人们一直探索用常见的金属氧化物取代铂作催化剂，并曾在工业上有过几次突破，但性能上不能与铂催化剂相比。纯铂活性虽高，但耐毒和耐热性能较差，在高温下形成的铂微粒易被气流带走而造成较大的损耗。铂系其他金属也不宜于单独作为催化剂，如钯易发脆；纯钌和纯铱活性低；而锇很易被氧化。

在铂系中添加第二组分铑能改善催化剂性能。铑不仅能提高催化剂活性，还能提高其机械强度并降低损耗。但铑价格比铂昂贵，为了减少铑用量，部分可用钯替代。

目前，工业上广泛使用的铂催化剂组成有：

100%Pt 用于中压或高压氨氧化时最末层；

95%Pt-5%Rh 用于常压及中压氨氧化；

93%Pt-7%Rh 俄罗斯用于 0.7~0.8MPa 下氨氧化；

90%Pt-10%Rh 西欧及美国用于高压氨氧化；

93%Pt-3%Rh-4%Pd 俄罗斯及某些东欧国家用于常压氨氧化。

为了减少价格昂贵的铂金属用量，国内研究人员在原有 Pt-Rh-Pd 三元合金网的基础上，添加稀土组分，降低铂金属用量，研制成了四元合金网催化剂。1991 年起在太原化肥厂 $HNO_3$ 车间试用表明，其氧化率可达 97.78%，而工艺要求仅为 96.5%，使用周期＞10000h。与原使用的三元合金网相比，每吨 $HNO_3$ 消耗的铂量降低 16mg。

铂合金网性能虽好，但价格昂贵，资源稀少，全世界范围都呈现供不应求的局面。早在 20 世纪初就在寻求代铂催化剂，几乎试过所有的常见金属及其氧化物，其中研究较多并曾用于工业装置的仍是氧化物催化剂，按其主要组分可分为铁系和钴系两大类。

氧化物中铁系催化剂活性最高，但纯 $Fe_2O_3$ 在高温下易熔结而使活性迅速衰退，若添加少量 $Bi_2O_3$ 或 $Cr_2O_3$ 后性能较好。

与铁系迥然不同，纯钴催化剂性能要比其他氧化物为优。近年在研究新钴催化剂时加 $Al_2O_3$、$MgO$ 或 $CaO$，使与 $Co_3O_4$ 形成尖晶石结构，以改善热稳定性。也有添加 $Li_2O$ 或 $K_2O$ 等碱金属氧化物，还有添加 $CeO_2$、$Nd_2O_3$ 或 $Se_2O_3$ 等稀土氧化物或 $ThO_2$ 等耐热氧化物，但除 $Co_3O_4$、$CeO_2$ 外均未进行工业试验。钴系催化剂的另一特点是生产能力大，除 20 世纪 50 年代初尝试在 $Co_3O_4$-$Al_2O_3$ 催化剂后设一套铂铑网外，都是单独使用。

### 14.6.2　$SO_2$ 氧化制 $H_2SO_4$ 催化剂

在 $H_2SO_4$ 生产中的 $SO_2$ 气-固多相催化过程，工业上曾使用过三种固体催化剂：铁催化剂、铂催化剂和钒催化剂。

铁催化剂要在高于 640℃ 以上，以 $Fe_2O_3$ 形式存在，才有较好的活性；低于此温度，铁以硫酸盐形式存在，没有活性。但温度高于 640℃，平衡转化率很低，而且 $Fe_2O_3$ 的内表面会迅速丧失。因此，尽管铁的价格十分低廉，铁催化剂仍未被普遍采用。

铂催化剂在 20 世纪 30 年代前曾被普遍采用，它在 400~420℃ 即有良好的活性。铂催化剂的缺点是价格昂贵，并极易受砷和氟的毒害而失活。

钒催化剂从 20 世纪 20 年代中期起，逐步取代铂催化剂。它价格远较铂催化剂低，耐砷、氟等毒物的能力比铂催化剂强，寿命长。60 年代以前，由于钒催化剂在较低温度（400~420℃）下活性不如铂催化剂，铂催化剂还有少数市场，但钒催化剂的应用远不广泛。60 年代后，由于制造低温钒催化剂技术被各国掌握，使钒催化剂在低温甚至 36℃ 即有明显活性，工业上逐渐用钒催化剂取代了铂催化剂。目前，全世界 $H_2SO_4$ 生产都使用钒催化剂。

近代工业用钒催化剂的主要化学组成是：$V_2O_5$（活性组分），$K_2SO_4$（或部分 Na）（助催化剂），$SiO_2$（载体，通常用硅藻土），通称为 V-K（Na）-Si 系催化剂。最近 50 年来，为了进一步提高 V-K（Na）-Si 系催化剂的比活性，各国都曾研究过加入新的催化剂，几乎触及所有的金属氧化物和某些非金属氧化物，但都未得到成功。其中俄罗斯、日本等曾在工业

上使用过加入 $P_2O_5$，锑、锡氧化物的矾催化剂，由于性能不稳定，很快被淘汰。目前，各国仍使用 V-K-Si 系催化剂。

1950 年，我国余祖熙等研制出我国第一批矾催化剂 S101，用于硫酸生产。S101 是中温矾催化剂，广泛适应于各种不同的操作条件。矾催化剂的制备方法分为混碾法和浸渍法两种，通常采用混碾法，但沸腾床用微球催化剂时用浸渍法。

## 思考题

1. 干法脱硫催化剂按性质可分为哪些类型？脱硫催化剂可采用哪些物质进行硫化？

2. 硫黄回收催化剂有哪些类型？影响活性有哪些因素？

3. 哪些元素对烃转化反应有催化活性？可采用哪些方法进行制备？

4. 试说明 CO 变换催化剂的主要反应、几类变换催化剂的主要成分及催化剂的制备方法。

5. 工业上镍催化剂甲烷化选择性好，其主要由哪些成分组成，各有什么作用？

6. 合成氨催化剂是以天然或人工合成磁铁矿为原料，试说明其制备工艺过程。

7. 制硝酸催化剂的主要成分有哪些？并说明催化剂的失活原因。

8. $SO_2$ 氧化制硫酸的三种固体催化剂有何优缺点？

# 第 15 章

# 碳一化工催化剂

## 15.1 甲醇及低碳醇合成催化剂

### 15.1.1 甲醇合成催化剂

#### 15.1.1.1 国内外发展概况

自从 1661 年发现甲醇以来至 1923 年以前，甲醇一直是由木材干馏获得。1923 年德国的 BASF 公司开发成功以 $Zn-CrO_3$ 为催化剂的高压合成甲醇。1966 年英国 ICI 公司开发成功 ICI51-1 型 $CuO-ZnO$ 系催化剂的低压合成法。1970 年德国 Lurgi 公司开发成功 GL-104 型 $CuO-ZnO$ 系催化剂的低压合成法。1972 年英国 ICI 公司开发成功 ICI51-2 型 $CuO-ZnO$ 系催化剂的中压合成法。随后各国还开发了 MGC 法、BASF 法、Topsφe 法，波兰、苏联等国的低压法，均使用 $CuO-ZnO$ 系催化剂。Cu-Zn 系催化剂低、中压合成法的开发成功，使生产甲醇的能耗和成本大幅度降低，促使了甲醇工业的高速发展。目前，世界各国均采用 Cu-Zn 系催化剂合成甲醇。

我国 20 世纪 50 年代末建成 Zn-Cr 系催化剂高压法合成甲醇装置，现已改用 Cu-Zn 催化剂，70 年代初以南化公司研究院为主开发成功中压联醇技术，采用 Cu-Zn 系催化剂，70 年代末我国先后引进 ICI 冷激式低压法和 Lurgi 管壳式低压法甲醇装置。西南化工研究院于 70 年代末开始进行低压铜系催化剂的研究，于 1986 年 12 月建成我国第一套等温式低压合成甲醇装置投产成功（6000t/a）。我国甲醇生产方法以低压法为主。利用反应热副产中压蒸汽，以列管等温反应器为主。

**(1) 生产过程中采用的催化剂**

国内外甲醇合成工艺中使用的催化剂种类多，但均为 $CuO-ZnO$ 系催化剂，较早开发的 $CuO-ZnO$ 系催化剂已被淘汰。20 世纪 60 年代末以来工业上先后使用的主要催化剂见表 15-1。

**(2) 催化反应的基本原理**

CO、$CO_2$ 与 $H_2$ 在加压和催化剂存在下反应生成甲醇和一系列副产物。其主反应为：

$$CO + 2H_2 \Longrightarrow CH_3OH(气) \quad +90.786kJ/mol$$

$$CO_2 + 3H_2 \Longrightarrow CH_3OH(气) + H_2O(气) \quad +49.530kJ/mol$$

表 15-1　国内外主要的工业甲醇催化剂一览表

| 催化剂型号 | 公称尺寸/mm | 化学组分 | 堆密度/(kg/L) | 催化活性/[kg/(L·h)] | 径向强度/(N/cm) | 操作条件 |
|---|---|---|---|---|---|---|
| ICI51-1 | φ5.5×4 | Cu-Zn-Al | 1.28~1.46 | 设计 0.3~0.4 | 318 | 5MPa,210~270℃ |
| ICI51-2 | φ5.5×4 | Cu-Zn-Al | 1.22~1.47 | 设计 0.5~0.6 | 242 | 5~10MPa,210~270℃ |
| ICI51-3 | φ5.5×5 | Cu-Zn-Al | 1.22~1.34 | 1.34 | 253 | 5~10MPa,210~270℃ |
| ICI51-7 | φ5.5×5 | Cu-Zn-Al-Mg | 1.22~1.35 | | | 3~12MPa,200~320℃ |
| GL-104 | φ5.1×4.8 | Cu-Zn-Al-V | 1.39~1.51 | 1.07 | 162 | 5~10MPa,220~265℃ |
| C79-4GL | φ6×3.5 | Cu-Zn-Al | 1.0~1.2 | 1.31 | 351 | 5~10MPa,220~265℃ |
| C79-5GL | φ6.6×4.1 | Cu-Zn-Al | 1.08~1.2 | 1.18 | 244 | 5~10MPa,220~265℃ |
| BASF$_{S3}$ | φ5×5 | Cu-Zn-Al | 1.3~1.4 | | 345 | 5~10MPa,220~265℃ |
| BASF$_{S3}$-86 | φ5×(5,3) | Cu-Zn-Al | 1.3~1.4 | | | 4.6~10MPa,200~300℃ |
| LMK-2R | φ4×4 | Cu-Zn-Gr | 约 1.2 | | 轴向 1750 | 10~30MPa,210~350℃ |
| MK-101 | φ5.9×4.4 | Cu-Zn-Al | 1.15~1.34 | 1.36 | 350 | 2.5~10MPa,200~310℃ |
| CHM-1 | φ7×5 | Cu-Zn-Al | 1.4~1.5 | 1.14 | 595 | 5MPa,入 210~240℃,出 240~270℃ |
| GN6 | | Cu-Zn-Al | | | | 低压 |
| M-5 | | Cu-Zn-B | | | | 低压 |
| C101(M-2) | φ9×9 | Zn-Gr | 1.9±0.1 | 0.47~0.95 | 100N 破碎<5% 150N 破碎<20% | 25~32MPa,370~410℃ |
| C102(WJ-1) | φ9×9 | Zn-Gr | 1.9±0.1 | 0.47~0.95 | 100N 破碎<5% 150N 破碎<20% | 25~32MPa,350~410℃ |

此外，还有高碳醇、烃类等少量副反应产物。

CO 和 $H_2$ 生成甲醇的反应是体积缩小的强放热反应，其反应热不仅与反应温度有关，而且与反应压力有关。

### 15.1.1.2　催化剂的生产

**(1) 催化剂的组成与物化性能**

表 15-2、表 15-3 分别列出了我国目前部分工业用甲醇合成催化剂的化学组成及物化性能和机械强度。

**(2) 催化剂的制备**

铜系甲醇催化剂的制备，基本上都是采用沉淀法。沉淀的方式有三种：①将碱液加进金属硝酸盐溶液中的酸式沉淀法；②将金属硝酸盐溶液加进碱液中的碱式沉淀法；③金属硝酸盐溶液与碱液按比例并流沉淀法。

表 15-2　工业用甲醇合成催化剂的化学组成

| 催化剂 | 质量分数/% | | | | | |
|---|---|---|---|---|---|---|
| | CuO | ZnO | $Al_2O_3$ | $CrO_3$ | 助剂 | 其他杂质 |
| 57-1 | 48 | 46 | 5 | | | |
| C207 | 38~42 | 38~43 | 5~6 | | | |
| C301 | 45~60 | 30~25 | 3~6 | | | |
| C301-1 | 约 50 | 约 25 | 约 10 | | | |
| C302 | ≥50 | ≥25 | ≥4 | | ≥1 | |
| C302-1 | 50~55 | 28~30 | 3~4 | | 2~4 | |
| C302-2 | ≥50 | ≥28 | 约 4 | | 少量 | |
| C303 | 36.3 | 37.1 | | 20.3 | 石墨 6.3 | Fe≤0.05,Na≤0.12 |
| NC501 | ≥42 | ZnO | $Al_2O_3$ | | 含 Mn | S≤0.06,Cl≤0.01 |
| NC306 | CuO | ZnO | $Al_2O_3$ | | | |
| XNC98 | CuO | ZnO | $Al_2O_3$ | | | |

表 15-3　工业用甲醇合成催化剂的主要物化性能和机械强度

| 催化剂 | 堆密度/<br>(kg/L) | 比表面积/<br>(m²/g) | 总孔容积/<br>(cm²/g) | 主要孔半径/<br>×10⁻¹⁰ m | 平均孔半径/<br>×10⁻¹⁰ m | 侧压强度/<br>(N/cm) | 磨耗率/<br>% |
|---|---|---|---|---|---|---|---|
| C207 | 1.4~1.6 | 71.2 | 0.17 | 20~50 | 47.5 | ≥140 | |
| C301 | 1.4~1.6 | ≥45 | 0.16~0.2 | 50~70 | 68 | ≥340 | |
| C301-1 | 1.4~1.6 | 80~100 | | | | 185 | <10 |
| C302 | 1.2~1.5 | 70~95 | 0.18~0.22 | | | ≥180 | <7 |
| C302-1 | 1.2~1.5 | 70~100 | 0.2~0.3 | | | ≥200 | |
| C302-2 | 1.25~1.45 | 80~110 | 0.2~0.3 | | | ≥200 | |
| C303 | 1.3~1.6 | | | | | | |
| NC306 | 1.5~1.6 | 80~100 | | | | ≥185 | ≤8 |
| XNC98 | 1.3~1.5 | 65.4 | 0.258 | | | ≥180 | |

影响催化剂性能的因素有很多，如催化剂组分、组成配比、沉淀剂的选择、沉淀方式、制备条件（如沉淀温度、沉淀 pH 值、老化时间等）、干燥和煅烧温度及时间等，还有以下因素：

① 催化剂中的杂质。如有较高浓度的 Fe、Co、Ni［常以铁锈、Fe (CO)$_5$、Ni (CO)$_4$ 形式带入］和 SiO$_2$ 等酸性氧化物存在时，有利于生成甲烷、链烷烃和石蜡，并降低催化剂活性；碱金属、SiO$_2$、铝酸钠的存在，有利于高级醇的生成；S、Cl 及 Pb 等重金属的存在，会降低催化剂的活性，导致永久性中毒等。

② 盐、碱溶液的浓度。盐、碱溶液浓度要有利于浆液中离子的扩散，以使金属离子分散均匀和反应完全。因此，以稀溶液为宜，一般浓度≤2mol/L。

③ 加料顺序和加料速度。

④ 搅拌速度。

### 15.1.1.3　催化剂的失活

中毒是催化剂失活的主要原因。因此，应严格控制新鲜原料气中的有害毒物含量，严防设备检修、清洗时带入毒物。对新鲜原料气中的毒物含量要求：总硫含量<10⁻⁷，氯含量<10⁻⁸，氧含量<10⁻³，不饱和烃和油雾极微量，不含重金属等。

## 15.1.2　低碳混合醇合成催化剂

从合成气直接合成低碳混合醇是碳一化学重要的研究课题之一。低碳混合醇通常指从甲醇到己醇的混合物，简称低碳醇。它主要作为汽油掺和剂或汽油代用燃料，分离为单独醇类后也可作化工原料。目前，国外主要合成技术路线有四条：意大利 Snam 和丹麦 Topsφe 公司开发的 MAS 工艺；法国石油研究所与日本进行中试研究的 IFP 工艺；美国道化学公司和联碳公司合作开发的 Sygmol 工艺；德国 Lurgi 公司开发的 Octamix 工艺。我国对这四种催化剂体系和工艺都进行了研究和开发。

**（1）合成反应**

合成气合成低碳醇的反应复杂，包括费-托合成、甲醇合成、低碳醇合成和水煤气变换等反应。这些反应进行的方向和程度及其产物组成取决于催化剂体系和相应的工艺条件。

**（2）典型催化剂和工艺**

目前国内外合成低碳醇的催化剂体系和工艺汇总于表 15-4。

四种工艺中，MAS 工艺最成熟并已工业化，其次是 IFP 工艺。Sygmol 催化剂耐硫，而且该工艺与 IFP 工艺的产物中 $C_2^+$ 醇含量高，化工利用前景好。Octamix 工艺采用低压法铜系催化剂，是对 MAS 工艺的改进，而且产物水含量低。此外，日本新燃料油发展研究联合组织采用 Ni-Zn-K 催化剂，在 326℃ 和 6MPa 下合成低碳醇，其醇中乙醇含量达 40%。在国内就技术成熟作比较，Octamix 法要成熟得多，如南化公司研究院已进行工业侧流试验，西南化工研究院进行了产品的分子筛脱水模试，其产品进行了渗烧试验。其合成工艺与 Lurgi 法甲醇工艺及反应器相似。经济分析表明，低碳醇尚缺乏竞争力。

**(3) 催化剂制备**

北京大学物理化学研究所将 $MoO_2$ 和锐钛矿直接加热混合得到母体，再硫化、还原得到 $MoS_2/TiO_2$，再加入一定量无水 $K_2CO_3$ 制得 $MoS_2$-M-K 催化剂。对于其他三种类型催化剂采用共沉淀法，如 Cu-Co 型催化剂采用 $Na_2CO_3$ 作沉淀剂与 Cu、Co（或根据需要加其他元素）的硝酸盐溶液并流共沉淀，生成碱式碳酸盐，在 350℃ 焙烧即成。按需要浸渍碱金属盐。

表 15-4　合成低碳醇催化剂体系和工艺

| 项 目 | | 工 艺 | MAS | | IFP | | Sygmol | | Octamix | |
|---|---|---|---|---|---|---|---|---|---|---|
| | | 催化剂 | Zn-Cr-K | | Cu-Co-M-K | | $MoS_2$-M-K | | Cu-Zn-Al-K | |
| | | 研究单位 | 意大利 Snam 公司 | 山西煤化所 | 法国 IFP 工艺 | 山西煤化所 | 美国 Dow 公司 | 北京大学物化所 | 德国 Lurgi 公司 | 清华大学 |
| 操作条件 | | 空速/$h^{-1}$ | 3000～15000 | 4000 | 4000 | 4500 | 5000～7000 | 5000 | 2000～4000 | 4000 |
| | | 温度/℃ | 350～420 | 400 | 290 | 290 | 290～310 | 240～350 | 270～300 | 290 |
| | | 压力/MPa | 12～16 | 14 | 6 | 8 | 10 | 6.2 | 7～10 | 5 |
| | | $H_2$/CO | 0.5～3 | 2.3 | 2～2.5 | 2.6 | 1.1～1.2 | 1.4～2.0 | 1～1.2 | 1～1.3 |
| 液体产物组成（质量分数）/% | | 甲醇 | 70 | 75 | 41 | 49.4 | 40 | 38 | 59.7 | 83.6 |
| | | 乙醇 | 2 | | 30 | 33.3 | 37 | 41 | 7.4 | |
| | | 丙醇 | 3 | | 9 | 10.8 | 14 | 12 | 3.7 | 16.4 |
| | | 丁醇 | 13 | 异丁醇 12～15 | 6 | 4.1 | 5 | 4 | 8.2 | |
| | | $C_5^+$ 醇 | 10 | | 8 | 1.6 | 2 | 3.5 | 10.4 | |
| 实验结果 | | ($C_2^+$ 醇/总醇)/% | 22～30 | | 30～60 | | 30～70 | | 30～50 | 15～27 |
| | | 粗醇含水（质量分数）/% | 20 | | 5～35 | | 0.4 | | 0.3 | 0.33 |
| | | CO 成醇选择性/% | 90 | 95 | 65～76 | 76 | 85 | 80 | | 95 |
| | | CO 转化率/% | 17 | | 21～24 | 27 | 20～25 | 10 | | |
| | | 产率/[mL/(mL·h)] | 0.25～0.3 | 0.21～0.25 | 0.2 | 0.2 | 0.32～0.56 | | | 0.35～0.6 |
| 开发现状 | | | 已工业化，15000t/a | 模试 | 中试，7000桶/a | 模试 | 中试，1t/d | 小试 | 模试 | 小试 |
| 催化剂考察时间/h | | | 6000 | 1000 | 2880 | 1010 | 6500 | | | 200 |

## 15.2 甲醇氧化制甲醛催化剂

甲醇氧化制甲醛工业催化剂有：银催化剂（催化方法简称银法），根据结构形式不同又分为电解银和浮石银两种；铁-钼氧化物催化剂（催化方法简称铁-钼法）。1984 年以后国外新增甲醛总能力中 70％采用铁-钼法催化剂。三种催化剂的技术指标见表 15-5。

表 15-5　三种催化剂的技术指标

| 比较指标 | 浮石银 | 电解银 | 铁-钼氧化物 |
|---|---|---|---|
| 甲醇转化率/％ | 82～87 | 92～96 | 97～98 |
| 甲醇单程转化率/％ | 74～80 | 82～90 | 88～92 |
| 甲醇单耗(以 37％甲醇计)/(kg/t) | 490～530 | 440～480 | 420～440 |
| 产品中甲醛含量/％ | 37 | 37～55 | 37～57 |
| 产品中甲醇含量/％ | 5～8 | 1～4 | 0.5～1.5 |
| 产品中甲酸含量/％ | 100～200 | 100～200 | 200～300 |
| 反应温度/℃ | 640～740 | 580～680 | 280～350 |
| 催化剂寿命/月 | ≥8 | 3～6 | 12～18 |

### 15.2.1　反应机理

**(1) 银法**

银法是在甲醇-空气的爆炸上限以外操作，甲醇过量。在银催化剂存在下，甲醇在常压和 580～740℃下进行氧化和脱氢两个主反应，约有 50％～60％的甲醛是由氧化反应生成的，其余的甲醛是由脱氢反应生成的。反应式如下：

$$CH_3OH + \frac{1}{2}O_2 = CH_2O + H_2O \quad +156kJ/mol$$

$$CH_3OH = CH_2O + H_2 \quad -85kJ/mol$$

副反应产物有 CO、$CO_2$、$HCOOCH_3$ 等。

**(2) 铁-钼法**

铁-钼法是在甲醇-空气爆炸下限以下操作，空气过量。在常压和 280～350℃下进行，反应温度低，副反应少，甲醛选择性高；反应过程不加水蒸气，故甲醛浓度高。反应式为：

$$CH_3OH + \frac{1}{2}O_2 = CH_2O + H_2O \quad +156kJ/mol$$

副反应主要生成 CO 和二甲醚及少量 $CO_2$ 和 HCOOH。

### 15.2.2　银催化剂

#### 15.2.2.1　电解银催化剂

**(1) 电解银催化剂的规格和特点**

① 催化剂规格　外观为银白色，有光泽，粒度 0.56～3mm，银含量 99.99％，铁含量≤$3×10^{-6}$，硫含量≤$3×10^{-6}$，钙、镁总含量≤$10^{-6}$，氧为痕迹量。

② 特点　电解银催化剂比浮石银催化剂的甲醇转化率和甲醛收率要高，消耗低，催化

剂制备工艺简单。但催化剂使用寿命短，容易中毒，要求原料预先净化，保证原料有较高的纯度，制备催化剂时电耗大。

**（2）催化剂制备**

银催化剂是以纯银板做阳极和阴极，以硝酸银为电解液，其中含有 5％的 $AgNO_3$ 和 0.14％硝酸，控制 pH 值在 2。一次电解电流密度控制在 $700A/m^2$，电解液的温度一般控制在 58℃以下；二次电解电流密度控制在 $1400A/m^2$，电解液温度控制在 50～58℃，在阴极析出银粒。银粒经洗涤、干燥、造粒及活化后，制得电解银催化剂。国内用过发泡银催化剂，其制备方法是按银粉：发泡剂＝1：0.07 比例，将 80～100 目银粉与发泡剂碳酸氢铵一起研磨后挤压为 $\phi5.5mm \times (1.5～2)$ mm 催化剂，在 $H_2$ 保护下于 650～720℃活化 30min，然后冷却到 100℃以下包装备用。这种催化剂机械强度高，热稳定性好，但甲醇单耗较高。

**（3）电解银催化剂再生**

电解银催化剂在使用过程中，由于原料气夹带外来物质的污染，造成甲醇转化率下降，副反应增加，甲醇消耗增加，这时需要对催化剂进行再生。再生时，对表面层催化剂进行电解再生处理。表面层下面的催化剂经破碎后，放在浓度为 5％的草酸水溶液中浸泡 5～6h，除去表面的铁等杂质，然后水洗、干燥，再在 650℃下焙烧 1～2h，除去游离的碳粒。

#### 15.2.2.2　浮石银催化剂

浮石银催化剂是利用具有一定强度的多孔浮石为金属银的载体，采用浸渍法制备。其优点是寿命较长，易于再生；抗毒能力强，对工艺要求不是十分苛刻；生产能力大，相对投资小。缺点是催化剂活性低，选择性差，甲醇单耗高。

**（1）浮石银催化剂的规格**

外形为银灰色有金属光泽颗粒，粒度有 $\phi3～4mm$ 和 $\phi4～5mm$ 两种，堆密度 0.5～0.6g/cm³，银含量 35％～42％，铁含量 $<3 \times 10^{-4}$。

**（2）催化剂制备**

选用一定粒径的银灰色浮石，经水洗、酸洗、除去浮石中铁和酸后，烘干、在 400℃下焙烧 2h。再按浮石：$AgNO_3$：$H_2O$＝1：（1.25～1.3）：（2～3）（质量比）配比，在 60～70℃下进行浸泡，搅拌加热、蒸干水分。然后焙烧，焙烧程序为：400～500℃保持 4～5h，500℃保持温度 1h，600℃保持 1h，700℃保持 4～5h，730℃保持 2h。冷却后即为浮石 Ag 催化剂。

**（3）催化剂再生**

将失活催化剂用 5％的草酸溶液浸泡 1 天，除去浮石银中铁质，再用蒸馏水洗至 pH＝6～7，然后加热到 400℃恒温 4h，冷却后装袋备用。

### 15.2.3　铁-钼氧化物催化剂

铁-钼氧化物催化剂是将水溶性钼盐和铁盐按一定比例在适当条件下共同沉淀，经过滤、洗涤、烘干、焙烧和成型而制得。工业催化剂有：瑞典 Perstorp 公司的 KH-26、KH44，丹麦 Haldor Topsφe 公司的 FK-2 及西南化工研究院生产的 XNQ-01 型铁-钼催化剂等。

**（1）技术性能及特点**

① 技术性能　铁-钼氧化物催化剂的技术性能列于表 15-6。

② 特点　铁-钼氧化物催化剂活性好，甲醛收率高，甲醇消耗低。产品中甲醇含量低，甲醛浓度可达 40％～62％。反应热由导热油移出，并产生蒸汽自给有余。但铁-钼法设备庞

大，流程复杂，投资比同生产能力的银法要高 40% 以上。

表 15-6　铁-钼氧化物催化剂技术性能

| 催化剂型号 | | KH-26 | KH-44 | FK-2 | XNQ-01 |
|---|---|---|---|---|---|
| 外观 | | 草绿色 | 草绿色 | 浅黄色 | 浅黄绿色 |
| 颗粒尺寸(外径×内径×高)/mm | | 5×2.5×2.6 | 5×2.5×44 | 4.5×1.7×4 或 5.6×3×5 | 5×2.5×3.5 |
| 堆密度/(kg/L) | | 0.75 | 0.73 | 0.82 | 0.90 |
| 抗压碎力/(N/cm²) | | ≥750 | ≥600 | 400~700 | 450~650 |
| 化学组成(质量分数)/% | $MoO_3$ | 79~82 | 79~82 | 80~81 | ≥80 |
| | $Fe_2O_3$ | 18~21 | 18~21 | 14~15 | ≥15 |
| | $Cr_2O_3$ | | | 4~5 | |

**（2）催化剂的制备**

将钼酸铵水溶液、硝酸铁（或氯化铁）溶液（原料的 Mo/Fe 为 2.0~3.0）在 20~80℃下进行共沉淀反应；反应物经老化 1~4h 后，过滤并用 50~70℃ 的热水进行洗涤，除去铵盐。将湿滤饼进行干燥，在 4h 内将温度从室温升至 120℃ 并恒温 12h 后，再将温度升至 230℃ 并恒温 8h。然后，再将干燥好的沉淀物料进行煅烧，控制在 1~3h 的时间内将温度从 230℃ 升至 420℃，在 420℃ 进行煅烧 2~4h。煅烧好的物料经粉碎后与黏结剂、脱模剂在混料机中进行混料；混料均匀后，压制成环状或圆柱形或其他形状的催化剂。

**（3）催化剂的失活**

由于铁-钼催化剂正常使用寿命在 12~18 个月，催化剂失活的主要原因是催化剂粉化，使系统阻力增大，而无法正常操作所致，催化剂一般不再生。废催化剂可回收作为制备新催化剂的原料。

## 15.2.4　其他催化剂

甲醇氧化制甲醛催化剂中，国内外均进行负载型催化剂的研究与开发。重庆合成化工厂开发的 EH-1 型负载型银催化剂，用高硅铝材料制成一种多孔载体代替浮石制备的催化剂，活性比浮石银催化剂好，在研究中的还有用陶瓷载银的载体催化剂、Ag/硅铝、Ag-Y、Ag-X 和 Ag-P 等负载型银催化剂。在铁-钼催化剂中有压制成异型催化剂、由催化剂薄片压制成规整柱状催化剂和 Fe-Mo/SiO₂ 负载型催化剂，以及在铁-钼催化剂中引入其他金属元素代替钼或铁等研究。对于铁-钼催化剂，关键就是研究如何提高其几何表面积和强度。

# 15.3　羰基合成催化剂

羰基化反应，就是将 CO 单独与其他化合物一道引入衍生物中的反应。最重要的"羰基合成"通常包括两类反应：一为烯烃与合成气（H₂/CO）催化加成制醛的反应（Oxo synthese），这类反应更确切的定义为"氢甲酰化"；二为称作雷普（Reppe）的另一大类的反应，W. Reppe 在 20 世纪 30 年代末至 40 年代初发现Ⅷ族金属的羰基配合物能够催化炔、烯或醇作为反应的羰基化反应，称为氧化羰基化反应。

### 15.3.1 氢甲酰化反应催化剂

在烯烃羰化反应中，最重要的是 Oxo 过程，因为由此产生的醛和醇，在合成化学工业中具有重要地位。羰基合成醛和醇的年生产能力亦已超过 30 万吨。有关氢甲酰化反应及其催化剂在络合催化一章中已有详细论述，此处仅将就化学催化略加叙述。

自从 1938 年，德国鲁尔化学（Ruhrchime）公司的 O. Roelen 发现羰基钴可以催化烯烃氢甲酰化反应以来，为了提高催化剂活性和选择性，缓和操作条件，从钴基催化剂到铑基催化剂，催化剂的研究和开发经历了以下发展阶段。

**（1）羰基钴催化剂**

羰基钴 $[Co_2(CO)_8]$ 催化剂的第一次工业应用是在 20 世纪 40 年代后期，迄今仍保留约 80% 的丁辛醇生产能力。典型的温度范围 110～180℃，合成气压力范围 20～35MPa。Oxo 过程 $Co_2(CO)_8$ 的制备，通常开始加入反应器的是钴盐（如碳酸钴、醋酸钴、环烷酸钴）或是金属钴，也可以先制成 $Co_2(CO)_8$。不管加入什么钴，在氢酰化反应条件下均被转化为真实的催化剂母体 $CoH(CO)_4$。

使用 $Co_2(CO)_8$ 催化剂的 Oxo 过程，最重要的缺点是反应温度和压力高，能耗大；正构体是所需的目的产物，但正构体：异构体的最佳结果为（3～4）：1。

**（2）叔膦改性羰基钴催化剂**

20 世纪 60 年代初期，Slaugh 和 Mullineaux 发现用叔膦配体改性的羰基钴催化剂，其稳定性可以不依赖于高的 CO 分压，而且在催化烯烃氢甲酰化反应中正构醇的旋转性正构体：异构体可达 8：1 以上。1966 年首先由 Shell 公司在美国休斯敦建厂投产，实际用的叔膦配体是由高沸点长链烷烃制成的，商用代号为 RM-17。典型反应条件为：温度 160～200℃，合成气压力 5～10MPa，醇是主产物（约 80%），正构体：异构体一般为 8：1。

改性的钴催化剂与未改性的对应物相比，其优点是反应条件温和，在 180℃、8.0MPa下运转，可以一步得到醇。缺点是催化活性低，部分烯烃被氢化为价值较低的烷烃。

**（3）可溶性铑膦配体催化剂**

在 20 世纪 50 年代中期，铑基催化剂用于烯烃氢甲酰化反应被发现，虽然羰基铑催化剂的活性是钴催化剂活性的 $10^2～10^4$ 倍，但其选择性低，故未工业化。叔膦改性的羰基铑催化剂以 $RhH(CO)(PPh_3)_3$ 为催化剂配体，于 1975 年实现工业化。可溶性铑膦配体催化剂的优点是活性和单程转化率高，省去母液循环，反应条件比叔膦改性的羰基钴催化剂更温和，温度 100℃，压力 2.0MPa，降低了投资和操作费用。缺点为铑膦配体催化剂成本高，回收和再生难度大，原料气纯度要求高。

**（4）水溶性两相铑膦配体催化剂**

1974 年，Emile G. Kuntz 改进了三苯基膦的合成方法，合成了水溶性很好的 $P(m\text{-}C_6H_4SO_3Na)_3$（简称 TPPTS）。用 TPPTS 代替三苯基膦制成的催化剂 $RhH(CO)(TPPTS)_3$，对烯烃氢甲酰化反应具有良好的催化活性和选择性。该法于 1983 年由法国 Rhone-Poulenc 和德国 Ruhrchemie 公司合作开发成功，并于 1984 年在德国 Oberhanson 建成 $10^5$t/a 的工业装置。与均相催化剂相比，该法的优点是：用水作溶剂，既安全又便宜；反应完成后静置分层，将产物与催化剂分离，无需加热，节约能源，减少铑的损害；选择性提高，降低原料消耗。

现将四种催化体系的操作条件及反应性能综合如表 15-7 所示。

表 15-7　不同 Oxo 过程的操作条件及反应性能

| 催化反应条件 | 催 化 剂 | | | |
|---|---|---|---|---|
| | $CoH(CO)_4$ | $CoH(CO)_3(RM-17)$ | $RhH(CO)(PPh_3)_3$ | $RhH(CO)(TPPTS)_3$ |
| 工业化年份 | 1946 | 1964 | 1976 | 1984 |
| $T/℃$ | 100~180 | 160~200 | 85~115 | 50~130 |
| $p$（总压）/MPa | 20~35 | 5~10 | 1.5~2.0 | 1~10 |
| 活性金属含量$(M/C^=)$/% | 0.1~1.0 | 0.5~1.0 | $10^{-2}$~$10^{-3}$ | 约 $10^{-3}$ |
| 正构体/异构体 | 80/20 | 88/12 | 92/8 | 95/5 |
| 醛含量/% | 80 | 10 | 96 | 96 |
| 醇含量/% | 10 | 80 | — | 1.8 |
| 烷含量/% | 1 | 5 | 2 | 0.6 |
| 其他物质含量/% | 9 | 5 | 2 | 1 |

## 15.3.2　炔烃羰基化催化剂

乙炔水溶液在 150℃、3MPa、催化剂 $Ni(CO)_4$ 存在下与 CO 反应生成丙烯酸，其选择性约 90%，在醇存在时则生成丙烯酸酯，其选择性为 85%。优先考虑选择金属镍基催化剂，虽然其他的第Ⅷ族金属配合物［如 $Fe(CO)_5$］也催化这些反应。

丙烯酸生产的主要方法是 BASF 的催化工艺和 Rohm-Hass 的半催化工艺。在 BASF 工艺中，催化剂系统由 $NiBr_2$ 和 CuI 构成，由于催化剂用量非常少而不再回收。在 Rohm-Hass 工艺过程中，乙炔、水和催化剂 $Ni(CO)_4$ 按化学计量相互作用，加入乙炔、水和 CO 使催化反应进行，仅 65%~85% 的气态 CO 用于丙烯酸的合成，其余的来自 $Ni(CO)_4$。添加三苯基磷烷基化合物、三苯基磷、乙酰丙酮等配体能提高丙烯酸的选择性，但乙炔转化率则有所下降。

## 15.3.3　烯烃的羰基化催化剂

烯烃的羰基化催化剂主要是基于 Co、Rh、Fe、Ru、Pd 等金属，中间物是由于配位体的迁移而形成的酰基-金属物种。可以想象反应产物是通过亲核试剂（$H_2O$、HOR、$H_2NR$ 等）对酰基-金属物种的羰基碳原子的进攻而形成的，同时再生出金属氢化物种。

在大规模的工业生产中，主要的 Reppe 型烯烃羰基化过程是为了从乙烯生产丙烯。如 BASF 工艺是在 24MPa、280℃、$Ni(CO)_4$ 催化剂存在下进行反应的，Monsanto 公司利用铑为催化剂进行生产，其操作条件较为缓和。

## 15.3.4　甲醇羰基化制醋酸催化剂

甲醇羰基化制醋酸分为高压法和低压法。1960 年 BASF 公司开发成功甲醇高压羰基化生产醋酸的工业化方法，20 世纪 70 年代美国 Monsanto 公司开发成功低压羰基合成醋酸的工业化技术。由于低压羰基化制醋酸技术经济先进，从 70 年代中期起新建的大厂基本采用甲醇低压羰基化技术。随着研究的进行，甲醇羰基化制醋酸的工艺和催化剂得到不断的改进和发展，各种催化剂体系不断出现，但现在还没有发现性能超过铑系的催化剂。甲醇羰基化制醋酸催化剂体系的性能比较见表 15-8。

**表 15-8　甲醇羰基化制醋酸催化剂体系的性能比较**

| 催化体系 | 反应体系 | 催化剂 | 反应温度/℃ | 反应压力/MPa | 醋酸收率/% | 催化剂特点 |
|---|---|---|---|---|---|---|
| Co 系 | 均相 | Co-CH$_3$I | 200～250 | 50.0～70.0 | 87 | 高压法 |
| Rh 系 | 均相 | Rh-CH$_3$I | 150～220 | 0.1～3.0 | 99 | 低压法 |
| Ir 系 | 均相 | Ir-CH$_3$I | 150～220 | 1.0～7.0 | 99 | 活性与 Rh 相当 |
| Ni 系 | 均相 | Ni-CH$_3$I | 150～220 | 3.0～30.0 | 50～95 | |

### (1) BASF 高压法羰基钴催化剂

BASF 公司的 W. Reppe 在 1941 年发表第Ⅷ族金属元素对羰基化和氢甲酰化反应的有效催化作用后,成功地开发了羰基钴-碘催化剂的甲醇高压羰基制醋酸工艺,反应条件为250℃、70MPa,产物收率以甲醇计为 90%,以 CO 计为 70%。反应采用的主体催化剂羰基钴和助催化剂碘甲烷,在反应过程中循环使用。BASF 公司于 1960 年在德国的 Ludwigshafen 建成 3600t/a 的生产装置,反应器材质采用新型高镍合金(即 Hastelloy B),解决了耐腐蚀的问题,后陆续扩大生产能力达到 $4.5 \times 10^4$t/a,并以此规模向罗马尼亚和美国转让技术。

### (2) Monsanto 低压羰基化催化剂

20 世纪 60 年代末,Monsanto 公司提出的以可溶性羰基铑为催化剂,以碘化合物为助催化剂的低压液相法,对甲醇低压羰基化制醋酸具有更高的催化活性,催化速率为 $1.1 \times 10^3$mol/(mol·h),羰化选择性大于 99%,催化剂体系包括主催化剂铑化合物和助催化剂碘化合物两部分。一般选用 RhI$_3$-CH$_3$I 催化剂在醋酸-水混合溶剂中与 CO 反应后生成的均相催化体系,生成的二碘二羰基铑络合物以 [Rh(CO)$_2$I$_2$]$^-$ 阴离子的形式存在于溶液中。

人们对甲醇羰基合成醋酸的反应动力学、催化剂和原料组成、反应条件对反应的影响以及催化作用机理问题都进行过详细研究。在正常条件下,甲醇羰基化合成制醋酸的反应动力学特征见表 15-9。

**表 15-9　甲醇羰基化合成制醋酸的反应动力学特征**

| BASF 高压法 | | Monsanto 低压法 | |
|---|---|---|---|
| 反应物 | 反应级数 | 反应物 | 反应级数 |
| CH$_3$OH | 1 | CH$_3$OH | 0 |
| CO | 2 | CO | 0 |
| I | 1 | I | 1 |
| Co | (变态) | Rh | 1 |

### (3) BP 羰基化制醋酸铱催化剂

英国 BP 公司研究开发了新的醋酸催化剂,于 1995 年 11 月在美国得克萨斯的装置上首次使用,现正在韩国三星-BP 合资装置上应用。该催化剂的主要组成便是铱化合物,另需添加少量助催化剂如镉、铼化合物等,该催化剂体系(Ir-CH$_3$I)的特点为稳定性强、副产物少、含水量低、反应收率高等。也可将其用于改造现有生产装置,以降低生产成本。

### (4) 甲醇非均相羰基化制醋酸催化剂

针对液相羰基化存在的问题,在 Rh-I 均相催化体系开发的同时,许多研究人员开始进行铑负载型非均相催化剂的研制,典型的载体有 C、SiO$_2$、TiO$_2$、Al$_2$O$_3$、高分子聚合物等。用这种催化剂进行气相羰基化反应,具有可改善设备材质的腐蚀、减少贵金属铑的损耗、简化控制系统等优点。近年来，美国 UOP/日本 CHIYODA 公司开发了一种高分子聚合物载铑催化剂，用于甲醇非均相羰基化制醋酸，具有很好的性能，现正在进行工业开发。

20 世纪 80 年代以来，对于非铑催化剂体系甲醇常压气相羰基化工艺的研究十分活跃，催化剂的活性顺序为 Ni＞Co＞Fe，Ni 是最佳的活性组分，载体以活性炭为最佳。

### 15.3.5　醋酸甲酯羰基化制醋酐催化剂

自 20 世纪 70 年代石油危机后，许多公司竞相研究由醋酸甲酯羰基化制醋酐的新工艺。1980 年美国 Halcon 公司与 Eastman 达成协议，将各自优点结合起来而形成的最佳技术推向工业化，1983 年在 Eastman 所在地 Kingsport 建成了一座 $2.25 \times 10^5$ t/a 的醋酐厂。

醋酸甲酯羰基化催化剂体系除铑化合物和碘甲烷外，还需要金属助催化剂（以锂的衍生物为最好）及 N-、P-有机物促进剂，而且原料 CO 中还需含少量 $H_2$。不同锂化合物对醋酸甲酯羰基化的影响见表 15-10。

表 15-10　不同锂化合物对醋酸甲酯羰基化的影响[①]

| 锂化合物(浓度 0.4mol/L) | MeOAc 转化率/% | MeOAc 选择性/% | 反应速率/[mol/(mol·h)] |
|---|---|---|---|
| 无 | 47.9 | 66.5 | 116 |
| LiNO₃ | 0 | 0 | 0 |
| LiCl | 57.0 | 70.0 | 141 |
| LiI | 81.1 | 81.1 | 230 |
| LiOAc | 64.1 | 117[②] | 260 |

① 催化体系：$RhCl_2$-$CH_3I$-Li 化合物，$c(RhCl_2)＝0.01mol/L$，$c(CH_3I)＝3.0mol/L$，$c(HOAc)＝4.0mol/L$，$c(MeOAc)＝7.0mol/L$。
② 包括 LiOAc 与 $CH_3COI$ 反应生成的醋酐。

由表 15-10 可见，对不同锂化合物，LiI 与 LiOAc 效果最好，前者主要提高 MeOAc 的转化活性，后者提高醋酐的生成速率。LiCl 的作用不显著，LiNO₃ 则完全抑制反应。

### 15.3.6　氧化羰基化合成碳酸酯催化剂

此反应是在约 100℃、6MPa、铜盐存在下进行的，其主要反应如下：

$$2CH_3OH + CO + \frac{1}{2}O_2 \longrightarrow (CH_3O)_2C \!=\! O + H_2O$$

当使用 $CuCl_2$ 催化剂时，通常反应选择性不高，有大量副产物如甲醚和氯甲烷生成。如添加各种助催化剂时可以提高活性及选择性，Ce/Cu＝1 时碳酸酯收率最高。当使用 CuCl 催化剂时，此时甲醇氧化羰基化反应实际上是一个氧化还原反应，在氧化阶段 CuCl 在甲醇溶液中被氧化为甲氧基氯化铜，在还原阶段甲氧基氯化铜被 CO 还原而生成碳酸酯。

### 15.3.7　硝基化合物的还原羰基化催化剂

在钯、铑和钌等第Ⅷ族过渡金属络合物催化剂的存在下，硝基化合物与 CO 可以直接发生还原羰基化反应，生成异氰酸酯和氨基甲酸酯。近 40 年来聚氨酯工业得到迅速发展，但到目前为止，异氰酸酯的工业化生产方法主要还是传统的光气法。对比光气法，用 CO 代替光气作原料的还原羰基化法具有很多优点，将是异氰酸酯工业生产方法的发展方向。

## 15.4　费-托合成催化剂

在煤转化为液态烃的各种可能性中，目前只有费-托合成具有工业规模。费-托合成是煤间接液化中的主要方法之一，通常在铁基催化剂上进行，该过程生成的产物碳数分布较宽。在所用的催化剂金属中主要有铁、钴、镍和钌，而且依赖于反应条件和所选用的催化剂，形成各种不同的产物。

费-托合成可以定义为 CO 在非均相催化剂上还原性的低聚：

$$n\mathrm{CO} + m\mathrm{H}_2 \xrightarrow{\text{催化剂}} \mathrm{C}_x\mathrm{H}_y\mathrm{O}$$

反应生成饱和烃、烯烃和含氧产物，比如醇、醛、酮、酸和酯。正如通常的低聚反应一样，所能得到的是或多或少比较复杂的各产物的混合物，而不是选择性地生成各个产物。所得到的分子量分布能较好地用简单的方程式表达，这些方程式原来是用于聚合过程的，考虑了链增长和链终止的概率。

费-托合成工艺分两类：高温费-托合成和低温费-托合成。高温费-托（或 HTFT）合成在 330～350℃的温度下操作并使用铁基催化剂，主要生产汽油和直链低分子量烯烃。萨索尔公司（SASOL）在煤制油厂（CTL）中广泛使用了这一工艺。低温费-托（LTFT）合成在较低的温度下运行，并使用铁基或钴基催化剂，温度在 200～240℃之间，主要生产高分子量直链石蜡烃。

### 15.4.1　费-托合成催化剂类型

**（1）超细粒子催化剂**

在浆态床费-托合成中，研究最多的是沉淀铁和熔铁，近年来出现铁基超细微粒。浆态床费-托合成虽然解决了移热问题，但存在空速低、催化剂含量少（10%～15%）、气体在液相中扩散慢等问题，从而影响反应速率和时空产率。超微粒（UFP）催化剂在一定程度上弥补了这些不足。

Itoh 等将气相蒸发法制取 UFP 用于费-托液相反应。与表面积相近的沉淀铁对比，它的活性高而且下降得较慢。原因可能是铁 UFP 粒子细，无孔，外表面积大，消除了内孔扩散阻力，因而活性比孔隙度大的沉淀铁高。铁 UFP 时空产率较沉淀铁高 1.8 倍，二者的产品分布大体相同。另外，还表明液相化学沉积法铁 UFP 性能优于气相沉积法铁 UFP，时空产率较后者高 85%，添加 10%Cu，时空产率提高 152%；例如时空产率达到 500g/（kg·h），为普通铁催化剂的 20 倍，液相产物占 75%（以碳计）。

**（2）固定床费-托/加氢裂化**

壳牌公司开发的 Shell 中间馏分合成过程（SMDS），第一段采用新型钴催化剂，载体为 SiO₂，活性组分为钴和锆，使合成气在高聚合度条件下（>0.9）高选择性地转化为高分子石蜡烃，蜡再通过加氢裂化、异构化制取汽油、航空煤油和柴油。一座以天然气为原料，年产 45 万吨发动机燃料的大型工厂于 1993 年在马来西亚投产。

**（3）非沸石负载型催化剂**

中科院大连化物所对铁、钌系等负载型催化剂进行了系统深入的研究，并着重研究开发高分散度负载型费-托合成催化剂。利用活性炭表面积大，孔结构合适，与铁相互作用适中的特点，研制出了性能优异的活性炭（AC）担载的铁催化剂。Fe/AC 对汽、柴油馏分选择性高，而且气相产物中低碳烯烃含量高，甲烷和蜡含量很低，产物分布见表 15-11。

表 15-11　不同 Fe/AC 催化剂的费-托产物分布

| 烃产物质量分数/% | 15％Fe/AC | 2％K-15％ Fe/AC | 2％K-4％Mn-8％ Fe/AC |
|---|---|---|---|
| $C_1$ | 5.0 | 7.0 | 7.0 |
| $C_2 \sim C_4$ | 22.0 | 26.0 | 30.0 |
| $C_5{}^+$ | 73.0 | 67.0 | 63.0 |
| $C_5{}^+$中汽油 | 78.0 | 59.0 | 80.0 |
| $C_2{}^=/C_2$ | 2.6 | 3.0 | 3.6 |
| $C_3{}^=/C_3$ | 5.5 | 5.5 | 6.6 |
| $C_4{}^=/C_4$ | 1.7 | 2.2 | 3.1 |

这种催化剂已完成 1L 单管模试，稳定运行 1000h 以上，实现了从合成气一段合成汽油、柴油、煤油和石蜡等产品。在 $H_2/CO=0.9\sim1.2$、2.5MPa、$320\sim325℃$、$500h^{-1}$ 和循环比 $4\sim5$ 下，合成气转化率为 72％，烃产品分布为 $C_1$ 14.9％、$C_2\sim C_4$ 30.1％、$C_5\sim C_{20}$ 55.0％，$C_5{}^+$烃收率 112.6g/m³（转化的合成气），其中汽油 41.5％、煤油 14.6％、柴油 9.3％。

**(4) 含沸石催化剂**

Mobil 公司最早报道将碱助催化氨合成催化剂与 ZSM-5 沸石混合，以及将铁载于 ZSM-5 沸石应用于费-托合成。液体产物限制在汽油沸程范围，并含大量支链烃和芳烃。由于反应温度高（$\geq330℃$），甲烷生成量很高。

Rao 等在发展负载型金属/沸石双功能催化剂合成汽油方面的工作卓有成效。他们研究了制备方法对 Fe/ZSM-5 和 Co/ZSM-5 活性、选择性的影响，发现有机金属浸渍法制备的催化剂活性最高，芳烃最少；混合法制备的催化剂活性最低，芳烃最高。后一种情况是由于沸石没有和金属发生离子交换。Co/ZSM-5 活性比 Fe/ZSM-5 高，$C_5{}^+$ 选择性也较高，但甲烷生成较多。Co/ZSM-5 中加入适量 $ThO_2$，可促进合成气转化率和汽油选择性显著增加，并减少甲烷生成。最好的结果是，在 280℃、2.1kPa(21bar)、$H_2/CO=1$ 条件下，CO 和 $H_2$ 总转化率 83％，汽油选择性接近 70％，甲烷选择性约 16％，辛烷值 90。

**(5) 固定床费-托/ZSM-5 催化剂**

Haag 等最先提出双反应器两段合成法，即将第一个反应器的费-托产物通过第二个反应器 ZSM-5 沸石改质制取高辛烷值汽油。好处是：ZSM-5 能在较高温度（355℃）下操作，使用较高的空速，且便于两种催化剂分别再生。

**(6) 浆态床费-托合成**

$1980\sim1985$ 年 Mobil 公司开发了浆态床两段法合成工艺。有两种费-托操作模式，即低蜡和高蜡模式。蜡改质生产汽油和柴油，低蜡模式汽油产率高，烷基化后高辛烷值汽油占 70％以上，蜡占 8％；高蜡模式 $C_1+C_2$ 含量很低，小于 4％，烷基化后汽油占 40％，蜡占 50％左右。Mobil 公司浆态床模试累计运转 220 天，最长一次为 86 天。浆态床催化剂为沉淀 Fe-Cu-K。

## 15.4.2　费-托合成催化剂的制备

标准的钴催化剂，在德国从 1936 年用到 1945 年，是用碳酸钠沉淀金属硝酸盐制取的。人们很快就发现，氯化物或者硫酸盐的存在对催化剂的活性是有害的。经过过滤后，将催化剂滤饼压模，干燥并在 400℃ 于氢压下还原。经处理后，约有 50%～60% 的钴转变为金属态，所得到的催化剂是空气敏感的，而且自燃。

在 Sasolburg 地区，用于 ARGE 固定床流程的沉淀铁催化剂，是用相似的程序制备的。将接近沸腾的铁和铜的硝酸盐溶液，倾入热的 $NaNO_3$ 溶液中，直至溶液的 pH 值达到 7～8。用蒸馏水洗去 $Na^+$，所得到的料浆用钾水玻璃液浸渍。沉积出的 $SiO_2$ 有效地吸附在 $Fe_2O_3$ 的高表面积上，$K_2O$ 的含量通过加入 $HNO_3$ 控制。孔隙分布的性质受沉淀过程中不同溶液的浓度、沉淀时间和温度与 pH 值影响。

催化剂经过过滤、压模和干燥，其孔隙主要取决于干燥过程中的收缩率。如果沉淀物在丙酮中重新变成泥浆且再干燥，则孔体积增加两倍以上。

适合于固定床操作的另一类催化剂为基于烧结的铁。这些催化剂的制备是用 $K_2CO_3$ 烧结铁、铜和锌的氧化物的均匀混合，混合物的颗粒大小为 $1～10\mu m$，烧结温度为 900～1100℃。造成的小球在 300～450℃ 下用氢还原，直至超过 90% 的铁转变成金属态。与沉淀法催化剂相比较，烧结良好的催化剂以较小的表面积和低的孔容为标志。所以，这些催化剂在相似的反应条件下生产出较低分子量的产物，比如汽油和柴油范围内的烃。烧结法铁催化剂已为 Lurgi/Ruhrchemie 公司开发到中试阶段。

对于雾沫床高温过程，比如 Kellogg 过程或者 Synthol 过程，常使用熔铁催化剂。这些催化剂以高机械阻抗为标志，制备时用天然的铁矿，也可以用轧煅的铁鳞。在 Sasol 优先选用后者，因为它组成均匀，易于控制像 $SiO_2$、$TiO_2$、$Al_2O_3$ 和 MgO 等杂质。氧化铁在约 1500℃ 的温度下，与结构助催化剂和化学助催化剂电熔在一起，经冷却后，将材料碾碎成 Kellogg/Synthol 反应器所需要的颗粒大小。粒度的控制是最重要的，因为太粗材料将不易流态化，太细材料将通过反应器的旋风分离器流失。催化剂用氢气还原，是在流化床反应器中于高压和 400℃ 的温度下进行的。还原过程中，催化剂的表面积增加，且得到一种多孔的结构，还原到 $\alpha$-铁的程度达 95%。此处水对还原的速度有一种特殊的滞留效应。

# 15.5  碳一化工中的催化新工艺

20 世纪 70 年代后期碳一化工重新兴起，其目标已相当明确：就是从煤和天然气出发生产燃料和化工产品，取代部分石油资源，以调整三大主要能源的资源和消费结构的失衡。重点是代用燃料龙头甲醇和有机化工龙头乙烯现有工艺的改进和革新，以及 $C_1$ 化合物通过链增长向 $C_2$ 以上含氧化合物和长链烃的转化。实现这些过程的途径有两条：一是天然气直接转化为液态燃料和有用的化工产品；二是煤和天然气经合成气途径向目标产物转化。在这些转化研究中，许多新的工艺和新的技术已经涌现（如图 15-1 所示）。这些新的工艺和技术有些已经达到可工业化的程度，有些虽然有好的苗头和合理的线路，但一些重大技术问题还未解决。本节拟就从天然气和煤出发的碳一化工催化新技术和新工艺作简要介绍。此外，由于温室效应对全球气候影响越来越大，$CO_2$ 的消除日益受各国政府和科学家的重视。作为 $C_1$ 化学品的一个分支，$CO_2$ 向有机化学品转化利用也出现了一些新途径。

## 15.5.1  天然气的直接转化

传统的甲烷制合成气高温水蒸气重整法温度高，能耗和投资巨大，造成整个天然气综合利用线路合成气制备部分占总过程 60% 的操作成本和投资。除开发新的造气工艺外，天然

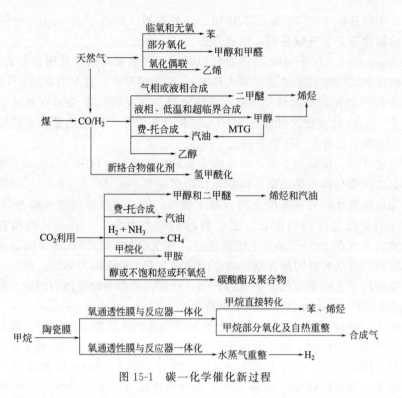

图 15-1　碳一化学催化新过程

气直接转化为目标产物工艺过程研究也备受重视。主要的研究领域有：甲烷氧化偶联制乙烯（OCM 过程）和甲烷芳构化制苯新工艺。

**（1）甲烷氧化偶联制乙烯（OCM 过程）**

由于石油乙烯高昂的价格，同时也由于乙烯作为有机化工龙头所具有的庞大市场，甲烷直接转化研究绝大部分集中于甲烷氧化偶联制乙烯这一领域。由于甲烷本身比其衍生产物更为稳定，临氧状态下能否使反应停留在中间产物阶段是这一过程面临的难题；Baren 和 ItO 的前期工作显示了解决这一难题的可能性。Baren 及其合作者发现，在 5％甲烷转化下 PbO/$Al_2O_3$ 能够获得 54％$C_2$ 烃收率（乙烯＋乙烷）；Ito 和 Lunford 的 Li-MgO 催化剂能获得 50％$C_2$ 收率和 28％甲烷转化率。

此后，大量的早期工作致力于催化剂研究开发以提高 $C_2$ 烃的选择性。OCM 过程的催化剂分为五类：一是纯的碱性氧化物，其中镧系氧化物具有较好的催化活性；二是载有 ⅠA 和 ⅡA 族金属离子的碱性氧化物，如 Li-MgO、Ba-MgO 和 $La_2O_3$ 等；三是单相氧化物；四是含 IA 族金属离子的混合过渡元素氧化物；五是含 $Cl^-$ 的过渡元素含氧化合物。一些活性较好的有代表性的催化剂及性能指标如表 15-12 所示。

我国在天然气氧化偶联制乙烯方面也进行了卓有成效的研究。邱发礼、吕绍杰等研究开发的 Li-X/$La_2O_2$-MgO 催化剂已达到甲烷转化率 20％～21％，$C_2$ 选择性 75％～78％，并完成 500h 寿命实验。从表 15-12 可以看出：在所探索的催化剂上，甲烷转化率和 $C_2$ 选择性之和还未突破 100％水平。在低浓度乙烯选择分离方面，Vayenas 等采用简单的连续循环反应装置，用 5A 分子筛在线连续选择性脱除气流中低浓度乙烯。在低活性催化剂上 $SiO_2$ 催化剂在 820℃、$CO_2$/$CH_4$＝2 原料气条件下，取得了甲烷转化率达 5％、$C_2$ 选择性为 95％的结果。在新的催化剂体系探索方面，Kazuhisa Murata 在 $WO_3$/$ZrO_2$ 固体超强酸载体催化剂 Eu-Li-$WO_3$/$ZrO_2$ 和 Mn-NaCl-$WO_3$/$ZrO_2$ 上，采用 $CH_4$：$O_2$：$H_2$＝10：5：85 为气源，分别达到 18% 和 30% 的 $C_2$ 收率，大大高于以前催化剂 15%～16% 的收率，是较有希望的新催化剂体系。但在高 $CH_4$ 分压下，超强酸的表面结炭将是需要解决的关键问题。

表 15-12　几种代表性氧化偶联催化剂及性能指标

| 催化剂 | 温度/K | 流速 /[mL/(min·g)] | 配比 (C∶O∶X)[①] | $CH_4$ 转化率 /% | 选择性 | |
|---|---|---|---|---|---|---|
| | | | | | $C_2^+$ | CO |
| 5%[③] Li-MgO | 984 | 75 | 78∶8∶14 | 9 | 82 | 18 |
| $La_2O_3$ | 1023 | 10000 | 8∶2∶90 | 12 | 67 | 33 |
| 1%[③] Sr- $La_2O_3$ | 1153 | 3367 | 91∶9∶0 | 16 | 81 | 19 |
| 2%[④] Ba-MgO | 1123 | 1100 | 91∶9∶0 | 17 | 80 | 20 |
| $LiCa_2Bi_3O_4Cl_6$ | 993 | 25 | 20∶10∶70 | 42 | 47[②] | 53 |
| 10%[④] BiOCl-10%[④] $Li_2CO_3$-MgO | 1023 | 250 | 20∶5∶75 | 18 | 83 | 17 |
| 12%[③] $NaMnO_4$-MgO | 1073 | 84 | 50∶10∶40 | 28 | 69 | 31 |
| 2%[③] Mn-5%[③] $Na_2WO_4$-$SiO_2$ | 1073 | 1320 | 45∶15∶39 | 37 | 65 | 35 |

① C∶O∶X 为 $CH_4$、$O_2$ 和惰性气体(X)的摩尔比；总压 0.1MPa。
② $C_2H_4$∶$C_2H_6$ 摩尔比为 25。
③ 质量分数。
④ 摩尔分数。

**(2) 甲烷脱氢芳构化**

甲烷芳构化包括临氧和无氧芳构化两类。在临氧状态下，反应物和产物易于深度氧化，氧化程度和反应条件难以控制，工业化前景不大。故研究重点集中于无氧芳构化方面，所使用的催化剂均是改性的分子筛催化剂。Choundhary 等发现，在低温及烯烃和烷烃存在下，甲烷在沸石催化剂上可以得到 10%～45% 收率的芳烃化合物和碳氢化合物而不伴生 CO；O. A. Anuniatch 采用了 Zn-ZSM-5 催化剂 [Zn/(Zn＋H)＝0.86]，在乙烷存在下 [甲烷/(甲烷＋乙烷)＝0.4～0.8]，芳烃收率可达 10%～40%；王林胜等使用 Mo/ZSM-5 在 773K 和 0.2MPa 的条件下，甲烷转化率达 7%，苯选择性 100%；Solymosi 等应用 MoC/ ZSM-5 在 973K 下也得到了高的乙烷转化率和苯选择性；陈来元等使用 3% Re/ZSM-5 催化剂在 973K、0.1MPa 下也获得了 5.9% 的转化率和 86% 的苯选择性。

在催化剂寿命方面，有实验数据表明在 CoMo/ ZSM-5 催化剂上，$CO/CO_2$ 的加入能有效地延缓催化剂结炭失活速率，但在 100h 内催化剂活性仍呈线性下降。所以，这一工艺工程化的关键在于催化剂抗结炭性能的改善。

## 15.5.2　天然气间接转化利用

### 15.5.2.1　甲醇的液相合成

传统工业中低压甲醇合成法是 $H_2$ 和 CO 在 2%～10% $CO_2$ 参与下，在 220～300℃、58～10MPa 反应条件下经 Cu/ZnO/$Al_2O_3$ 催化而得。甲醇合成是高放热反应，而催化剂活性组分铜在高温下易于烧结，导致催化剂寿命缩短；其次受热力学平衡限制，CO 转化率较低，大量的尾气循环导致了压缩能耗的增加。为了克服这两个弊端，两个新的甲醇合成工艺，即低温甲醇合成和液相甲醇合成受到了研究工作者的重视，到目前为止，二者均已达到可进行工业性实验设计水平。

**(1) 低温甲醇合成法**

低温甲醇合成新工艺包括甲醇在强碱体系下羰化为甲酸甲酯（MF）和 MF 氢解生成两

分子甲醇两部分。两步反应可以在单一的或分离的反应器中进行，其主产物甲醇和甲酸甲酯比例可以根据市场要求改变操作条件调整。

在单一反应器内，一步合成甲醇新工艺与传统中低气相合成法相比具有较多的优点：该工艺一般在 $60\sim150℃$、$0.5\sim0.6MPa$ 下运行，原料采用接近化学计量（$H_2/CO=2$）的合成气，CO 单程转化率可达 90% 以上，可以大大减少尾气循环压缩能耗。甲醇羰化催化剂通常为强碱催化剂，典型的为醇盐体系，其活性顺序为 $CH_3OK>CH_3ONa>CH_3OLi$，由于醇钾价格昂贵，故多使用便宜的 $CH_3ONa$；在单纯的甲醇羰化制甲酸甲酯工艺中，由于 $CH_3ONa$ 极易为微量 $CO_2$ 和 $H_2O$ 反应而失活，人们也尝试采用有机碱作为催化剂。吴玉塘等采用三乙醇胺、咪唑与环氧丙烷相结合的方法取得了较好结果，但环氧丙烷回收问题还未解决。故一般采用 $CH_3ONa$ 催化剂加入其他助剂延缓催化剂失活并强化原料气净化。最近的研究表明，在低温甲醇合成中，产物甲酸甲酯（MF）与 $CH_3ONa$ 反应生成稳定的 HCOONa 也是催化剂失活的重要原因。

MF 氢化为含金属的催化剂体系，所尝试的有均相 Ni 催化体系、均相和多相 Cu 催化体系，其他的还有 Co、Mo、Cr 和 Pd 催化体系，但最优活性的还是 Ni 和 Cu 催化体系。对于 Ni 系催化剂，典型的催化剂为 $Ni(CO)_4/MeONa$，原位红外光谱研究表明中间离子 $[HNi(CO)_4]^-$ 催化了甲酸甲酯的氢解；也有文献介绍采用 CuCl/MeONa 体系，通过加入亲酯的 $CH_3—O—CH_2CH_2—ONa$ 使反应变为均相体系，据称，其富电子的金属卤化物是催化剂高氢化活性的关键；吴玉塘等比较了 Cu-Cr、Cu-Mn 和 Cu-Cr-Mn 复合氧化物催化剂，发现在相同反应条件下其活性顺序为 Cu-Cr>Cu-Cr-Mn>CuMn，MF 选择性顺序为 Cu-Mn>Cu-Cr-Mn>Cu-Cr，亦即 Cu-Cr 复合氧化物体系具有较好的 MF 氢化活性。

根据 Amoco 研究中心评估，该过程甲醇生产成本略低于传统的多段绝热甲醇合成法，但还不足以弥补新工艺开发风险，仍有赖于造气工艺的改进和 $CO_2$ 脱除成本的降低；另一重要问题是羰化和氢解失活催化剂的处理，原位或非原位尤其是醇钠催化剂自修复和再生，目前已有所进展，但仍需要进一步研究和开发。

**(2) 甲醇液相合成**

为了克服工业过程 CO 转化率和尾气循环能耗高的缺点，一种浆态液相甲醇合成工艺开发已经取得了较大的进展。该工艺是将甲醇合成催化剂细粉悬浮于高沸点的矿物油中，在 5.0MPa 以上，$220\sim270℃$ 下通入合成气反应。该工艺最显著特点之一是 CO 单程转化率较高，主要是由于：①反应所放出的热量迅速被矿物油吸收，最终由内循环换热器撤出；②产物甲醇和水迅速汽化脱离反应相（油/催化剂），从而削弱热力学平衡限制，有利于甲醇形成。特点之二是由于矿物油的循环，反应温度易于控制。特点之三是较适合由甲烷部分氧化或 $CO_2$ 重整等制备的具有高 CO 浓度的合成气。该工艺采用的催化剂与气相合成法基本相同，为 Cu/Zn/Al 催化剂，但由于甲醇、水和 $CO_2$ 的作用，催化剂组成易于向矿物相流失，所以催化剂寿命也是主要的指标之一。

该工艺所采用的空速较低，与低温甲醇合成工艺一样，虽然 CO 转化率高，但总的催化效率仍然很低，庞大的反应器是其主要缺点。

此外，新近开发的超临界甲醇合成工艺也采用正己烷液相介质撤热方法，不同的是催化剂由浆态循环床改为固定床，有利于介质循环，同时采用高压（9.5MPa）反应，使反应产物分散于液体介质中，可通过水萃取分离方法，而不必采用浆态床反应的气液分离方法。该工艺过程也取得 47%～68% 的 CO 单程转化率。其主要缺点除与浆态床合成工艺相似外，液体介质运行损耗应大于高沸点矿物油损失，故操作和投资成本的优劣还有待于具有稳定工艺参数后详细的经济评估。

### 15.5.2.2　合成气直接合成二甲醚(DME)

从 20 世纪 80 年代初期开始，二甲醚作为一种化工产品以其独特的性质而受到人们的重视。它可以作气溶胶推进剂取代能破坏臭氧层的卤代烃类，同时由于它的物理性质相似于石油液化气（LPG）主要成分丙烷和丁烷，作为交通和民用燃料将具有广阔的潜在市场。二甲醚最初主要来自甲醇合成的副产物或者由甲醇脱水来制备。后来在甲醇合成汽油（MTG）研究中，为了减轻分子筛负荷将 MTG 过程改为 $CH_3OH/DME$ 混合物为原料进而开发了由合成气直接合成二甲醚，再在分子筛上合成汽油的二步液化过程（TIGAS 过程）。由于二甲醚独特的物理性质和巨大潜在市场，由合成气直接合成二甲醚作为独立的化工过程受到研究者的青睐，从而得到快速发展。

该工艺采用双功能催化剂将甲醇合成和甲醇脱水制二甲醚一步完成，可克服热力学平衡限制，大大提高 CO 单程转化率。在 2~5.0MPa，230~270℃ 条件下，CO 转化率可达 80%~90%，DME 选择性可达 90% 以上，基本上可达平衡转化。采用的催化剂一般为商业甲醇催化剂或者改性商业催化剂，脱水催化剂多为改性 ZSM-5 分子筛催化剂和 $Al_2O_3$ 催化剂。丹麦 Topsфe 公司采用 $CuO/ZnO/Al_2O_3$ 和 $NH_3$ 改性 ZSM-5 催化剂已建成年产万吨的中试装置；我国大连化学物理所采用改性的甲醇合成催化剂和 ZSM-5 复合 SD 系列催化剂，在 $\phi100mm$ 反应器中完成 2000h 寿命实验，达到可进行工业级中试程度。最近，日本 NKK 公司与东京大学联合开发了天然气自热重整、与合成气液相合成二甲醚联合的完整的从天然气出发生产二甲醚工艺，DME 合成采用 $\phi90mm \times 2000mm$ 浆态鼓泡反应器，催化剂为 $CuO/ZnO/Al_2O_3$ 细粉，液体介质为正十六烷。根据该公司估计，与传统甲醇合成相比，单位产品投资下降 14%，天然气消耗下降 19%，单位热值成本下降 20%。

### 15.5.2.3　甲醇或二甲醚合成低碳烯烃(MTO 和 SDTO)

作为石油化工产业龙头产品，乙烯具有非常重要的战略地位，从天然气和煤出发制备乙烯是实现资源结构转换的最根本目标之一。从合成气直接合成低碳烯烃当然是人们所希望的，可惜的是由于该反应受热力学平衡限制且产物按 Schulz-Flory 分布，乙烯选择性低，所以，二十多年来研究重点集中在合成气经甲醇合成烯烃（MTO）和合成气经二甲醚合成烯烃（SDTO）过程的开发上。合成气制甲醇和二甲醚工艺前面已经介绍，为了便于 CO 和烯烃变压吸附分离，甲醇和二甲醚必须分离后再进入低碳烯烃的合成。

在 1995 年南非举行的第四届天然气转换会议上，UOP 和 Uorskhydro 报告了他们联合开发的天然气经甲醇制取烯烃的工艺过程，采用 UOP 生产的 SAPO-34 分子筛为催化剂和循环流化床反应器制备乙烯和丙烯，其乙烯/丙烯比可通过反应温度调节以提高乙烯选择性，目前已完成中试试验。我国大连化物所在第五届天然气转换会上报道了其从合成气经 DME 制低碳烯烃（SDTO）中间试验结果：在 $\phi20mm \times 500mm$ 流化床反应器中，常压 550℃、WHSV $5\sim7h^{-1}$ 条件下，DME 转化率为 100%，乙烯和 $C_2\sim C_4$ 选择性分别为 50%~60% 和 99%，所采用的催化剂为自合成 SAPO-34 分子筛（三乙氨模板剂）为主的 DO-123 催化剂。

MTO 过程和 SDTO 过程的主要设计思路和催化剂是相似的，都不失为从天然气和煤出发取代石油乙烯的最有希望的工艺线路。一般天然气经合成气合成液体燃料和化学品，其造气投资和生产费用约占全过程的 40%~60%，所以新工艺的前景依赖于造气过程的改进。天然气催化或非催化氧化及自热重整制合成气技术将可大大降低造气能耗，尤其是如果陶瓷膜空分技术能够开发成功，将可极大地提高天然气制乙烯工艺的经济可行性。值得注意的是采用膜空分天然气部分氧化制合成气的研究已取得了可喜的成果。

### 15.5.2.4 甲醇合成汽油(MTG)

1980 年，新西兰政府为了缓解石油禁运造成的能源危机，在比较了 Fischer-Tropsch 法和甲醇法制合成燃料方案后，决定采用后者，因为从经济角度来看它更为合理，于是决定采用 Mobil 公司于 1976 年开发成功的 MTG 工艺（Methanol-to-Gasoline）并与之合股建厂，于 1985 年建成以本国天然气为原料，年产 602 万吨合成汽油生产厂，可满足新西兰汽油用量的 1/3。

这是第一次以甲醇法合成汽油的成功尝试，其核心技术是 Mobil 开发的 ZSM-5 择形分子筛催化剂，它具有三维均匀孔道（约 $5.5 \times 10^{-10}$ m），能够高选择性地合成汽油，其碳数可被控制在 $C_{10}$ 以下。所经历的反应过程为：

$$2CH_3OH \longrightarrow CH_3OCH_3 + H_2O$$
$$CH_3OCH_3 \longrightarrow 轻质烯烃 + H_2O$$
$$CH_3OCH_3 \longrightarrow 重烯烃 + H_2O$$
$$重烯烃 \longrightarrow 芳烃 + 烷烃$$

该工艺在操作条件稍加改变并对催化剂加以修饰后，可将反应控制在第一步或第二步上，并与甲醇合成相结合，变成由合成气直接合成二甲醚工艺；若使反应控制在第二步则变成 MTO 过程；若将合成气直接制二甲醚与二甲醚制汽油相结合，两步等压操作、中间产物不经分离过程，则可以大大节约分离能耗，这就是丹麦 Topsøe 开发的 TIGAS（Topsøe-Integrated Gasoline-Synthesis）过程。

此外由 AECI 与 Mobil 开发的 MTC（Methanol-to-Chemicals）过程，是将 MTG 和 MTO 结合经由甲醇合成既含汽油又约含 25% 乙烯工艺。日处理 1.5t 甲醇实验厂已运行一年多。

## 15.5.3 膜技术在碳一化工中的应用

### (1) 在合成气制备中的应用

从合成气制备有价值的化学品需要经过合成气制备、主产物制备和产物分离三个部分，其中合成气占总能耗及投资的 60% 左右。由于甲烷直接转化离工业化依然遥远，所以降低造气投资和成本是天然气综合利用的最可行的方法。

Amoco、BP Chemicals、Paraxair、Sasol 和 Statoil 正在联合开发一种耐高温陶瓷膜反应管技术，预计可高效地将天然气转换为合成气。这一称为氧传输膜（Oxygen-Transport-Membrane，OTM）合成气的技术，将空分、甲烷蒸汽重整和甲烷部分氧化融为一步，可大幅度降低设备投资和能量消耗；可以用于天然气催化或非催化氧化制合成气，以及类似于自热重整的 $O_2$/蒸汽和 $O_2$/$CO_2$ 甲烷重整中。其核心技术是一种致密的混合金属氧化物高温陶瓷管膜反应器，氧的传送是以 $O^{2-}$ 形式穿过膜本体，管内壁中电子透出再与氧分子结合形成电子循环。这种陶瓷管膜反应器（$SrFeCo_5O_x$）性能极其稳定。此外 Eltron 公司也开发了类似的陶瓷膜反应器（CMR），用于 CPOM 工艺，预计可使合成气价格降低 30%～50%。

A. Piga 报道了一种被称为 HIWAR（Heat-Integrated Wall Reactor）的用于甲烷催化部分氧化制合成气的膜反应器，该反应在一个大的陶瓷管中装入一根内外壁涂有金属膜的高导热效率的陶瓷管，当 $CH_4/O_2$ 进入反应管内后立即发生完全燃烧反应，反应热迅速通过陶瓷传入反应管外壁，供给由管内送入的含 $CO_2$ 和 $H_2O$ 的甲烷进行吸热的重整反应。据称这种反应器可消除 CPOM 单纯固定床工艺中催化剂床层热点，使反应温度均匀，提高过程安全性。

对于甲烷重整反应，提高反应压力在热力学上对反应不利，尤其是 CPOM 反应，压力对热力学平衡转化的影响更为明显。但为了与后续工艺配套，减少合成气压缩能耗，需要使甲烷氧化在一定压力下进行。这将导致甲烷转化不完全，增加后续过程惰性气体循环量。为了解决这一矛盾，在反应过程中采用催化反应膜分离工艺，移除部分产物 $H_2$，打破热力学平衡，促进甲烷完全转化。CPOM 反应是轻微放热反应，能耗低，但压力对热力学平衡影响大，具备商业前景，所以催化膜分离应用于该过程较多。所使用的膜材料绝大多数采用陶瓷管覆盖 Pd 或含 Pd 复合膜层，也有部分研究者采用修饰后商业陶瓷管为膜反应器。

**(2) 膜在甲烷无氧催化转化中的应用**

Borrg Ⅲ 报道了一种特殊的膜材料，该膜分三层，外层为多孔性陶瓷基底，中层为 $H_2$ 可通透性复合氧化物陶瓷膜，其化学计量式为 $SrZr_{0.95}Y_{0.05}O_3$，内层为 Mo/H-ZSM-5 膜。当纯甲烷通过陶瓷管反应器时，甲烷在内层部分裂解脱氢、聚合成烯烃和芳烃，脱除的 $H_2$ 通过膜在膜外层与 $O_2$ 反应生成水，由于氢的连续移出，打破热力学平衡，使甲烷转化率大大提高。试验数据表明，当温度为 765℃、压力为 95kPa（0.95bar）时，$C_2 \sim C_{10}$ 平衡收率可达 80% 以上。预计该膜反应器可用于甲烷氧化脱氢制乙烯和芳烃工艺，如果膜强度和抗结炭堵塞性能得到改善，将有较好的应用前景。

## 15.5.4  $CO_2$ 的利用

**(1) $CO_2$ 氢化及其 Carnol 循环**

与 CO 一样，$CO_2$ 氢化也能得到甲醇、二甲醚和烃类，但由于分子中比 CO 多一个氧原子，需要多消耗一个 $H_2$ 转化为水，从而导致其经济性比 CO 氢化低。但为了解决环境问题，实现这种转化也势在必行。在 $CO_2$ 氢化→燃料→$CO_2$（Carnol 循环）这一完整的能量循环中，其根本是价廉的氢源问题，人们设想是通过可更新能源如太阳能、水能和核能等电解水获得。到目前为止，$CO_2$ 氢化研究较多的是费-托合成、甲烷化及合成甲醇和二甲醚。

在甲醇和二甲醚合成中，采用的催化剂和反应条件与 CO 相似，不过由于反应体系含有高浓度的 $CO_2$ 和水蒸气（产物），而影响催化剂寿命。在改善催化剂寿命方面，国外学者已做出了卓有成效的工作，国外已经实现 $CO_2$ 合成甲醇工艺（CDH）工业化。

$CO_2$ 甲烷化是研究较为活跃的领域之一。采用的催化剂一般为Ⅷ族金属，载体为普通的氧化物 $Al_2O_3$、$SiO_2$、$TiO_2$ 和 MgO，Darers Sbourg 等对比考察了多种催化剂体系，求得 Ru、Rh、Ni 催化反应活化能分别为 69.5kg/mol、73.7kg/mol 和 85.3kg/mol，可见 Ru 是最具有活性的组分，除普通的金属催化剂外，担载型金属簇有机化合物显示了更高的活性。担载于 $Al_2O_3$ 上的 Ru 簇化合物比单核催化剂活性高 22 倍，其簇化合物顺序为 $Ru(CO)_5 < Ru_3(CO) < H_4Ru_4(CO) < Ru_6(CO)_{17}$，但簇化合物型催化剂的研究尚缺乏系统性，其结构与活性关联还有待深入研究。在 $CO_2$ 直接氢化合成油方面，其催化剂与 CO 合成油一致，这里不再赘述。

**(2) 甲胺合成**

目前，工业甲胺合成过程是甲醇与氨在固体酸催化下（$Al_2O_3$、$ZK-SiO_2-Al_2O_3$、丝光沸石，RHO 分子筛等）生成甲胺（MMA）、二甲胺（DMA）三甲胺（TMA），通过循环调整产物比例。这里介绍的是 $CO_2 + H_2 + NH_3$ 合成甲胺新工艺，瑞士 Baiker 等一直致力于这一新工艺的开发。据报道，$Cu/Al_2O_3$ 催化剂在 473～573K 和 0.6MPa 条件下，MMA：DMA：TMA 为 1.0：0.23：0.07 时，其活性亦达到 $MeOH + NH_3$ 和 $CO_2 + H_2 + NH_3$ 合成甲胺水平，该研究采用的 Pd/Al$_2$O$_3$（含 Pb2.8%～7.6%）也有较好的活性，其 MMA 选择性达 80%以上。该工艺开发成功，不失为 CO$_2$ 利用的一条可行途径。

## 思考题

1. 简述甲醇合成的方法及所使用的催化剂。
2. 简述甲醇催化剂的活化方式。
3. 试说明甲醇氧化制甲醛催化剂的制备方法及催化剂失活原因和再生的方法。
4. 羰基合成包括哪两类反应？各可使用哪些物质作为催化剂？
5. 费-托合成催化剂有哪些类型？有何优缺点？
6. 费-托合成催化剂可使用什么方法进行制备？沉淀法制备的催化剂有何优缺点？

# 第 16 章

# 环境保护和绿色化工催化剂

随着全球人口与资源的矛盾越来越尖锐，环境恶化日益威胁着人类的生存和发展，保护环境成为人类面临的严峻课题。环境保护催化正是以控制和预防环境污染为目的的应用催化技术，目前已经取得了长足发展。在世界催化剂市场，炼油、化工和环保三大领域中，近年来环保催化剂市场份额已高达 60% 以上。环保催化剂主要用于消除或降低工业"三废"，其中最重要的是废气与废水，废气包括 $CO_2$、$SO_x$、$NO_x$、挥发性有机物（VOCs）、氯氟烃和黑烟微粒等，它们是地球酸雨、雾霾、温室效应和臭氧空洞等自然灾害的元凶；废水主要是含有无机盐、酚、氰化物、多环芳烃、芳香胺等的工业及生活污水，它们直接导致了水体污染。环保催化技术正成为提高人们生活质量和保持社会可持续发展的核心技术。

环境保护催化在三方面起着十分重要的作用：①污染源源头生产工艺的绿色化工艺开发。例如，新一代高效汽、柴油脱硫催化剂及工艺的实施，使得汽油和柴油的深度脱硫成为可能。②固定源污染物催化法治理技术。如燃煤电厂排放的大量 $SO_x$、$NO_x$ 催化还原处理，另外，对于各种工业设施排放的 VOCs 实行催化燃烧处理工艺，降低了 VOCs 的燃烧温度，减缓了高温下易生成 $NO_x$ 的趋势，避免了二次污染。③移动源污染物催化法治理技术。如在机动车尾气的排放口安装催化转化器，可大大降低机动车尾气中的 CO、$NO_x$、$C_xH_y$ 含量。

目前，用于大气污染防治的环境保护催化剂按其用途主要分为：机动车燃料油生产中的脱硫催化剂、汽车尾气净化催化剂、工厂烟气脱硫及脱硝用催化剂和有机废气的催化燃烧催化剂等。环境催化与常规工业催化之间存在明显区别，环保催化剂的主要特点为：

① 待处理的废气或废液量巨大。例如，600MW 火力发电机组，烟道气可达 $1.6Mm^3/h$。要求环保催化剂具有较高的机械强度，能承受流体反复的冲刷和压力降的反复波动。

② 有毒有害物质的浓度往往很小，而处理要求却很高，通常在 $10^{-1} \sim 10^{-4} mg/L$ 之间。例如，硝酸尾气中 $NO_x$ 的浓度通常在 0.2%～0.4%，而要求脱除率达到 99.98% 以上，因此要求环保催化剂具有很高的催化活性。

③ 被处理的气体和液体中，除了脱除目的毒物外，往往含有较多的杂质，如粉尘、酸雾、重金属元素、硫、砷、卤化物等，其中不少是催化剂的毒物。这就要求环保催化剂有较强的抗毒性能和稳定性，以及较好的选择性。

④ 环保催化剂本身就可用于治理环境，要求不产生二次污染，同时也要求环保催化剂本身也必须无毒。

⑤ 环保催化剂的性能需随着环境标准的不断提高而加以改进。例如，最初的汽车尾气净化催化剂只需对 CO 和 $C_xH_y$ 进行氧化处理，而现在则需处理 CO、$NO_x$ 和 $C_xH_y$，并要求颗粒物也达到超低排放。

# 16.1 空气污染治理的催化净化

工业、交通、能源生产中影响大气环境的主要污染物是 $CO_2$、$NO_x$、$SO_x$、VOCs 和微粒尘埃等。按污染物产生和排放的源头划分主要有两大类：一类是机动车尾气排放的污染物，统称动态源；另一类是发电厂、水泥厂、工业锅炉、废弃物焚烧炉等烟囱排放的污染物，统称静态源。分别采用不同的催化剂技术进行处理。

## 16.1.1 动态污染源的净化处理和三效催化剂

### 16.1.1.1 动态污染源的污染物、排放限制及处理方式

动态污染源的处理以汽车尾气处理为例。在燃烧过程中，由于各种工况原因会产生不完全燃烧，从而导致未燃烧的烃类及一些醇、醛和 CO 等氧化中间物的排放。火焰中发生的热裂化也形成了不同于原组成的小烃分子和 $H_2$ 等。另外大多数化石燃料中都含有一定量的硫和氮，燃烧后它们分别以 $SO_x$（$SO_2$、$SO_3$）和 $NO_x$（NO、$N_2O$、$NO_2$）排出。当燃烧温度超过 1700K 时，空气中的 $N_2$ 和 $O_2$ 也可以反应生成 NO 和 $NO_x$。

目前，防治机动车尾气污染的途径主要分为机内控制和机外控制。机外控制是主要依靠三效催化剂对尾气的有效转化来实现的，将有害的 CO、$C_xH_y$、$NO_x$ 氧化还原为对人体健康无害的 $CO_2$、$N_2$ 和 $H_2O$，是目前最有效的机动车尾气净化方式。

### 16.1.1.2 汽车尾气三效催化剂的组成

三效催化剂可同时将尾气中的 CO、$C_xH_y$ 和 $NO_x$ 净化处理，达到环保要求的限制标准。三效催化剂的构成主要由载体涂层和活性组分所组成，置于汽车尾气催化转化器中。

**(1) 载体**

目前，广泛使用的为块状的载体，材质有陶瓷和合金两大类。最常用的陶瓷材料为多孔堇青石，化学组成为 $2MgO \cdot 2Al_2O_3 \cdot 5SiO_2$，组分的质量分数大致为：MgO14%、$Al_2O_3$36%、$SiO_2$50%，还有少量的 $Na_2O$、$Fe_2O_3$ 和 CaO。商业上通常制成外观为 $\phi$125mm×85mm 的圆柱体或者为 $\phi$145mm×80mm×128mm 的椭圆体。材料本身主要由平均孔径为数微米的大孔构成，孔隙率在 20%～40%（体积分数）之间。整体制成蜂窝状，通道截面多为三角形和方形，通道分布可达 62 孔/$cm^2$，通道壁厚为 0.15mm，最薄可达 0.1mm，堆密度约为 420kg/$m^3$。这种载体的突出优点是抗热冲击性能优越，具有很低的热膨胀系数。

合金载体有不锈钢、Ni-Cr、Fe-Cr-Al 等材料。外观构型为蜂窝状，内部由交错的平板和波纹状薄金属构成，厚度约为 0.05mm。这种载体材料的特点是机械强度大、传热快、抗震性好、寿命长等。合金载体为非多孔的，在制备催化剂涂层时工艺较复杂。

**(2) 涂层**

前述的载体材料，无论是陶瓷抑或合金，比表面积只有 2～4$m^2$/g。对于负载型催化剂来说太小，既不利于活性组分的有效负载，也不利于活性组分的高度分散；对吸附消除排放

尾气中的有害杂质也不够有利。解决办法就是在载体表面再复合一层高比表面积的无机氧化物涂层，也称第二载体。涂层材料可选用 $Al_2O_3$、$SiO_2$、$MgO$、$CeO_2$ 或 $ZrO_2$ 等，也可以是它们的复合物。涂层材料的选用与制作是制造商的核心技术，涂层材料必须满足以下要求：①有较高的热稳定性。②增强涂层中某重要组分（如上述的 $Al_2O_3$）的热稳定性。③协助或改善某些催化组分的功能。如能与贵金属发生相互作用，提供较高的内比表面积（典型的为 $20\sim100m^2/g$），且在实际工况下具有较好的稳定性。

**(3) 贵金属活性组分**

用于汽车尾气净化的催化剂，早期多使用铁族过渡金属 Fe、Co、Ni 等。由于它们对催化 CO、$C_xH_y$ 和 $NO_x$ 转化活性较差，加之高温下抗硫性能欠佳，故目前三效催化剂普遍采用 Pt、Rh、Pd 贵金属作活性作分。

Pt 能有效地促进 CO 和 $C_xH_y$ 的催化氧化，也能促进水煤气的变换反应。它对 $NO_x$ 催化还原的能力不及 Rh，但在还原性气氛下易使 $NO_x$ 还原为 $NH_3$。

Rh 是催化 $NO_x$ 还原的主要组分，在氧化气氛下还原产物为 $N_2$；在低温、无氧条件下的主要还原产物为 $NH_3$；高温时的主要还原产物为 $N_2$。当 $O_2$ 浓度超过一定限度时，$NO_x$ 不能有效还原。Rh 对 CO 的氧化和 $C_xH_y$ 的水蒸气重整也起到重要的催化作用。但 Rh 的热稳定性和抗毒性能力不及 Pt。

Pd 的起燃活性好，热稳定性也较高，只是对汽油中的 Pb 和 S 含量有更高的要求。Pd 主要用于催化 CO 和 $C_xH_y$ 的转化。一般认为 Pd 在高温下会与 Pt 和 Rh 形成合金，Pd 处于外层，对 Rh 的活性产生负面影响。各贵金属之间有相互协同作用，总体起催化促进作用。

### 16.1.1.3 三效催化剂的影响因素

影响三效催化剂性能的因素，包括构成该催化剂的载体的选择及设计、基面涂层、活性贵金属的配比、整体催化剂的制备方法等，还包括转换器的结构设计及其操作运转工况等，见图 16-1 所示。

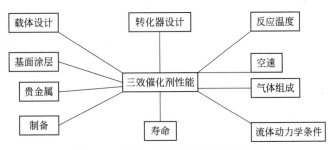

图 16-1　影响三效催化剂性能的因素

多相催化剂通常是在选定的反应条件区运转操作，可以人为强制监控，从而使其在某一最佳催化转化条件下运行。而汽车尾气净化催化剂的实际运行工况，与通常的多相催化剂有很大的不同。因为其操作条件是由发动机的运行速度和负荷等确定的，比一般化工反应的操作条件要恶劣得多。三效催化剂实际运行工况难以较好地控制，使用中会出现许多可逆和不可逆的失活。通常低温操作时失活是可逆的，高温时的失活一般是不可逆的。汽车在行驶过程中由于振动导致载体的机械破损，由于温度急骤变化引发热应力导致载体破损，都会使催化剂不可逆地失活。燃料毒物化学吸附可导致三效催化剂失活，有的是可逆的，有的是不可逆的。

#### 16.1.1.4 汽车尾气净化催化剂发展趋势

目前,广泛使用的汽车尾气净化催化剂已基本成熟,它们是以贵金属为活性组分,用 $Al_2O_3$ 和 $CeO_2$ 等作为涂层的堇青蜂窝状整体式载体,可同时脱除 $CO$、$C_xH_y$ 和 $NO_x$ 的三效催化剂。今后,汽车尾气净化催化剂的发展方向如下:

① 进一步提高三效催化剂的净化能力,以满足今后更加严格的排放限制,特别是要大幅降低汽车在冷启动时的污染排放。

② 进一步解决好汽车与催化剂之间的相互匹配问题,这需要汽车生产厂家与汽车尾气净化催化剂生产厂家间的密切配合。

③ 进一步降低催化剂的生产成本,主要是要降低贵金属的用量,以及用较便宜的 Pd 或者非贵金属部分或全部取代 Pt 和 Rh。

### 16.1.2 静态污染源的催化处理

静态污染源有多种类型,发电厂的烟囱排放气、各类工业生产过程的排放气、垃圾废弃物焚烧发电的排放气、民用燃烧排放气等。这些过程产生大量危害环境的废弃物,如 $SO_x$、$NO_x$($NO$、$N_2O$、$NO_2$ 等)、$CO_x$($CO$、$CO_2$)以及二噁英、$NH_3$、烃类。其中 $N_2O$、$CO_2$ 和 $CH_4$ 属温室气体,会引发全球变暖、冰川融化退缩、海平面上升、气候恶化、土壤沙化等一系列环境问题。$NO_x$ 与烃类相互作用导致光化学烟雾,严重危害人体健康。$SO_x$、$NO_x$ 会产生酸雨,破坏生态环境,危害生物的生存发展。

**(1) NO 的催化分解**

尽管在非常高温度下 NO 是一种不稳定的化合物,但其分解速率却很低,因此必须使用催化剂来加速分解。经过研究,$Pt/Al_2O_3$ 及一些非负载型过渡金属氧化物,如 $Co_3O_4$、$NiO$、$Fe_2O_3$ 和 $ZrO_2$ 等是适合的催化剂。氧的存在强烈地抑制分解反应,因为 $O_2$ 易与 NO 在催化剂表面上发生竞争化学吸附。有研究报道指出,Co 或 Cu 交换的分子筛催化剂在 $623\sim673K$ 温区内是活泼的分解催化剂,而 Rh 和 Ru 负载于 ZSM-5 上则在 $523\sim573K$ 温区内是很活泼的分解催化剂。

当 Cu-ZSM-5 对 NO 的分解还原能力与 $Cu^{2+}$ 的交换度低于 57% 时,分解活性很小;若交换度超过 72%,分解活性急剧上升。有人采用杂多化合物 $H_3PW_{12}O_{40}\cdot6H_2O$ 催化分解 NO,也有良好的效果。

**(2) $NO_x$ 的催化还原脱除**

在动态污染源的尾气处理中,三效催化剂对 $NO_x$ 的转化困难。因此,在静态污染源污染物的处理中,人们的研究开发转向对 $NO_x$ 的选择性催化还原(SCR)过程,最后取得了成功。$NO_x$ 的 SCR 一般选用 $NH_3$ 作还原剂,在催化剂作用下将 $NO_x$ 还原为 $N_2$ 和 $H_2O$,主要反应为:

$$6NO + 4NH_3 \Longrightarrow 5N_2 + 6H_2O$$
$$6NO_2 + 8NH_3 \Longrightarrow 7N_2 + 12H_2O$$

催化剂一般为过渡金属氧化物,负载于载体上,如 $TiO_2/SiO_2$、$V_2O_5/SiO_2$、$MoO_2/Al_2O_3$、$WO_3/Al_2O_3$ 等。$NH_3$ 在催化剂表面先解离吸附为 $—NH_2$ 和 $H\cdot$,后者与吸附的 $O_2$ 反应生成 $H_2O$,而 $—NH_2$ 与 NO 反应生成 $N_2$ 和 $H_2O$。这里 $NO_2$ 比 NO 更易为 $NH_3$ 所还原。以 $NH_3$ 为还原剂时,还可能发生下述反应:

$$8NO + 2NH_3 \longrightarrow 5N_2O + 3H_2O$$
$$8NO_2 + 6NH_3 \longrightarrow 7N_2O + 9H_2O$$

$NH_3$ 一般不与尾气中的 $O_2$ 反应，但当 $NH_3$ 将废弃中的 $NO_x$ 完全还原后，略有过剩的 $NH_3$ 也会与 $O_2$ 进行下列反应：

$$4NH_3 + 5O_2 \longrightarrow 4NO + 6H_2O$$
$$4NH_3 + 3O_2 \longrightarrow 2N_2 + 6H_2O$$
$$2NH_3 + 2O_2 \longrightarrow N_2O + 3H_2O$$

温度对 $NO_x$ 采用 $NH_3$ 选择性还原反应的影响很大。当温度高于 300℃ 时，$NH_3$ 与 $O_2$ 发生显著反应；若温度低于 210℃，则易生成硝酸铵和亚硝酸铵，见下列反应：

$$2NH_3 + 2NO_2 + H_2O \longrightarrow NH_4NO_2 + NH_4NO_3$$

此过程会造成管道堵塞，乃至爆炸。当然，通常情况下该副反应发生的概率不大。$NH_3$ 选择性还原 $NO_x$ 的效率相当高，故 $NO_x$ 的脱除率最高可达 99%，发电厂广泛采用选择性催化还原技术处理排放气中的 $NO_x$。

**(3) SCR 催化技术及其工业应用**

SCR 催化技术是 20 世纪 70 年代初由日本学者开发成功的，后来在日本和西欧得到了广泛的推广应用。他们将 SCR 技术应用于热电厂及硝酸厂燃气涡轮机和垃圾焚烧炉等燃烧后的排放控制。

首先是 SCR 技术用催化剂的选择。最早选用 Pt，随后发现以 $TiO_2$、$SiO_2$ 为载体的 $V_2O_5$、$MoO_3$、$WO_3$ 等都可用作 SCR 技术的催化剂。后来又开发出低温型和高温型两类催化剂，其中 $V_2O_5/TiO_2$ 型催化剂受到最多的重视。若应用于热电厂，最适宜的催化剂是 $WO_3$、$V_2O_5$、$MoO_3$ 为基础的负载型催化剂；若应用于燃气涡轮机，则分子筛型催化剂是最好的选择。Pt 最易受烟道气中 $SO_2$ 的毒害。$Fe_2O_3$ 基催化剂可将 $SO_2$ 催化氧化为 $SO_3$，并形成硫酸铁。温度较高时 $Cr_2O_3$ 型催化剂可使 $NH_3$ 氧化成 NO，含 $MnO_x$、NiO 和 $Cr_2O_3$ 基的催化剂易为硫酸毒害，而分子筛则易导致失活。

在 SCR 技术的应用过程中，蜂窝块状结构催化剂得到了广泛应用。图 16-2 所示为一种 SCR 整体结构催化剂。其主要参数见表 16-1。压力降约为 250~1000Pa。采用 SCR 技术将 $NO_x$ 选择性还原的工艺，取决于 SCR 构件置于烟道净化系统中的位置和燃烧中硫的含量。

表 16-1 SCR 催化剂的主要参数

| 项目 | 槽的数目① | | | |
| --- | --- | --- | --- | --- |
| | 高粉尘 | | 低粉尘 | |
| | 20×20 | 22×22 | 35×35 | 40×40 |
| 直径/mm | 150 | 150 | 150 | 150 |
| 长度/mm | 1000 | 1000 | 800 | 800 |
| 槽的直径/mm | 6.0 | 6.25 | 3.45 | 3.0 |
| 壁厚/mm | 1.4 | 1.15 | 0.8 | 0.7 |
| 比表面积/(m²/m³) | 2.0 | 1.8 | 1.35 | 1.35 |
| 孔隙率/% | 64 | 70 | 64 | 64 |

① 表示槽在长、宽方向上排列的数量

图 16-3 所示为脱除 $NO_x$ 的 SCR 工艺流程。该工艺可用于烟道气、工厂废气及其他排放气中 $NO_x$ 的脱除。还原剂可以使用气态氨，也可以使用液氨。$NH_3$ 在蒸发器内蒸发后再用空气稀释，待混合均匀后注入工艺管线中。控制 $NO_x / NH_3$ 摩尔比，以确保 $NO_x$ 的有效脱

除，并最大限度地减少 $NH_3$ 自反应器中泄漏（氨逸现象）。因为工艺要求 $NO_x$ 脱除率为80％时只允许极低的氨逸现象。

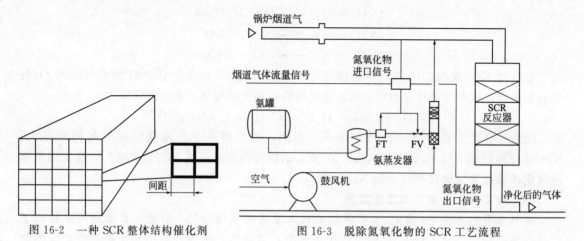

图 16-2　一种 SCR 整体结构催化剂　　　　图 16-3　脱除氮氧化物的 SCR 工艺流程

关于 $SO_x$ 的脱除，传统的无机化工工业已有很成熟的技术工艺可供借鉴，此处不再赘述。

## 16.2　工业废液的催化净化

化学工业的废液特性是排放量大，且组成复杂。炼油和化工行业的废水主要含有油、硫、酚、氰化物、COD，还有多种有机化学产品，如多环芳烃化合物，芳香胺类化合物、杂环化合物等。废液中的污染物，一般可概括为烃类和溶解的有机与无机组分。其中可溶解的无机组分主要是 $H_2S$、氨化合物及微量的重金属；溶解的有机组分大多能被微生物所降解，也有小部分难以生物降解。

炼油和石化在内的过程工业，都强调 4R 原则。即 Reduction（减少）、Reuse（再用）、Recycling（再循环）和（energy）Recovery（再回收）。最终目的是达到"零排放"。这种低能耗的清洁生产工艺，从源头开始，整个反应转化过程都实行控制，避免了污染，成为所谓的"绿色"加工工业。现代的废液处理技术，按其作用原理可分为物理法、化学法、物理-化学法、生物处理法四大类，各适用于不同的场合，具有不同的作用。

湿空气氧化（wet air oxidation，WAO）是一种化学处理废液的方法，将废液氧化，转化成没有污染的物质排放。这种方法特别适用于含有毒物或高有机物的废液。

第一次采用 WAO 处理造纸亚硫酸废液的专利出现在 1911 年。而真正工业应用技术是从 1954 年开始，挪威于 1958 年建立了第一台用 WAO 方法处理造纸废水装置，以后得到了推广。WAO 涉及有机或无机可氧化组分在高温（125～320℃）加压（0.5～20MPa）条件下的液相氧化，采用气相氧源（常用空气）。采用高温加压是为了强化氧在液相中的溶解度，提供氧化强推动力。高压也是为了保持水处于液相，水作为热传递介质且以蒸发形式除去过剩的热。

有机废弃物经 WAO 氧化成 $CO_2$ 和 $H_2O$，氮转化成 $NH_3$、$NO_2$ 或 $N_2$，卤素和硫转化成无机卤化物和硫酸盐。温度越高氧化完成程度越高，产物主要是低分子量的含氧化合物，大多为羧酸。氧化程度主要取决于温度、氧分压、停留时间和污染物在反应条件下的可氧化程度。氧化条件的设置取决于处理的目的。WAO 遇到的一个问题是低分子量羧酸阻止进一步氧化；另一个问题是氮原子都转化成 $NH_3$，它们进一步氧化也十分困难。要使 $NH_3$ 最终分解，操作条件为 270℃、7.00MPa，维持这样的 WAO 处理条件能耗很高，且 WAO 反应釜严重腐蚀。因此，后来开发了各种不同的催化 WAO 即 CWAO（catalytic wet air oxidation）。对比处理污染废水的化学法、反渗透法、生化法和矿化法等，WAO 法在工业规模上具有显著优点。

① 作为清洁氧化剂，适用于 COD 为 10～100g/L 的体系；

② 自成封闭系统，与环境无相互作用；

③ 无任何的污染转移；

④ 应用于高有机含氮和氨体系，可回收机械能；COD 达到 20000mg/L 时，WAO 不需要任何辅助燃料，成为自维持体系；

⑤ 对比其他热氧化法，如非催化法 WAO，只需要很少的燃料。WAO 的操作消耗主要是压缩空气动力和高压液泵，若采用适合的催化剂（$CuO/ZnO$、Ru、Ce 等），消耗会进一步降低。

现在开发成功的 WAO 工艺有三种流程：第一种是 $H_2O_2$ 加铁盐在 100℃ 左右的 WAO 流程，主要消耗氧化剂，仅限于 COD 0.5～1.5g/L 体系；第二种是超临界状态下的氧化，操作费用高，且极高的压力和温度限制其发展；第三种流程就是在催化剂参与下的 WAO，即 CWAO。

对于液相氧化反应，常以过渡金属盐作氧化催化剂，因为它们有多重价态。$Fe^{2+}/Fe^{3+}$ 是广泛采用的体系。均相铜盐也是最活跃的均相氧化催化剂。Cu、Mn、Fe 是广泛采用的 CWAO 催化剂。催化剂制备可采用金属氢氧化物的共沉淀，随后在 560℃ 左右焙烧而得。专利文献中报道了在 $O_3$ 或 $H_2O_2$ 存在下由 $ZrO_2$、$La_2O_3$ 和过渡金属或贵金属组成的 CWAO 催化体系。这里需要回收催化剂再用，因此会增加过程的操作成本。更重要的是催化剂在使用条件下要稳定，不能渗离出溶液体系。

近年来，为了控制水体污染，要求从水中脱除氮组分，特别是 $NH_3$，同样除去 COD 组分。一般要求游离 $NH_3$ 不能超过 0.02mg/L。在有氧存在条件下，$NH_3$ 自发转化成亚硝基和硝基化合物，所以打雷放电时河水中的氧含量会降低。为了维护水中生物的生存，氨氮浓度必须控制在 1mg/L 以下。又由于 $NH_3$ 难以进一步氧化成 $N_2$，故对水环境污染特别有害。急需开发一种在 WAO 分解有机物的同时，又能有效分解 $NH_3$ 的催化剂工艺。综合相关的文献研究报道，能有效完全分解 $NH_3$ 的污水处理工艺是 270℃、7.0MPa 的 WAO，其缺点是操作费用较高，有设备腐蚀。最后采用 $Ru/Al_2O_3$ 催化剂在 180℃、3.0MPa 条件下，较之 WAO 工艺条件温和得多的 CWAO 工艺实现了 $NH_3$ 的完全分解脱除。

# 16.3 大气层保护与催化

当代地球十大环境问题中的前三项就是：大气污染、臭氧层破坏和全球变暖。

## 16.3.1 保护臭氧层的催化

在地球表面 15～50km 的上空，存在着一臭氧层，它对滤阻太阳紫外线对地球上生物的杀伤和破坏起到重要作用。臭氧是 $O_2$ 受到太阳光照射的产物。

$$O_2 + h\upsilon（波长在 200nm 以下）\longrightarrow 2O\cdot$$
$$O_2 + O\cdot \longrightarrow O_3$$

但是 $O_3$ 在一些自由基（FR·）存在下，可以发生下述反应再转化成 $O_2$，造成 $O_3$ 层破坏。

$$O_3 + FR\cdot \longrightarrow FRO + O_2$$
$$FRO + O\cdot \longrightarrow FR\cdot + O_2$$

地球上存在大量的氯氟烃化合物（如氯苯、氯代酚、氟里昂制冷剂等），很多作为废弃物向大气中排放。它们经太阳辐射发生游离基分解，造成对 $O_3$ 层的破坏。

$$CCl_3F + h\upsilon \longrightarrow Cl\cdot + C\cdot Cl_2F$$
$$Cl\cdot + O_3 \longrightarrow ClO\cdot + O_2$$
$$2ClO\cdot + O\cdot \longrightarrow Cl_2 + 1.5O_2$$

对于氯苯的处理，现在普遍采用催化加氢脱氯（HDC）技术。热（非催化）脱卤素用于含卤素化合物的技术已很成熟，但要在高温（如 1173K）下进行，完成脱除 HX 接近 99.95%。气相 HDC 反应的热力学分析表明，HCl 的生成非常有利于反应的进行。如果在金属催化剂的参与下，会大大降低操作温度，降低所需消耗。这种差别主要体现在 HDC 和脱 HCl 之间，后者的 HCl 是分子内消除，不需要外加 $H_2$ 源，还能限制催化剂的失活。现在已经开发成功的过渡金属酶催化脱 HCl 技术，如 Co-维生素 $B_{12}$、Ni-F-430、Fe-苏木精等很有效。

与氟里昂制冷剂相类似的脂肪烃催化加氢脱卤素的研究也很活跃，普遍认为 $Pd/Al_2O_3$ 是最活泼的脱卤素催化剂。例如，1,1-二氯四氟乙烷在 $Pd/Al_2O_3$ 催化剂上加氢脱卤的机理研究，在文献中有详细的报道。有关 $Pd/Al_2O_3$ 催化剂的理化特性见表 16-2。

表 16-2　HDC 技术 $Pd/Al_2O_3$ 催化剂的理化特性

| 项目 | 数值 | 项目 | 数值 |
|---|---|---|---|
| Pd 负载量（质量分数）/% | 9.2 | $H_2$ 的消耗量/（μmol/g） | 119 |
| BET 比表面积/（m²/g） | 172 | Pd 粒的平均粒径/nm | 3.5 |
| 零电荷点的 pH 值 | 7.7 | Pd 的比表面积/（m²/g） | 251 |

### 16.3.2　温室效应气体催化减排

温室效应破坏了生态环境，对自然界和人类社会造成众多的危害，引起全球的普遍关注。

造成温室效应的有害气体有 $CO_2$（44%）、$CH_4$（18%）、氯氟烃（14%）、$N_2O$（6%）、其他（18%）等，其中居首位的是 $CO_2$ 的排放。而 $CO_2$ 排放量的大户是热电厂和工业锅炉，都是使用燃煤、石油等矿物燃料。所以，降低 $CO_2$ 的排放首先要提高能源的利用效率，采用可再生能源替代化石能源。催化技术的创新在这两个领域都大有可为。其次，创新涉及燃煤发电与联产合成气或液态燃料联合循环技术，如美国和欧洲规划的"Vision-21"，基本上做到没有 $CO_2$ 的排放。再次，通过催化技术选择性催化转化 $CO_2$ 为有用化学品。如有人将 $CO_2$ 与环氧丙烷共聚合成聚碳酸酯，所用催化剂与传统的 Cr、Co 络合物不同，所得聚合产物的重均分子量为 3000～21000，不需加入添加剂，具有很高的立构选择性。除上述几种途径外，净化和消除 $CO_2$ 还有生物法和光催化转化法等。控制温室效应是全球的共同责任，

150 多个国家签订了《京都议定书》，就是为了共同保护好人类赖以生存的地球生态。

## 16.4 绿色化学催化

自 20 世纪 70 年代提出消除环境污染以来，全世界都做了很多努力。环境友好加工要求为：极高的转化率；接近 100% 的选择性；污染物的浓度必须降低至 $10^{-6}$ 级或零排放。这对一些应用科学，如工业催化、反应工程学和反应器设计等工程技术，提出了更高的要求。

### 16.4.1 零排放与绿色化学

20 世纪 90 年代后，环境保护过渡到一种更加科学和更具经济效益的境界，即现今广为接受的绿色化学境界。绿色化学利用一系列原则，降低或消除有毒物质的应用或在化工过程，包括设计、生产和使用中的应用。共有 12 条原则，见表 16-3。

表 16-3　绿色化学的 12 条原则

| 序号 | 原则 |
|---|---|
| 1 | 防止废弃物的产生，而不是产生后再来处理 |
| 2 | 合成方法应设计成尽可能将所有起始物嵌入到最终产物中去 |
| 3 | 只要可能，合成方法应设计成反应中使用和生成的物质对人体健康和环境无毒或毒性很小 |
| 4 | 设计的化学产品应在保护其应有功能的同时尽量使其无毒或毒性很小 |
| 5 | 尽量不使用辅助性物质（如溶剂、分离试剂等），如果一定要用，也应使用无毒物质 |
| 6 | 能量消耗应是越少越好，应能为环境和经济方面所认可，合成方法应在常温、常压下实施 |
| 7 | 只要技术上和经济上是可行的，使用的原材料应是可以再生的 |
| 8 | 应尽量避免不必要的派生过程（屏蔽基团、保护/去保护、物理/化学过程的临时性修饰） |
| 9 | 尽量使用具有催化选择性的试剂，好过使用计量比试剂 |
| 10 | 化学产品的设计应保留其功能，减少其毒性，当完成自身功能后不滞留于环境中，可降解为无毒产物 |
| 11 | 需要开发实时、跟踪监控的分析方法，且预先监控有毒物质的形成 |
| 12 | 化学物质及其在化工过程中的物态，应选择为潜在化学随机事故（包括气体泄漏、爆炸和着火）最小 |

对于这 12 条原则，应该以与历史上为化学家所用过的其他原则相似的精神去理解。例如，收率、选择性等。应该知道所有因素同时为最大是不可能的，但需要找出最高效益的最近判据。下面拟用催化技术作为完成绿色化学 12 条原则的主要工具来说明。

【例 16-1】　防止废弃物生成。传统羰基化反应和甲基化反应中都采用光气，会产生有毒的副产物。现在采用碳酸二甲酯（DMC）取代光气进行相应反应，就免除了有毒废弃物的形成，这符合第 1 条、第 4 条原则。在甲基化反应中还同时满足第 3 条原则（不使用有毒试剂）和第 12 条原则（消除了潜在化学随机事故）。

【例 16-2】　原子经济。传统化学反应采用产物生成收率百分数作为成功判据。绿色化学采用原子经济评价反应物进入目的产物的产率（满足第 2 条原则）。可用 Diels-Alder 反应和 Witting 反应证明该原则。

Diels-Alder 反应：

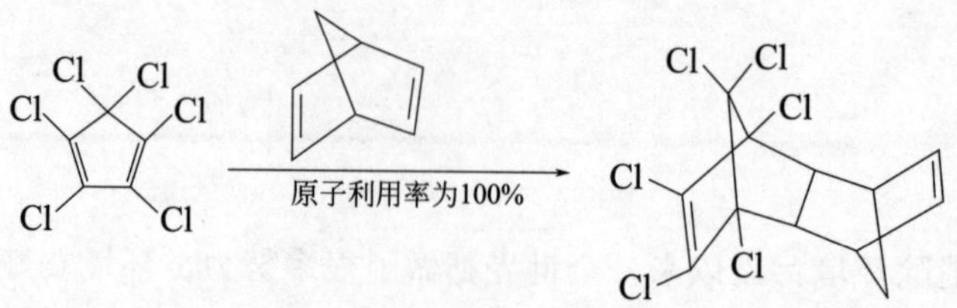

有机氯杀虫剂中间体

（原子利用率为100%）

Witting 反应是在精细有机合成中非常有用的反应，广泛用于合成带烯烃键的天然有机化合物，如角鲨烯、β-胡萝卜素等。Witting 因此获得 1979 年的诺贝尔化学奖。反应过程如下：

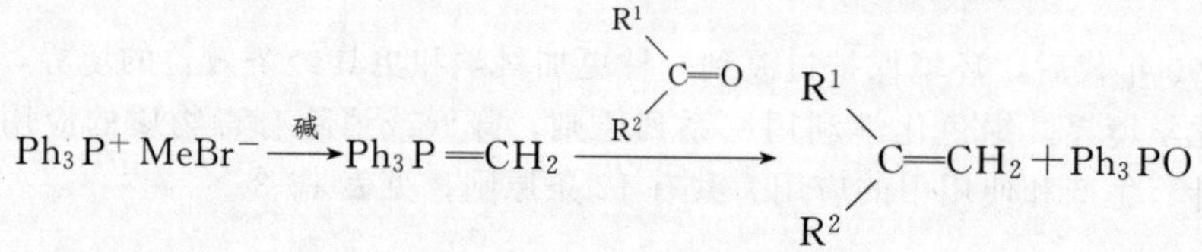

$$Ph_3P^+MeBr^- \xrightarrow{\text{碱}} Ph_3P=CH_2 \xrightarrow{} \begin{array}{c} R^1 \\ R^2 \end{array}C=CH_2 + Ph_3PO$$

该反应收率可达 80% 以上，但是反应物分子溴化甲基三苯基膦中，仅有亚甲基进入到产物分子中，即 357 份质量中只有 14 份质量被利用，原子利用率只有 4%，产生了 278 份质量的"废弃物"氧化三苯膦。这是一个传统收率较理想而原子经济很差的典型例证。因此探索既有选择性又具有原子经济性的合成方法，将成为新的热点。

【例 16-3】 合成方法中尽可能不用或少用对人体健康有害或毒害环境的化学品（满足第 3 条原则）。以异丙苯的生产为例。传统的生产方法是苯和丙烯烷基化，采用磷酸或 $AlCl_3$ 作催化剂。两种催化剂都具有腐蚀性，且衍生出污染环境的废弃物。现在，Mobil/Badger 合成采用分子筛催化剂，既是环境友好的，又能获得高收率产物，新合成法的废弃物较少（满足第 1 条原则），需要更少能耗（满足第 6 条原则），使用无腐蚀的催化剂（满足第 12 条原则）。

【例 16-4】 安全溶剂和辅助试剂（满足第 5 条原则）。溶剂、辅助试剂主要用于促进反应，但一般不需要嵌入最终产物，多数变成废弃物污染环境。所以应该尽可能使用环境友好的溶剂，如水、超临界 $CO_2$ 等。反应设计时应该考虑到末端产物和未转化的反应物分离，应采用环境友好的分离技术。下述的 C—C 耦合反应，在水介质中以 In 作催化剂进行。反应不会产生氧化物爆炸，也无毒性，催化剂易于回收再用，具有更好的经济效益。

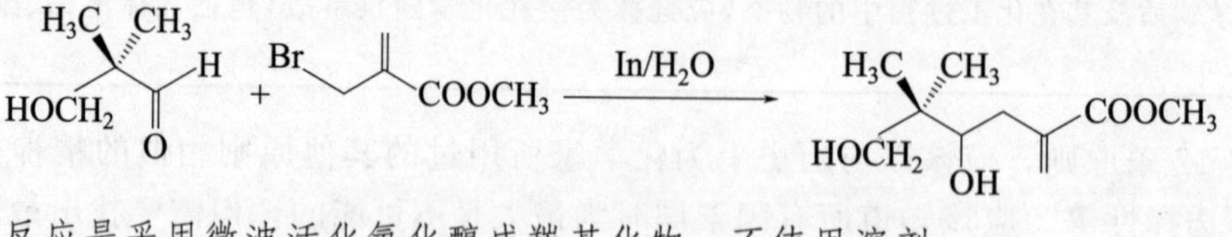

另一个反应是采用微波活化氧化醇成羰基化物，不使用溶剂。

消除了传统使用 $CrO_3$ 和 $KMnO_4$ 易造成环境污染的催化剂。

第 6 条原则是关于能源效率和节约能源问题。能源应用有许多形式，如加热、制冷、高压、真空、超声波处理等。产物的分离纯化也需耗能。在特定的反应中为降低能耗采用催化技术是最有效的工具。这类例证很多，此处无需引证。

【例 16-5】 尽可能使用可再生资源（这是第 7 条原则）。例如，邻苯二酚的合成。传统上从苯出发，先用 $H_3PO_4$ 催化，与丙烯反应生成异丙苯，再经氧化成苯酚，最后用 $H_2O_2+$ EDTA 在 $Fe^{2+}$ 或 $Co^{2+}$ 催化下得到所需产物。原料苯是致癌物质，来自石油，是非可再生资源，合成路线长、能耗高，会造成环境污染。如采用生物催化、遗传工程 *E.coli* 作用下，从右旋葡萄糖出发，一步即得到产物。

生物催化法消除了有毒物质（第 3 条原则），一步到位降低了反应能耗（第 6 条原则）。

第 8 条原则是尽可能不要衍生物步骤和第 9 条原则使用催化剂，不采用计量反应。这都直接突出催化技术的作用，不需要案例说明。第 10 条原则是设计化学产品不要长期滞留在环境中，尽可能生物降解成环境无害物质。可引入某些官能团使其易被水解、光解或其他断裂，降解成环境友好产物。第 11 条原则是设计在线跟踪分析方法监控有害物质的生成。

【例 16-6】　第 12 条原则是尽可能使用安全的物质及形态，尽可能减少化学事故发生。例如，异氰酸酯生产，传统采用光气，这是一种剧毒物质，易引起化学事故。Monsanto 公司开发了一条用伯胺、$CO_2$ 和有机碱合成的新路线，避开了光气，整个过程无废弃物排放，也消除了引发化学事故的危险。

趋向绿色化学可以从多方面努力，包括使用环境友好溶剂、设计可以生物降解的产品、代替使用有毒化学品等。在此过程中，催化技术将具有核心作用。预计在构建可持续发展经济中通过绿色化学途径，催化技术将起到一种基石作用。

## 16.4.2　原子经济、E 因子与绿色化工生产

环境立法规范化工生产、化工过程需要采用清洁方法，即绿色化工生产。如工艺过程需要降解或消除废弃物的产生；避免使用有毒、有危害性的试剂和溶剂等。这种趋向需要从传统过程效率概念，即以收率概念移向消除废弃物的经济价值。

分析化学工业的不同门类和不同规模，可由生产每千克产物所形成的废弃物质量来衡量化工过程的"绿色特征"。此量表示为化工过程的 E 因子，定义为

$$E\ 因子 = \frac{废弃物质量（kg）}{产物质量（kg）}$$

从大吨位过程产品过渡到精细化学品和药品时，由于后两类过程都使用计量化学反应，故 E 因子急剧增大。表 16-4 列出了不同化工过程门类的 E 因子。

**表 16-4　不同化工过程门类的 E 因子**

| 过程门类 | 产品吨位/t | E 因子<br>/(kg 废物/kg 产品) | 过程门类 | 产品吨位/t | E 因子<br>/(kg 废物/kg 产品) |
|---|---|---|---|---|---|
| 炼油工业 | $10^6 \sim 10^8$ | <0.1 | 精细化学品 | $10^2 \sim 10^4$ | 5～50 |
| 大宗化学品 | $10^4 \sim 10^6$ | 1～5 | 制药工业 | $10 \sim 10^3$ | 25～100 |

废弃物是生产过程中除目的产物以外形成的所有其他物质，主要是无机盐［如 NaCl、$Na_2SO_4$、$(NH_4)_2SO_4$ 等］，由反应过程中或后续的中和步骤所生成以及来自计量性的无机试剂（如金属氧化物）。从大吨位过渡到精细化学品，E 因子急剧增大，一是由于精细化工和制药涉及多步合成；二是采用计量试剂代替催化剂所造成。由此也可看出催化技术的重

要性。

原子的利用（R. A. Sheldon 于 1992 年提出）或原子经济概念（由 B. M. Trost 提出，Science，1991，254：1471；Anew Chem Int Ed，1995，34：259）是一种极有用的工具，可用以快速评价不同过程废弃物的发生量。定义为

$$原子经济性 = \frac{被利用原子的质量}{反应中所使用全部反应物分子的质量} \times 100\%$$

原子经济性或原子利用率（%）与产率或收率属于两个不同的概念。前者是从原子水平上看化学反应，后者则从传统宏观量上来看。某个反应尽管反应收率很高，但如果反应分子中的原子很少进入最终目的产物中，即反应的原子经济性很差，意味着该反应将排放出大量废弃物。只有实现原料分子中的原子百分之百地转变成目的产物，才能实现废弃物"零排放"的要求。比较是以 100% 收率为理论基础，为转变过程提供了内在效率的精确量度。从绿色化学观点看，反应的原子经济性为 100%，就具有本质的生成精度而无副产废弃物。

上述 $E$ 因子和原子经济性两个概念，并未涉及对环境的直接冲击，需要有这方面的量度因子。为了比较不同合成路线对环境的直接冲击，要考虑废弃物的性质，故引入了 $EQ$ 参量（environmental quotient），它是 $E$ 因子乘以不友好商 $Q$。基于 $EQ$ 值可表达过程对环境的冲击。例如，NaCl 的 $Q$ 值为 1，而重金属盐的 $Q$ 值为 $100 \sim 1000$，这取决于其毒性、再循环利用的情况等。显然，可以基于 $EQ$ 值定量评价流程对环境的冲击。

## 16.4.3　绿色催化的案例分析

### （1）绿色化学与择形催化

分子筛是一种理想的适合于创造绿色化学工艺的催化剂。因为它能择形催化，提供超高级别的反应选择性，具有很高的活性中心密度，能产生较高的反应速率；它可以再生，即使废弃也能与环境兼容，因为其自身就是天然原料，合成的与天然的完全相同。例如，利用择形催化技术创建了 Mobil-Badges H-ZSM-5 基催化合成乙苯新工艺，取代了 UOP 环境污染的老工艺；丝光沸石择形催化合成异丙苯新工艺，取代了 $H_3PO_4/SiO_2$ 和 $AlCl_3$ 等作催化剂的污染严重的老工艺。再如液晶单体、二异苯萘（DIPN）的择形催化合成，传统的技术采用 $AlCl_3$，催化剂不能回收，副产物多，环境污染严重；采用 HM 择形催化剂，易分离回收再生，副产物、废弃物少，符合环境友好原则。

### （2）绿色化学与清洁氧化

传统的催化氧化工艺都是环境有害的，反应的选择性低，副产物对目的产物的体积比都很大，传统的氧化剂如 $K_2Cr_2O_7$、$KMnO_4$ 等应用了 100 多年，副产有害的无机盐；烷基过氧化物 ROOH 作氧化剂也有 40 年以上的历史，副产的醇类化合物也成为有机废弃物，对环境不友好。最好的绿色化学氧化剂是 $O_2$ 和 $H_2O_2$，它们反应后变成 $H_2O$，无污染。用分子氧（O···O）作氧化剂的困难有三点：其基态为三态，与绝大多数有机分子反应属自旋禁阻的过程，反应在热力学上是有利的，在动力学上活化能很高，易进行深度氧化；选择性氧化主产物为含氧物或环氧物，它们都比母体烃分子更易氧化，最终都变成 $CO_2$ 和 $H_2O$；分子氧氧化反应无选择性，唯一的例外是与酶催化结合，具有化学的、立构的和手性的选择性。

因为 TS-1 憎水，所以 $H_2O_2$＋TS-1 体系不受水的影响。采用该催化体系生产氢醌、尼龙-6、尼龙-66，将原来严重污染环境的工艺变成为对环境友好的工艺。文献上称这种体系为"Mr Clean"。而且反应的转化率和目的产物的收率也都很高，获得了非常满意的结果。

### （3）绿色化学与水相催化

用 $H_2O$ 代替有机物作反应介质，有利于环境友好。但水不是惰性的，对反应物能起活

化作用，产生溶剂效应；另外，水对众多络合中心金属离子是良好的配体，有竞争作用。1993 年 Ruhrchemie/Rhone-Poulenc 公司用水代替有机溶剂，建成了两套 $3\times10^5$ t/a 丁醇-辛醇装置。关键技术采用了 TPPTS（三苯基膦三间磺酸盐）配体，它在水中溶解度很大，故 $RhH(CO)(TPPTS)_3$ 催化剂极易溶于水，水相均匀进行氢甲酰化，产物丁醛为有机相，极易与水相分离，催化剂可循环使用，也不要求原料烯烃具有挥发性，达到环境友好。此外，很多传统的羰化、烷基化、Diel-Alder 等反应，都可以利用水相进行，达到环境友好。

20 世纪 90 年代初美国的 M. E. Davis 开发了负载型水相（supported aqueous phase, SAP）催化反应，将传统的、污染环境的许多有机催化反应转变成对环境友好的反应。SAP 催化剂由水溶性的有机金属络合物和水组成，在高比表面积的亲水载体上形成一层薄膜，载体的孔径可调，有机反应在水膜有机界面处进行，如氢甲醛化、加氢等反应。这种催化剂体系的突出特点是选择性高，催化剂与反应体系易分离，对贵金属活性组分回收率高（特别重要），无残留物（对药物合成、香料合成、专用化学品合成十分重要），无污染，受到广泛关注和赞赏。还有不对称手性催化、膜催化等也都促进了环境友好反应的发展。

**（4）绿色溶剂催化**

寻求非传统溶剂是绿色化工过程、化学反应的重要目标之一，已取得多种实用的体系。如超临界流体介质，包括 SC-$CO_2$（SC 表示超临界）、SC-$C_3H_8$（丙烷）、SC-$H_2O$ 等；室温离子液体（RTIL）；氟两相体系（FBPS）；无溶剂的相反应等。

SC-$CO_2$ 和液态 $CO_2$ 可以很好地溶解一般较小分子量的有机化合物，若再加入适当的表面活性剂，也可使许多工业材料如聚合物、重油、蛋白质、重金属等溶解。虽然 $CO_2$ 是温室气体，但采用 SC-$CO_2$ 不会带来大气层新的危害。因为使用的 $CO_2$ 是从氨厂或天然气矿井副产回收的，利用后不会排放，易于由 SC-$CO_2$ 蒸发成气体回收。美国 DuPont 公司采用 SC-$CO_2$ 介质将 $C_2H_4$ 聚合成氟塑料，早已商业化。传统的加氢反应因溶剂抑制 $H_2$ 的溶解度，改用 SC-$CO_2$ 则增加了加氢速度。

如下述反应：

$$\text{环己烯} \xrightarrow[\text{SC-}CO_2,\ H_2,\ 5mL\text{反应器}]{\text{Pd负载于聚硅氧烷载体上}} \text{环己烷} \quad 2.5\times10^5 \text{kg/(m}^3\cdot\text{h)} \quad \text{无副产物}$$

SC-$H_2O$（$T_c=374℃$）对于许多有机物超过其稳定性，温度过高。但是现在利用短接触时间 SC-$H_2O$ 反应介质也取得了成功，如酚的异丙醇烷基化。

$$\text{苯酚} + \text{异丙醇} \xrightarrow[30min]{\text{SC-}H_2O,\ 400℃} \text{邻异丙基苯酚} \quad 83\%\text{收率，邻/对比}>20$$

如果在水中加入表面活性剂，与水形成乳状液，则 SC-$H_2O$ 可溶解有机物及其他难溶物，可作为反应介质。

离子液体（IL）作为反应介质是许多研究发展的热点，目前主要涉及高成本和毒性两个问题，但可以通过调度阴离子和结构加以克服。一般季铵盐类价格不高，且无毒。已有很多报道用室温离子液体（RTIL）作反应介质。现今有两个新的进展值得介绍：一是 IL 可溶解赛璐珞进行化学反应（见 JACS，2002，124：10276）；二是 IL 与 SC-$CO_2$ 结合，可进行酶的酯化，且酶在其中比在水中热稳定性更高，反应物与产物在 SC-$CO_2$ 层，酶在 IL 层，易于分离。

含氟的两相体系（FBPS）也是很受关注的研究开发领域。已知许多催化剂和含膦配位体主要用含氟相作反应介质。反应完成后经冷却两相分离，催化剂易在氟相中回收再用。所以该体系提供了另外一种不同的均相催化剂的"固相化"技术。相转移催化（PTC）是两相操作催化的一种特例，也有很多应用。

无溶剂的气相、液相或固相反应是很理想的。例如，乙烯用球磨磋碾进行 Witting 反应，产率很高，已有报道（见 JACS，2002，194：6244）。无溶剂的新型单元操作如膜分离、热水萃取、熔融重结晶等都值得研究。

# 16.5  光催化

近 30 年来，由于在环境治理、太阳能转换和临床医学等诸多方面的潜在应用，光催化及其相关技术得到了快速发展。尤其是污水处理和太阳能转换方面得到了广泛研究。

## 16.5.1  光催化原理

太阳给大地不仅带来了光和热，滋养万物，它还能分解有毒、有害的污染物、细菌和病毒，清洁的空气和水净化人类的生存环境。所以日本东京大学的 Fujishima 教授说："光催化剂是与大自然和谐的清洁剂"。

光催化是在光的辐照下使催化剂周围的 $O_2$ 和 $H_2O$ 转化成极具活性的氧自由基，氧化力极强，几乎可分解所有对人体或环境有害的有机物质。

$TiO_2$ 是最常用的光催化剂，因为它的光化学稳定性好，无毒且与人体相容性好。

光催化原理：当 $TiO_2$ 吸收光子能量后，其价带上的一个电子跃迁到导带；价带保留一个空缺成为空穴，带正电荷。跃迁电子和电空穴都极不稳定，可以攻击周围介质，使其还原或氧化。因为 $TiO_2$ 的带隙宽约 3.2eV，必须是紫外线的能量（波长 380nm）才能激发。产生的电子-空穴对迁移至 $TiO_2$ 表面，分别进行还原（电子）、氧化（空穴）反应，如图 16-4 所示。

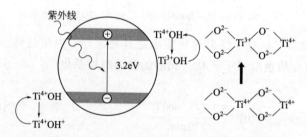

图 16-4  $TiO_2$ 光照产生电子-空穴及其氧化-还原示意图

每一个 $TiO_2$ 离子可视为一个小型化学电池，表面由许多阳极和阴极活性基组成，可将电子或空穴传递给吸附于其表面的分子或离子，进行还原或氧化反应。电极反应分述如下：阳极传递空穴产生 $O_2$ 分子或羟基自由基，具有强氧化能力；阴极传递电子产生 $H_2O_2$ 或超氧（$O^{2-}$），都具有很强的氧化能力。这些产生强氧化能力的物种，可用于分解有毒的有机物，净化环境中的污染物。

$$TiO_2 + h\nu \longrightarrow e^- + h^+$$

阳极

$$2H_2O + 4h^+ \longrightarrow 4H^+ + O_2$$

$$H_2O + h^+ \longrightarrow \cdot OH + H^+$$

阴极 $\qquad$ $O_2 + 2e^- + 2H^+ \longrightarrow H_2O_2$

$$O_2 + e^- \longrightarrow 2O^{2-}$$

## 16.5.2　环境光催化

光催化最富成效的工作是工业废水处理及室内空气污染净化。现今，光催化研究已经与环境科学相互渗透、融合，形成一个新的分支学科——环境光催化。环境污染处理虽已形成了许多方法，如生化法、反渗透法、物理法等，但这些方法投入大、处理周期长、降解率低，特别是对非生物降解的有毒、有害物质如二噁英等无能为力，而光催化就能除去这些污染物。因此这方面的研究开发，一开始就受到科学家们的高度重视，故称这一研究为"阳光工程"。

光催化裂解（PCD）过程的通用计量氧化式为

$$C_x H_y X_z + \left(x + \frac{y-z}{4}\right) O_2 \xrightarrow{h\upsilon/TiO_2} x CO_2 + z H^+ + z X^- + \left(\frac{y-z}{2}\right) H_2O$$

对于 PCD 的影响因素很多，如光强度、波长、吸收效应、pH 值、催化剂、温度等。

## 16.5.3　光催化环保功能材料

可用作光催化的化合物多具有半导体性质，如 $TiO_2$、$ZnO$、$WO_3$、$CdS$ 以及 $ZnS$ 等。其中 $TiO_2$ 因其价廉无毒、催化活性高、氧化能力强及稳定性好而被认为是最佳的光催化剂。

光诱导 $TiO_2$ 显示两种特性：一种是亲油亲水双性；另一种是抗菌能力。由此引申出多种环境保护功能材料，如防锈材料、清凉材料、玻璃涂饰材料等。

$TiO_2$ 光催化杀菌的优势在于：在光氧化过程中产生羟基自由基，其氧化势能可以杀死绝大多数的微生物，且能使大部分有机污染物被矿化。

———— 思考题 ————

1. 试说明环境催化与工业催化的主要区别。

2. 试说明汽车尾气净化的三效催化剂的不同活性组分及其作用。

3. 选择性催化还原 $NO_x$ 的 $NH_3$-SCR 催化系统的催化反应过程及所使用的催化剂的组成。

4. 湿空气氧化（WAO）法用来处理废水所使用的过渡金属盐作为氧化催化剂，这种催化剂可采用什么制备方法进行制备？

5. 对于地球上存在的氯苯，普遍采用什么方法进行处理？可采用什么催化剂？

6. 为什么说分子筛是一种理想的适合于创造环境友好工艺的催化剂？

7. 在已被研究的半导体纳米催化材料中，二氧化钛是使用最广泛的一种，其有什么特点？

# 参 考 文 献

[1] 唐晓东. 工业催化原理. 北京：石油工业出版社，2003.

[2] 王基铭，袁晴棠. 石油化工技术进展. 北京：中国石化出版社，2002.

[3] 何杰，雪茹君. 工业催化. 徐州：中国矿业大学出版社，2014

[4] 汪秋安，麻秋娟，汤建国. 不对称催化合成技术及其最新进展. 工业催化，2003，11（5）：1-6.

[5] 李光兴，吴广文. 工业催化. 北京：化学工业出版社，2017.

[6] 唐晓东，邓刘扬，李晶晶等. 稠油催化改质降黏的实验研究. 精细化工，2016，33（6）：699-702.

[7] Li J J, Wei Y T, Tang X D, et al. Catalytic effect of zinc naphthenate on the heavy oil low-temperature oxidation in an air injection process. Petroleum Science and Technology, 2016, 34 (9)：813-818.

[8] Li J J, Chen Y D, Tang X D, et al. Upgrading heavy and extra-heavy crude oil by iron oil-soluble catalyst for transportation [J]. Petroleum Science and Technology, 2017, 35 (11)：1160-1165.

[9] 邢丽贞，冯雷，陈华东等. $TiO_2$ 光催化氧化技术在水处理中的研究进展. 山东建筑大学学报，2007，22（6）：7-10.

[10] 阎子峰. 纳米催化技术. 北京：化学工业出版社，2003.

[11] 甄开吉，王国甲，李荣生等. 催化作用基础. 第3版. 北京：科学出版社，2005.

[12] 高正中. 实用催化. 北京：化学工业出版社，1996.

[13] 邓景发. 催化作用原理导论. 长春：吉林科技出版社，1980.

[14] 吴越. 催化化学. 北京：科学出版社，1998.

[15] 林西平. 石油化工催化概论. 北京：石油工业出版社，2008.

[16] 许越. 催化剂设计与制备工艺. 北京：化学工业出版社，2003.

[17] 黄钟涛. 工业催化剂手册. 北京：化学工业出版社，2004.

[18] 赵骧. 催化剂. 北京：中国物资出版社，2001.

[19] 刘维桥，孙桂大. 固体催化剂实用研究方法. 北京：中国石化出版社，1999.

[20] 王尚弟，孙俊全，王正宝. 催化剂工程导论. 北京：化学工业出版社，2015.

[21] 林世雄. 石油炼制工程. 北京：石油工业出版社，2000.

[22] 金杏妹. 工业应用催化剂. 上海：华东理工大学出版社，2004.

[23] 黄钟涛，耿建铭. 工业催化. 北京：化学工业出版社，2006.

[24] 中国石油和石化工程研究会. 炼油催化剂. 北京：中国石化出版社，2006.

[25] 孙锦宜. 工业催化剂的失活与再生. 北京：化学工业出版社，2005.

[26] 廖小东，余军，李范书. 硫磺回收催化剂的选择及组合. 石油与天然气化工，2005，34（6）：484-488.

[27] 张继光. 催化剂制备过程技术. 北京：中国石化出版社，2004.

[28] 白喜林，黄朝齐，蒋芙蓉等. 氧化催化剂在超级克劳斯硫回收装置中的运用. 化肥设计，2005，43（4）：26-28.

[29] 中国工程院，中国科学院. 化工材料咨询报告. 北京：中国石化出版社，1999.

[30] 邓景发. 催化作用基础论. 长春：吉林人民出版社，1984.

[31] 赵继全. 均相络合催化——小分子的活化. 北京：化学工业出版社，2011.

[32] 李贤均，陈华，付海燕. 均相催化原理及应用. 北京：化学工业出版社，2011.

[33] 唐新硕，王新平. 催化科学发展及其理论. 杭州：浙江大学出版社，2012.

[34] 廖代伟. 催化科学导论. 北京：化学工业出版社，2006.

[35] Satterfield C N. Heterogeneous Catalysis in Practice. New York：Mc Graw-Hill Inc.，1980.

[36] 李作骏. 多相催化反应动力学基础. 北京：北京大学出版社，1990.

[37] 李智渝，王益，沈俭一. 表面反应动力学机理研究的新进展. 化学通报，1998（8）：11-16.

[38] Leach B E. Applied Industrial Catalysis：Volume 2. New York：Academic Press, 1983.

[39] 黄开辉，万惠霖. 催化原理. 北京：科学出版社，1983.

[40] 黄仲涛，耿建铭. 工业催化. 北京：化学工业出版社，2014.

[41] （爱尔兰）朱利安 R.H. 罗斯（Julian R.H. Ross）. 多相催化：基本原理与应用. 田野等译. 北京：化学工业出版社，2015.

[42] 朱洪法. 石油化工催化剂基础知识. 北京：中国石化出版社，1995.

[43] （比）雅各布斯 P A. 沸石的正碳离子活性. 杨厚昌译. 北京：石油工业出版社，1982.

[44] 曾昭槐. 择形催化. 北京：中国石化出版社，1994.

[45] 吉林大学化学系《催化作用基础》编写组. 催化作用基础. 北京：科学出版社，1980.

[46] 谭涓，何长青，刘中民. SAPO-34 分子筛研究进展. 天然气化工，1999，24（2）：47-53.

[47] 向得辉，翁玉攀等. 固体催化剂. 北京：化学工业出版社，1983.

[48] （日）清山哲郎. 金属氧化物及其催化作用. 黄敏明译. 合肥：中国科学技术大学出版社，1991.

[49] 钱延龙，廖世健. 均相催化进展. 北京：化学工业出版社，1990.

[50] 张星辰等. 离子液体：从理论基础到研究进展. 北京：化学工业出版社，2008.

[51] 邓友全. 离子液体——性质、制备与应用. 北京：中国石化出版社，2006.

[52] 刘硕，应安国，倪宇翔等. 功能离子液体在 Michael 加成中的应用. 化学进展，2013，25（8）：1313-1324.

[53] 周学良. 精细化工产品手册：催化剂. 北京：化学工业出版社，2002.

[54] 李进军，吴峰. 绿色化工导论. 第 2 版. 武汉：武汉大学出版社，2015.

[55] 贡长生，张龙. 绿色化学. 武汉：华中科技大学出版社，2008.

[56] 王引航，李伟，罗沙等. 离子液体固载型功能材料的应用研究进展. 化学学报，2018，76（2），85-94.

[57] 黄仲涛，林维明等. 工业催化剂设计与开发. 广州：华南理工大学出版社，1991.

[58] 张云良，李玉龙. 冷士龙主审. 工业催化剂制造与应用. 北京：化学工业出版社，2008.

[59] 朱洪法，刘丽芝. 催化剂制备及应用技术. 北京：中国石化出版社，2011.

[60] 展恩胜，李勇，申文杰. 固体催化剂制备技术原理. 工业催化，2015，23（11），932-960.

[61] 尹元根. 多相催化中的研究方法. 北京：化学工业出版社，1988.

[62] 李玉敏. 工业催化原理. 天津：天津大学出版社，1992.

[63] Anderson R B. Experimental Methods in Catalysis：Volume 1. New York：Academic Press，1968.

[64] 刘维桥，孙贵大. 固体催化剂实用研究方法. 北京：中国石化出版社，2000.

[65] 刘希尧等. 工业催化剂分析测试表征. 北京：中国石化出版社，1993.

[66] 闵恩泽. 工业催化剂的研制与开发——我的实践与探索. 北京：中国石化出版社，1997.

[67] 陈晓珍，崔波，石文平等. 催化剂的失活原因分析. 工业催化，2001，9（5）：9-16.

[68] 孙锦宜，刘惠青. 废催化剂回收利用. 北京：化学工业出版社，2001.

[69] 朱洪法. 催化剂成型. 北京：中国石化出版社，1992.

[70] 赵地顺等. 催化剂评价与表征. 北京：化学工业出版社，2011.

[71] 季生福，张谦温，赵彬侠. 催化剂基础及应用. 北京：化学工业出版社，2011.

[72] 王幸宜. 催化剂表征. 上海：华东理工大学出版社，2008.

[73] 李灿，李美俊. 拉曼光谱在催化研究中应用的进展. 分子催化，2003，17（3），213-240.

[74] 朱和国. 材料科学研究与测试方法. 南京：东南大学出版社，2008.

[75] 喻志武，郑安民，王强等. 固体核磁共振研究固体酸催化剂酸性进展. 波谱学杂志，2010，27（4）：485-515.

[76] 孟令芝，龚淑玲，何永炳. 有机波谱分析. 武汉：武汉大学出版社，2009.

[77] 陈俊武，曹汉昌. 催化裂化工艺与工程. 北京：中国石化出版社，1995.

[78] 陈祖庇. 我国催化裂化催化剂发展的回顾与展望. 炼油技术与工程，1999，29（3）：1-7.

[79] 侯芙生. 炼油工程师手册. 北京：石油工业出版社，1995.

[80] 苏栋根. 国外石油炼制催化剂的技术进展. 工业催化，2001，9（2）：3-9.

[81] 孙桂大，阎富山. 石油化工催化作用导论. 北京：中国石化出版社，2000.

[82] （日）铃木孝雄，加氢处理催化剂发展概况. 张厚清译. 国外油田工程，1997（3）：29-31.

[83] 唐晓东，税蕾蕾，刘亮等. 直馏柴油 $NO_x$-空气催化氧化脱硫研究. 催化学报，2004，25（10）：789-792.

[84] 唐晓东，刘亮，税蕾蕾等. 直馏柴油催化氧化脱硫均相催化剂的制备与评价. 化工学报，2005，56（4）：642-645.

[85] 唐晓东，崔盈贤，于志鹏等. 直馏柴油选择催化氧化脱硫催化剂的制备与评价. 石油化工，2005，34（10）：922-926.

[86] 唐晓东. 石油加工助剂作用原理与应用. 北京：石油工业出版社，2004.

[87] 崔盈贤，唐晓东，胡星琪等. 直馏柴油应用离子液体"一锅法"脱硫. 石油学报（石油加工），2009，25（3）：425-429.

[88] 魏民，王海彦，马骏等. E-01 催化剂在催化裂化轻汽油醚化中的应用. 石油化工高等学校学报，2005，18（1）：40-42.

[89] 赵毓璋，景振华. 甲醇制烯烃催化剂及工艺的新进展. 石油炼制与化工，1999，30（3）：23-28.

[90] 代小平，余长春等．氧载体的氧物种直接氧化甲烷制合成气．化学进展，2000，12（3）：268-281.

[91] 相宏伟，钟炳．天然气制取液体燃料工艺技术进展．化学进展，1999，11（4）：385-393.

[92] 朱宪．绿色化学工艺．北京：化学工业出版社，2001.

[93] Anastas P T，Williamson T C. Green Chemistry. Washington：ACS Press，1995.

[94] 梁朝林，谢颖，黎广贞．绿色化工与绿色环保．北京：中国石化出版社，2002.

[95] 王延吉，赵新强．绿色催化过程与工艺．北京：化学工业出版社，2002.

[96] 安立敦，徐秀峰，索掌怀等．绿色化学与催化．工业催化，2001，9（1）：3-8.

[97] 吴棣华．几种值得注意的有机原料清洁工艺技术．化学进展，1998，10（2）：131-136.

[98] 闵恩泽．环境友好石油炼制技术的进展．化学进展，1998，10（2）：207-214.

[99] 区灿棋，吕德伟．石油化工氧化反应工程与工艺．北京：中国石化出版社，1992.

[100] 廖健，刘伯华，姚国欣．柴油生物脱硫技术的进展．炼油设计，1999，29（12）：13-19.

[101] 孙履厚．精细化工新材料与技术．北京：中国石化出版社，1998.

[102] 姚蒙正，程侣伯，王家儒等．精细化工产品合成原理．北京：中国石化出版社，2000.

[103] 吴鑫干，邓加宏．近10年来有机催化新进展．现代化工，1998（9）：13-17.

[104] 宋启煌．精细化工工艺学．北京：化学工业出版社，1996.

[105] （日）田部浩三等．新固体酸和碱及其催化作用．关楼彬等译．北京：化学工业出版社，1992.

[106] 缪长喜，谢在库，陈庆龄等．固体超强酸催化剂研究的新进展．石油炼制与化工，1998，29（2）：29-32.

[107] 段行信．实用精细有机合成手册．北京：化学工业出版社，2000.

[108] 崔波，金青．无机固体超强酸的制备与再生．工业催化，2000，8（2）：15-17.

[109] 赵文元，王亦军．功能高分子材料化学．北京：化学工业出版社，1996.

[110] 徐溢，曹京，郝明等．高分子合成用助剂．北京：化学工业出版社，2002.

[111] 王乃兴，李纪生．有机合成中的相转移催化作用．化学世界，1994（9）：450-454.

[112] 朱毅瞽，郭余年．固定化生物催化剂．现代化工，1991（6）：54-55.

[113] 李再资．生化工程与酶催化．广州：华南理工大学出版社，1995.

[114] 朱丙辰，翁惠新，朱子彬等．催化反应工程．北京：中国石化出版社，2000.

[115] 黄仲涛，温镇杰．膜催化反应器的分析与模拟．化学反应工程与工艺，1991，7：177-186.

[116] Saracco G，Specchia V. Catalytic Inorganic-Membrane Reactors：Present Experience and Future Opportunities. Catalysis Reviews，1994，36：305-384.

[117] 胡云光．膜反应器在石油化工中的应用．石油化工，1994，23（6）：400-406.

[118] 熊国兴，赵宏宾，鲁孟成等．多组分金属氧化物催化膜及其在甲烷偶联反应中的应用．天然气化工，1994，19（2）：45-51.

[119] 林敬东，王欣莹，蔡云等．碳纳米管的制备及其在催化中的应用．天然气化工，2001，26（5）：45-49.

[120] 张立德，牟季美．纳米材料学．沈阳：辽宁科技出版社，1994.

[121] 向德辉，刘惠云．化肥催化剂实用手册．北京：化学工业出版社，1992.

[122] 王丽华，陈守正，廖代伟等．氨合成催化剂及其催化反应机理研究进展．化学进展，1999，11（4）：376-384.

[123] 刘化章．合成氨催化剂研究的新进展．催化学报，2001，22（3）：304-316.

[124] 高滋．沸石催化与分离技术．北京：中国石化出版社，1999.

[125] 催化学会，C1化学——创造未来的化学．陆世维译．北京：宇航出版社，1990.

[126] 宋维端，肖任坚，房鼎业等．甲醇工学．北京：化学工业出版社，1991.

[127] 高俊文，张勇，霍尚义等．国内外合成甲醇催化剂研究进展．工业催化，1999，7（5）：9-17.

[128] 何川华，储伟，罗仕忠等．低温液相甲醇合成催化剂研究进展．天然气化工，2000，25（3）：41-44.

[129] 徐国财，张立志．纳米复合材料．北京：化学工业出版社，2002.

[130] 王君，韩建涛，郭宝东．$TiO_2$功能材料应用研究进展．钛工业进展，2004，21（5）：11-15.

[131] 张敬．环境友好催化技术发展趋势．中国环境保护优秀论文集（2005）．下册．中国环境科学学会，2005：2226-2230.

[132] 陈俊武，许友好．催化裂化工艺与工程．第3版．北京：中国石化出版社，2015.

[133] 辛勤，徐杰．现代催化化学．北京：科学出版社，2016，12.

[134] 沈本贤．石油炼制工艺学．北京：中国石化出版社，2015.

[135] 王辉，魏会娟，林伟等．用于银催化剂的α-氧化铝载体及其制备方法与应用．CN107413389A［P］，2017-12-1.